U0315420

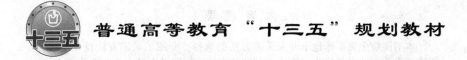

普通高等教育"十三五"规划教材

金属矿床地下开采
采矿方法设计指导书

主 编 徐 帅 邱景平
副主编 韩智勇 王运森 孙晓刚 安 龙

北 京

冶金工业出版社

2016

内 容 提 要

本书围绕金属矿床地下开采采矿方法的选择，介绍了采矿方法设计流程；阐述了采矿方法文献检索、阅读与整理的方法；阐明了采矿方法初选步骤、技术经济计算流程和内容、采矿方法施工设计方法；最后结合具体开采技术条件，完成了一个可操作性强、标准化效果好的设计实例。

本书共分 7 章，第 1 章介绍了采矿方法设计的目的、内容、步骤以及采矿方法设计中文献学习等知识。第 2 章介绍了采矿方法选择程序、影响因素，采矿方法初选步骤，技术经济比较的内容，采矿方法评价定性指标的定量化以及采矿方法优化等内容。第 3 章介绍了结构参数、底部结构等。第 4 章介绍了采准工程、切割工程、采切工程循环图表等内容。第 5 章介绍了凿岩、爆破、运搬、充填、矿柱回采、空区处理、回采循环图表的设计与计算方法。第 6 章包括三大类采矿法的具体设计参数及采切工程布置、开采技术经济指标等内容，为初学者进行方法类比提供参考。第 7 章为采矿方法设计说明书版式说明，介绍了说明书的封面、版式、附图、打印中图框、比例、图纸中文字大小确定等内容。附录为采矿方法设计实例，通过一个具体矿山设计实例，说明采矿方法设计的整个流程。

本书作为高等院校教材，主要供采矿工程专业本科生和研究生使用，也可供矿业工程其他专业学生或相关技术人员参考，还可作为继续教育和企业培训用书。

图书在版编目（CIP）数据

金属矿床地下开采采矿方法设计指导书/徐帅，邱景平主编 . —北京：冶金工业出版社，2016.6
普通高等教育"十三五"规划教材
ISBN 978-7-5024-7200-9

Ⅰ. ①金…　Ⅱ. ①徐…　②邱…　Ⅲ. ①金属矿开采—地下开采—高等学校—教学参考资料　Ⅳ. ①TD853

中国版本图书馆 CIP 数据核字 （2016） 第 080345 号

出 版 人　谭学余
地　　址　北京市东城区嵩祝院北巷 39 号　邮编　100009　电话　（010）64027926
网　　址　www.cnmip.com.cn　电子信箱　yjcbs@cnmip.com.cn
责任编辑　张耀辉　杨　敏　美术编辑　吕欣童　版式设计　吕欣童
责任校对　禹　蕊　责任印制　李玉山
ISBN 978-7-5024-7200-9
冶金工业出版社出版发行；各地新华书店经销；固安华明印业有限公司印刷
2016 年 6 月第 1 版，2016 年 6 月第 1 次印刷
787mm×1092mm　1/16；21.5 印张；517 千字；332 页
50.00 元

冶金工业出版社　投稿电话　（010）64027932　投稿信箱　tougao@cnmip.com.cn
冶金工业出版社营销中心　电话　（010）64044283　传真　（010）64027893
冶金书店　地址　北京市东四西大街 46 号（100010）　电话　（010）65289081（兼传真）
冶金工业出版社天猫旗舰店　yjgycbs.tmall.com
（本书如有印装质量问题，本社营销中心负责退换）

前　言

　　金属矿床地下开采方法是指为回采矿石而在矿块中所进行的采准、切割和回采工作的总和，因此矿块的开采方法也被称为采矿方法。采矿方法通常根据回采工作需要，设计采准、切割巷道的数量、位置并加以实施，开掘与之相适应的切割空间，为回采工作创造良好的条件。在矿山企业中，采矿方法决定回采效率、材料、设备类型与数量、工程量、劳动生产率、矿石回采率以及采出矿石质量等指标。采矿方法选择的正确性和适宜性对矿山企业的安全高效生产意义重大，因此，在矿山开采过程中必须予以足够的重视。同时，由于矿体赋存条件的复杂性和可采用采矿方法的多样性，采矿方法选择的难度很大，必须认真分析、科学论证、系统计算和精细论述，才能实现矿山安全、经济和高效生产。

　　在采矿科研、设计、生产单位的日常工作中，采矿方法设计是一项重要工作。进行采矿设计，首先需要开展采矿工程专业的系统学习和训练，掌握采矿工程专业的基础知识和完成采矿设计的基本训练。其次，设计过程需要严格遵守矿山开采相关法律法规，如《冶金矿山设计规范》（GB 50830—2013）、《有色矿山设计规范》（GB 50771—2012）、《金属非金属矿山安全规程》（GB 16423—2006）等。再次，设计工作需要参考《采矿设计手册》《现代采矿手册》《采矿工程师手册》等设计参考书。最后，要充分开展调研工作，收集国内外类似矿山的开采方法、设备、生产指标、经济效益等数据，充分利用新的技术和工具，如数值计算、开采监测、综合优化等手段，才能实现采矿方法选择的最优化。

　　当前的设计参考书籍《采矿设计手册》《现代采矿手册》《采矿工程师手册》等关于采矿设计的内容，虽然内容非常详实，但过于庞杂、繁琐，缺乏明晰的设计步骤和设计深度要求，对于初学者而言，可操作性差，尤其在高等学校采矿工程专业教学中，进行"采矿方法课程设计"实践时，国内尚未有一本专门用于金属矿床地下开采方法设计的教材，致使初学者面对一个具体矿山开采条件，有一种"老虎吃天，无从下口"的感觉。由于教材的缺乏，设计范本的缺失，学生完成的采矿设计内容深度不等，版式多样，无法达到对初学者进行系统规范训练的目的。本书在此背景下应运而生。

本书主要作为高等学校采矿工程专业教学训练用书，如作为"金属矿床地下开采采矿方法课程设计"、"毕业设计"两门课程的教材，也可作为设计、科研、生产单位的工程技术人员进行采矿方法选择与设计的参考用书。

本书由徐帅、邱景平统筹编写和审阅，徐帅、邱景平任主编，韩智勇、王运森、孙晓刚、安龙任副主编。第1章由徐帅、邱景平编写，第2、3、4、6章由徐帅编写，第5章由徐帅、邱景平、孙晓刚、韩智勇、王运森、安龙编写，第7章由徐帅、邱景平、韩智勇、孙晓刚编写。参与本书编写工作的还有张驰、李坤蒙、唐忠伟、闫腾飞、莫东旭、邓翔元、沈庆阳、侯鹏远、史文超、陈天宇等。

在本书编写过程中，参阅了大量书籍，在此谨向相关作者表示感谢。本书的出版得到了东北大学深部金属矿山安全开采教育部重点实验室和采矿工程研究所的关怀与支持，并得到了教育部"高等学校本科教学质量与教学改革工程——采矿工程专业综合改革试点"项目的资助，在此一并表示感谢！

由于编者水平所限，书中不足之处，欢迎广大读者批评指正。

编　者

2015 年 10 月

于东北大学

目　　录

1 绪　　论

1.1　采矿方法设计的目的

采矿方法设计是在给定地质资料的基础上，通过查阅设计手册，国家法律、法规和相关文献，综合运用所学专业知识，确定可行采矿方案；基于一定的设计步骤，通过必要的科学计算后，优选出最佳开采方案，并运用规范的技术语言（图纸及说明书）将设计意图及设计结果表达出来的一种研究与应用工作。

采矿方法在矿山生产中占有十分重要的地位，它对矿山生产的许多技术经济指标诸如矿山生产规模、矿石损失率、矿石贫化率、劳动生产率、采矿成本及生产安全等都有直接的影响，所以，采矿方法的研究及应用的合理、正确与否，将直接关系到矿山的生存与发展。因此，采矿工程专业的毕业生，无论是在勘探、设计单位承担矿山设计任务，还是在科研院校从事专业科研、教学工作或者在生产企业进行专业技术与行政管理工作，都应当掌握正确选择和设计采矿方法的知识与能力。通过采矿方法设计，综合运用所学相关专业知识，获得工程设计的基本能力，为从事专业技术工作打下坚实基础。

1.2　采矿方法设计的内容

1.2.1　采矿方法设计步骤

采矿方法设计分为两个阶段：第一阶段为采矿方法选择。依据地质勘探报告所提供的基础资料，归纳具有代表性的矿体条件，选择适宜的采矿方法。该部分工作通常在矿山设计之初，由设计部门来完成或者在矿山生产中，由于矿体条件改变，需要改变采矿方法时，由矿山生产技术人员进行。采矿方法的选择包括采矿方法的初选、采矿方法技术、经济比较与采矿方法的优选。第二阶段为采矿方法施工设计。依据生产探矿获得的更加详实的矿体资料和第一阶段优选的采矿方法，开展采准切割工程设计。该部分工作是生产矿山日常工作的重要内容。设计质量好坏，直接影响到资源回收、采出矿石质量和采矿成本，且还关系到生产人员和设备的安全、生产效率以及开采经济效果。采矿方法施工设计通常是在中段采场总体设计的基础上进行，要照顾上、下、左、右相邻采场的关系，并遵照其回采顺序。

采矿方法设计包括：采矿方法选择依据，采场结构及参数确定，采切工程布置，施工顺序及进度要求，落矿、运搬、充填、顶板管理、通风及安全，降低矿石损失、贫化的措施及主要技术经济指标等；同时应完成下列图纸：矿房和矿柱的总体布置图，采准、切割工程布置图，主要巷道断面图，支护结构图，炮孔布置图，施工进度计划，工程量表和作业循环图表。技术经济指标部分应包括：采场设计矿量、地质品位、采出矿量及采矿品位、矿石损失率、贫化率、采切系数、采掘工效、采场生产能力、主要材料消耗和作业成本等。

1.2.2　采矿方法的选择

采矿方法选择的步骤：（1）了解地质、工程概况。依据提供的地质资料和地质化验所确定的边界品位，归纳总结矿体赋存条件、倾角、厚度、上下盘及矿体自身的稳固性，矿体的水文地质条件、地质构造条件；了解矿山开拓系统的布置情况、相邻区域的工程分布、矿山现有充填系统状况，凿岩、运搬设备的数量和效率，工人素质和操作水平等。

（2）采矿方法初选。通过开采技术条件的分析，采用排除法，基于三大类采矿方法，排除明显不适合的采矿方法，初步筛选出 3~5 种合适的采矿方法。

（3）采矿方法比较。根据采矿方法初选的结果，基于类似矿山经验对比，筛选出几种方法，在适用条件均可的前提下，开展技术经济比较，从采切比、生产能力、开采成本、安全性方面展开比较，最终优选出一种合适的采矿方法。

（4）采矿方法优化。针对优选出的采矿方法，可进一步开展结构参数、回采顺序优化，采切工程布置优化，以达到减小采切工程，实现安全高效开采的目的。

1.2.3　采矿方法设计

1.2.3.1　采准切割（采切）设计的内容

采切设计在采矿方法确定的基础上进行，它是采矿方法施工设计的基础，具体内容包括：

（1）确定矿块构成要素及底部结构；

（2）确定采准工程的类型、数量、位置、规格；

（3）确定切割拉底方式，如切割巷道及切割井的位置、规格、爆破设计；

（4）计算采场通风、装运效率、采切工程量；

（5）确定设备类型；

（6）绘制采切设计图及采准巷道断面图；

（7）确定采切时间和采切费用。

1.2.3.2　回采设计内容

回采设计是在采切工程施工完毕，矿块已被充分揭露后，依据具体的分层、分区地质条件进行的。回采作业内容包括所采用的工艺方法及其相关计算。由于各种采矿方法的回采作业不同，回采设计的内容有很大差别。回采设计内容主要包括：

（1）回采方案及回采范围的确定。回采方案是指矿块各部分的回采顺序、落矿方式与爆破规模以及选用的采矿方式（混采或分采）等，是回采设计中具有技术决策性的内容。回采范围是指圈定矿体的边界线、断层区域的回采界线、混采时的采幅以及拉底范围、切割范围等。

（2）落矿。包括凿岩设备及工具的选择、落矿参数、凿岩工作的组织及施工要求、爆破设计等。浅孔落矿较为简单，深孔落矿尤其是扇形深孔落矿，要按每个深孔的孔位、倾角方向、孔深、孔底距、装药量等作出计算，并列出每个排位的计算结果表和绘制施工图。

（3）运搬。选择运搬设备、制定出矿制度、确定二次破碎方法及放矿截止品位等。

（4）采场通风。选择采场的通风系统、通风方式和通风制度，确定防尘措施以及计算所需要的风量和通风时间等。

（5）地压管理。各种采矿方法所用的地压管理方法不同，根据所选用的采矿方法进行个别设计，如空场采矿法，应先对所留矿柱进行理论计算，再对类似条件下选用的矿柱尺寸做具体分析，求得安全可靠、资源损失少的矿柱尺寸。

（6）回采工作组织。根据选定的回采工艺、各项作业应完成的工作量、完成作业的定额等，计算出工作人员数和完成作业所需要的时间，编制成回采作业循环图表。

1.3　采矿方法设计中文献分析

1.3.1　文献检索

1.3.1.1　文献检索的目的

为了对有关研究课题的现有知识进行陈述、总结与评价，需要进行文献综述。在采矿方法发展过程中，针对某一矿体条件，如"急倾斜薄矿脉"，一定有很多学者、技术人员进行过相关的研究，并发表过一定的成果。在进行课题设计之初，检索、分类阅读、陈述、分析文献，撰写文献综述，可以有效地帮助设计者更好地选择适宜的采矿方法，同时有利于设计者建立和提高认知新问题、解决新问题的能力，增强自学能力、独立科研能力和综合应用能力，对充分发挥设计者的创造力将产生积极的帮助。

1.3.1.2　文献检索的方法

文献检索的方法即查找文献的方法，往往与文献检索的主题、性质和文献检索的类型有关。基本方法有常用法、追溯法和综合法三大类。一般来说，检索途径可以分为以下四种：分类途径、主题途径、著者途径和其他途径。下面结合采矿方法方面的文献检索做简要的步骤分析。

一般英文文献检索首推 Elsevier、Springer 等，中文文献检索有中国知网、万方、重庆维普等网站。下面就基于中国知网开展中文文献检索为例说明文献检索的过程。进入中国知网页面（网址：http：//www.cnki.net/），可以通过图书馆数据库进入，找到右上方高级检索进入高级检索界面，输入内容检索条件，可以选择主题、篇名、关键词等进行检索。检索条件完成后，输入检索控制条件可以实现精准检索，可以选择检索文献的时间范围、文献来源、作者等进行精确检索，得到想检索的文献内容。

以检索"急倾斜薄矿脉"为例。首先进入高级界面，然后选择主题检索，在文献来源栏输入控制条件，如矿业工程检索常用杂志："爆破器材 + China Coal + 采矿技术 + 非金属矿 + 黄金 + 湖南科技大学学报（自然科学版）+ International Journal of Mining Science and Technology + 爆炸与冲击 + 东北大学学报（自然科学版）+ 采矿与安全工程学报 + 岩土工程学报 + 岩石力学与工程学报 + 岩土力学 + 中国有色金属学报 + 中国矿业大学学报 + 北京科技大学学报＋Journal of Hydrodynamics＋爆破＋Journal of Geriatric Cardiology＋金属矿山＋煤炭学报",进行检索,结果显示找到43篇文献,如图1.1所示。

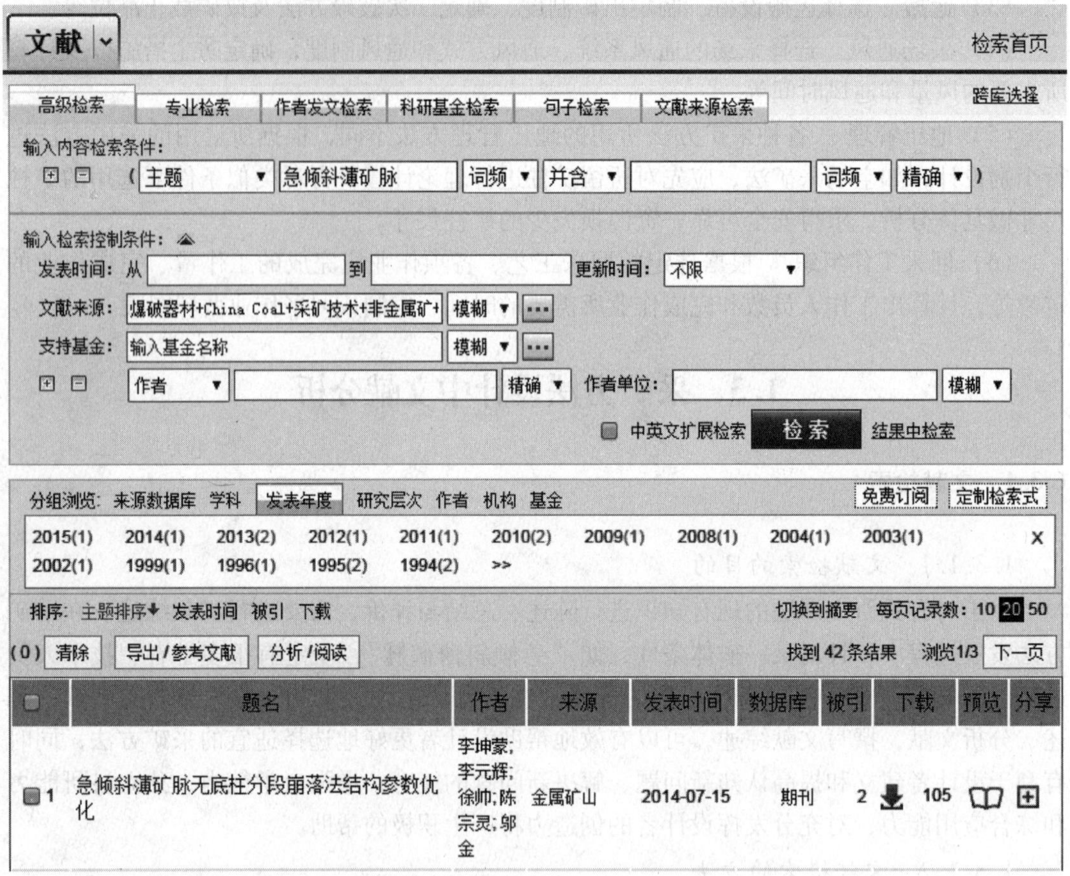

图 1.1　主题文献检索结果

按上述步骤将检索主题换为关键词检索,时间限制在2000.01.01到2015.04.12,文献来源仍以上述常用矿业工程检索杂志检索为限定对象,显示12条文献检索结果。显而易见,同一检索条件,选择的检索对象不一样,控制条件不同得到的结果也不一样。

对检索得到的文献结果,可以选择性地导出需要的文献。以主题检索结果为例,可以选择文献排序,如"被引",文章会按照被引用次数显示,然后直接下载或在文献前勾选所需文献导出即可,如图1.2所示。

在导出的界面继续勾选导出文献进入文献管理中心。选择CNKI E-Learning导出,如图1.3所示。(注:CNKI E-Learning是一款很好的文献管理器,预先在CNKI官网下载安装好。)导出后得到一个.eln结尾的文件名,可自行改名并选择文件夹存放位置并下载。完成后选择打开自动跳到CNKI E-Learning界面导入题录窗口,新建文件夹名称,如:急倾斜薄矿脉,如图1.4所示,显示导入题录成功。点击下载即可得到自己所需要的文献。此时的文献即可进行分类阅读,如图1.5所示。关于如何使用CNKI E-Learning阅读,可参照学习软件的学习单元。

排序：主题排序 ✦ 发表时间 被引 下载	第一步：选择排序方式				切换到摘要 每页记录数: 10 20 **50**				
(5) 清除 **导出/参考文献** 分析/阅读	第二步：选择所需文章，直接下载或批量选择				找到 42 条结果				

☐	题名	作者	来源	发表时间	数据库	被引	下载	预览	分享
第三步：批量导出									
☑ 1	急倾斜薄矿脉无底柱分段崩落法结构参数优化	李坤蒙;李元辉;徐帅;陈宗灵;邹金	金属矿山	2014-07-15	期刊	2	⬇ 105	📖	⊞
☑ 2	急倾斜薄矿脉深孔落矿工艺参数优化	安龙;徐帅;李元辉;张占升	东北大学学报(自然科学版)	2013-02-15	期刊	1	⬇ 187	📖	⊞
☑ 3	急倾斜薄矿脉中深孔落矿崩矿步距实验研究	安龙;邹金;徐帅;李元辉	东北大学学报(自然科学版)	2015-04-15	期刊		⬇ 36	📖	⊞
☐ 4	乳山金矿急倾斜薄矿脉开采技术研究	李振江	采矿技术	2002-06-30	期刊	4	⬇ 81	📖	⊞
☑ 5	分段凿岩阶段矿房法在急倾斜薄矿脉中的应用	陈永生;付长怀;张腾	沈阳黄金学院学报	1996-05-15	期刊	3	⬇ 111	📖	⊞
☐ 6	适合急倾斜薄矿脉机械化充填采矿法底部结构的探讨	刘海田;李卫东	黄金	1990-03-02	期刊	2	⬇ 44	📖	⊞
☑ 7	北干沟金矿急倾斜薄矿脉采矿方法优化选择	王喜兵	黄金	1995-05-20	期刊	3	⬇ 70	📖	⊞

图 1.2　下载或导出文献

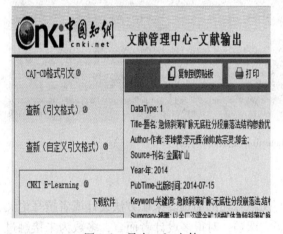

图 1.3　导出 .eln 文件

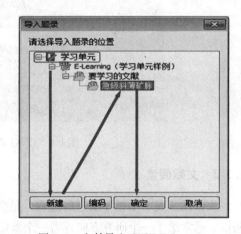

图 1.4　文献导入 CNKI E-Learning

1.3.1.3　检索文献的分类

下载完成的文献在 CNKI E-Learning 软件中即可进行分类阅读学习，按自己所需的条件新建文件夹进行分类阅读，以便迅速查找自己所学的文献。如新建国外、国内两个文件夹，将下载好的文献拖动到相应的文件夹中。阅读过程中可以进行相关文献重要性标记，添加笔记、高亮、引文预览等操作，方便一边学习一边整理，如图 1.6 所示。当然，文献的分类远不止这些，更多更详细的有关 CNKI E-Learning 文献管理的知识，读者可以自己探索，建立一套适合自己的学习方法和体系，学会在今后的学习科研道路中快速地进行文献的分类学习，以获取自己所需的重要文献信息。

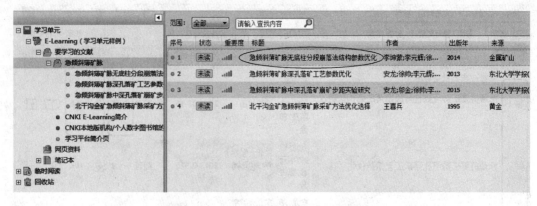

图 1.5　CNKI E-Learning 文献分类管理

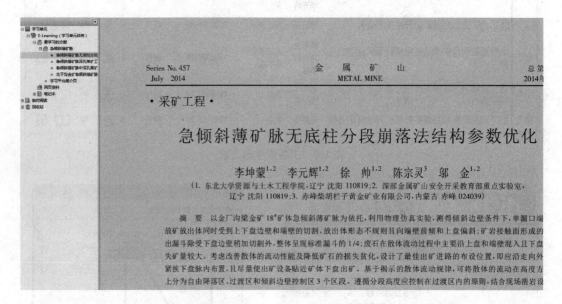

图 1.6　CNKI E-Learning 文献阅读操作

1.3.2　文献阅读

文献阅读是一个循序渐进的过程，是撰写文献综述的前提。采矿方法设计或者撰写论文初期，通常给予一个研究方向或者一个既定研究课题，对很多设计者而言，多数为未接触过的新的研究方向或新问题。对于一个抽象或具体特征的矿体条件，如何在众多采矿方法中寻找适宜的采矿方法，获取其结构参数、工艺过程等知识或对于给定的某一个研究方向，如何在大研究方向中抽丝剥茧寻找到一个有意义的、具体的研究问题，均需要阅读大量的文献来解答这个问题。对于选择什么样的具体理论去解决实际问题，也需要从阅读文献中寻求答案。

文献阅读初期主要是为了弄清楚研究对象的概念和特性，了解与自己研究方向相关的研究方法和研究成果。既定题目的情况下，力求在文献阅读初期从这些已有的文献成果中找到适合自己研究对象的方法和理论，只有研究方向不确定的情况下，才需要力求在文献阅读初期弄清楚别人研究过哪些具体问题，已有的研究中还存在哪些不足，这些不足很有可能成为自己研究的切入点。这个时期的阅读主要以概读为主，要尽可能大量地查询和阅读文献，以求更广泛和更全面地了解与自己研究方向和课题相关的既有成果。

概读文献可以首先阅读与自己研究方向相关的综述性文献。每一个研究方向，都会有相关学者发表过关于该方向研究进展的综述性文献，这些综述性文献并不涉及过多专业性的理论知识，更多的是对研究方向的背景、亟待研究的问题、已有的研究方法以及研究方向未来发展趋势的总体概括和介绍。阅读这类综述性文献可以迅速从总体上把握和了解自己的研究方向。

了解了自己研究方向的总体情况以后，就需要进一步阅读专业性、理论性较强的文献。阅读这些专业性文献时，可以首先阅读相关的博士和硕士论文。博士和硕士论文的篇幅较长，在阅读初期并不适合通篇细读，可以先关注以下几个部分。首先需要阅读的是博士和硕士论文中的研究现状部分，该部分是基于大量国内外文献阅读和凝练撰写而成的，在阅读初期应该予以浏览。硕、博论文中研究现状的阅读可以快速获得自己研究方向的总体进展，同时也为自己更快、更广泛地搜索有用的文献提供了帮助。另外，博士和硕士论文相对一般的期刊论文而言，撰写更为详细，论文中会对必要的基础理论知识进行详细的阐述。初期阅读文献时都会遇到生疏的专业词汇、未接触过的专业理论和知识，可以从博士和硕士论文的基础理论知识部分进行查询和快速掌握。这些专业知识的补充也为下一步阅读期刊中的专业文献奠定了相应的基础。

概读的最后阶段主要阅读期刊中相关性较高的学术论文。每一个研究方向都会有大量的学术论文，可以首先选取影响因子较高的期刊中引用率较高的文献阅读。对于这些期刊中的专业文献，在综述阶段可以首先关注摘要和结论部分，因为摘要和结论是整个文章的背景、方法、结果的高度凝练，初期阅读文献首先看论文的这两个部分可以提高阅读的效率。接下来可以阅读文章中的综述部分，对于文章的其他内容可以不必过分执着地要求完全阅读和理解透彻。

值得指出的是，阅读文献的过程中，在一些文献的综述部分会发现很多相关性强的论文，而这些论文很多自己都未搜索和下载。对于这类与自己研究方向密切相关的论文，可以进一步去下载和阅读，这样就快速、有效地搜索到了与研究方向最为相关的文献。

在文献综述之后，有针对性地做设计或撰写论文，可以对在文献综述中标记出的重点论文采用细读的方法进一步阅读。细读阶段就要从头至尾完整阅读文章，以更好地吸收和学习别人做科研的思路和撰写论文的方法。综述阶段，阅读的文献中可能存在研究背景和自己的研究方向相似的实例，针对这类文献要给予特别的关注，可以将这类相关性的文献标注上重点标记，在细读阶段中反复推敲和学习。

文献的阅读不能只局限于国内数据库，国外数据库中的文献同样重要。一般而言，应先对国内文献进行查阅和总结，在国内文献的阅读过程中可以掌握必要的专业术语，阅读外文文献时可以达到事半功倍的效果。外文文献的阅读初期总会有一些专业词汇初次遇到、晦涩难懂，对于很多外文专业词汇和表述，我们的专业英语课本中并不都能涉及，如果对国内文献有一定的阅读基础，在知道单词基本意思的条件下，很容易就可以联想到对应中文文献中相应的专业术语。中文和外文文献阅读的顺序一般为中文—外文—中文—外文，经过几个循环以后，就可以比较自如地对中文、外文文献进行较好的阅读和理解了。

文献阅读要养成一边阅读一边做标记的习惯。在阅读的过程中，一些内容对自己的研究有很大的启发，一些方法、理论或者表述方法和词汇有很好的借鉴价值，对于这些内容要及时地在文献中利用工具标记出来。文献阅读的过程并不能保证连续性，及时地标记可以有助于迅速回顾文章的重点，以达到快速温故知新的效果。标记的同时要将阅读文献的研究对象、研究方法、结论用自己的理解记录在新建的文献阅读记录中，值得借鉴和有启发性的内容也可以同时摘抄在阅读记录中，为文献综述的撰写奠定良好的基础。在记录中，可以按照阅读文献的题目、作者信息、文献总结和摘录这样的顺序来撰写。

不同阅读阶段对知识的把握程度不同，例如阅读初期专业知识基础相对比较薄弱，此时对文献的学习多停留在表面阶段；而随着阅读的继续开展，对专业知识的获取不断增多，此时对文献中的理论和成果理解更为透彻，对自己的启发也与初期有所不同。因此，任何知识的接受都有一个循环往复的过程，文献的阅读并不是一次阅读后就可以吸收和发现所有的知识点，在不同阶段阅读同一篇文献需要选择性地反复研读不同的部分。哲学中讲到事物的发展过程都是循环往复、曲折向前的，文献阅读也是一样的，都要经过初期晦涩、难懂的概读到最后清晰、易懂的细读，初期的难懂是必须要经历的阶段，只有坚持下去才会有收获。学习岩石力学的课程中，有一种实验叫做不断增大荷载的循环加卸载，岩石在不断的加载、卸载过程中达到最终的破坏。对于加载步骤的设计，每个实验者都有所不同，但最终的结果都是达到岩石的破坏。阅读文献也是这样的，因人而异，不同的知识积累经过的循环次数有所不同，但经过多次概读和细读的循环之后，总会达到对总体研究现状的最终把握。

1.3.3　文献综述

文献综述的撰写是文献阅读的一种成果的体现，是对文献阅读的总结和凝练。如果在文献阅读过程中做了详细的笔录，文献综述的撰写相对而言就较为容易。

文献综述主要包括引言部分和主题部分。引言部分即研究背景部分，首先要指出实际工程中存在什么样的问题，以引出为何要开展自己要研究的问题。有些研究背景的撰写要引用大量的工程实例，可以将文献阅读笔录中的研究对象部分提炼出来，作为该部分引证的内容。其次，要阐述所研究问题的最终目的和必要性。这部分内容撰写的关键在于对文献的理解和把握。

文献综述的主题部分是文献综述的主要内容部分。主题部分主要对已有文献的研究对象和研究方法进行总结。撰写该部分时可以首先将阅读的所有论文进行分类，例如可以按照研究对象、试验研究类、数学模型研究类、数值模拟研究类进行区分。按照这些分类首先列出文献综述的几个小标题。根据这几个标题，按照文献论文撰写时间，将阅读论文时摘抄的笔录凝练后放入设计或论文中，就形成了一个简单的国内外研究现状的总结。

撰写文献综述的最终目的是要对阅读过的相关文献进行总结，找到自己研究方向的切入点和研究方法。因此，在主体部分对已有研究文献总结的基础上要提炼出有待进一步研究的不足之处。研究的不足之处可以体现在研究对象、研究方法等多个方面。例如，一个整体由 A、B、C 三个部分组成，其中 A 和 C 已有了大量的研究，但是 B 的研究较少，而 B 对 A 和 C 或者对整体有较为重要的影响。又如，对于某个研究对象而言有多个数学模型对其进行描述，但是已有的数学模型中做了一些假设，这些假设中的某一个假设并不适合于自己的研究对象。

最后，需要指出的是撰写文献综述尽量采用客观的表达词汇，尽量避免出现主观性较强的词汇。一切结论以现有的文献研究现状作为依据，尤其对研究不足之处的撰写要尤为客观和认真。综上所述，大量、全面的文献阅读是做好文献综述的前提，文献综述的撰写是选取研究方向和做好设计或论文的前提，只有做好文献的阅读和文献综述，才能顺利地做出合格的设计或论文。

1.3.4　文献分析示例

（1）文献来源。

［1］安龙，徐帅，李元辉，张占升．急倾斜薄矿脉深孔落矿工艺参数优化［J］．东北大学学报（自然科学版），2013，02：288～292.

（2）文献中对采矿方法介绍。

1）矿体条件。

金厂沟梁金矿18号矿脉，矿体厚度0.69～3.65m，平均2m，平均品位1.49g/t，产状走向320°，倾向SW，倾角55°～75°，脉壁光滑呈舒缓波状，下盘围岩极不稳固，属于典型的急倾斜薄矿脉。

2）采矿方法。

采用中深孔落矿的无底柱分段崩落法进行回采，如图1.7所示。

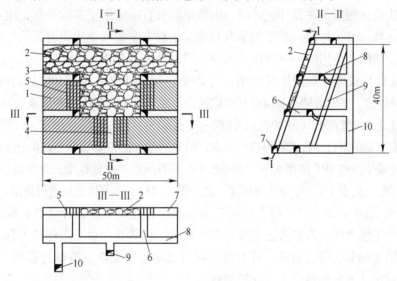

图1.7　采矿方法图

1—矿体；2—覆盖岩；3—残留矿石；4—切割井；5—炮孔；6—出矿穿脉；
7—分段凿岩巷道；8—分段运输巷道；9—溜井；10—设备井

3）技术参数。

选择六采区七中段矿体作为试验矿块。矿块长40m，中段高度40m，中段划分为3个分段，分段高度为13.3m，宽为矿体厚度1.2～2m。在每个分段下盘脉外，距离矿体4～8m处布置脉外运输巷道，在矿体内部沿脉布置凿岩巷道；每隔6～8m施工穿脉巷道，尺寸为2.5m×2.5m。脉外运输巷道外每隔30m施工平行矿体的矿石溜井，每隔50m施工人行通风设备井。在凿岩巷道内每隔40m紧贴上盘脉外施工切割井。以切割井为自由面进行拉槽，以切割槽为自由空间进行回采爆破，利用YGZ-90型凿岩机钻凿上向平行炮孔，钻孔直径 60mm，炮孔按两种方式布置：最小抵抗线 1.2m，"之字形"布置，在同一条斜线上两孔同时起爆；最小抵抗线 1m，"梅花形"布置，正三角形的三个孔同时起爆，炮孔平行于切割井，倾角 60°。双向后退式回采，上分段要超前下分段进行回采，超前距离为 20～30m。采用扒渣机辅助装矿，人工推车出矿，经出矿穿脉、溜井下放到阶段运输巷道，由电机车牵引矿车运出。

（3）文献评述。

急倾斜薄矿脉由于矿体狭窄，施工同样的采切工程量，同等采高的条件下可采矿量少，以至采切工程量大；较小的可采空间致使无法开展大规模机械化作业，造成生产自动化程度低，生产能力小；爆破工作极易将上下盘围岩崩落，造成资源的损失与贫化。急倾斜薄矿脉开采的发展趋势必然是采用中深孔凿岩落矿、机械化运搬的高产能、高安全性的无底柱分段崩落法。针对薄矿脉爆破的夹制作用，设计了"之字形"与"梅花形"两种布孔参数，计算结果表明，"之字形"布孔对克服窄矿脉爆破夹制作用效果更好。

1.4　采矿方法设计考核

采矿方法设计的成果在设计、科研、生产单位可直接应用于实际生产，生产指标是检验设计是否合理的唯一标准。对于初学者和采矿工程专业在校学生而言，采矿设计的考核是反映专业技能综合应用的一项指标，需要指导教师进行考核。

采矿方法设计成绩评定按平时成绩（占 20%）和设计成果（占 50%）、答辩成绩（占 30%）三部分评定。平时成绩按参与设计的积极性、独立思考和解决问题的能力与出勤等情况综合评定。设计成果按图纸（占 40%）、说明书（占 60%）两方面综合评定，说明书编写要按照课程设计编写实例进行，版式等要符合要求，语句通顺；图纸要按照相应的比例绘制，应符合规范。答辩成绩按照 PPT 制作水平、表述水平、回答问题的准确程度三个方面予以评定。设计成绩评定打分表见表 1.1。最终成绩按优、良、中、及格、不及格五级进行评定。

（1）优秀（90～100 分）。按设计任务书要求圆满完成规定设计任务；综合运用知识能力和实践动手能力强，采矿方法选择合理；设计态度认真，独立工作能力强。设计报告条理清晰、论述充分、图表规范、符合设计报告文本格式要求。答辩过程中，思路清晰、论点正确、对设计方案理解深入，问题回答正确。

表 1.1　设计成绩评定打分表

姓名＿＿＿＿＿＿＿＿＿　学号＿＿＿＿＿＿＿＿＿

成绩组成	评分内容	标准	得分
平时成绩 20 分	参与采矿方法设计的积极性 5 分	（1）各阶段提交作业的及时性	
		（2）文献综述的质量	
		（3）学习态度	
	出勤情况 5 分		
	独立思考、解决问题的能力 10 分	（1）是否有独立的见解	
		（2）是否提出组合采矿方法或采矿方法的变形方法	

续表 1.1

成绩组成	评分内容	标准	得分
说明书 30 分	说明书规范程度 30 分	（1）设计报告结构是否合理、条理是否清晰（0~10）	
		（2）论述是否充分，逻辑是否严谨（0~10）	
		（3）版式是否正确（0~10）	
图纸 20 分	图纸绘制 15 分	（1）图面布局是否合理，正视、俯视、侧视是否齐全（0~5）	
		（2）尺寸标识是否齐全、正确（0~3）	
		（3）图纸是否符合设计要求，功能是否表述清楚（0~3）	
		（4）线条、字体、字号是否得当，粗细是否合适，图面是否整洁，签名是否完整（0~4）	
	图纸输出 5 分	图框、图签比例是否得当（0~5）	
答辩成绩 30 分	PPT 制作 10 分	（1）版面设计和谐美观，布局合理，幻灯片内容紧凑且互相连贯、协调（0~5）	
		（2）文字清晰、字体设计恰当、色彩搭配合理、风格统一，视觉效果好，符合视觉心理（0~5）	
	PPT 讲述 10 分	（1）语言规范（普通话）、声音洪亮圆润、吐字清晰、表达准确、无口头语（0~4）	
		（2）精神饱满，能较好地运用姿态、动作、手势、表情，表达对设计的理解（0~3）	
		（3）时间把握合理，总答辩时间不超时（0~3）	
	回答问题 10 分	（1）正确理解评委提问：对评委问题的要点有准确的理解，回答问题具有针对性而不是泛泛而谈（0~3）	
		（2）及时流畅做出回答：能在评委提问结束后迅速做出回答，回答内容连贯、条理清楚（0~3）	
		（3）回答问题准确可信：答案建立在准确的事实和可信的逻辑推理上（0~4）	
合计			

（2）良好（80~89 分）。按设计任务书要求完成规定设计任务；综合运用知识能力和实践动手能力较强，采矿方法选择较合理；设计成果质量较高；设计态度认真，有一定的独立工作能力。设计报告条理清晰、论述正确、图表较为规范、符合设计报告文本格式要求。答辩过程中，思路清晰、论点基本正确、对设计方案理解较深入，主要问题回答基本正确。

（3）中等（70~79 分）。按设计任务书要求完成规定设计任务；能够一定程度地综合运用所学知识，采矿设计基本合理，有一定的实践动手能力；设计成果质量一般；设计态度较为认真。设计报告条理基本清晰、论述基本正确、文字通顺、图表基本规范、符合设计报告文本格式要求，但独立工作能力较差。答辩过程中，思路比较清晰、论点有个别错误，分析不够深入。

（4）及格（60~69 分）。在指导教师及同学的帮助下，能按期完成规定设计任务；综合运用所学知识能力及实践动手能力较差，设计方案基本合理；设计成果质量一般；独立工作能力差；或设计报告条理不够清晰、论述不够充分但没有原则性错误、文字基本通顺、图表不够规范、符合设计报告文本格式要求；或答辩过程中，主要问题经启发能回答，但分析较为肤浅。

（5）不及格（60 分以下）。未能按期完成规定设计任务；不能综合运用所学知识，实践动手能力差。设计方案存在原则性错误，计算、分析错误较多；或设计报告条理不清、论述有原则性错误、图表不规范、设计成果质量很差；或答辩过程中，主要问题阐述不清，对设计内容缺乏了解，概念模糊，问题基本回答不出。

1.5　采矿方法设计日程安排

对学生而言采矿方法设计 36 学时，每周 12 学时，工作计划及工作量分配如表 1.2 所示。

表 1.2　课程设计日程安排表

序号	设计内容	设计图纸		设计说明书页数	设计时间（天数）
		图纸名称	图纸张数		
1	第 1 章　矿山开采设计条件 1.1　基本条件 1.2　开采技术条件 1.3　设计资料补充与完善 1.4　文献综述	中段平面图 剖面图	2~3	8~10	2
2	第 2 章　采矿方法比较 2.1　采矿方法初选 2.2　初选 A 方法 （1）结构参数 （2）底部结构类型与尺寸 （3）采切工程位置与尺寸 （4）采矿方法三视图 （5）采准系数、采切费用 （6）回采设计 （7）生产能力 （8）贫损指标 （9）直接成本 （10）安全性定性评价 2.3　初选 B 方法 2.4　采矿方法优选	采矿方法三视图 切割工程布置 炮孔设计图 工作循环图表 底部结构布置图 矿房通风示意图	2~3	20~40	2
3	第 3 章　矿块施工设计	中段平面布置 剖面设计 坐标信息表 工程量信息表	1 1 1 1	5~8	4
4	文档整理、排版、输出				2
5	合　计		11~12	33~58	12

2 采矿方法选择

采矿方法在矿山生产中占有十分重要的地位，对矿山生产过程中许多指标如生产规模、损失率、贫化率、劳动生产率、成本及安全生产条件等都有非常重要的影响。采矿方法选择的合理、正确与否将直接关系到企业的经济效益。

2.1 采矿方法选择的程序

采矿方法选择的程序如下：

（1）分析地质报告。经行政审批部门批准的地质报告是采矿方法选择最重要的资料，针对地质报告应着重从以下方面进行分析：

1）矿体的赋存特点：矿体厚度、倾角的变化范围及规律，矿石和围岩接触面的形状、分界是否明显；

2）矿区岩石力学特征：矿区岩石力学测定数据，包括岩石物理力学性质，如抗压强度、弹性模量、泊松比、最大主应力的方向和数值、岩石的可钻性和可爆性资料、矿岩可能允许暴露面积的大小、围岩稳固性情况等；

3）矿石储量和品位，金属含量的均匀程度及变化规律，不同品位和品级矿石分采的可能性，不同品级矿石的价值等；

4）矿体埋藏深度和矿区水文地质情况；含水层分布规律和水力联系对未来开采的影响程度；隔水层的产状和分布规律等；

5）矿区开采范围内是否有需保护的河流、湖泊、村庄、铁路、公路等重要建构筑物；

6）矿石及围岩中硫和碳的含量、矿石自燃结块性、放射性元素的含量及其分布规律等。

（2）了解选矿工作对采矿的需求：

1）选矿厂或冶炼厂对矿石的品级、块度要求；

2）选矿工艺、选矿产物是否有毒有害，是否可以用于充填；

3）尾矿的产率及其粒级分析资料等。

（3）调查采矿设备供应情况。了解地下开采过程中凿岩、爆破、运搬、支护、通风、充填等有关设备的型号、价格及供应情况，特别是拟采用国外设备时，更应详细了解和分析厂家、型号、性能、价格和发展趋势等情况。同时，查阅国内外新的采矿工艺、设备及发展趋势方面的资料。

2.2 采矿方法选择的影响因素及革新

2.2.1 采矿方法选择的影响因素

影响采矿方法选择的因素很多，归纳起来主要有地质条件和一些特殊要求的限制。

2.2.1.1 地质条件及其对采矿方法选择的影响

矿床的矿体形态、厚度及倾角等赋存要素对采矿方法的选择有直接影响。

A 地质条件

a 矿体厚度

矿体厚度划分参考表2.1。

表2.1 不同设计资料中对厚度的划分标准

序号	矿体厚度类别	矿体厚度范围/m	
		《采矿设计手册》[2]	《金属矿床地下开采》[14] 《矿床地下开采理论与实践》[15]
1	极薄矿脉	<0.8	<0.8
2	薄矿脉	0.8~5.0	0.8~5.0
3	中厚矿床	5~15	5~(15~20)
4	厚矿床	15~50	(15~20)~50
5	极厚矿床	≥50	>50

b 矿体形态

（1）层状矿床。多为沉积或变质沉积矿床，其特点是矿床赋存条件（厚度、倾角等）和有用矿物的组分较稳定，变化小。多见于黑色金属矿床和非金属矿床。

（2）脉状矿床。矿床成因主要是热液、气化作用，使矿物充填于地层的裂隙中。其特点是矿床与围岩接触处有蚀变现象，矿床赋存条件稳定性差，有用成分的含量不均匀。有色金属、稀有金属及贵重金属矿床多属此类。

（3）透镜状、囊状矿床。矿床主要是充填、接触交代，分离和气化作用形成的矿床。它的特点是矿体形状不规则，矿体与围岩界限不明显。某些有色金属矿（如铜、铅锌等）即属此类。

c 矿体倾角

矿体倾角划分参考表2.2。

表2.2 不同设计资料矿体倾角的划分

序号	矿体倾角类别	矿体倾角范围	
		《采矿设计手册》[2]	《金属矿床地下开采》[14] 《矿床地下开采理论与实践》[15]
1	水平和微倾斜矿床	0°~3°	0°~5°
2	缓倾斜矿床	3°~30°	5°~30°
3	倾斜矿床	30°~50°	30°~55°
4	急倾斜矿床	>50°	>55°

d 矿岩允许暴露面积

矿岩允许暴露面积取决于矿岩的稳固性，见表2.3。

其中，阶段矿房法矿岩允许暴露面积见表2.4。

表 2.3　矿岩稳固性分类表

序号	允许暴露面积类别	允许暴露面积范围/m²	
		《采矿设计手册》[2]	《金属矿床地下开采》[14]《矿床地下开采理论与实践》[15]
1	极不稳定矿床	顶板不允许暴露	不允许暴露，需超前支护
2	不稳定矿床	<10（长时间暴露仍需支护）	<50
3	中等稳定矿床	<200	50～200
4	稳定矿床	<500	200～800
5	很稳定矿床	500～1000	500～800
6	极稳定矿床	>1000	>800

表 2.4　国内金属矿山阶段矿房法矿岩允许暴露面积

岩体暴露位置	矿岩稳定程度		
	矿岩均稳定/m²	矿石很稳固、岩石稳固/m²	岩石均很稳固/m²
上盘岩石	1500～2000	2000～2500	2500～5000
矿石顶板	≤800	800～1000	1500～1800

B　对采矿方法选择的影响

地质条件对采矿方法的选择起控制作用，一般根据矿体的产状、矿石和围岩的物理力学条件就可以初选出 3～5 种采矿方法。

（1）在矿石和围岩的物理力学性质中，稳固性是关键因素，它决定着采场地压管理方法、采矿方法的类型、采场构成要素及落矿方法，它们对采矿方法的影响见表 2.5。

表 2.5　矿岩稳固性对采矿方法选择的影响

稳　固　性		较适应的采矿方法
矿石	上盘围岩	
稳固	稳固	空场法
稳固	不稳固	崩落法、充填法
中等稳固或不稳	稳固	分段法、阶段矿房法、阶段自然崩落法
不稳固	不稳固	下向进路充填法、分层崩落法

（2）矿体倾角和厚度的影响：矿体倾角主要影响矿石在采场内的运搬方式。急倾斜矿体，倾角大于 55°时，可利用矿石自重运搬；缓倾斜矿体可用电耙运搬；倾角小于 10°的矿体，可采用无轨设备运搬等。矿体厚度影响采矿方法和落矿方式的选择以及矿块的布置方式等，如表 2.6 所示。

表 2.6　根据矿体产状可能采用的采矿方法

项　目	采　矿　方　法			
	水平矿体 0°～3°	缓倾斜矿体 3°～30°	倾斜矿体 30°～50°	急倾斜矿体 >50°
极薄矿体 <0.8m	削壁充填法	削壁充填法	上向倾斜削壁充填法	留矿法，上向分层充填法、削壁充填法

项目	采矿方法			
	水平矿体 0°~3°	缓倾斜矿体 3°~30°	倾斜矿体 30°~50°	急倾斜矿体 >50°
薄矿体 0.8~5m	全面法、房柱法、壁式崩落法	全面法、房柱法、壁式崩落法、进路充填法等	爆力运搬法、分层崩落法、上向进路充填法、下向分层充填法等	分段矿房法、留矿法、分层崩落法、上向分层（水平分层进路充填法、分段充填法、留矿采矿嗣后充填法等）
中厚矿体 5~15m	房柱法	房柱法，分段矿房法，分层崩落法，上向、下向进路充填法，分段充填法，倾斜分层充填法	爆力运搬法、分层、分段崩落法、分层、分段充填法等	分段矿房法、留矿法，分层、分段崩落法，分层（上向分层、上向进路，下向分层）充填法，分段充填法，留矿采矿嗣后充填法等
厚矿体 15~50m	分段矿房法、阶段矿房法、分层崩落法、分段崩落法、阶段崩落法、分层充填法、阶段充填法等	分段矿房法、阶段矿房法、分层崩落法、分段崩落法、阶段崩落法、点柱充填法、阶段充填法等	分段矿房法、阶段矿房法、分段崩落法、分层崩落法、阶段崩落法、点柱充填法、上向分层充填法、阶段充填法等	分段矿房法，阶段矿房法，分层、分段崩落法，阶段崩落法，上向分层充填法，阶段充填法等
极厚矿体 >50m	阶段矿房法、分段崩落法、阶段崩落法、阶段充填法等			

（3）矿体形状和矿石与围岩的接触情况，影响采矿方法的落矿方式、矿石运搬方式和贫化损失指标。如接触面不明显、矿体形状不规则，起伏较大时，采用大直径深孔落矿会引起较大的损失贫化；底板起伏较大会影响无轨出矿设备的使用和爆力运搬矿石，甚至采用留矿法的效果也很差。在极薄矿脉中，矿体的形状是否规整，接触界线是否明显，影响削壁充填采矿法等的采用。

（4）矿石的品位及价值：开采品位较高的富矿和贵重、稀有金属时，往往要求采用回收率高、贫化率低的采矿方法，这类采矿方法的成本尽管比较高，但提高出矿品位和多回收各种金属所获得的经济效益会超过采矿成本的增加。反之，则应采用成本低、效率高的崩落采矿法。

（5）如果矿物及品位在矿体中的分布比较均匀，一般不必采用选别回采的采矿法；若矿体很大，不妨使用崩落法。相反，如果矿体的形态变化大，矿物及品位在矿体中的分布也不均匀，或者矿体的边界不清楚，必须配合周密的取样、化验后才能定出矿体边界时，用崩落采矿法往往不很成功，而要考虑采用能剔除夹石或分采的采矿方法。

当在同一矿床中具有品位不同且相差很悬殊的多个矿体时，可以采用不同的采矿方法，或采用先采富矿暂时保留贫矿的充填采矿法。

（6）当矿体埋藏深度超过 500~800m 时，因地压增高，有时会产生岩爆现象，采用崩落法及充填法较为适宜。

根据矿岩稳固性、矿体厚度和倾角，可能采用的采矿方法参考表 2.7 选取。

表 2.7　采矿方法分类

矿体倾角	矿体厚度	采矿方法			
		矿石稳固、围岩稳固	矿石稳固、围岩不稳固	矿石不稳固、围岩稳固	矿石不稳固、围岩不稳固
缓倾斜	薄、极薄	全面法、房柱法	单层崩落法、垂直分条充填法	垂直分条充填法、全面法、单层崩落法	垂直分条充填法、单层崩落法
	中厚	分段矿房法、房柱法、全面法	分段、阶段矿房法，分层崩落法，有底柱分段崩落法，分层充填法，锚杆房柱法	分段矿房法、上向进路充填法、垂直分条充填法	有底柱分段崩落法、分层崩落法、垂直分条充填法
	厚和极厚	阶段矿房法，分段、阶段崩落法，上向分层充填法	分段、阶段崩落法，上向分层充填法	上向进路充填法，分段、阶段崩落法	分段、阶段崩落法，分层崩落法，下向充填法，上向进路充填法
倾斜	薄、极薄	全面法、房柱法	垂直分条充填法、上向分层充填法、单层崩落法	上向进路充填法、分段矿房法、分段崩落法、全面法	分层崩落法、上向进路充填法、下向分层充填法、分段崩落法
	中厚	分段矿房法	有底柱分段崩落法、上向分层充填法	上向进路充填法、分段矿房法、有底柱分段崩落法	有底柱分段崩落法、下向分层充填法、上向进路充填法、分层崩落法
	厚和极厚	阶段矿房法、分段矿房法	分段、阶段崩落法、上向分层充填法	上向进路充填法、分段矿房法、分段、阶段崩落法、下向分层充填法	分层崩落法、上向进路充填法、下向分层充填法、分段、阶段崩落法
急倾斜	极薄	削壁充填法、留矿法	削壁充填法	上向进路充填法、下向分层充填法	下向分层充填法、上向进路充填法
	薄	留矿法，分段、阶段矿房法	上向分层充填法，分层崩落法、分段崩落法	上向进路充填法、分层崩落法、分段崩落法、分段矿房法	上向进路充填法、下向分层充填法、分层崩落法、分段崩落法
	中厚	分段矿房法、阶段矿房法、分段崩落法	分段矿房法、上向分层充填法、分段崩落法	上向进路充填法、下向分层充填法、分层崩落法、分段崩落法、分段矿房法	下向分层充填法、上向进路充填法、分层崩落法、分段、阶段崩落法
	厚和极厚	阶段矿房法，分段、阶段崩落法	分段矿房法，分段、阶段崩落法、上向分层充填法	上向进路充填法、下向分层充填法、分层崩落法、分段、阶段崩落法	分段、阶段崩落法，下向分层充填法、上向进路充填法、分层崩落法

2.2.1.2　开采技术条件对采矿方法选择的影响

某些特殊要求可能是采矿方法选择的决定性因素。

（1）地表是否允许陷落。当矿体开采以后，在地表移动带范围内如果有公路、铁路、河流、村镇、居民区、风景区、文化遗址等或者地表是森林、绿色植被或农田水利设施（包括水库、堤坝等），在选择采矿方法时就要优先考虑能保护地表的采矿方法，如充填法和空场嗣后充填法等，而不能采用崩落法。

（2）加工部门对矿石质量的特殊要求。矿石品位及品级是某些加工部门的特殊要求，如直接入炉冶炼富铁矿石、耐火原料矿石，对品位、品级有害成分都有特殊要求，因此对矿石贫化率的要求比较严格，不能选取贫化率可能超过某些范围的采矿方法。

矿石的块度不仅关系到箕斗提升、矿车规格、选矿加工部门的设备型号、工厂规模和经济效果，而且与采场凿岩爆破参数有密切关系，有时影响到采矿方法的选取。如规模很小的选矿厂，采用块度较大的大直径深孔落矿或中深孔落矿的采矿方法可能就是不合适的。

（3）有某种特殊危害的矿山。矿石中硫含量高（或硫、碳均高）、有结块自燃的或者有发火危险的煤系地层围岩，应优先采用充填法或预灌浆的分段崩落法，避免采用留矿法、大量崩落的采矿法。

若开采含放射性元素的矿石，一般采用通风条件较好的充填法。

（4）国家的某些特殊要求。国家对某些原料的规模或金属量、损失率等有特殊要求时，凡是不能满足这些要求的采矿方法都不予考虑。

2.2.2　采矿方法革新

采矿方法对矿山企业的重要程度不言而喻，但每个矿山的采矿方法也不是一成不变的，其主要原因有以下几个方面：

（1）选择的采矿方法所依据的地质条件（矿体形态、矿石品位、矿岩的稳固性）发生变化，导致原来的采矿方法不再适用当前的开采技术条件，此时，需要选择新的采矿方法。

（2）采矿方法选择全过程包括：研究地质资料→选择采矿方法→基建施工→采矿方法试验→试生产→投产。在实际工作中由于某些环节缺少，导致实际应用效果较差，需要重新选择采矿方法。

（3）设备更新、技术进步导致工艺变革，进而需要重新选择采矿方法。某些新的采矿工艺或设备取代原有的工艺或设备会给企业带来更好的经济效益。这种变化和取代是必要的、正常的，但在客观上也是造成采矿方法多变的原因之一。

（4）外部环境变化导致生产能力需要扩大、生产系统变革，要求革新采矿方法以适应生产需求。外部经济、市场环境的变化导致需要扩大产能，或者采用充填方法避免地表下沉等新的需求，导致了采矿方法的革新。

2.3　采矿方法初选

2.3.1　采矿方法选择的准则

选择一个合理的采矿方法必须满足下列条件：

（1）生产安全。这是首要要求，必须保证劳动者在开采过程中作业安全，当发生地下工程灾害时，应能及时撤离作业区；保证地下各种设备、基本井巷、硐室和构筑物在使用过程中不受破坏；需保护的地表建筑物和构筑物不因采矿活动而受到破坏等。

（2）具有合理的采矿强度。它在一定程度上对矿山的安全和经济效益有积极的作用。当国家对某种矿石在时间及数量上有特殊需要时，采矿方法的采矿强度就成为一个很重要的要求。

（3）应充分利用矿石中有用成分，应尽可能地提高矿石品位及伴生的贵重稀有金属的矿石回收率，降低贫化率。对有特殊要求的矿种需考虑分采、分选的可能性。

（4）要求采矿方法工艺成熟可靠，采场结构简单合理，回采设备耐用高效，采准切割工作量小，劳动生产率高，能耗少、成本低。

（5）主要技术经济指标一般应留有余地，既要考虑技术进步，积极采用新工艺、新设备，又要留有应变的余地。

2.3.2　采矿方法初选的步骤

（1）按照地质报告和现场踏勘所收集到的岩石力学资料，对矿岩的稳固程度、采场空区允许暴露面积、顶板暴露最大跨度等做出估计。有条件时可用数值分析方法验证采场的尺寸和稳定性。

（2）按照各矿体的横剖面、纵投影和阶段平面图，按设计要求的厚度、倾角范围进行统计，确定各种范围矿段分布、比重，分别选择不同的采矿方法或采场构成要素。

（3）根据采矿方法选择的因素、条件和步骤（1）、（2）分析统计的资料及表2.1、表2.2的条件，分析研究选择的否决条件和控制条件，结合文献分析，就可以优选出几个可行的方案，再按其倾角和厚度就容易进行采矿方法的分组（即分层、分段、阶段）。分组一般又与辅助条件有某些对应性的关系，如表2.7所示。这样可删去一批不合适的方案。对有代表性的可行性方案，绘制采矿方法标准图，并选定有关技术经济指标。在一般采矿方法的选择过程中，空场法易于选择和比较，在崩落法和充填法之间则往往难于从技术上进行区分。

2.4　采矿方法技术经济比较内容

（1）采矿方法技术比较主要内容包括：

1）损失率；

2）贫化率；

3）采准系数、采切比；

4）矿块生产能力；

5）劳动生产率；

6）采矿工艺过程的繁简和生产管理的难易程度；

7）作业安全、通风等条件的好坏等。

（2）采矿方法经济比较内容包括：

1）采切费用；

2）直接成本。

2.4.1　贫损指标确定

贫损指标的定义及基本计算方法如下：

（1）损失率和废石混入率等计算。

矿石损失率：

$$S = Q_s/Q \times 100\% \tag{2.1}$$

$$S = \left(1 - \frac{C_c - C_y}{C - C_y} \times \frac{Q_c}{Q}\right) \times 100\% \tag{2.2}$$

废石混入率：

$$Y = Q_y / Q_c \times 100\%$$ (2.3)

$$Y = \frac{C - C_c}{C - C_y} \times 100\%$$ (2.4)

矿石回收率：

$$H_k = (Q - Q_s) / Q \times 100\%$$ (2.5)

$$H_k = (1 - S) \times 100\%$$ (2.6)

矿石贫化率：

$$P = (C - C_c) / C \times 100\%$$ (2.7)

式中　Q——矿石工业储量，t；

　　　Q_c——采出的矿石量，t；

　　　Q_s——损失的纯矿石量，t；

　　　Q_y——混入采出矿石中的废石量，t；

　　　H_k——矿石回收率，%；

　　　C——工业储量中矿石的品位。（即工业储量品位，由地质化验资料取得），%；

　　　C_c——采出矿石（包括混入岩石）的品位，%；

　　　C_y——采出矿石（包括混入废石）的品位（由采矿过程中取样化验取得），%。

（2）矿块贫化率与损失率计算

矿块的贫损指标计算，二步骤开采时通常包括矿房与矿柱两部分，此时，计算公式如下。一步骤开采时，则直接按公式（2.1）~公式（2.7）计算。

1）矿块的贫化率：

$$P = \frac{\gamma_1 Q_1 + \gamma_2 Q_2 + \gamma_3 Q_3}{Q_1 + Q_2 + Q_3}$$

或

$$P = \gamma_1 n_1 + \gamma_2 n_2 + \gamma_3 n_3$$ (2.8)

式中　γ_1，γ_2，γ_3——矿房、间柱、顶底柱的贫化率，%；

　　　Q_1，Q_2，Q_3——矿房、间柱、顶底柱的工业矿量，万吨；

　　　n_1，n_2，n_3——矿房、间柱、顶底柱的矿量百分比。

2）矿块的损失率：

$$P = \frac{P_1 Q_1 + P_2 Q_2 + P_3 Q_3}{Q_1 + Q_2 + Q_3}$$

$$P = P_1 n_1 + P_2 n_2 + P_3 n_3$$ (2.9)

式中　　　P——矿块的损失率，%；

　　　P_1，P_2，P_3——矿房、间柱、顶底柱的贫化率，%；

　　　Q_1，Q_2，Q_3——矿房、间柱、顶底柱的工业矿量，万吨；

　　　n_1，n_2，n_3——矿房、间柱、顶底柱的矿量百分比。

初选方案时贫损指标的计算，通常损失率可以根据设计的工艺过程进行初算，但贫化率通常在设计阶段很难直接计算，需要在矿块试验开展之后，进行取样化验，才能获得真实数据。所以，设计计算需要根据类似矿山、类似矿体条件下进行类比法选择。常用采矿方法的贫损指标如表2.8所示。

表 2.8　各种采矿方法损失、贫化推荐指标

采矿方法			开采条件	损失率/%	贫化率/%	备注
空场采矿法		全面法	倾斜、缓倾斜中厚及薄矿体	6~10	10~15	浅孔落矿
		房柱法	缓倾斜连续中厚矿体、缓倾斜不连续中厚矿体	15~20 5~10	8~10 8~10	矿柱不回采，浅孔落矿 围岩较稳固
		中深孔房柱法	缓倾斜中厚矿体	10~15 8~12	8~10 5~8	普通中深孔落矿先拉顶预控
		分段空场法	急倾斜厚矿体 倾斜中厚矿体	10~15 6~8	8~10 6~15	中深孔落矿爆力运搬
		阶段矿房法	急倾斜厚大矿体	10~15	15~20	深孔落矿
		深孔球状药包后退式阶段矿房法（即 VCR 法）	急倾斜、倾斜厚矿体	5~7	8~10	胶结充填矿房及矿柱
		留矿法	急倾斜薄到中厚矿体	8~15 5~8	8~10 60~70	普通浅孔留矿法 混采，留矿柱
			急倾斜极薄矿脉	6~10	50~55	混采，不留矿柱
崩落采矿法		壁式崩落法	缓倾斜中厚以下矿体	10~17	5~7	浅孔落矿
		分层崩落法	缓倾斜中厚矿体 倾斜、急倾斜中厚矿体	5~12 5~8	6~12 5~8	金属网假顶 柔性假顶
		有底柱分段崩落法	急倾斜厚大矿体 缓倾斜厚矿体 缓倾斜中厚矿体	10~20 10~20 15~20	15~18 15~20 15~25	中深孔落矿 中深孔落矿 单分段中深孔落矿
		无底柱分段崩落法	急倾斜厚大矿体 缓倾斜厚大及倾斜中厚矿体	15~18 15~20	15~20 15~25	中深孔 中深孔
		阶段强制崩落法	倾斜厚大矿体	15~20	15~25	深孔落矿
		阶段自然崩落法	厚大矿体	10~15	10~20	国外矿山资料
充填采矿法	上向水平分层充填法	干式充填	急倾斜、倾斜中厚矿体	5~9	7~10	有混凝土隔墙垫层
		胶结充填	急倾斜、倾斜中厚矿体	5~7	6~9	
		胶结与尾砂充填	厚大矿体	5~7	7~10	矿房矿柱分别用胶结充填与全尾砂充填
		削壁胶结充填	倾斜、急倾斜薄和极薄矿体	6~10	8~10	极薄矿体实际贫化较大
		点柱充填法	急倾斜厚大、缓倾斜中厚矿体（尾砂充填）	15~20	5~7 7~10	有胶结面时 无胶结面时
	下向水平分层充填法		急倾斜、缓倾斜中厚及厚矿体（胶结充填）	4~6	5~7	进路式回采
	壁式充填法		缓倾斜中厚矿体薄及极薄矿脉	5~8 4~6	7~9 8~10	进路回采，壁式推进（水砂充填）削壁胶结充填（实际贫化较大）

2.4.2 采切比

进行采矿方法技术经济比较时，根据矿体开采技术条件初选 3~5 种采矿方法。利用文献分析及类似矿山比较，筛选出 2~3 个难以决策的可行采矿方法后，布置采准、切割工程，绘制其典型采矿方法三视图，以矿块（采区）为单元，计算采切工程量和采切比，统计采切费用。同时，可对比参照国内类似矿山典型采矿方法的采切比进行检验。

2.4.2.1 基础资料

计算采准与切割（简称采切）工程量一般需要的资料：

（1）所选定采矿方法的图纸、矿块及矿房、矿柱构成要素、回采步骤；

（2）矿房和矿柱回采时损失与贫化指标；

（3）各项采切巷道位置及断面尺寸，主要掘进设备、掘进速度及掘进成本。

其中（1）所需条件，通过采矿方法选择及矿块结构参数设计来确定。（2）所需要条件，通过 2.4.1 节贫损指标确定方法来实现。（3）所需条件，需要通过井巷工程所学知识，结合矿山生产能力选择掘进、运搬设备类型、数量，完成井巷断面设计，依据《井巷工程施工定额》来获得设备掘进成本、掘进速度等参数。

2.4.2.2 计算内容

矿块采切工程量计算内容包括：

（1）计算矿房与矿柱出矿的比例；

（2）计算掘进与回采出矿的比例；

（3）计算采切比及采掘比；

（4）计算井巷的施工时间，绘制采切工程计划施工表；

（5）计算井巷工程施工费用，统计采切费用。

2.4.2.3 采切比与采掘比

千吨采切比是每千吨采出矿石总量所需掘进的采准、切割巷道的长度（m）或体积（m^3）。

采切比（m/kt 或 m^3/kt）：

$$K_{采切} = \frac{\sum l_{采切}}{T_{采}} \times 1000 \tag{2.10}$$

$$K_{采切} = \frac{\sum V_{采切}}{T_{采}} \times 1000 \tag{2.11}$$

式中　$l_{采切}$——采切巷道长度，m；

　　　$V_{采切}$——采切巷道的体积，m^3；

　　　$T_{采}$——矿块采出矿石总量（采出矿石总量等于采出的工业储量和混入其中的废石量之和），t。

国内部分矿山采切比如表 2.9 所示。

表 2.9 部分矿山采切比

采矿方法		矿山名称	矿块尺寸			矿体产状		采切比	
			长	宽	高	倾角/(°)	厚度/m	m/kt	m³/kt
空场采矿法	全面采矿法	蓁江铁矿	80~100	矿厚	斜长50	13~25	1.47~2.00	15	
		通化铜矿	50	矿厚	50	30~50	采幅 1.0~1.2	17.5	
	留矿全面法	彭县铜矿	40~60	矿厚	30	40~45	2.8	92.2	
	房柱采矿法	锡矿山锑矿	盘区 35~60	矿厚	40~60	5~35	2~3	30~40	
		良山铁矿	11~15	矿厚	150	15~25	15~25	7~11	
	分段采矿法	开阳磷矿	盘区 200	12.5	15	20~40	3~8	18	
		胡家峪铜矿	50~60	矿厚	50	40~55	水平 5~6	20.3	
		大红山铜铁矿	采区 200	合采 矿厚	分段 25~50	25	35	1.8	23.63
		遂昌金矿	60	30	80	70~85	水平 9.0~12.7	10.3	
	阶段矿房法	哈密沙垄铁矿	78	矿厚	50	58~65	5.4	4.8	
		红透山铜矿	25~40	矿厚	60	72~83	2~12	6~8	
		寿王坟铜矿	50	矿厚	60	70~90	10~30	6.25	
		金岭铁矿	46~60	20~25	40~70	10~70	2~50		16.4
	阶段空场嗣后充填法 (大孔径深孔)	冬瓜山铜矿	盘区: 180 采场: 18		斜长 100	缓倾	34		80
		安庆铜矿	60	矿厚	60~120	70	40~50	小	小
	阶段空场嗣后充填法	凡口铅锌矿 （早期）	70	8	80	60	40		46.8
	VCR 法	凡口铅锌矿 （早期）	38	8	43	50~70	15~80		50
		金川矿区（早期）	37	6	50	71~76	大	7.18	
崩落采矿法	壁式崩落法	明水浅井铝土矿	100~300	矿厚	斜长 50~60	5~10	0.8~2.7	10~20	
		王村东宝山铝土矿	200~300	矿厚	斜长 50~70	10~6	2.4	8.0~12.3	
		焦作黏土矿	200	矿厚	斜长 24~30	5~15	1.7~2.1	20~40	

采矿方法		矿山名称	矿块尺寸			矿体产状		采切比	
			长	宽	高	倾角/(°)	厚度/m	m/kt	m³/kt
崩落采矿法	有底柱分段崩落法	易门铜矿	30	20	50	75	30	25~30	
		胡家峪铜矿	25~30	10~15	50	30~60	6~7	21	
		西石门铁矿	40	15	14	13~15	2~30	18.75	
	无底柱分段崩落法	梅山铁矿（高分段）	60	50	120	20~66	120~200	1.8~3.0	
		程潮铁矿	90	矿厚	70	46	40	5~6	
		大庙铁矿（试验矿块）	50	矿厚	60~70	80~90	10~15	4.5~5.3	51.5
		大红山铁矿	100	50	分段高20	18	72.58		35.66
		弓长岭地下铁矿	200	9~19	60	80	9~19	7.2	
	阶段崩落法	小寺沟铜钼矿	20~30	10	39	70	130	12.7~22.7	
		桃林铅锌矿	20~30	矿厚	40	35~40	15~20	12~15	
		易门风山铜矿			42	49	75~80		14.2 传统工艺 11.1 改进工艺
		岭前矿	30	60	35	45	15	8~18	
	自然崩落法	金山店铁矿（早期）	72	38	60~70	76	32	4.92	
充填采矿法	上向进路充填法	小铁山铅锌矿	100	矿厚	60	75	5.5		24
	壁式水砂充填法	湘潭锰矿	60~80	矿厚	40~60	47	1.8~2.5		30.4~37.0
	分层胶结充填法	龙首矿	60	矿厚	50	70	20~30	15.75	
		凡口铅锌矿	30~50	±8	40	70	46		52.3
	点柱分层胶结充填法	三山岛金矿（早期）	100	矿厚	90	60	16		18

2.4.2.4　采切工程量计算应注意的问题

采切工程量计算应注意的问题包括：

（1）若采用矿房、矿柱分步骤回采的采矿方法或者同时采用几种采矿方法时，应该分别进行计算。

（2）采切工程设计中，当矿块一步骤回采时，只算整个矿房的采切比；当矿块分步骤回采时则应分别计算矿房与矿柱的采切比。对于施工切割槽和拉底的工程量，采切比中只计算为切割槽和拉底而开创自由面和补偿空间（如切割天井、拉底平巷、拉底横巷）的工程量。

（3）对采切工程量的计算结果，应进行修正。考虑修正的因素：矿床勘探控制程度不同；因矿床构造复杂、断层较多，可能出现的未预计的工程量；施工中可能出现的部分废巷；因矿体走向、倾角、厚度的变化而引起巷道长度增加，施工中必然出现超挖工作量等。鉴于上述因素影响，设计计算所得采切工程量应乘以大于 1 的修正系数，一般为 1.15~1.30。矿体形态比较简单，勘探程度较高，矿岩稳固性较好，矿体厚度中厚以上矿体时取小值，反之取大值。

2.4.2.5 采切费用计算

采切费用表见表 2.10~表 2.14。

表 2.10 采切工程费用表

巷道名称	计算单位	工程量	工程费用								合计
			掘进费		支护费		铺轨架线费		装格费		
			单价	费用	单价	费用	单价	费用	单价	费用	
一、采准工程 运输巷道 天井 联络道 …											
小计											
二、切割工程 拉底巷道 切割横巷 切割天井 …											
小计											
总计											

表 2.11 平巷、采场硐室掘进支护费用　　　　　　　　　　　　元/m³

巷道断面/m²	岩石坚固性系数 f	掘进费	木支护	混凝土浇灌	喷射混凝土	锚杆支护
$S<4$	6~8	21	15	23	13	10
	>8	26	15	23	10	16
$4<S<6.5$	6~8	20	12	18	10	10
	>8	24	12	18	8	16
$6.5<S<12$	6~8	23	12	18	9	10
	>8	26	11	18	7	16

表 2.12 运输平巷铺轨架线费

轨距/mm	轨型/kg·m⁻¹	铺轨架线费/元·m⁻¹
600	8	80~90
	15	90~100
	18	100~110

表 2.13 天井掘进支护费

| 天井断面/m² | 岩石坚固性系数 f | 掘进费/元·m⁻³ | | 木支护/元·m⁻³ | 混凝土浇灌/元·m⁻³ |
		普通法	吊罐法		
<4	4~6	22	19	10	30
	6~12	38	32		
	12~20	68	55		
<6	4~6	20	22	11	22
	6~12	34	32		
	12~20	61	55		

表 2.14　人行天井架设台板、梯子及电缆井分格费　　　　　　　　　元/m

人行天井架设台板、梯子	电缆井分格			
	<4m²		<6m²	
	两格	三格	两格	三格
50～60	30	45	45	60

制作并安装采场溜井放矿木漏斗及闸门，单价按小型 170 元/个，中型 190 元/个，220 元/个计算。浇灌混凝土漏斗及闸门，混凝土单价按 80～100 元/m³ 计算。至此就可算出每吨矿石的采切费用 C：

$$C = \frac{T}{Q}K \tag{2.12}$$

式中　T——采场采切工程总费用，由表 2.10 查出；

　　　Q——包含补充切割在内的采场采出矿石量；

　　　K——修正系数，$K = 1.15～1.30$。

2.4.2.6　采切工程量计算实例

A　基础资料

以标准矿块为例，采矿方法为分段空场法，如图 2.1 所示。矿体倾角为 80°，水平厚度 12m，矿石密度 3.5t/m³，岩石密度 2.5t/m³，矿岩均稳固，围岩不含品位。

矿块沿走向布置，长 60m，其中矿房长 52m，房间矿柱 8m，矿房宽 12m，顶柱 6m。采用漏斗式底部结构，用电耙进行矿石运搬。阶段高度 60m，分段高度 10.5m，底柱高度 12m，漏斗间距 7m。自矿房中央向间柱进行回采。

回采矿房的矿石损失率为 5%，贫化率为 5%；回采矿柱的矿石损失率为 20%，贫化率为 15%。

矿山年生产能力为 660kt，年工作日 330d，每天三班，每班 8h。

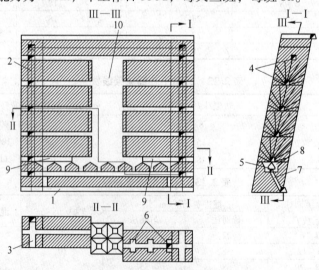

图 2.1　分段空场法

1—底盘沿脉运输巷道；2—天井；3—分段联络道；4—分段沿脉巷道；5—电耙巷道；
6—电耙联络道；7—耙矿小井；8—漏斗颈；9—拉底巷道；10—切割天井

B 正常生产时期采切工程量的计算

分段空场法采准切割工程量及出矿比例计算见表 2.15。千吨采切比计算结果见表 2.16。

表 2.15 分段空场法矿块采准切割工程量及出矿比例计算

工作阶段及项目名称		巷道数目/个	巷道长度/m						巷道断面/m²	体积/m³			工业矿量/t	采出矿量/t	占矿块采出矿量比例/%
			矿石中		岩石中		合计			矿石中	岩石中	总计			
			单长	总长	单长	总长	总长								
采准切割	(1) 底盘沿脉运输巷道	1	60.0	60.0	60.0	60.0	120.0	2.75	165.0	165.0	330.0	577.5	990.0	
	(2) 天井	1	61.0	61.0			61.0	3.0	183.0	0.0	183.0	640.5	640.5	
	(3) 分段联络道	10	6.25	62.5			62.5	5.5	343.8	0.0	343.8	1203.1	1203.1	
	(4) 分段沿脉巷道	4	50.0	200.0			200.0	5.5	1100.0	0.0	1100.0	3850.0	3850.0	
	(5) 电耙巷道	1	52.0	52.0			52.0	6.0	312.0	0.0	312.0	1092.0	1092.0	
	(6) 电耙联络道	2	5.75	11.5			11.5	6.0	69.0	0.0	69.0	241.5	241.5	
	(7) 耙矿小井	2	7.0	14.0			14.0	3.0	42.0	0.0	42.0	147.0	147.0	
	小计	21		461.0	60.0		521.0		2214.8	165.0	2379.8	7751.6	8164.1	5.5
切割	(8) 漏斗颈	16	5.5	88.0			88.0	2.25	198.0	0.0	198.0	693.0	693.0	
	(9) 拉底巷道	2	52.0	104.0			104.0	4.4	457.6	0.0	457.6	1601.6	1601.6	
	(10) 切割天井	1	39.8	39.8			39.8	3.0	119.4	0.0	119.4	417.9	417.9	
	(11) 顶柱凿岩硐室	2	10.0	20.0			20.0	2.75	55.0	0.0	55.0	192.5	192.5	
	小计	21		251.8			251.8		830.0	0.0	830.0	2905.0	2905.0	1.95
采切合计				712.8			772.8		3044.8	165.0	3209.8	10656.6	11069.0	7.45
回采	(1) 矿房								25501.0		25501.0	89253.5	89253.5	60.07
	(2) 矿柱								14654.2		14654.2	51289.8	48272.8	32.48
	小计								40155.2		40155.2	140543.3	137526.3	92.55
矿块合计									43200.0	165.0	43365.0	151199.9	148595.0	100.0

表 2.16 千吨采切比计算结果

指标名称		计算值		修正系数	修正后值		备 注
		用长度表示/m·kt⁻¹	用体积表示/m³·kt⁻¹		用长度表示/m·kt⁻¹	用体积表示/m³·kt⁻¹	
千吨采切比 $K_{采切}$		4.80	21.60	1.25	6.00	27.00	当用万吨采切比时，表中数值乘10
其中	千吨采准比 $K_{准}$	3.10	16.01	1.25	3.88	20.01	
	千吨切割比 $K_{切}$	1.70	5.59	1.25	2.12	6.99	

2.4.3 生产能力计算及中段产能核算

采矿方法回采设计完毕，可计算采场的生产能力及采矿直接成本等主要技术经济指标。

$$A = \frac{Q}{T}$$
(2.13)

式中　A——采场的生产能力，t/d；

　　　Q——采场回采每循环的采出矿石量，t；

　　　T——采场回采一个循环时间，d。

根据回采工艺计算，用编制的循环工作图表确定。计算方法与过程详见第5章回采作业设计。

2.4.3.1　矿块式采矿方法生产能力的验证

按矿块式方法计算矿山生产能力的采矿方法有：分段矿房法（包括阶段矿房法、爆力运搬采矿方法等）；房柱法、全面法、留矿法；充填法（除下向进路充填和长壁充填法外）；有底柱分段崩落法、阶段自然崩落法、阶段强制崩落法、分层崩落法等。

（1）根据类似矿山验证采矿方法的生产能力。采矿方法选择时，参照国内外条件相似的矿山，选择采矿方法的生产能力，进行采矿方法生产能力的验证。不同采矿方法的矿块生产能力见表2.17、表2.18。

表 2.17　矿块式采矿方法的矿块生产能力

采矿方法名称	矿块生产能力		备　注
	t/d	万吨/a	
1. 分段空场法			采用30kW、55kW 电耙出矿
单耙道	100~150	3~6	
双耙道	200~400	6~12	
2. 房柱法、全面法	40~100	1.2~3.0	14kW、30kW 电耙出矿
3. 浅孔留矿法			
普通漏斗	25~70	0.75~2.0	
电耙漏斗	80~150	2.5~4.5	
4. 极薄矿脉浅孔留矿法			
脉幅厚度 1~1.5m	40	1~1.2	
脉幅厚度 >1.5m	65	1.8~2.0	
5. 上向水平分层充填法			充填材料：干式、全混凝土
小电耙	50~80	1.5~2.5	
1.3~2.0m³ 铲运机	400~500	12~15	充填材料：全尾砂胶结
6. 点柱法（大面积回采全面机械化）	2m³ 铲运机	2m³ 铲运机	
矿块面积：1500~2000m²	350~450	12~15	
800~1500m²	200~350	6.5~12	
7. 有底柱分段崩落法	60~212	2~7	电耙出矿
8. 阶段强制崩落法	460~600	14~18	2m³ 铲运机出矿
	230~270	7~8	0.3m³ 电耙出矿
	270~400	8~12	0.5m³ 电耙出矿
9. 高端壁无底柱分段崩落法	250	12~15	2m³ 铲运机出矿
10. 分层崩落法	50~100	1.5~3.0	7.5kW、14kW、30kW 电耙或小型铲运机出矿

表 2.18 　有色金属矿山按矿体厚度推荐的矿块生产能力 　　　　t/d

采矿方法	矿体厚度/m				备注
	<0.8	0.8~5	5~15	15~50	
1. 全面法	—	60~100	—	—	
2. 留矿全面法	—	50~70	—	—	
3. 房柱法	—	70~100	100~200	—	
4. 分段空场法	—	—	100~220	140~250	
5. 爆力运矿法	—	70~110	120~200	—	
6. 阶段空场法	—	—	—	250~400	
7. 浅孔留矿法	—	50~100	80~120	—	
8. 极薄矿脉留矿法	40~80	—	—	—	
9. 上向分层充填法	—	30~50	50~80	100~220	生产 300~500t/d
10. 下向充填法	—	—	40~70	100~200	生产 320~500t/d
11. 削壁充填法	25~40	—	—	—	
12. 大直径深孔崩矿嗣后充填法	—	—	—	200~300	
13. 壁式充填法	—	60~120	—	—	
14. 分层崩落法	—	—	40~50	50~80	
15. 有底柱分段崩落法	—	—	—	200~300	
16. 无底柱分段崩落法	—	—	—	180~360	
17. 阶段强制崩落法	—	—	—	250~400	

（2）生产能力验证：

1）研究各阶段矿体赋存情况及开采技术条件，确定地质影响（差异）系数；

2）确定回采顺序和矿块（采场、盘区）结构参数及矿块布置；

3）统计各阶段的可布矿块数，计算有效矿块数；

4）计算可能采用的采矿方法各自所占的比例；

5）选取和确定矿块生产能力及矿块利用系数、副产矿石率；

6）计算各阶段产量，研究各阶段同时生产矿块数目及阶段下降情况；

7）调整各阶段生产能力，按各阶段地质矿量计算阶段及整个矿山服务年限，编制各阶段生产能力发展曲线图，平衡矿山生产能力。

（3）矿块式采矿方法阶段生产能力按下式计算：

$$A = \frac{(N_1 q_1 + N_2 q_2)}{1 - Z} \times K \times E \times t \qquad (2.14)$$

式中　A——矿山年产量，t/a；

　　　N_1——同时回采的有效矿房数；

N_2——同时回采的有效矿柱数；

q_1——矿房生产能力，t/d；

q_2——矿柱生产能力，t/d，可按矿房与矿柱储量比例均衡下降考虑，当矿柱矿量比例小于 20% 时，可忽略；

K——矿块利用系数，见表 2.19；

E——地质影响（差异）系数，一般取 0.7 ~ 0.9；

Z——副产矿石率,%；

t——年工作天数，d。

表 2.19   矿块利用系数

采 矿 方 法	矿块利用系数
分段矿房法	0.3 ~ 0.6
房柱法、全面法	0.3 ~ 0.7
上向水平分层充填法	0.3 ~ 0.5
浅孔留矿法	0.25 ~ 0.5
有底柱分段崩落法、阶段崩落法、壁式崩落法、分层崩落法	0.25 ~ 0.35
点柱充填法	0.5 ~ 0.8
无底柱分段崩落法、下向充填法	≤0.8

注：当矿体产状规整、矿岩稳固、矿块矿量大、采准切割量小、阶段可布矿块数少或矿体分散、矿块间通风、运输干扰少以及单阶段回采时应取大值。

2.4.3.2 无底柱分段崩落法生产能力计算

无底柱分段崩落法是以每个回采单元需占有多少进路条数来组织生产，不同于按矿块式布置的采矿方法。它的生产能力计算是以一个回采单元（类似于矿块）分配多少有效进路条数和允许同时回采的分段数以及出矿设备效率来确定。

A 有效进路条数计算

分段内有效进路条数计算见下式。

$$N = \sum N_d + \frac{\sum L}{L} \tag{2.15}$$

式中 N——分段内有效进路条数，条；

$\sum N_d$——大于进路平均长度的可布进路条数之和，条；

$\sum L$——小于进路平均长度的可布进路长度之和，m；

L——大于进路平均长度的进路平均长度，m。

例如：如图 2.2 所示，无底柱分段崩落法某分段从 1 ~ 6 号进路的长度依次为：28m，25m，21m，20m，28m 和 30m，求该分段的有效进路条数。

解：进路总数为 6，则其进路平均长度 $\tau = \dfrac{28 + 25 + 21 + 20 + 28 + 30}{6} = 25.33m$；

那么 $\sum N_d = 3, \sum L = 25 + 21 + 20 = 66m, L = \dfrac{28 + 28 + 30}{3} = 28.67m$；

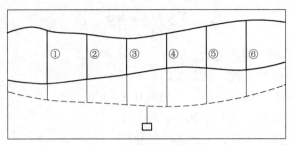

图 2.2 无底柱分段崩落法有效进路计算示意图

代入 $N = \sum N_d + \dfrac{\sum L}{L} = 3 + \dfrac{66}{28.67} = 5.3$，即该分段内有效进路条数为 5.3 条。

B 同时回采的分段数及分段生产能力

沿矿体走向布置进路时，各分段之间超前距离应不小于一个回采单元（矿块）或一台出矿设备需要的工作线长度，一般在 50~60m 以上；垂直矿体走向布置进路时，矿体厚度大于 50m 以上，可考虑在垂直方向上有两个分段同时进行回采作业；当矿体厚度大于 80m 时，允许考虑有三个分段在垂直方向上同时进行回采作业；当矿体厚度更大时，需研究分区开采问题。多分段同时进行回采时，上分段必须超前下分段，且位于下分段错动范围之外，但最小不得小于 20m。国内无底柱分段崩落法生产能力的计算一般不超过两个分段同时进行，回采作业最多不超过三个分段。

分段生产能力按下式计算。

$$A = \frac{Nq}{N_c(1 - Z)} \times E \qquad (2.16)$$

式中 A——分段生产能力，万吨/a；

N——有效进路条数，条；

E——地质影响（差异）系数，一般取 0.7~0.9；

q——出矿设备效率，见表 2.20，万吨/（台·a）；

N_c——每个矿块的有效进路条数，一般取 4~6 条；

Z——副产矿石率，一般取 10%~15%，在采切计算时才能获得准确数字。

表 2.20 铲运机出矿设备效率 万吨/（台·a）

铲斗容积/m³	1.5	2.0	3.8	6.0
载重/t	2.7	3.5	7.3	
运距100m	8~10（国产设备）	13~15（国产设备）	50（进口设备）	75（进口设备）

在计算回采单元（矿块）产量时，电耙服务的进路条数不得小于 4 条；2m³ 以下铲运机服务的进路一般取 4~6 条；3.8m³ 以上的铲运机服务的进路条数不得小于 5 条。如果一台铲运机服务的进路条数小于上述数字时，设备效率应适当降低。

2.4.3.3 下向进路式回采充填法矿山生产能力计算

下向进路式回采充填法矿山生产能力计算见下式。一般一个中段作业，最多不能超过两个中段。

$$A = \frac{N \times K \times q \times \varphi}{N_c(1 - Z)} \times E \tag{2.17}$$

式中　A——中段（阶段）生产能力，t/d；

　　　K——进路条数影响系数，见表2.21；

　　　φ——矿块（进路）备用系数，一般取0.8~1.0；

　　　q——出矿设备效率，见表2.20，t/d；

　　　N_c——每个矿块进路条数，见无底柱部分；

　　　Z——副产矿石率，一般取5%~15%。

表2.21　矿块进路条数对生产能力的影响系数

矿块进路条数/条	生产能力影响系数
4~6	0.6~0.8
6~10	0.8~1.0
10~12	1.0~1.5
20~30	1.5~2.0

下向进路充填法矿块生产能力见表2.22。

表2.22　下向进路充填法矿块生产能力

项　目　名　称	黄沙坪铅锌矿Ⅰ号矿体		金川公司龙首矿		金川公司二矿区
	巷道式布置	扇形工作面布置	普通倾斜分层	高进路倾斜分层	
采场面积/m²	300~500	300~500	1000~2000	1000~2000	10000（运距50~60m）
设备类型	电耙	电耙	电耙	电耙	2m³铲运机出矿
正常期生产能力/t·d⁻¹	32~45	85	（1999年平均）57	94	预计1000以上（不包括切割）
矿块生产能力/t·d⁻¹	40~50	80~90	50~75	80~100	
充填材料	混凝土假顶、尾砂充填		戈壁集料、混凝土		戈壁集料碎石混凝土

2.4.3.4　长壁崩落法和长壁充填法生产能力计算

按国内条件，此种采矿方法矿山生产能力计算，以一个阶段允许同时回采工作矿块数来确定，其计算见下式。

$$A = \frac{n \times N \times q \times \varphi}{1 - Z} \times E \tag{2.18}$$

式中　A——阶段生产能力，t/d；

　　　n——同时回采阶段数，取1~2；

　　　N——阶段内允许同时回采的矿块数，见表2.23；

　　　q——矿块生产能力，见表2.24和表2.25，30kW电耙出矿时，一般取4~6万吨/a；

　　　Z——副产矿石率，一般取7%~12%；

φ——矿块备用系数，一般取 $0.8 \sim 1.0$。

表 2.23 一个阶段允许同时回采矿块数

阶段巷道布置形式	开采翼数	一个阶段允许同时回采的矿块数
双轨单巷	单翼	2~3
单轨双巷	双翼	4~5
单轨单巷	单翼 双翼	1 2

表 2.24 长壁充填法矿山实际和推荐的矿块生产能力

项目名称		湘潭锰矿		湘西金矿			长壁充填法推荐能力
		长壁式充填法		削壁充填	胶结充填	竖分条充填	
		历年平均	1979年平均	厚<1.2m	厚2~3.5m	厚1~2m	
矿块生产能力	t/月	700~900	800~1200	200~1000	1000~1500	600~1400	1000~1700
	t/d	25~30	30~40	8~33	33~50	20~50	30~60

表 2.25 长壁崩落法矿山实际矿块生产能力

矿山名称	围岩稳固性		矿块尺寸/m		矿块月平均生产能力/t
	上盘	下盘	走向长	倾斜长	
庞家堡铁矿一盲井	$f=5\sim8$ 不稳固	极稳固	20~100	50~60	3335
王村铝土矿	$f=4\sim5$ 不稳固	$f=4\sim7$ 稳固	70~100	55~60	2800
浅井子黏土矿	$f=3\sim5$ 不稳固	$f=3\sim4$ 不稳固	不分矿块	50~60	4187
王村铝矾土矿	$f=0.8\sim3.0$ 不稳固	不稳固	盘区长 200~300	40~50	4172
北焦宋铝土矿	$f=1.5\sim2.0$ 不稳固	$f=3\sim5$ 不稳固	50~80	50或10~25 一个分段	2280

2.4.4 劳动生产率

劳动生产率是指工人在单位时间内生产产品的数量或单位产品消耗的劳动时间。常用的劳动生产率表达形式有：

采场工人劳动生产率 = 采矿量/采矿生产工人数

工作面劳动生产率 = 工作面循环产量/循环出勤人数

工作面循环产量 = 工作面长度×循环进度×采高×密度×工作面回采率

循环出勤人数取值于工作面的工人出勤表，具体参照回采设计。

国内外地下矿山劳动生产率对比见表2.26。

表 2.26　国内外地下矿山劳动生产率对比

采矿方法名称	国外矿山			国内矿山
	坑内工班效率/t		采场工作面能力/t·d^{-1}	坑内工班效率/t
	一般	较高		
房柱法	30~50 (15~50)	50~70	300~1000	薄矿体：40~70 厚矿体：100~200
分段崩落法	20~40 (30~80)	40~50	500~3000	250~500
矿块崩落法	15~40 (30~80)	40~50	1000~3000	250~500
分段空场法	30~50 (15~50)	30~40	500~2000	250~500
充填法	10~20 (15~30)	30~40	300~2000	30~500
浅孔留矿法	5~10 (15~50)	10~15	150~300	20~150
方框充填法	1~3			20~50
下向充填法	(7~15)			30~90

2.4.5　开采直接成本

2.4.5.1　开采直接成本定义

直接成本是指直接用于生产过程的各项费用，直接成本以元/吨产品为单位。采矿直接成本是按采矿工艺环节分别计算，可分以下几部分：

（1）材料费。辅助材料是指采准、回采、破碎、通风、排水、充填等环节使用的炸药、雷管、导爆管、导爆索、钎钢、坑木、硬质合金等材料。

计算采用当地单价乘以单位消耗量，如外购则应考虑运杂费用。依据设计工艺部分提供的各种材料消耗和材料单价计算，计算中应考虑运杂费用（一般为价格10%~15%）。

（2）动力、燃料费。动力、燃料费是指生产工艺过程中消耗的电力、压气及汽油、柴油、煤油的费用。

单位电耗按设备本身功率和工作时间确定，价格按国家现行规定计算。燃料费按单价乘以单位消耗量确定。

（3）生产工人工资及附加费。生产工人工资及附加费是指从事矿山生产直接生产工人和辅助人员（不包括机修和非生产性工人）工资和国家规定按工资总额一定比例提取的企业福利经费。

企业生产工人基本工资按照类似企业并结合当地情况选取。生产工人工资附加费包括劳动保险、医药卫生、福利等费用。

依据设计工艺部分提供的各种燃料、动力消耗及其单价计算。基本工资按工资标准和各工艺流程所需工人数计算；辅助工资一般按基本工资的百分比（20%~30%）计算。合同制工人的工资按合同规定的工资额和工人数目计算。

2.4.5.2 开采成本定额

开采成本的定额参考《冶金矿山井巷工程预算定额》。本书选择部分和开采设计紧密相关的数据，罗列如下。

（1）凿岩定额，见表2.27。

表 2.27　中深孔凿岩　　　　　单位：100m³

定 额 编 号			113099	113100	113101	113102
岩石坚固性系数（f）			<6	<10	<15	<20
基价/元			15904	21678	29842	39812
其中	人工费/元		1814	2465	3423	4587
	材料费/元		1611	2196	3020	4027
	机械费/元		12479	17017	23398	31197
名 称	单位	单价/元		数 量		
人工	综合工日	工日	37.62	48.23	65.52	91.00	121.94
材料	合金钢钻头	个	26.59	11.85	16.16	22.22	29.63
	钎杆	kg	14.65	53.33	72.72	100.00	133.33
	钎套	kg	27.61	10.13	13.82	19.00	25.33
	钎尾	kg	26.15	7.47	10.18	14.00	18.67
	其他材料费	%		2.50	2.50	2.50	2.50
机械	施工机械费	元		12478.98	17017.23	23398.08	31197.44
	其中风耗	m³	0.165	55296.00	75405.60	103680.00	138240.00
	其中水耗	m³	0.80	56.06	6.45	105.12	140.16
	其中电耗	kW·h	0.50	61.95	84.48	116.16	154.88

（2）运搬定额，见表2.28、表2.29。

表 2.28　铲运机运搬定额　　　　　单位：台班

定 额 编 号			JX301034	JX301035	JX301036	JX301037	JX301038	JX301039	JX301040	JX301041
项 目	单位	单价/元	自 行 式 铲 运 机							
			单引擎						双引擎	
			3m³	4m³	6m³	8m³	10m³	12m³	23m³	
基 价	元		745.91	835.12	933.83	1056.34	1158.40	1345.85	2228.75	3430.70
第一类费用	折旧费	元		164.520	244.050	260.120	281.310	288.620	380.690	461.790	1280.160
	大修理费	元		53.520	56.150	59.220	64.440	68.590	85.790	183.650	263.690
	经常修理费	元		143.430	150.480	158.710	172.710	183.830	229.930	492.170	706.700
	第一类费用小计	元		361.470	450.680	478.050	518.460	541.040	696.410	1137.610	2250.550
第二类费用	人工	工日	40.00	2.500	2.500	2.500	2.500	2.500	2.500	2.500	2.500
	柴油	kg	7.63	34.820	34.820	344.170	54.930	65.330	69.510	127.400	139.020
	其他费用	元		18.760	18.760	18.760	18.760	18.890	19.080	19.080	19.430
	第二类费用小计	元		384.440	384.440	455.780	537.880	617.360	649.440	1091.140	1180.150

表 2.29　凿岩、运搬费用定额　　　　　　　　单位：台班

定额编号			单价/元	JX301081	JX301116	JX301118	JX301119	JX301121	JX301122	JX301123	JX301124	JX301125
项　目		单位		凿岩机（气腿式）	锚杆钻孔机	锚杆台车	三臂凿岩台车	潜孔钻机				
					DHR80A	235H	H178	KQ-80	KQ-130	KQ-200	KQ-250	CM351
基　价		元		195.17	2439.64	3258.77	5903.43	588.97	798.41	1402.04	1483.08	661.85
第一类费用	折旧费	元		5.020	1250.880	1474.500	3138.090	54.490	113.820	206.950	243.46	254.740
	大修理费	元		2.010	215.410	492.950	1049.120	46.820	55.690	121.500	172.130	96.780
	经常修理费	元		14.170	430.810	1291.320	1292.320	98.320	116.940	255.150	361.460	197.620
	安拆及场外运输费	元		1.990				2.580	3.110	3.590	4.230	12.710
	第一类费用小计	元		23.190	1897.100	3258.770	5479.530	202.210	289.560	587.190	781.280	561.850
第二类费用	人工	工日	40.00		2.500		2.5	2.500	2.500	2.500	2.500	2.500
	柴油	kg	7.63		58.000		41.910					
	电耗	kW·h	0.85					26.000	481.000	841.000	708.000	
	风耗	m³	0.17	972.000			25.000	1604.000				
	水耗	m³	4.00	2.900								
	其他费用	元										
	第二类费用小计	元		171.980	542.540		423.900	386.760	508.850	814.850	701.8000	100.000

（3）材料定额，见表 2.30。

表 2.30　水泥及水泥制品

材料代码	材料名称	单位	定额价/元
CL020001	喷射混凝土 C20	m³	230.00
CL020003	水泥砂浆 M20	m³	193.64
CL020005	钢筋混凝土盖板	m³	657.00
CL020015	膨胀水泥	kg	0.47
CL020028	预制构件	m³	550.00

（4）爆破材料，见表 2.31。

表 2.31　浅孔留矿法材料消耗定额

凿岩设备				YT-28		
序　号	巷道断面规格			采幅小于 2m	采幅大于 2m	备　注
	岩石坚固性系数			6~8	6~8	
	材料名称	计量单位	计划单价	单位用量	单位用量	
1	炸药	kg/t	8 元/kg	0.22	0.15	
2	导爆管	发/t	3.2 元/发	0.11	0.06	统计分析
3	钻头	个/t	32 元/个	0.0085	0.006	现场标定
4	2.5m 钎杆	根/t	135 元/根	0.0007	0.0004	

（5）掘进作业材料消耗定额，见表2.32～表2.37。

表 2.32 中深孔凿岩材料消耗定额

凿岩设备	YGZ-90				
序号	深孔方向			垂直	备注
	岩石坚固性系数			6～8	
	材料名称	计量单位	计划单价	单位用量	
1	钻头	个/m	220 元/个	0.012	统计分析现场标定
2	钻杆	根/m	235 元/根	0.01	
3	机油	kg/(台·班)	14 元/kg	2.1	

表 2.33 天井掘进材料消耗定额

凿岩设备	YT-28					
序号	巷道断面规格		1.5m × 1.6m	1.6m × 2.2m	2m × 2m	2m × 2.2m	备注
	岩石坚固性系数		6～8				
	材料名称	计量单位	计划单价	单位用量			
1	炸药	kg/t	8 元/kg	11.5	11.8	12.2	12.4
2	导爆管	发/t	3.2 元/发	7.5	7.9	8.2	8.5
3	钻头	个/t	32 元/个	0.85	0.91	0.93	0.94
4	2.5m 钎杆	根/t	135 元/根	0.46	0.49	0.51	0.52

备注：统计分析现场标定

表 2.34 平巷铲装材料消耗定额

凿岩设备	YT-28					
序号	巷道断面规格		$d \leqslant 300mm$	$300mm < d \leqslant 500mm$	$d > 500mm$	备注
	岩石坚固性系数		6～8			
	材料名称	计量单位	计划单价	单位用量		
1	炸药	kg/t	8 元/kg	0.42	0.38	0.3
2	导爆管	发/t	3.2 元/发	0.2	0.17	0.12
3	钻头	个/t	32 元/个	0.016	0.013	0.009
4	2.5m 钎杆	根/t	135 元/根	0.013	0.011	0.008

备注：统计分析现场标定

表 2.35 平巷扩帮压顶材料消耗定额

凿岩设备	YT-28					
序号	巷道断面规格		$d \leqslant 300mm$	$300mm < d \leqslant 500mm$	$d > 500mm$	备注
	岩石坚固性系数		6～8			
	材料名称	计量单位	计划单价	单位用量		
1	炸药	kg/t	8 元/kg	0.35	0.31	0.26

表 2.36　平巷掘进材料消耗定额

凿岩设备			YT-28						
序号	巷道断面规格		1.5m×1.8m	1.6m×1.8m	2m×2m	2.2m×2m	2.2m×2.4m	2.4m×2.4m	2.6m×2.6m
	岩石坚固性系数					6~8			
	材料名称	计量单位	计划单价			单位用量			
1	炸药	kg/t	8 元/kg	10.1	10.3	11.5	11.6	12.4	12.7	13.1
2	导爆管	发/t	3.2 元/发	9.5	9.7	10.5	10.6	11.2	11.6	11.9
3	钻头	个/t	32 元/个	1.1	1.1	1.2	1.2	1.4	1.5	1.8
4	2.5m 钎杆	根/t	135 元/根	0.46	0.46	0.49	0.49	0.58	0.59	0.61
5	扒耙	个/m	9.5 元/个	0.06	0.06	0.08	0.08	0.1	0.11	0.12
6	铲瓢	个/m	24 元/个	0.05	0.05	0.07	0.07	0.09	0.11	0.11
7	抓钉	kg/m	5.5 元/kg	0.65	0.65	0.65	0.65	0.65	0.65	0.65
8	坑木	方/m	800 元/方	0.22	0.22	0.24	0.25	0.27	0.27	0.3
9	铁丝	kg/m	5 元/kg	0.15	0.15	0.15	0.15	0.15	0.15	0.15
10	地埋线	m/m	3.5 元/m	0.75	0.75	0.75	0.75	0.75	0.75	0.75
11	塑料管	kg/m	14.2 元/kg	0.52	0.52	0.52	0.52	0.52	0.52	0.52
12	灯线	m/m	2 元/m	0.9	0.9	0.9	0.9	0.9	0.9	0.9
13	灯泡	个/m	1.2 元/个	0.24	0.24	0.24	0.24	0.24	0.24	0.24
14	道木	根/m	23 元/根	0.65	0.65	0.65	0.65	0.65	0.65	0.65
15	道钉	kg/m	5 元/kg	0.82	0.82	0.82	0.82	0.82	0.82	0.82
16	轻轨	kg/m	4.4 元/kg	24	24	24	24	24	24	24
17	道夹板	副/m	8 元/副	0.33	0.33	0.33	0.33	0.33	0.33	0.33
18	道螺丝	套/m	1 元/套	1.33	1.33	1.33	1.33	1.33	1.33	1.33

表 2.37　矿用材料定额

材料代码	材料名称	单位	定额价/元
CL080001	2 号岩石炸药	kg	3.26
CL080006	铵油炸药	kg	5.03
CL080016	导爆索	m	1.80
CL080021	非电毫秒管	个	1.94
CL080022	非电毫秒管 15m 脚线	个	7.18
CL080023	非电雷管	个	1.50
CL080030	合金头（一字形）	个	27.00
CL080031	合金钻头 ϕ38mm	个	30.00
CL080043	雷管（非金属壳）	个	1.00
CL080044	雷管（金属壳）	个	2.00
CL080069	起爆弹 0.5kg	个	18.00
CL080074	乳化炸药 2 号	kg	7.36
CL080102	硝铵炸药	kg	6.39
CL080116	黏土	m³	20.00
CL080117	黏土	t	13.00

2.4.5.3 开采成本计算

（1）每吨矿石消耗的材料费，见表 2.38。

表 2.38 每吨矿石材料消耗与费用表

材料名称	计算单位	材料消耗		单价	吨矿材料费/元	备注
		一个循环	1t 矿石			
炸药 雷管 导爆线 钢钎 合金片 木材 水泥 钢筋 ⋮						
未计入材料约占上述 10%~15%						
合　计						

爆破材料消耗按采场落矿爆破设计进行计算。其他材料如钢钎、合金片、木料、水泥等消耗，可根据所回采矿石的物理力学性质、采矿方法、回采工艺，用工程类比法选取条件相似的矿山指标。

（2）工艺过程用燃料和动力费用按表 2.39 计算。燃料和动力消耗应按设备的实际纯开动时间进行计算。一般设备的纯开动时间约为班作业时间的 40%~55%。燃油消耗指标可参考压气成本推荐指标，见表 2.39、表 2.40。

表 2.39 每吨矿石动力消耗与费用表

设备名称	使用动力			设备使用时间		单位时间消耗动力	消耗量		每吨矿石动力费/元
	名称	单价	单位	台班数	纯工作小时数		一个循环	1t 矿石	
凿岩机 7655 YG-80 ⋮	压气 水								
2DPJ-28 电耙	电								
铲运机 LK-1 ⋮	柴油								
合计									

表 2.40　电和压气成本推荐指标表

电价/元·(kW·h)$^{-1}$	压气成本/元·(10^3m^3)$^{-1}$
0.06	30
0.10	40
0.15	55
0.20	80
0.25	90

（3）每循环生产工人工资按表 2.41 计算。

表 2.41　工资费用计算表

工种名称	平均级别	日工资率/元·(工·班)$^{-1}$	每循环所需工班数/工·班	每循环基本工资/元	工资附加费/元	每循环工资总额/元
凿岩工 爆破工 电耙工 支柱工 修理工 ⋮						
合计						

　　本书的各种指标、单价、定额是为初学者便于开展设计而提出的，并不能完全满足矿山现行标准，因此不能直接作为指导矿山生产的依据。设计过程中，各工序定额应进行调剂，对比类似矿山取得。

2.4.6　国内矿山回采技术经济指标

　　国内矿山实际技术经济指标见表 2.42。

表 2.42　矿山实际技术经济指标

项　　目	大庙铁矿 (1983/1978)	符山铁矿 (1984/1981)	镜铁山铁矿 (1984/1979)	梅山铁矿 (1984/1980)	程潮铁矿 (1985)	大冶铁矿尖林山采区 (1985/1982)
千吨掘进比/m·kt^{-1}	3.27/3.30	8.9/5.3	6.46/6.66	5.92/8.57	7.55	7.60/1.63
矿石回采率/%	83.69/93.88	81.8/80.7	86.98/90.03	82.13/76.35	99.48	72.38/82.63
矿石贫化率/%	25.09/26.00	17.9/18.5	13.85/9.93	16.38/19.76	32.8	26.27/28.36
中深孔凿岩台班效率/m	48.0/49.8	34.8/—	18.9/22.6	42.3/35.6		
台年效率/×10^{4}m	2.88/3.25	2.05/2.16	1.96/2.23	2.83/1.9		
装运（岩）机台班效率/t	118.1/157.7		62.9/68.5	140/137	119	
台年效率/×10^{4}m	5.18/6.58		7.1/8.3	7.6/5.5		
铲运机台班效率/t				316/—		183/—
台年效率/t		8.01/13.83		13.3/—		
采矿工效/t	26.8/32.0	13.3/14.4	18.4/18.7	10.3/6.2	20.5	17.1/19.8
炸药消耗/kg·t^{-1}	0.43/0.36					
采矿消耗/kg·t^{-1}		0.40/0.38	0.52/0.49	0.45/—		
掘进消耗/kg·t^{-1}			3.19/4.8	2.4/—		
矿石成本/元·t^{-1}	8.83/7.19	12.28/10.08	11.88/8.61	11.67/—	15.96	20.33/9.69

项 目	金山店铁矿 (1985)	云台山硫铁矿 (1984/1980)	向山硫铁矿 (1984/1980)	玉石洼铁矿 (1984/1980)	板石沟铁矿 (1984/1980)
千吨掘进比/m·kt^{-1}	8.05	5.773/17.408	8.543/7.774	7.74/18.2	
矿石回采率/%	52.6	92.4/91.9	66.65/74.12	78.8/72.4	86.25/55.43
矿石贫化率/%	18.3	12.50/9.97	10.56/9.30	23.26/30.60	17.81/26.2
中深孔凿岩台班效率/m		32.03/49.75	26.30/22.57	36.9/28.3	39.4/21.6
台年效率/×10^4 m		1.67/1.80		1.47/1.49	
装运（岩）机台班效率/t	57	37.2/47.9	77.2/70.2	71.7/63.4	88/57
台年效率/×10^4 m		1.82/2.56			
铲运机台班效率/t	62				
采矿工效/t	20.4	6.4/3.3	18.5/15.3	8.8/7.5	
炸药消耗/kg·t^{-1}		0.42/0.46			
采矿消耗/kg·t^{-1}		3.10/3.55	0.14/0.21	0.49/0.77	
掘进消耗/kg·t^{-1}				1.38/1.38	0.92/0.86
矿石成本/元·t^{-1}	27.24		12.26/10.30	21.67/18.32	

2.5 采矿方法评价定性指标的量化

在地下金属矿山开采设计中，当进行采矿方法选择时必然会涉及各种技术经济指标的比较。类似于矿山生产能力、损失贫化率、采准系数、采切比、矿块生产率等定量指标都是通过计算得到的，比较优劣的时候有据可依，较容易得到客观的结果。但类似于作业条件及安全程度、回采工艺繁简程度、回采方法的灵活性及开采条件变化的适应性、劳动强度等定性描述指标的确定，过于依赖设计者的主观经验，不容易得出科学、客观的结果。

基于上述考虑，下文通过分析研究相关资料，将定性描述进行总结、分类和量化，将其转化成定量指标，为后续各种技术经济指标的比较提供数据支撑。该量化方法借鉴专家打分表法，仅供学习时候参考，在工程应用中，可根据经验，修改该评分标准。

2.5.1 回采安全性

2.5.1.1 回采安全性赋值标准

采矿方法作业过程包括凿岩、爆破、运搬、通风与地压管理。采矿方法作业安全程度指凿岩、爆破、运搬与地压管理的安全程度。其赋值标准如表 2.43 所示。

表 2.43 回采安全性赋值标准

凿岩安全性		爆破安全性		运搬安全性		地压管理安全性	
条件	分值	条件	分值	条件	分值	条件	分值
顶板下作业，无支护	1	人工装药	1	爆力运搬	1	无矿柱空场	1
顶板下作业，有支护	2	机械装药	2	漏斗	2	矿柱支撑	2
凿岩巷作业	3	…	…	电耙	3	人工矿柱	3
凿岩巷作业，有支护	4	…	…	漏斗＋电耙	4	崩落围岩	4
凿岩硐室作业	5	…	…	铲运机	5	充填空区	5

2.5.1.2　回采安全性打分表

通过作业安全性赋值标准（表2.43），结合《金属矿床地下开采》、《采矿学》、《采矿手册》等资料对空场法、崩落法、充填法三大采矿方法进行安全性评估。评估结果如表2.44～表2.49所示。

表2.44　空场法凿岩、爆破安全性打分表

采矿方法	凿岩		爆破	
	条件	分值	条件	分值
全面法	顶板下作业，无支护	1	人工装药	1
房柱法	顶板下作业，无支护	1	人工装药	1
浅孔留矿法	顶板下作业，无支护	1	人工装药	1
分段矿房法	凿岩巷作业	3	机械装药	2
分段凿岩阶段矿房法	凿岩巷作业	3	机械装药	2
水平深孔阶段矿房法	凿岩硐室作业	4	机械装药	2
VCR法	凿岩硐室作业	4	机械装药	2

表2.45　空场法运搬、地压管理安全性打分表

采矿方法	运搬		地压管理	
	条件	分值	条件	分值
全面法	电耙	2	自然矿柱/人工矿柱	3
房柱法	电耙	2	自然矿柱/人工矿柱	3
浅孔留矿法	电耙	2	自然矿柱/人工矿柱	3
分段矿房法	漏斗/漏斗＋电耙	4	自然矿柱/人工矿柱	3
分段凿岩阶段矿房法	铲运机	5	自然矿柱/人工矿柱	3
水平深孔阶段矿房法	铲运机/电耙	5	自然矿柱/人工矿柱	3
VCR法	铲运机/电耙	5	自然矿柱/充填	5

表2.46　崩落法凿岩、爆破安全性打分表

采矿方法	凿岩		爆破	
	条件	分值	条件	分值
长壁法	顶板下作业，有支护	2	人工装药	1
短壁法	顶板下作业，有支护	2	人工装药	1
分层崩落法	顶板下作业，无支护	1	人工装药	1
有底柱分段崩落法	凿岩巷作业	3	机械装药	2
无底柱分段崩落法	凿岩巷作业	3	机械装药	2
阶段强制崩落法	凿岩巷作业	3	机械装药	2
阶段自然崩落法	凿岩巷作业	3	机械装药	2

表 2.47 崩落法运搬、地压管理安全性打分表

采 矿 方 法	运 搬		地 压 管 理	
	条 件	分值	条 件	分值
长壁法	电耙	2	崩落围岩	4
短壁法	电耙	2	崩落围岩	4
分层崩落法	电耙	2	崩落围岩	4
有底柱分段崩落法	电耙/铲运机	5	崩落围岩	4
无底柱分段崩落法	铲运机	5	崩落围岩	4
阶段强制崩落法	铲运机	5	崩落围岩	4
阶段自然崩落法	铲运机	5	空场	1

表 2.48 充填法凿岩、爆破安全性打分表

采 矿 方 法	凿 岩		爆 破	
	条 件	分值	条 件	分值
单层充填法	顶板下作业，无支护	1	人工装药	1
削壁充填法	顶板下作业，无支护	1	人工装药	1
上向分层充填法	顶板下作业，有支护	2	人工装药	1
上向进路充填法	顶板下作业，有支护	2	人工装药	1
下向分层充填法	顶板下作业，有支护	2	机械装药	2
下向进路充填法	顶板下作业，有支护	2	机械装药	2

表 2.49 充填法运搬、地压管理安全性打分表

采 矿 方 法	运 搬		地 压 管 理	
	条 件	分值	条 件	分值
单层充填法	电 耙	2	充填体	5
削壁充填法	电 耙	2	充填体	5
上向分层充填法	电耙/铲运机	5	人工矿柱 + 充填体	5
上向进路充填法	铲运机	5	充填体	5
下向分层充填法	电耙/铲运机	5	充填体	5
下向进路充填法	电耙/铲运机	5	充填体	5

通过查阅表 2.45 ~ 表 2.49 可得，回采安全性最好的是在凿岩硐室中作业，装药器装药，铲运机出矿并最后用充填体进行地压管理的深孔球状药包后退式阶段矿房法（VCR 法），而且充填采矿法普遍分值较高，空场法分值普遍偏低，崩落法适中。由此可见，通过本表打分得到的作业安全性与实际情况相符。

2.5.2 回采工序的繁简程度

2.5.2.1 回采工序繁简程度赋值标准

采矿方法的回采工序通常包括切割、回采两部分，其中回采工作包括凿岩、爆破、通风、运搬等工序。部分采矿方法回采过程增加了额外的工序，如撬顶、平场、局部出矿、集中凿岩、分次爆破等额外工序，造成了工序的繁多。工序繁简程度赋值标准如表2.50所示。

表 2.50　回采工序繁简程度赋值标准

条　件	分　值
常规工序（拉底—凿岩—爆破—通风—运搬）	5
常规工序 + 1 道额外工序	4
常规工序 + 2 道额外工序	3
常规工序 + 3 道额外工序	2
常规工序 + 4 道额外工序	1

2.5.2.2　回采工序繁简程度打分表

通过工序繁简程度赋值标准（表2.50），结合《金属矿床地下开采》、《采矿学》、《采矿手册》等资料对空场法、崩落法、充填法三大采矿方法进行工序繁简程度评估。评估结果如表2.51 ~ 表2.53 所示。

表 2.51　空场法回采工序繁简程度打分表

采 矿 方 法	工　序	分值
全面法	拉底—凿岩—爆破—通风—运搬	5
房柱法	拉底—挑顶—凿岩—爆破—通风—运搬	4
浅孔留矿法	拉底—凿岩—爆破—撬顶—平场—局部出矿—大放矿	2
分段矿房法	切割横巷—堑沟拉底平巷—切割天井—切割立槽—凿岩—爆破—通风—运搬	1
分段凿岩阶段矿房法	切割—集中凿岩—集中爆破—通风—运搬	5
水平深孔阶段矿房法	切割—凿岩—爆破—通风—运搬	5
垂直深孔阶段矿房法 VCR	切割—凿岩—爆破—通风—运搬	5

表 2.52　崩落法回采工序繁简程度打分表

采 矿 方 法	工　序	分值
长壁法	切割—凿岩—爆破—运搬—放顶	5
短壁法	切割—凿岩—爆破—运搬—放顶	5
分层崩落法	切割—凿岩—爆破—运搬—假底—放顶	4
有底柱分段崩落法	切割—凿岩—爆破—通风—运搬	5
无底柱分段崩落法	切割—凿岩—爆破—通风—运搬	5
阶段强制崩落法	切割—凿岩—爆破—通风—运搬	5
阶段自然崩落法	切割—凿岩—爆破—通风—运搬	5

表 2.53　充填法回采工序繁简程度打分表

采矿方法	工序	分值
单层充填法	切割—凿岩—爆破—通风—运搬—充填	4
削壁充填法	切割—凿岩—铺设垫板—爆破—通风—运搬—充填	3
上向分层充填法	拉底—浇灌保护层—凿岩—爆破—通风—撬毛—运搬—充填—浇注混凝土隔墙和底板—加高溜矿井和顺路天井	1
上向进路充填法	切割—凿岩—爆破—通风—运搬—进路支护—充填	3
下向分层充填法	切割—凿岩—爆破—通风—运搬—充填	4
下向进路充填法	切割—凿岩—爆破—通风—运搬—充填	4

由表 2.51 ~ 表 2.53 可得，工序最复杂的是充填法，其次是空场法，最后是崩落法。因为空场法涉及挑顶、支护和矿柱回采，而充填法涉及充填工艺，相比之下崩落法工序比较简单，基本符合实际情况。

2.5.3　回采方法的灵活性及开采条件变化的适应性

2.5.3.1　回采方法的灵活性及开采条件变化的适应性赋值标准

采矿方法的灵活性指采矿方法执行过程中对矿体边界控制的灵活性，以及矿体中含有夹石的分采性。采矿方法灵活性越高，对矿体的适应性越好，回收率越高，损失率越小，其赋值标准如表 2.54 所示。

表 2.54　回采方法的灵活性及开采条件变化的适应性赋值标准

条　件	分　值	条　件	分　值
矿体边界易控制	5	矿体易分采	5
矿体边界可控制	3	矿体可分采	3
矿体边界难控制	1	矿体不可分采	1

2.5.3.2　回采方法的灵活性及开采条件变化的适应性打分表

通过回采方法的灵活性及开采条件变化的适应性赋值标准（表 2.54），结合《金属矿床地下开采》、《采矿学》、《采矿手册》等资料对空场法、崩落法、充填法三大采矿方法进行安全性评估。评估结果如表 2.55 ~ 表 2.57 所示。

表 2.55　空场法回采方法的灵活性及开采条件变化的适应性打分表

采矿方法	矿体边界控制		矿体分采		总分值
	条件	分值	条件	分值	
全面法	易控制	5	易分采	5	10
房柱法	易控制	5	可分采	3	8
浅孔留矿法	易控制	5	可分采	3	8
分段矿房法	可控制	3	不可分采	1	4
分段凿岩阶段矿房法	可控制	3	不可分采	1	4
水平深孔阶段矿房法	难控制	1	不可分采	1	2
垂直深孔阶段矿房法 VCR	难控制	1	不可分采	1	2

表2.56　崩落法回采方法的灵活性及开采条件变化的适应性打分表

采矿方法	矿体边界控制		矿体分采		总分值
	条件	分值	条件	分值	
长壁法	易控制	5	不可分采	1	6
短壁法	易控制	5	不可分采	1	6
分层崩落法	易控制	5	不可分采	1	6
有底柱分段崩落法	难控制	1	不可分采	1	2
无底柱分段崩落法	难控制	1	不可分采	1	2
阶段强制崩落法	难控制	1	不可分采	1	2
阶段自然崩落法	难控制	1	不可分采	1	2

表2.57　充填法回采方法的灵活性及开采条件变化的适应性打分表

采矿方法	矿体边界控制		矿体分采		总分值
	条件	分值	条件	分值	
单层充填法	易控制	5	可分采	3	8
削壁充填法	易控制	5	可分采	3	8
上向分层充填法	可控制	3	可分采	3	6
上向进路充填法	可控制	3	可分采	3	6
下向分层充填法	可控制	3	可分采	3	6
下向进路充填法	可控制	3	可分采	3	6

由表2.55～表2.57可得,从回采方法的灵活性及开采条件变化的适应性来看较好的是空场法,其次是充填法,最后是崩落法。因为空场法大部分都是直接在矿床内作业且多是浅孔落矿,可以人为控制矿体边界和矿体的分采程度,充填法相比空场法就要更难一些,而崩落法是三种采矿方法中最难实现矿体边界控制和矿体分采的,可见此表的赋值基本符合实际情况。

2.5.4　机械化程度

2.5.4.1　机械化程度赋值标准

机械化程度指回采过程中凿岩、爆破、运搬等过程所涉及的凿岩设备、装药设备以及运搬设备的机械化程度,其赋值标准如表2.58所示。

表2.58　机械化程度赋值标准

凿岩设备		装药设备		运搬方式	
条件	分值	条件	分值	条件	分值
手持式	1	人工装药	1	爆力运搬	1
气腿式	2	机械装药	2	漏斗	2
潜孔钻/导轨式	3	…	…	电耙	3
凿岩台车	4	…	…	漏斗＋电耙	4
⋮	⋮	⋮	⋮	铲运机	5

2.5.4.2　机械化程度打分表

通过机械化程度赋值标准（表 2.58），结合《金属矿床地下开采》、《采矿学》、《采矿手册》等资料对空场法、崩落法、充填法三大采矿方法进行机械化程度评估。评估结果如表 2.59～表 2.61 所示。

表 2.59　空场法机械化程度打分表

采矿方法	凿岩		装药		运搬		总分值
	条件	分值	条件	分值	条件	分值	
全面法	气腿式	2	人工装药	1	电耙	2	5
房柱法	气腿式	2	人工装药	1	电耙	2	5
浅孔留矿法	气腿式	2	人工装药	1	漏斗/（漏斗＋电耙）	4	7
分段矿房法	凿岩台车	4	机械装药	2	铲运机	5	11
分段凿岩阶段矿房法	凿岩台车	4	机械装药	2	铲运机/电耙	5	11
水平深孔阶段矿房法	潜孔钻/导轨式	3	机械装药	2	铲运机/电耙	5	10
垂直深孔阶段矿房法	潜孔钻/导轨式	3	机械装药	2	铲运机/电耙	5	10

表 2.60　崩落法机械化程度打分表

采矿方法	凿岩		装药		运搬		总分值
	条件	分值	条件	分值	条件	分值	
长壁法	气腿式	2	人工装药	1	电耙	2	5
短壁法	气腿式	2	人工装药	1	电耙	2	5
分层崩落法	气腿式	2	人工装药	1	电耙	2	5
有底柱分段崩落法	潜孔钻/导轨式	3	机械装药	2	电耙/铲运机	5	10
无底柱分段崩落法	凿岩台车	4	机械装药	2	铲运机	5	11
阶段强制崩落法	潜孔钻/导轨式	3	机械装药	2	铲运机	5	10
阶段自然崩落法	潜孔钻/导轨式	3	机械装药	2	铲运机	5	10

表 2.61　充填法机械化程度打分表

采矿方法	凿岩		装药		运搬		总分值
	条件	分值	条件	分值	条件	分值	
单层充填法	气腿式	2	人工装药	1	电耙	2	5
削壁充填法	气腿式	2	人工装药	1	电耙	2	5
上向分层充填法	气腿式	2	人工装药	1	电耙/铲运机	5	8
上向进路充填法	气腿式	2	人工装药	1	铲运机	5	8
下向分层充填法	气腿式	2	人工装药	1	电耙/铲运机	5	8
下向进路充填法	气腿式	2	人工装药	1	电耙/铲运机	5	8

通过表 2.59～表 2.61 可得，机械化程度较高的是崩落法和空场法，较低的是充填法。因为前两者主要是中深孔落矿，机械装药，铲运机运搬，而后者主要是浅孔落矿，人工装

药，电耙运搬，赋值情况基本符合实际生产。

2.5.5 通风效果

2.5.5.1 通风效果赋值标准

通风效果是指回采过程中通风的好与坏。影响通风效果的因素有很多，除了风路的完整性，还有地表的塌陷程度（漏风程度）、井巷的断面积、井下风流线路的长短、壁面光滑程度、支架排列整齐程度等。由于作者水平所限，在此取影响较大的风路完整性作为通风效果的赋值标准，如表 2.62 所示。

表 2.62　通风效果赋值标准

条　件	分　值
独头巷道	1
风路完整	2

2.5.5.2 通风效果打分表

通过通风效果赋值标准（表 2.62），结合《金属矿床地下开采》、《采矿学》、《采矿手册》等资料对空场法、崩落法、充填法三大类采矿方法进行通风效果的评估。评估结果如表 2.63 ~ 表 2.65 所示。

表 2.63　空场法通风效果打分表

采矿方法	风路完整性	分　值
全面法	风路完整	2
房柱法	风路完整	2
浅孔留矿法	风路完整	2
分段矿房法	风路完整	2
分段凿岩阶段矿房法	风路完整	2
水平深孔阶段矿房法	风路完整	2
垂直深孔阶段矿房法 VCR	风路完整	2

表 2.64　崩落法通风效果打分表

采矿方法	风路完整性	分　值
长壁法	风路完整	2
短壁法	风路完整	2
分层崩落法	风路完整	2
有底柱分段崩落法	独头通风	1
无底柱分段崩落法	独头通风	1
阶段强制崩落法	独头通风	1
阶段自然崩落法	独头通风	1

表 2.65 充填法通风效果打分表

采矿方法	风路完整性	分 值
单层充填法	风路完整	2
削壁充填法	风路完整	2
上向分层充填法	风路完整	2
上向进路充填法	风路完整	2
下向分层充填法	风路完整	2
下向进路充填法	风路完整	2

由表 2.63~表 2.65 可得，通风效果较好的为空场法和充填法，较差的为崩落法。因为前两者风路比较完整，而后者独头通风较多，并且崩落法的地表塌陷比空场法和充填法严重，所以其漏风程度也更大。由此可见，此表的赋值基本符合实际情况。

2.5.6 采矿方法优缺点

采矿方法优缺点的评价应该从安全性、工序的繁简、机械化程度、方法的灵活性、通风效果、回收率、贫化率、生产能力与开采强度、采矿方法的功效等方面予以评价。

2.6 采矿方法比较的步骤

（1）确定参与比较的采矿方法的结构参数，包括段高、矿块（采区）的布置方式（沿走向与垂直走向），矿房与矿柱的尺寸。

（2）选择底部结构的形式，确定底部结构的尺寸。

（3）确定底部结构等采准工程的位置、类型、尺寸。

（4）确定切割工程的位置、尺寸、施工的方法。

（5）绘制采矿方法三视图。

（6）计算与类比贫化率、损失率指标。

（7）计算采准系数，统计采切工程量、采切费用。

（8）回采设计，完成凿岩、爆破、运搬、通风、地压管理等一个工作循环的设计。

（9）计算采矿方法的生产能力、矿块的劳动生产率。

（10）查阅、调研、类比相似矿山的回采定额，计算采矿方法的直接成本。

（11）对采矿方法的安全性、通风条件的优劣进行定性分析。

（12）完成采矿方法技术经济比较表。

2.7 采矿方法的优化

采矿方法选择是一项既重要又复杂的设计工作。传统的选择方法要求设计人员有丰富的经验和准确的判断。20 世纪 80 年代开始将数字和计算机用于地下采矿方法的选择，运用数学模型和计算机技术进行采矿方法的选择、优选以及结构和工艺参数优化。国内采矿方法选择的优化主要有以下几种方法：

（1）模糊数学法。选择采矿方法的主要依据是众多的地质技术条件，但并没有定义明确的选择准则可以遵循，所以可以采用模糊数学法处理。首先，初选一些采矿方法作为候选者，已知这些采矿方法所要求的地质技术条件，然后列出拟选择采矿方法的矿山的地质技术条件，计算并确定它们与候选采矿方法所要求的地质技术条件之间的模糊相似程度，最后选择条件最相近的采矿方法。

模糊数学还可用来预测采矿方法将取得的技术经济指标。首先，列出本矿山的地质技术条件，再收集一些采用同样采矿方法的其他矿山的地质技术条件，对它们进行模糊聚类时，与本矿山近似程度排序依次取较低的权值；然后，将各矿山用这种采矿方法取得的技术经济指标加权平均，得到本矿山采用这种采矿方法可能取得的技术经济指标。

（2）专家系统法。采矿专家选择采矿方法时，通常先根据矿岩稳固性选择空场法、崩落法或充填法等采矿方法的大类别，然后根据矿体倾角及其他条件选择运输方式和采矿方法分组（或主要方法），最后根据矿体厚度或分段高度选择浅孔、中深孔或深孔等不同的落矿方式。这个过程是一个明显的逻辑推理过程。把这种逻辑因果关系总结成规则，存放在计算机系统中，就建立了采矿方法选择的专家系统。使用时输入所设计的矿山地质技术条件，系统就会自动推理，选择出适用的采矿方法。

（3）多目标决策法。选择采矿方法时，考虑采矿成本、采准切割量、矿石贫化率、矿石损失率、采场生产能力等多个因素。这些因素从不同侧面反映采矿方法的优劣，具有各自的计量单位。采用多目标决策法，将这些因素综合起来，从整体上评价几种采矿方法的可行方案，从中择优。

（4）价值工程法。价值工程中事物的价值用其功能与成本的比值来衡量。选择采矿方法时，将采场生产能力、回采率、贫化率等技术指标视作功能，支出的开采费用视作成本，比较各种采矿方法的功能/成本比，选择比值最大者作为应选的采矿方法。

（5）关联矩阵法。关联矩阵法是常用的系统综合评价法，它主要是用矩阵的形式来表示各替代方案有关评价指标及其重要度与方案关于具体指标的价值评定量之间的关系。

使用该方法进行采矿方法优选时，确定备选采矿方法为评价对象，分别取为 A_1，A_2，$\cdots$，A_m；确定采矿方法方案评价指标为评价项目，分别取为 X_1，X_2，$\cdots$，X_n；W_1，W_2，$\cdots$，W_n 是 n 个评价项目的权重；V_{i1}，V_{i2}，$\cdots$，V_{in} 是备选采矿方法 A_i 关于 X_j（$j = 1 - n$）的指标的价值评定量。其关联矩阵表示如表 2.66 所示。

表 2.66　采矿方法优选关联矩阵表

A_i	X_j	X_1	X_2	$\cdots$	X_j	$\cdots$	X_n	V_i
	W_j	W_1	W_2	$\cdots$	W_j	$\cdots$	W_n	（加权和）
A_1		V_{11}	V_{12}	$\cdots$	V_{1j}	$\cdots$	V_{1n}	$V_1 = \sum\limits_{j=1}^{n} W_j V_{1j}$
A_2	V_{ij}	V_{21}	V_{22}	$\cdots$	V_{2j}	$\cdots$	V_{2n}	$V_2 = \sum\limits_{j=1}^{n} W_j V_{2j}$
$\vdots$		$\vdots$	$\vdots$	$\cdots$	$\vdots$	$\cdots$	$\vdots$	$\vdots$
A_m		V_{m1}	V_{m2}	$\cdots$	V_{mj}	$\cdots$	V_{mn}	$V_m = \sum\limits_{j=1}^{n} W_j V_{mj}$

具体实施步骤：

（1）评价指标的权重 W_j。

1）确定评价指标的重要度 R_j。采用 5 级标度法确定各评价指标的重要等级 P_j，$P = [1，2，3，4，5]$，数值越大，重要性越高。然后按下式自上而下进行计算 R_j。

$$R_j = \begin{cases} P_j - P_{j+1}, & P_j > P_{j+1} \\ \dfrac{1}{P_{j+1} - P_j}, & P_j \leqslant P_{j+1} \end{cases} \quad (j = 1，2，\cdots，n-1) \tag{2.19}$$

2）对 R_j 进行基准化处理。以最后一个评价指标为基准，令 $K_n = 1$，然后自上而下按下式计算其他评价指标的基准化处理结果 K_j。

$$K_j = K_{j+1} R_j \quad (j = n-1，n-2，\cdots，1) \tag{2.20}$$

3）计算评价指标的权重 W_j。按下式对 K_j 进行归一化处理，得到各评价指标的权重 W_j。

$$W_j = \frac{K_j}{\sum\limits_{j=1}^{n} K_j} \quad (j = 1,2,\cdots,n) \tag{2.21}$$

（2）确定方案关于各评价指标的价值评定量 V_{ij}。

对各可选方案进行评价，分别计算方案 A_i 在评价指标 X_j 下的重要度 R_{ij}，不需再予以估计，可按照各替代方案的预计结果按比例计算得到结果。同理，对 K_{ij} 结果和评价指标的价值评定量 V_{ij} 进行基准化处理。

$$K_{ij} = K_{ij+1} R_{ij} \quad (i = 1，2，\cdots，m；j = n-1，n-2，\cdots，1) \tag{2.22}$$

按下式对 K_{ij} 进行归一化处理，得到各评价指标的评定量 V_{ij}。

$$V_{ij} = \frac{K_{ij}}{\sum\limits_{j=1}^{n} K_{ij}} \quad (i = 1，2，\cdots，m；j = 1，2，\cdots，n) \tag{2.23}$$

（3）确定各方案关于评价系统的综合评价值 V_i。

对各评价方案的综合评价值 V_i 按下式进行计算：

$$V_i = \sum_{j=1}^{n} W_j W_{ij} \quad (i = 1，2，\cdots，m) \tag{2.24}$$

3 采矿方法构成要素及其取值

3.1 结构参数

3.1.1 矿块长度

矿块长度对于不同采矿方法而言含义不同。对于不留矿柱的采矿方法（如无底柱分段崩落法，不留间柱、连续回采的空场法）指一个出矿或人行、材料运搬系统所担负的矿段的长度；对于留间柱的两步骤采矿方法，矿块长度指矿房长度加上一个矿柱的长度；对缓倾斜长壁法指两个切割天井之间的距离。不同采矿方法采区长度的参考值见表 3.1。

表 3.1 不同采矿方法矿块长度参考值

采矿方法名称	采区长度/m
全面法	50 ~ 60
房柱法	50 ~ 100
沿走向分段矿房法	30 ~ 60
垂直走向分段矿房法	30 ~ 60
浅孔留矿法	50 ~ 60
有底柱分段崩落法	40 ~ 60
无底柱分段崩落法	40 ~ 70
阶段自然崩落法	30 ~ 50
阶段强制崩落法	40 ~ 60
沿走向充填法	40 ~ 60
垂直走向充填法	15 ~ 25

矿块长度受到矿岩稳固性、允许暴露面积和暴露时间、矿体倾角的影响，还受到矿体沿走向变化及断层情况以及所使用的凿岩、运搬设备的影响，主要有以下几个方面：

（1）矿石和围岩稳固程度限制。用留矿法开采的矿体，顶板暴露面积达 $300 \sim 400 \mathrm{m}^2$，矿石特别稳固的情况下达 $500 \sim 600 \mathrm{m}^2$，甚至更大。当阶段高度已定的条件下，对空场法而言，矿体和围岩的稳固性起决定作用。其中沿走向布置时，围岩的稳定性影响较大。垂直走向布置时，矿石的稳固性影响较大。

沿走向布置的矿块，上盘岩石的允许暴露面积对矿块长度影响较大。在阶段高度 $40 \sim 50 \mathrm{m}$ 时，矿块长可达 $40 \sim 120 \mathrm{m}$ 之多。围岩稳固性较差的薄矿脉，用留矿法时应将矿块长度大大地缩小。

（2）通风防尘的限制。当矿块两端各开一个天井时，风流是经平巷由一个天井入风进入工作面，贯穿矿房后，经另一天井上升到回风平巷排出。这种通风方式的矿块长度以40～60m为宜，若过长，增加了阻力，不利于排尘。为了达到必要的回采强度，需要多台凿岩机同时工作，必然造成在下风流方向的工人受污风影响。

（3）设备限制。电耙出矿时，电耙的有效耙运距离为50m以内。矿块长度应在此范围内为宜。无轨设备铲运机出矿时，有效运距80～120m。用崩落法时，矿块长度可能会受制于炮孔的有效深度，如水平深孔情况。

3.1.2 矿房宽度与间柱宽度

3.1.2.1 影响因素

矿房与间柱宽度的影响因素有：矿体的厚度、倾角；矿岩的稳固性；除了要参考允许暴露面积、矿体厚度、矿块高度之外，矿房宽度还与深孔的布置方式、漏斗受矿面积以及回采顺序有关。如果矿房是由上盘向下盘推进，上盘围岩暴露时间长，则矿房宽度就不宜太大；如果是从矿房中央向上下盘回采，则矿房宽度可以大一些。

3.1.2.2 矿房与间柱的要求

（1）矿房与间柱回采过程安全，矿房尺寸过大，矿柱尺寸过小都会影响回采安全。

（2）矿房与间柱回采时综合回收指标最高。

（3）回采强度最高而开采费用最低。

3.1.2.3 矿房与间柱宽度的确定

（1）开采极薄矿脉时，不留间柱或保留3～4m的间柱，此时间柱不回收。

（2）开采中厚及矿岩稳固的厚矿体，且沿走向布置采场时，间柱宽6～8m，矿房宽40～60m。

（3）开采极厚大的矿体和部分厚矿体，且垂直走向布置采场时，间柱宽8～10m，矿房宽8～20m。

3.1.3 阶段高度

阶段高度主要取决于矿床勘探类型、矿体倾角、采矿方法，并且与矿床开拓运输系统有直接关系。如果矿岩不够稳定，地压较大，则过高的阶段高度会降低底部结构的服务周期，增加维护费用。

影响阶段高度的主要因素有：

（1）矿床勘探类型。矿床勘探类型越高，坑探网度就越密，坑探阶段的高度越小。为了充分利用坑探巷道作为采矿巷道，原则上应当使采矿阶段与坑探阶段高度一致起来。因此，矿床的勘探类型越高，阶段高度越小。

（2）围岩稳固程度。上盘暴露面积由阶段高度和矿房沿走向的长度决定。矿房长度一定，阶段高度大，则暴露面积大。同时，阶段高，矿房矿量大，回采工作面的推进速度随着阶段高度的增加而减小，回采时间长，顶板暴露时间亦长。因此，围岩的稳固性好，可采用较高的阶段高度，在矿脉比较规整的条件下，可以采用40～50m的段高甚至更大。当围岩不太稳固时，为了减小上盘不稳固岩石的暴露面积和暴露时间，则应采用较小的阶段高度，通常采用30～40m的段高。

（3）矿体倾角。矿体倾角的大小对运搬影响很大，当阶段高度较大时，影响更加明显。因此，对于倾角较缓，但还可以用留矿法开采的矿床，适宜采用 30～40m 的低阶段。开采倾角 60°～70°以上的矿体，适宜采用 50～60m 段高。

（4）采矿方法对阶段高度要求。许多矿床由于矿体赋存条件和开采技术条件不一致，往往要采用多种采矿方法。此时，决定阶段高度时，要兼顾众多采矿方法的需要，进而保证段高的一致性。

（5）天井掘进条件。用普通法掘进天井时，掘进的困难程度随着天井高度的增加而增加。一般情况下是当掘进工作面上升到 25～30m 高时，通风和材料设备的运搬便渐趋困难，掘进效率降低。对于薄矿脉开采，目前天井掘进还是用普通掘进法开凿，一般不宜采用太高的阶段高度。

阶段高度的取值方法：

（1）当矿体倾角比较大，倾角和厚度变化不大，矿体轮廓规则时，采用较大的阶段高度；

（2）当矿床勘探类型越高时，阶段高度可以取得越小。

增加阶段高度，使矿房所占矿量比重增加，这将意味着回收率和其他一些技术经济指标可以得到改善。同时，可以减少开拓和采准工作量，相应减小了顶底柱所占矿量比重，即减小了最难回收的这部分矿石的矿量。

国内、外部分矿山采用的阶段高度见表 3.2、表 3.3。

表 3.2　国外部分矿山采用的阶段高度

矿山名称	矿体开采条件		采矿方法	阶段高度/m
	倾角/(°)	厚度/m		
挪威 Tverrfjellet	急倾斜	15	分段矿房法	60
联邦德国孔腊德铁矿	22～24	46	房柱法	100
澳大利亚 Mount Isa 铜铅锌矿	65	9～45	上向分层充填法	58～200
南非 Prieska 铜矿	75～90	9	分段空场法	118
赞比亚 Baluba 铜矿	45～50	8	分段空场法	100～125
加拿大 Kidd Creek 铜矿	70～85	50～70	阶段空场法	120
苏联 Tarahr 铁矿	45～60		分段空场法	120～150
法国森特萨尔铅锌矿	80		下向分层充填法	60
加拿大 Madelelne	70	60	分段空场法	55
美国皮丽奇铁矿	75～85	30～180	无底柱分段崩落法	45～60
赞比亚 Mufulira	45	9～14	分段空场法	76
瑞典 Malmberget 铁矿	40～70	100	无底柱分段崩落法	200
联邦德国 Grund 铅锌矿	70～90	40	分段充填法	50
加拿大 Strathcona 镍矿	40～45	80～100	分层充填法	76

表 3.3　国内部分矿山采用的阶段高度

矿山名称	矿体开采条件		采矿方法	阶段高度/m
	倾角/(°)	厚度/m		
丰山铜矿	45~80	14~27	无底柱分段崩落法	50
河北铜矿	70~90	10~30	无底柱分段崩落法	60
胡家峪铜矿	35~65	3~9	有底柱分段崩落法	50
笸子沟铜矿	40~65	45~70	有底柱分段崩落法	40~45
桃林铅锌矿	30~45	10~15	阶段强制崩落法	40
红透山铜矿	72~85	3~35	分层充填法	40~60
武山铜矿	50~70	1~9	分层崩落法	40
新冶铜矿	30~80	10	留矿全面法	30
湘潭锰矿	47	2.2	水砂充填法	20~40
黄沙坪铅锌矿	40~80	中厚~厚	充填法	36
龙首矿	70	20~60	分层胶结充填法	60
凡口铅锌矿	40~68	5~10	分层胶结充填法	40~50
凤凰山铜矿	60~90	3.7~20	分层水砂充填法	100
王村铝土矿	11~18	1~7	长壁法	20~40
锡矿山锑矿	10~25	2~3	房柱法	20~40
柴河铅锌矿	50~80	5~20	留矿法	30
落雪龙山矿	60~70	11	分段空场法	60
易门铜矿狮山坑	72~85	26	有底柱分段崩落法	50
向山硫铁矿	30	150~200	分段崩落法	20~45
桦树沟铁矿	25~80	15~45		60
大庙铁矿	60~90	10~90		60
程潮铁矿	46	24~53	无底柱分段崩落法	70
弓长岭铁矿（二矿区）	70~85	10~100		40
梅山铁矿	急倾斜	147		120
凤凰山铁矿	25~55	1~60	阶段空场法	50

3.1.4　分段高度

分段矿房法、分段崩落法、分段凿岩阶段矿房法均涉及分段高度的选择。分段高度与运搬设备、凿岩设备和运搬要求等多种因素有关。分段高度大，可以减少采准工作量，降低采准费用。但是它又受到凿岩设备、凿岩爆破技术，以及放矿时损失贫化指标的限制，使得分段高度不能太大。

影响分段高度的因素有：

（1）有底部结构时，每个漏斗担负的矿量和底部结构的稳固性。

漏斗担负的面积，我国通常用的标准为 $25\sim45m^2$。如果担负的面积过大，则底部结构后期难以维护；如果过小，则又加大了采切比，造成经济上的不合理。

（2）出矿强度的高低直接影响底部结构的服务时间；如果出矿强度高，可以采用高分段，否则可采用低分段。

（3）矿体厚度与上盘岩石的稳固性。中厚矿体和上盘岩石崩落后矿石块度很破碎时，常用低分段；反之用高分段。否则在放矿过程中矿石很容易被废石切断，造成严重的矿石损失与贫化。

（4）分段高度与矿体倾角。对倾斜和缓倾斜矿体，通常布置底盘脉外电耙道，以此回收这部分矿石。因此，常采用低分段，以降低下盘矿石残留；急倾斜矿体，采用高分段。

（5）分段高度与凿岩方式以及所用的凿岩设备能力有关：

1）浅孔凿岩时，分段高度不大于6m；

2）中深孔凿岩时，分段高度可为8~10m（YG-80，YG-60）；

3）深孔凿岩时，分段高度可为15~20m或更大一些。

分段高度大，凿岩深度就大，采用YGZ-90钻机，当孔深大于15m时，凿岩效率急剧下降。分段高度大，还增加了切割拉槽的困难。分段高度也不能过低，过低时不仅增加了采准工作量，而且还影响回采巷道的稳固性。

3.1.5　分层高度

房柱法、浅孔留矿法、分层崩落法、分层充填法均涉及分层高度的选择。

高分层高度的优点：

（1）减少辅助作业量（如平场、浇注工作，移动设备次数等）；

（2）提高劳动生产率和强度，降低采矿成本。

缺点：

（1）撬毛工作困难：因采空区的空间高达6~7m，工人观察、检查顶板困难。处理浮石也难，安全性差；

（2）凿岩用中深孔落矿，必然增加大块矿石，增加了二次破碎的工作量，影响出矿效率，且污染空气；

（3）若用人工浇注隔墙时，则由于隔墙高度增大，造成浇注工作劳动强度大，困难显著增加。

在条件许可情况下，可以采用高分层回采。采用高分层的必要条件和应采取的措施是：

（1）矿石和上盘围岩很稳固；

（2）有自行式升降设备，可随时检查顶板和处理浮石；

（3）有输送混凝土浇注隔墙的机械设备；

（4）使用高效率的凿岩设备，加大炮孔密度，减少大块率。

不同采矿方法的分层高度见表3.4。

表 3.4　分层高度表

类　别	采矿方法名称	分层高度/m
空场法	房柱法	1.5~2.5
	浅孔留矿法	1.5~2.5
崩落法	分层崩落法	2~2.5
充填法	上向水平分层	2~2.5
	下向水平分层	2~2.5

3.1.6 矿柱尺寸

3.1.6.1 矿柱尺寸的影响因素

影响矿柱尺寸的主要因素有：

（1）矿岩的稳固性，即矿岩的允许暴露面积。

（2）矿柱的回采方法，因为矿柱回采时的条件很差，所以在确定矿块结构尺寸时，要求尽量增加矿房尺寸，减小矿柱尺寸。

（3）与所使用的采掘设备有关。

（4）与回采强度有关。

3.1.6.2 矿柱尺寸确定

A 间柱尺寸

间柱的大小和强度取决于矿石的强度、围岩所承受的压力、矿体厚度和矿体倾角、矿块高度、间柱回采时间以及间柱回采方法，同时还应当考虑到间柱内是否设置巷道以及矿房中爆破的影响。

矿体厚度大，间柱承受的压力就大，因此垂直走向布置时，间柱宽度比沿走向布置时要大。当矿体是急倾斜，厚度不大，矿岩很稳固时，间柱宽度可以取小值。

B 顶柱尺寸

顶柱厚度取决于顶柱存在的期限、矿石强度、矿体厚度以及顶柱中是否开掘巷道等因素。

当矿体和上下盘围岩极稳固时，接触面稳固：顶柱高 = 矿房宽 × (0.2 ~ 0.3)m；

矿体和上下盘围岩稳固，接触面中等稳固时：顶柱高 = 矿房宽 × (0.3 ~ 0.5)m；

矿体和上下盘围岩中等稳固时：顶柱高 = 矿房宽 × (0.5 ~ 0.7)m；

为了保护平巷，留的顶柱高为 1 ~ 3m。

C 底柱尺寸

底柱高度主要取决于所使用的底部结构形式。用空场法、充填法开采薄矿脉时，可以不留底柱，用横撑或棚子形成漏斗和支撑巷道；留底柱时，底柱高 3 ~ 4m；当开采中厚以上矿体时，底柱高度取决于底部结构的形式。不设二次破碎水平而用漏斗直接装车的底柱高 5 ~ 8m；用格筛二次破碎，漏斗直接装车时底柱高 12 ~ 18m；设电耙二次破碎水平溜井装车时，底柱高 8 ~ 16m。

3.1.6.3 矿柱的形状对其强度的影响

矿柱的强度与其形状有关。矿柱的宽度越大，高度越小（即矿柱的宽高比越大），矿柱处于三向压缩状态的部分越大，则矿柱的强度越高。

根据美国"瓦特潘恩"矿的研究，矿柱的矿石立方形试件抗压强度为 68.6MPa 时，如果矿柱的宽度（c）小于其高度（h），在不大的载荷下矿柱即被破坏；但当 $c > 7h$ 时，矿柱却能承受实际施加的载荷而不被破坏。

棱柱形矿柱的抗压强度为：

$$\sigma_1 = \sigma_f k_f \tag{3.1}$$

式中　σ_f——立方形矿柱的抗压强度，$\sigma_f = 98.1\text{kPa}$；

k_f——矿柱形状系数，取决于其宽高比，可近似为：当 $c < h$，$k_f = \sqrt{\dfrac{c}{h}}$；当 $c > h$，

$k_f = \dfrac{c}{h}$（圆形矿柱 c 等于直径，矩形矿柱 c 等于其短边，条带矿柱 c 等于其宽度减去巷道宽度）。

3.1.6.4　水平和缓倾斜矿体矿柱计算

用房柱法开采水平或缓倾斜矿体时，一般留有采区矿柱和支撑矿柱。前者多为较宽的连续矿柱，用以承受采区范围的上部覆岩载荷，并保护其中的天井等工程；后者多为间断的圆形或矩形矿柱，用以限制各矿房回采的允许跨度（暴露面积）。有时不留采区矿柱，而留矿房间柱。此时矿柱呈宽度较小的连续或间断的圆形或矩形，用以承受矿房开采范围的上覆岩层载荷。

保证矿柱强度必需的截面，按许用承载强度计算：

$$\frac{S\gamma Hk}{s} = \frac{\sigma_0 k_f}{n} \tag{3.2}$$

式中　S——矿柱支撑的上部覆岩面积，m^2；

γ——上部覆岩平均密度，t/m^3；

H——开采深度，m；

k——载荷系数，与岩石性质有关，也与开采深度 H 和开采空间短边尺寸 L（沿走向或沿倾斜）的比值有关。当 $\dfrac{H}{L} < 1$ 时，$k = 1$；当 $\dfrac{H}{L} > 2$ 时，$k = 0.4 \sim 0.8$；

s——矿柱的截面积，m^2；

σ_0——矿柱矿石立方形试件单向抗压强度，$\sigma_0 = 9.81\text{kPa}$（考虑了矿柱的存在时间，即蠕变的影响）；

n——安全系数（考虑不同矿柱之间载荷分布的不均匀性和矿柱截面应力分布的不均匀性），对于永久矿柱，取 $3 \sim 5$；临时矿柱，取 $2 \sim 3$。

由上式得出矿柱相对面积为：

$$\frac{s}{S} = \frac{\gamma Hkn}{\sigma_0 k_f} \tag{3.3}$$

根据上式计算矿柱相对面积时，因矿柱宽 c 为未知数，可先假设 k_f 值；若算出后所得出的 k_f 值与假设的差距过大，应重新假设 k_f 值进行计算，使其基本一致。

最终选定的矿柱尺寸，必须大于下列条件所限定的矿柱最小宽度：

（1）为防止矿柱被爆破崩坏，应使 $c \geq 2W$（W 为炮孔最小抵抗线）；

（2）为防止矿柱纵向弯曲，要求 $c \geq 1/4h \sim 3/4h$（较坚硬的致密矿石取小值）；

（3）采用爆破崩矿时，要求 $c \geq 3 \sim 5\text{m}$，以保持矿柱中心部位稳固；

（4）如果顶板岩石强度低于矿石强度，为防止矿柱压入顶板，应加大矿柱的面积：

$$\frac{s}{S} = \frac{\gamma Hkn}{\sigma_d} \tag{3.4}$$

式中　σ_d——顶板岩石抗压强度。

各矿柱承载比例与各矿柱断面大小有关。当开采面积很大，而且各矿柱的规格又都相

同，则 k 为常数。若矿体垂直厚度为 10m 时，采区矿柱的宽度一般增加到 20～40m，则采区矿柱可称为隔离矿柱。隔离矿柱中矿石大部分处于三向压缩状态，其强度很大，而支撑矿柱很小，属塑性的，它只承受部分上覆岩层重量。当开采深度为采区宽度的 1.5～2 倍时，对于坚硬弹性矿石，$k=0.6～0.8$；对于软弱塑性矿石，$k=0.35～0.45$，其余的覆岩重量传给隔离矿柱。因此，隔离矿柱的载荷为其上覆岩层总重量加上支撑矿柱的上覆岩层的部分重量。此时，计算支撑矿柱时，可不考虑载荷的不均匀性，取安全系数为 2～3。采区回采后，部分支撑矿柱可能破坏，并引起顶板冒落，其冒落范围不会超出隔离矿柱限定的范围。

3.1.6.5 急倾斜矿体矿柱计算

开采急倾斜矿体时，一般留有顶柱、底柱和间柱。底柱因受放矿导致巷道切割严重，对围岩的支撑能力很差；顶柱因受剪应力和弯曲应力，只能承受部分载荷。因此，顶柱和底柱的支撑能力，仅按安全系数考虑。间柱由于其厚大且连续，呈三向受力状态，是支撑围岩的主体部分。

（1）按覆岩压力计算间柱宽度。这种计算方法和缓倾斜矿体矿柱计算方法相同，即：

$$\frac{s}{S} = \frac{c}{a+c} = \frac{\gamma Hkn}{\sigma_0 k_f} \tag{3.5}$$

式中　a——矿房宽度，m；

　　　c——间柱宽度，m。

在急倾斜矿体中，间柱的宽度远远小于其高度 h，因此，$k_f = \sqrt{\dfrac{c}{h}}$。

于是：

$$\frac{c}{a+c} = \frac{\gamma Hkn}{\sigma_0 \sqrt{\dfrac{c}{h}}} \tag{3.6}$$

在计算时，先取 c 的近似值，进行试算，直至基本满足要求为止。k 值与缓倾斜矿体矿柱计算相同，但此处 L 值是矿体开采范围横断面的短边在水平面上的投影值。

计算的间柱宽度，还应满足下列要求：

$$c \geqslant 2W; c \geqslant \left(\frac{1}{3}～\frac{1}{4}\right)h; c > 4～8m \tag{3.7}$$

式中　W——矿房落矿炮孔最小抵抗线。

（2）按滑动棱柱体计算间柱宽度。图 3.1 为滑动棱柱体上的作用力系分析图。

图中 Q 为沿走向单位长度上的滑动棱柱体重量；R_2 为上部松散楔形体施加于棱柱体上的作用力之合力；R_1 为棱柱体下部原岩对棱柱体下滑的反作用力之合力；P' 为间柱对所受载荷的反作用力，它与棱柱体下滑力 P 大小相等，但方向相反。由于滑动面上有摩擦力，R_2 与 R_1 两力与法线的交角为内摩擦角 φ。

根据正弦定律：

$$P = \frac{Q\sin(\beta - \varphi)}{\cos\varphi} \tag{3.8}$$

式中　β——上盘岩石的移动角。

间柱中的正应力应小于或等于矿柱的许用应力 $[\sigma_0]$，即：

$$\frac{P(a+c)}{c \cdot d} = [\sigma_0] \tag{3.9}$$

式中　a——矿房宽度，m；

　　　c——间柱宽度，m；

　　　d——下滑棱柱体的宽度，m。

间柱宽为：

$$c \geqslant \frac{Pa}{[\sigma_0]d - P} \tag{3.10}$$

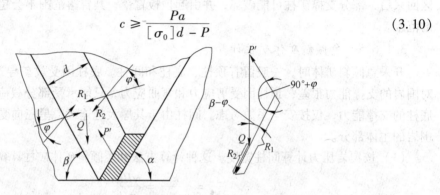

图 3.1　滑动棱柱体力系分析图

3.2　底部结构

底部结构是主要运输水平至拉底水平之间的受矿巷道、放矿巷道、运搬巷道及联络道、溜井等巷道组成的结构形式的总称，如图 3.2 所示。它能够使矿房或矿柱采下来的矿石，利用自重或出矿设备的运搬，装入运输水平的矿车中。

受矿部分 3 ——从电耙巷道顶板 →拉底巷道底板；

出矿部分 4 ——从阶段运输巷道顶板→电耙道顶板；

放矿部分 5 ——从阶段运输巷道底板→运输巷道顶板。

（1）对底部结构的要求。

1）满足稳固性要求。在矿块整个放矿过程中，都应当保证底柱的稳固，使采下的矿石按计划放出。当矿石不稳固时，会出现底部垮落，如电耙道堵塞、耙道塌落等。

2）底部结构简单，施工方便，出矿方便。

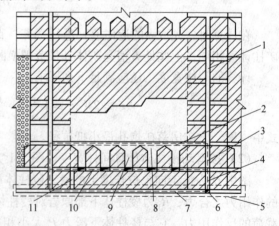

图 3.2　底部结构示意图

1—天井；2—拉底巷道底板水平；3—受矿部分；
4—出矿部分；5，6—放矿部分；7—阶段运输水平；
8—漏斗；9—漏斗颈；10—电耙道；11—溜井

3）在保证底柱稳固的前提下，应当尽量减少底柱矿量，以提高矿块的总回收率。

4）能保证放矿、二次破碎和运搬工作具有安全和良好的劳动条件。

5）放矿能力大，提高采矿方法的效率。

（2）矿块底部结构的分类。根据是否采用机械运搬以及使用的运输机械设备类型不同，矿块底部结构可以分为三类：自重放矿底部结构、电耙运搬底部结构（堑沟电耙和平底电耙）、无轨设备运搬底部结构。底部结构比较见表 3.5。

表 3.5 底部结构比较

项 目 底部 结构类型	采准工作量	底柱矿量	劳动安全条件	漏口闸门维修工作量	装矿地点数目	结构复杂程度	放矿能力	机械化程度
自重放矿	大	大	差	大	多	复杂	小	低
电耙出矿	较小（比自重放矿少20%~25%）	较小（比自重放矿少20%~25%）	较好	小	少	较简单	较大	较低
平底结构	小	小	好	小	多	简单	大	较高
振动机放矿	小	小	好	小	多	简单	大	较高

3.2.1 自重放矿底部结构

3.2.1.1 漏斗布置的原则

为了减少平场工作量，漏斗尽量开掘在靠近矿体下盘处；当矿房宽度小于 7m 时，可以布置一排漏斗，当矿房宽度大于 7m 时，可以布置 2 排或多排漏斗。每个漏斗所担负的面积不超过 50m²；当矿体倾角小时，漏斗应尽量靠下盘布置；当矿体倾角小于 60°时，靠上盘处可以不设漏斗，仅布置下盘漏斗，而留下的三角矿柱等以后与其他矿柱一起进行回采。因为此时大部分矿石都从下盘漏斗放出，上盘漏斗放出的矿石很少，为减少采准工作量，故可以不开。

3.2.1.2 漏斗口形状

漏斗口形状可以是方形，也可以是圆形口，见图 3.3。

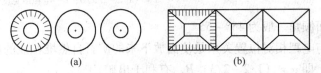

图 3.3 漏斗形式
（a）圆形漏斗；（b）方形漏斗

3.2.2 电耙运搬底部结构

3.2.2.1 适用条件

电耙运搬底部结构适用于各种矿石条件，应用广泛，对底部切割量较少，底柱稳定性较好，见图 3.4、图 3.5。

3.2.2.2 结构参数

A 漏斗结构及其尺寸

漏斗结构如图 3.6 所示。

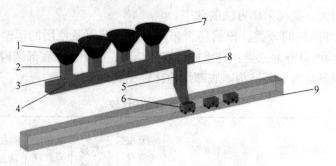

图 3.4　单侧电耙巷道底部结构示意图

1—喇叭口；2—斗颈；3—斗穿；4—电耙道；5—溜井；6—矿车；
7—拉底水平；8—耙巷水平；9—运输水平

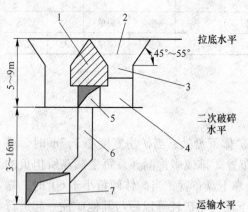

图 3.5　漏斗电耙出矿底部结构

1—桃形矿柱；2—漏斗口；3—斗颈；
4—斗穿；5—电耙道；6—溜井；
7—运输巷道

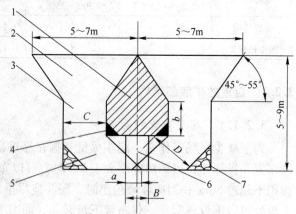

图 3.6　漏斗结构示意图

1—桃形矿柱；2—漏斗；3—斗颈；4—楔形角；
5—斗穿；6—电耙道；7—矿堆

$C = (2.5 \sim 3.5)n$；$b = 1.5 \sim 2.0$m；

$a = (1/2 \sim 2/3)B$；B—电耙道宽度；D—有效放矿断面

（1）漏斗斜面倾角一般为 45°～55°。

（2）漏斗颈与电耙相对位置关系是使溜放下来的矿石自然堆积成的斜面，能够占据电耙道宽 1/2～2/3，即 $a = (1/2 \sim 2/3)B$，有利于出矿。

（3）漏斗颈宽度 $C = (2.5 \sim 3.0)n$，满足块度要求。

（4）漏斗颈高度取决于矿石的稳固性，在满足稳固性要求的前提下，尽量减小漏斗颈高度，一般为 1.5～2.0m。

（5）漏斗口形状有方形和圆形的。对于自重放矿来说，漏斗是什么形状没有本质上的影响。

（6）底柱所占矿量占全矿量的 16%～20%。

（7）矿山设计溜井断面尺寸为 2.5m×2m 或 2.5m×2.5m，一般为 1.8m×1.8m 或 2m×2m 即可。

（8）漏斗间距一般为 5～7m。

（9）电耙道中心线到漏斗颈中心线间距为 3.5～4.0m。

（10）一般情况下每个漏斗负担的放矿面积为 $30\sim50m^2$，最大不超过 $50m^2$。

B 漏斗的布置形式

a 对称布置

当耙道需要支护时，采用对称布置有利于耙矿。耙头可直线顺利耙矿，同时使支护的困难小一些，见图3.7。

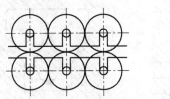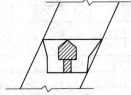

图3.7 漏斗对称布置结构

b 交错布置

（1）漏斗布置均匀，残留在漏斗脊上部的矿石量少，有利于回收矿石。

（2）对底柱的稳固性破坏比较小，安全性较好。

（3）矿堆的高度较低，便于耙斗运行，不易发生矿堆堵塞耙道的故障。

因此，在生产中一般采用交错布置，见图3.8。

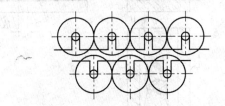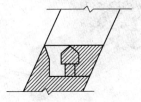

图3.8 漏斗交错布置

但是耙道需要支护时不宜用交错布置。因为耙道与斗穿口处支护困难，同时在耙道内交错布置的矿堆，使电耙呈曲线运行，易将支架拉倒。

C 底柱尺寸

底柱高度为 $8\sim15m$。

（1）从运输水平到（底板）电耙道底板高度为 $3\sim16m$。

（2）从电耙道底板到拉底水平底板为 $5\sim9m$。

3.2.3 堑沟电耙底部结构

3.2.3.1 适用条件

堑沟电耙底部结构适用于矿岩稳固，生产能力大的矿块，见图3.9。

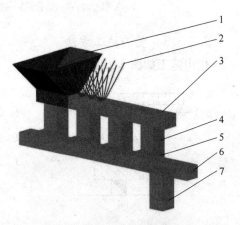

图3.9 堑沟电耙道结构示意图

1—堑沟；2—炮孔；3—拉底凿岩巷；4—斗颈；5—斗穿；6—电耙道；7—溜井

3.2.3.2　堑沟结构尺寸

（1）堑沟的放矿口尺寸一般为 2～3.5m。

（2）放矿口分为单侧和双侧两种分布形式，见图 3.10、图 3.11。

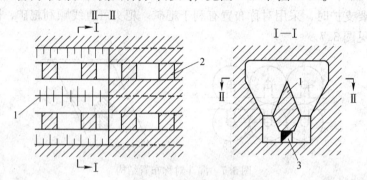

图 3.10　双侧布置堑沟

1—堑沟间三角柱；2—堑沟放矿口；3—电耙道

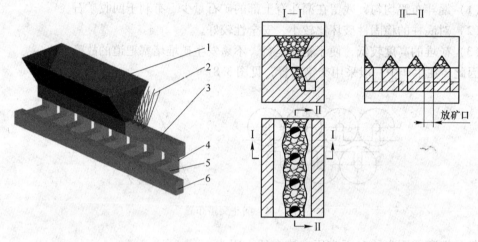

图 3.11　单侧布置堑沟

1—V 形堑沟；2—炮孔；3—拉底凿岩巷；4—斗颈；5—斗穿；6—电耙道

3.2.3.3　堑沟施工方法

堑沟施工如图 3.12 所示。

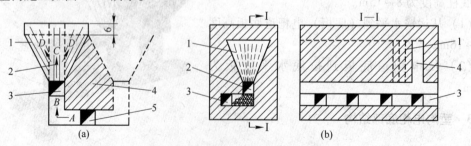

图 3.12　堑沟施工图

（a）：1—炮孔；2—切割井；3—堑沟巷道；4—桃形矿柱；5—电耙道

（b）：1—炮孔；2—拉底巷道；3—电耙道；4—切割槽

（1）由电耙道向里打斗穿，然后向上打斗颈，并继续上掘形成切割小井，斗颈与堑沟巷道贯通。

（2）在堑沟巷道中向上打扇形中深孔或浅孔，以切割井为自由面，爆破后形成开堑沟的自由面（小立槽）。

（3）最后以这个切割小立槽为爆破自由面进行逐排爆破，把整个堑沟拉开。

（4）在生产实际中，往往并不是把堑沟单独一次拉开，而是随着上部矿房的回采，逐步拉开。

3.2.4　平底电耙底部结构

平底电耙底部结构按电耙道与运输巷道的相对位置关系分为三种，见图3.13，其结构示意图如图3.14所示。

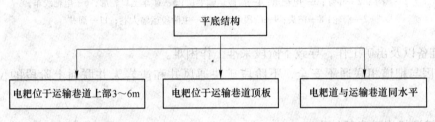

图3.13　电耙道与运输巷道相对位置关系图

（1）电耙道位于运输巷道上3～6m。矿石耙入溜矿井中。溜井的容积应不小于一列车的矿石量。耙矿和运输工作互不干扰，可以提高矿块的出矿能力。放矿溜井断面：一般为2m×2m，这种形式在我国应用得较多。

（2）耙道位于运输巷道顶板处（图3.15a）。耙矿和运输互相干扰，耙矿要等矿车，或矿车要等耙矿，降低了出矿效率。通常在如下条件使用：

1）矿块矿量不大，必须降低底柱高度；

2）如果电耙道塌落，需要在下部重开电耙道。

（3）耙道和运输巷道同一水平（图3.15b）。耙运的矿石经溜井放至下阶段运输巷道。

1）减小底柱高度，减少了底柱矿量，提高了矿块总回收率。

2）改善了电耙的施工条件和耙矿作业条件。

3）溜井容量大，解除了耙和运间的互相影响。

4）当矿体规模大时，由于下阶段运输巷道承担了上阶段矿山运输的工作，会影响下阶段

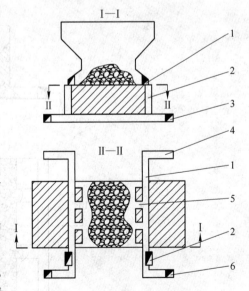

图3.14　电耙道位于运输巷道
上部3～6m示意图

1—电耙道；2—溜井；3—沿脉平巷；
4—穿脉平巷；5—出矿口；6—人行小井

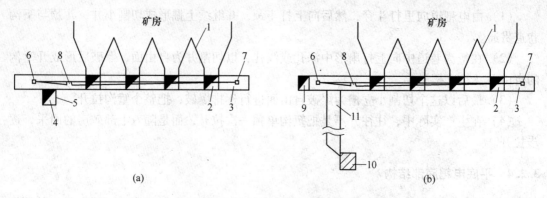

图 3.15　电耙巷道布置类型

（a）电耙巷道直接位于运输巷道顶板上；（b）电耙巷道与阶段巷道等高

1—漏斗；2—斗穿；3—电耙道；4—阶段运输巷道；5—矿车上口轮廓；6—电耙绞车；

7—滑轮；8—耙头；9—阶段巷道；10—主阶段运输大巷；11—溜井

的采矿准备以及出矿工作，导致下阶段采准工作困难。

　　5）因与耙道相联通不安全，下阶段矿块通风井和凿岩天井联通上阶段的位置难于选择。

3.2.5　铲运机出矿底部结构

3.2.5.1　适用条件

铲运机出矿底部结构分为堑沟式（图 3.16）和平底式（图 3.17）。当矿石相当稳固

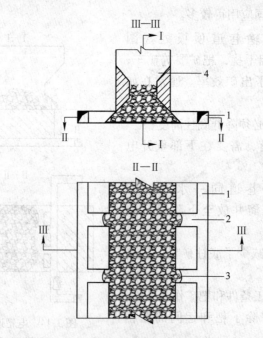

图 3.16　堑沟受矿双侧铲运机出矿底部结构

1—运输巷道；2—山矿穿脉；3—崩落矿石；4—受矿堑沟

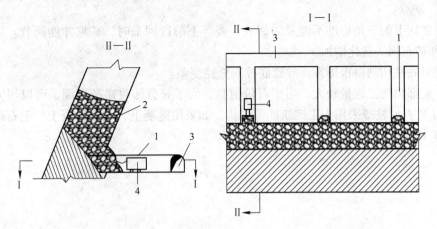

图 3.17　平底结构铲运机出矿示意图
1—出矿穿脉；2—崩落矿石；3—运输巷道；4—铲运机

时，可采用平底结构。

3.2.5.2　平底结构的特点

平底结构的拉底水平与运输水平在同一高度上。采场的矿石借助自重落到矿块底部的运输水平，采下的矿石在拉底水平上形成一个三角矿堆。铲运机等无轨装载设备在装矿巷道内进行装运。二次破碎在运输水平的装矿巷道内进行。

3.2.5.3　装矿巷道长度确定

为了使铲运机顺利装矿，装矿巷道的长度应大于下面三项长度之和：

（1）由矿石自然安息角确定的矿堆所占长度，一般为 2m；

（2）铲运机装矿时，需要的行走加速长度，一般为 1.0 ~ 1.8m；

（3）铲运机的转弯半径，一般在 2.5 ~ 6m，取决于运搬设备。

因此，一般装矿巷道长度在 5 ~ 10m 之间，其长度还要考虑预留的矿柱是否具有足够的支撑。

设计铲运机出矿巷道时，应尽量使铲运机在直线段上铲装，因为这样设备效率高，机械磨损小。装矿进路与出矿巷道一般斜角相交，交角可为 45° ~ 90°。装矿进路间距一般为 10 ~ 15m。间距过小，底部结构的稳定性差；间距过大，进路间残留的三角矿堆大，损失贫化大。

3.2.5.4　评价

（1）优点：

1）简化了底部结构；

2）减少了采准工作量；

3）提高了切割工作效率；

4）改善了放矿条件；

5）减少了底柱矿量；

6）降低了装矿成本，提高了出矿效率。

（2）缺点：

1）底柱上的三角矿堆不能及时回收，要等下阶段回采时，矿堆才能回收。因此，这种形式使矿石损失贫化增加。

2）对底柱切割得很厉害，导致底柱安全性变差。

3）底部结构工程量较大。当矿石价值高，为了充分回收矿产资源，可以用人工矿柱置换原生矿石矿柱或采用人工砌筑底部结构，如采用混凝土、毛石混凝土、毛石砌体等代替矿石矿柱。

4 采准与切割工程设计

4.1 采准工程

4.1.1 采准设计概述

4.1.1.1 影响采准工程布置的因素

（1）矿体及上下盘围岩的稳定性决定了采矿方法的选择及采准工程的布置位置。如果矿体下盘不稳固且采准工程需要布置在下盘，则需要加强支护工作。

（2）矿体的厚度及倾角。矿体厚度决定了采矿方法以及采准工程的类型；矿体倾角决定了运搬的方式，决定了对应的采准工程的类型。

（3）选用的开拓运输方案及采矿方法。开拓系统决定了提升运输能力，限制了运输提升设备，进而约束了采准工程的断面尺寸。采矿方法决定了采准工程的数量和位置。

（4）阶段运输能力及矿块的生产能力。采准工程应保证矿石的运搬装车和运输的方便，并具有与阶段运输能力相匹配的生产能力。

（5）矿床的涌水、自燃、放射性情况。

（6）矿床的粉质、多脉等产出情况。采准工程布置要兼顾多条矿脉回采的需要。

（7）矿床的研究程度及生产探矿手段和网度。采准工程要探采结合，布置工程有利于探矿，同时兼顾采矿需要。

（8）井下通风的要求。保证采区整个回采过程中具有良好的通风条件。当采准巷道兼做下阶段的回风巷道时，必须使其在适用年限内不受破坏；经常进行二次破碎的地点，应有独立风流，并且防止污风串联。

4.1.1.2 采准工程布置的一般要求

采准工程布置应满足如下要求：

（1）保证人员、材料、设备进入工作面的安全与方便，一个采区内至少要有两个安全出口。

（2）保证矿石的运搬装车和运输的方便，并具有与阶段运输能力相匹配的生产能力。

（3）保证采区整个回采过程中具有良好的通风条件。

（4）采准系统与矿块底部结构应简单，施工方便，采准工程量小时，维护费用小。

（5）矿柱矿量小，损失与贫化最低。

（6）能及时排出涌水。

（7）探采结合。

4.1.1.3 采准工程设计步骤

采准工程的布置可以从阶段运输水平、二次破碎水平、拉底水平、分段水平以及从联络上下阶段的天井剖面、切割槽剖面等主要平剖面入手。

布置时尽量遵循以下原则：

（1）巷道位置应适应矿体倾角和厚度变化，尽可能便利于凿岩和放矿。

（2）巷道位置要考虑矿体的地质构造和矿岩的物理力学性质，尽可能避开断层、破碎带或与断层呈直交或斜交。

（3）布置凿岩或运搬巷道时，应考虑凿岩和运搬设备的有效工作范围，如用 TG-40 型凿岩机，有效深度为 $10 \sim 12 m$；YG-80 和 BBC-120F 型凿岩机有效深度为 $20 \sim 25 m$；电耙设备的有效运距为 $40 \sim 60 m$。

（4）要保证工人作业安全、联络方便，通风条件良好。

（5）遵循探采结合，尽量利用已有探矿井巷为采准服务，采准巷道也一定要继续发挥探矿作用。

（6）当矿块分两步骤回采时，采准巷道要尽量考虑为矿房矿柱回采所共用。

（7）尽量避免在有塌陷危险的采空区上盘布置凿岩井巷。

（8）电耙道的位置要考虑保证稳固，便于装矿和布置通风联络道。

（9）采准巷道的断面形状和规格可按巷道的用途、穿过矿岩的稳固性以及所用的采矿设备的外形尺寸来确定。考虑采准巷道使用时间比较短暂，只要功能适应、安全许可，其结构和规格均可比开拓巷道简化。巷道断面尺寸确定后，应绘制成图。

4.1.2　采准工程设计

4.1.2.1　阶段运输巷道

阶段运输巷道多布置在脉外，优点为在放矿溜井中贮存部分矿石，从而减少电耙道耙矿与平巷运输之间的相互影响，有利于回采矿柱和采场通风，当矿体形状不规则时，可以保持运输平巷的平直，有利于提高运输能力等。其缺点是增加了岩石掘进工作量。

阶段运输巷道的布置形式、断面尺寸等的确定在开拓系统设计时进行。

4.1.2.2　天井

A　天井分类

采准天井按用途分为人行天井、通风天井、矿石溜井、废石溜井、材料井、设备井等。

B　天井位置

天井布置一般应满足下面要求：

（1）使用安全，与回采工作面联系方便。

（2）通风条件良好。

（3）开掘工程量小，维护费用低。

（4）满足功能要求，如溜井应便于矿岩溜放，天井应便于人行、设备及材料的运入运出等。

（5）与所用的采矿方法及回采方案相适应。

（6）有利于探采结合。

采准天井的布置按天井与矿体的关系可分为脉内天井和脉外天井，天井布置如图 4.1 所示。

a 脉内天井

脉内天井如图 4.1 所示，按其与回采空间的联系方式划分为四种，如图 4.2a～d 所示。图中 4.2a 为天井在矿块间柱内，通过天井联络道与矿房连通，目的是为回采间柱创造条件；图 4.2b 为天井在矿块中央，随回采工作面向上推进而

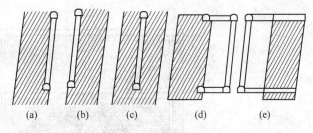

图 4.1 天井布置形式

（a）脉内靠下盘布置；（b）脉内靠上盘布置；（c）脉内中央布置；
（d）下盘脉外；（e）脉外上盘布置

逐渐消失，为了保持与下部的阶段运输水平的联系通路，需另外架设板台或梯子；图 4.2c、d 为天井在矿块中央或两侧，它随着回采工作面向上推进而逐渐消失，在它原有空间位置上从采场废石充填料中或矿石中，用混凝土垛盘或横撑支柱逐渐地架设并形成一条人工顺路天井，借以保持工作面与下部阶段运输水平的联络。

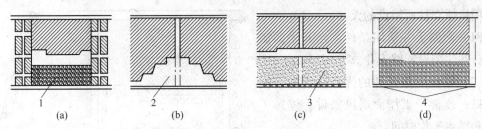

图 4.2 天井布置形式（脉内天井）

1—留矿；2—空场；3—充填料；4—横撑支柱

b 脉外天井

脉外天井布置形式如图 4.1d、e 所示。一般根据矿岩稳固条件和采矿方法选用。

设计布置天井时，尽量一井多用，以减少个数，断面大小以及是否分格视其用途而异。除专用天井不分格外，一般大井可视用途和要求分为 2～3 格。在分格天井中，用于人行和通风的为一格，其断面要按梯子布置的规程规定和风量大小来确定。

C 天井的形式

对于厚度较小的矿体，天井可分为先进天井和顺路天井。

a 先进天井

先进天井（图 4.3）指在矿块回采之前，在矿岩中掘进的天井。先进天井通常有两种布置形式，一种是中央先进天井，另一种是侧边先进天井。

（1）中央先进天井的适用条件：当矿房长度比较大，超过 50m 以上，为了改善采场通风条件和保证安全作业条件，往往在矿房中央开凿天井。

（2）开掘中央先进天井的优缺点：开凿中央先进天井可以改善通风条件；可以利用中央先进天井作自由面，向两侧掘进形成阶段工作面比较方便，不必再进行专门的掘槽。有利于运送材料和设备，也增加了一个安全出口。中央先进天井井口处顶板管理比较困难。

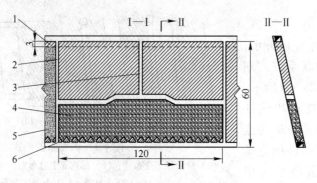

图 4.3 先进天井

1—顶柱；2—顺路天井；3—中央先进天井；

4—留矿堆；5—嗣后充填体；6—漏斗

b 顺路天井

顺路天井（图 4.4）指随着回采在采场内用横撑支柱所架设的天井。

（1）顺路天井适用条件：当开采薄矿脉时，往往架设顺路天井。

（2）架设顺路天井的优点：增加了安全出口；改善了工作面通风条件；缩短了准备和结束工作时间。

在矿块一侧掘进天井，另一侧设顺路天井的浅孔留矿法，不留间柱，只留顶底柱。

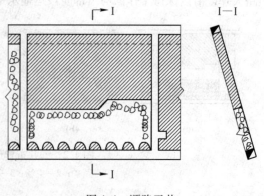

图 4.4 顺路天井

在矿房中央掘进天井，两侧设顺路天井的浅孔留矿法，不留间柱，只留顶底柱。

4.1.2.3 采区溜井

采区溜井是指在一个阶段之内，用来为一个矿块或一个盘区服务的矿石或废石溜井，属于采准工程。采区溜井是否设置，数量多少都取决于所用的采矿方法，如各种分层、分段崩落法及充填法，一般均需设置采区溜井。由于采区生产能力有限，而溜井的溜放能力很大，一般采区溜井均不设备用溜井。

A 溜井位置

采区溜井的布置有脉外与脉内之分。一般多布置在下盘脉外，避免压矿，同时，有利于溜井的维护。下盘岩石不稳固而矿体或上盘围岩稳固时，布置在矿体内或上盘脉外。当矿体极厚时，为减少矿石运搬距离或受铲运设备有效运距限制可采用脉内布置。

采区溜井的间距取决于采矿方法和出矿设备。当采用铲运机出矿时，间距可达 100 ~ 150m，采用大型柴油铲运机出矿间距还可加大；当采用气动装运机出矿时，间距一般小于 50m。

采区溜井的位置一般应满足下面要求：

（1）溜井通过的矿岩应稳固，f 不小于 7，整体性好。尽量避开破碎带、断层、溶洞及节理裂隙发育带。

（2）对于黏性大的矿石，最好不使用溜井放矿，若必须采用溜井时，应适当加大溜井断面。

（3）当溜放的矿石有块度要求时，为避免粉矿增多，溜井需采取储矿措施。

（4）采区溜井应尽量布置在阶段穿脉巷道之中，以减少装卸矿石对运输的干扰和粉尘对空气的污染。

B　溜井的布置

放矿溜井的布置形式有三种。

（1）耙道独立溜井。

优点：施工方便，出矿强度大，便于掘进和出矿计量管理等。

缺点：掘进工程量大。

（2）矿块分支溜矿井。

优点：掘进工程量比电耙独立溜井小。

缺点：电耙出矿时，溜井内带有粉尘的气浪经分支溜井冲入其他分段巷道，致使采场空气严重污染；分支溜井施工复杂，劳动强度大，机械化程度低；分支溜井给采场出矿的计量工作增加了困难，对于损失、贫化的计算和放矿管理工作都不利。因此，分支溜井使用得不多，仅用于中厚倾斜矿体中。

（3）有聚矿巷道的采区集中溜井。

优点：1）可以减少溜井数量。当矿体非常破碎，采场溜井的施工和维护都比较困难时，此优点更为突出。2）易于实现溜井机械化，以简化矿石运输环节，提高放矿劳动生产率。

缺点：1）很难分采场计量，给放矿管理和损失、贫化计算增加了困难。如果对坑内的生产管理不善，则易影响主运输阶段的生产安全。2）增加了出矿环节，减少了装车点，降低了出矿强度。由于存在上述缺点，在实践中，这种形式的溜井使用很少。

C　溜井的形式

溜井有直溜井和斜溜井两种。采区溜井应尽量采用垂直的。当矿体倾角较缓时，应当尽量用斜溜井，其优点是：（1）可以减少掘进工程量；（2）它不因下部分段运搬距离的增加而影响铲运机生产能力。若必须采用倾斜溜井时，其溜矿段的倾角应大于矿岩的自然安息角，一般不小于 60°。如设储矿段，储矿段的倾角应大于或等于所溜放矿岩的粉尘堆积角，通常要大于 65°，溜井的分支斜溜道由于不作储矿用，且长度不大，其溜道底板的倾角可在 55°～60°。

D　断面形状

采区溜井的断面形状有：圆形、方形和矩形。圆形断面具有稳固性好、受力均匀、断面利用率高、冲击磨损较小等优点，垂直溜井最好为圆形。倾斜溜井及分支溜井，除上述三种形状外，拱形断面使用的也较多。溜井断面一般为 1.5～2.0m

采区溜井的断面尺寸可按表 4.1 选取，储矿段和黏性较大的矿岩尺寸还应加大。

表 4.1　采区溜井的断面尺寸

溜放矿石的最大块度/m	溜井的最小直径或最小边长（$D = n_1$）/m
>0.8	≥3.5
0.50~0.80	2.5~3.0
0.30~0.50	2.0~2.5
<0.30	1.5~2.0

E　对溜井的其他要求

（1）溜井下部装矿石，应当位于运输水平穿脉巷道的直线段中，以便于装车。

（2）如果需要分级出矿或按不同品种分别出矿时，则可以适当增加溜井。

（3）如果矿体中有大量夹石或脉外工程量大时，还需要开掘专门的废石溜井。

（4）决定溜井间距时，还应当考虑溜井的通过能力，以免因溜井磨损过大提前报废而影响生产。

（5）放矿溜井的下口，应当与选用的闸门类型相适应；放矿溜井的上口，应当缩小规格透到电耙道的一侧或用混凝土进行砌筑，并使其一侧有不小于1m宽的人行通道。

（6）放矿溜井多用垂直的，便于施工。当选用倾斜的放矿溜井时，为了保证矿石的正常溜放，上分段的长溜井倾角不得小于60°，下分段短井倾角也不得小于55°。

（7）上分段的放矿溜井，应尽可能避开下分段的电耙道，否则不但严重地削弱了所穿透部分电耙道的稳固性，而且在分段出矿期间，因粉尘污染，恶化作业条件。

4.1.2.4　设备材料井

A　设备井的用途

不设置采场斜坡道时，为了便于运送设备、材料、人员到各分段，有必要掘设备井。另外，设备井一般兼作入风井。

B　设备井内的装备

目前有两种装备形式。一种是利用设备井同一中心，安装两套提升设备，运送人员及不大的材料时用电梯轿箱；当运大设备时，将电梯轿箱的钢绳靠一侧，轿箱停在最下一个分段水平放置，用慢动绞车提升。这种形式掘进量小，操纵的工人数少。另一种形式是分别设置设备井和电梯井。设备井安装大功率绞车，运送整体设备，另外再开掘一个电梯井，专门提升人员和材料。在运送设备繁忙的大型矿山可采用这种布置形式。

4.1.2.5　电耙巷道

A　电耙巷道的类型

电耙底部结构三种形式的比较见表4.2。

表 4.2　底部结构比较

结构类型比较项目	漏斗式	堑沟式	平底式
底柱稳定性	稳定	差	不稳定
结构复杂程度	复杂	简单	最简单
采准工作量	大	小	最少
切割效率	小	中等	大
底柱高度	大	中等	小

B 电耙巷道的设计

电耙巷道设计图见图4.5。

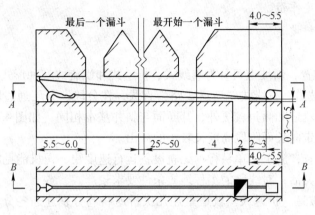

图4.5 电耙巷道设计图

电耙巷道根据矿体的厚度和矿体的采矿设计要求，可沿走向或垂直走向布置。电耙巷道应满足以下要求：

（1）为了充分放出最后一个漏斗的矿石，电耙巷道应当超过最后一个漏斗，其长度不小于5.5~6.0m。

（2）考虑到操作电耙方便和电耙绞车不受二次破碎的影响，绞车硐室的长度一般为4.0~5.5m。放矿溜井侧到绞车的安全距离为2~3m。

（3）电耙巷道与放放溜井交接处，应当适当加宽，以保证行人安全。

（4）布置两条以上电耙巷道时，其中心间距为10~15m。

（5）电耙一般都是水平布置，但也有沿倾斜布置的，其倾斜角度不应大于25°~30°。倾斜耙道耙矿效率高，但处理卡漏和二次破碎时，安全性较差。

（6）溜井口不能开掘在正对某一个漏斗处，必须错开一定距离，一般必须在2m以上，否则出矿处理大块及卡漏都很困难。

（7）电耙巷道应有两个通风人行安全出口，不能设计成独头电耙巷道。

（8）绞车硐室底板应低于溜井另一侧耙道水平（0.3~0.5m），这样有利于耙矿。

4.1.2.6 人行通风天井及其相关的联络工程

一般有两种布置方式，一种是矿块独立式布置，另一种是采区公用式布置。

A 矿块独立式布置

矿块独立式布置指一个矿块独立设置一套人行通风天井、设备材料及管线通道等。

B 采区公用式布置

采区公用式布置是指由几个矿块组成一个采区，一个采区布置一套工程，供给各个矿块共用。此种形式减少了采准工程量，便于安设固定的提升设备，提高劳动生产率。

4.1.2.7 无轨斜坡道采准系统

阶段运输水平与各分段水平、分层工作面之间的联系方式除设备井之外，还可采用无轨采准斜坡道，使矿块构成无轨斜坡道采准系统。无轨采准斜坡道是为一个矿块或盘区服务的辅助斜坡道。斜坡道采准工程包括阶段运输平巷、分段平巷、分层平巷及其采场、溜井、天井与无轨采准斜坡道之间的联络平巷等。与设备井相比，无轨采准斜坡道的无轨自行设备运行及调配、设备和材料运送、人员上下进出等十分方便，作业条件也大为改善。缺点是增加了掘进工作量。

A   无轨采准斜坡道

a   布置

（1）按线路布置，斜坡道可分为直线式、折返式和螺旋式三种形式。

1）直线式斜坡道。直线式斜坡道线路为直线，在分段、分层通过联络道与回采工作面连通。除不敷设轨道和倾角较缓外，其断面与斜井基本相同，如图4.6所示。直线式斜坡道较多用于矿体走向长而阶段高度又较小的矿山。

优点：工程量省，施工简单易行；无轨设备运行速度快，司机能见距离长。

缺点：布置不灵活；对线路的工程地质条件要求较严。

2）折返式斜坡道。折返式斜坡道是经几次折返斜巷分别连通各分段、分层平巷，线路是由直线段和曲线段组成。直线段变高程，曲线段坡度变缓或近似水平，用来改变方向，又便于设备转弯，如图4.7所示。

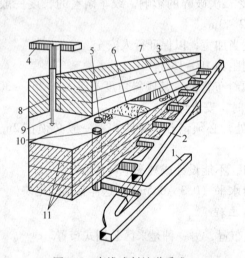

图4.6   直线式斜坡道采准

1—阶段运输巷道；2—直线式斜坡道；3—斜坡道联络道；
4—回风充填巷道；5—铲运机；6—矿堆；7—自行凿岩台车；
8—通风充填井；9—充填管；10—溜井；11—充填分层线

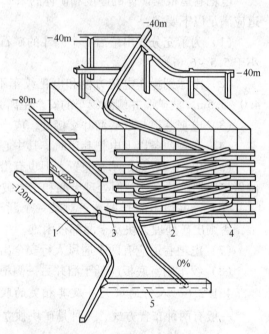

图4.7   折返式斜坡道采准

1—阶段运输巷道；2—采准斜坡道；3—联络平巷；
4—分段平巷；5—机修硐室

优点：线路布置便于与矿体保持固定距离；较螺旋式易于施工；司机能见距离较长；运行速度较螺旋式大。

缺点：工程量较螺旋式斜坡道大；线路布置的灵活性较螺旋式差。

3）螺旋式斜坡道。螺旋式斜坡道是采用螺旋线形式布置，如图4.8所示。螺旋式斜坡道的几何形状有圆柱螺旋线形和圆锥螺旋线形。螺旋式斜坡道每掘进一定长度，约

150m 应设有缓坡段，不规则螺旋线斜坡道的曲率半径和坡度在整个线路中是变化的，施工比较麻烦。

优点：①线路较短，工程量省；通常在相同高度条件下，较折返式斜坡道省掘进量20%~25%；②与垂直井巷配合施工时，通风、出渣较方便；③分段水平上的开口位置一般较集中；④较其他形式的斜坡道布置灵活。

缺点：①掘进施工要求高，如测量定向、外侧路面超高等，都增加了施工的困难；②司机视距小，且经常在弯道

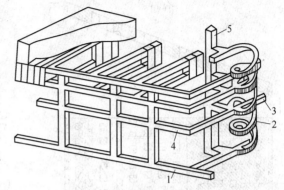

图4.8 螺旋式斜坡道采准
1—阶段运输巷道；2—螺旋式斜坡道；
3—联络平巷；4—分段平巷；5—天井

上运行，行车安全性差；③无轨车辆内外侧轮胎多处在差速运行，致使轮胎的磨损增加；④道路维护工作量大，路面维护要求高。

（2）按斜坡道与矿体的位置布置，斜坡道可分为下盘、上盘、端部和脉内四种形式。

1）下盘布置斜坡道优点是斜坡道距矿体较近，联络平巷短，一般不受岩移威胁，采准工程量小，故矿山广为采用，更适于倾斜、急倾斜各种厚度的矿体。

2）上盘布置斜坡道仅适于下盘岩层不稳固而且走向长度大的急倾斜矿体。

3）端部布置斜坡道适于上、下盘均不稳固，走向不长，端部矿岩稳固的厚大矿体。

4）脉内斜坡道一般用于开采水平、近于水平及缓倾斜矿体，矿岩均稳固，也可将部分斜坡道线路布置在充填体上。

b 形式选择

采准斜坡道形式选择主要考虑下面几个因素：

（1）矿床的埋藏要素和形状；

（2）矿石和围岩的稳固程度；

（3）开拓巷道的位置和采矿方法；

（4）采准斜坡道的用途和使用年限；

（5）开掘工程量（本身的、辅助的及其联络工程）的大小；

（6）通风条件；

（7）采矿方法对斜坡道开口位置的要求等。

一般来说，折返式优点较多，使用较广，如能解决施工困难，则螺旋式斜坡道有可能节省总掘进量的25%左右。斜坡道多布置在矿体的下盘，有利于矿块之间的联系，但如具备端部侧翼布置的条件，则端部布置具有工程量省、联络方便的优点。

B 采场联络道

无轨采准斜坡道的联络道，按其水平位置有两种布置形式。矿体底部的联络道多在有轨改为无轨的矿山采用。分段的联络道是在新建矿山直接采用无轨设备或出矿强度要求高的无轨采场采用。前者如图4.9a所示。后者如图4.9b所示，为胶结充填采矿法分段斜坡道联络道的布置形式。

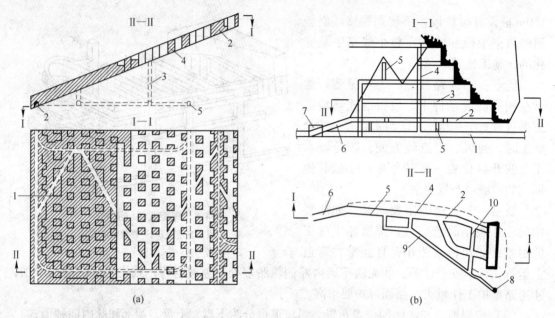

图 4.9　斜坡道联络道布置形式

（a）房柱法脉内斜坡道联络道布置形式：

1—采准斜坡联络道；2—阶段近矿运输巷道；3—采场溜井；4—矿柱；5—阶段运输巷道

（b）阶段水平与矿块底部出矿水平间的斜坡道联络道布置形式：

1—阶段运输巷道；2—出矿巷道；3—凿岩巷道；4—人行天井；5—溜井；

6—采准斜坡联络道；7—检修硐室；8—回风井；9—主回风巷；10—回风横巷

C　采场联络平巷与阶段装矿巷道

在阶段和分段水平各采场之间采用联络平巷贯通。联络平巷一般布置在矿体下盘脉外，并与矿体下盘的矿岩接触面保持一定距离，以利于通行、通风及巷道的维护。阶段水平的装矿巷道直接与联络平巷相连，一般采用斜交或垂直布置，装矿巷道的最小长度为装矿设备铲装的长度、崩落的矿石占有底板的长度、装矿时设备必须前后活动最小距离的三者之和。一般条件下，装矿巷道长度视铲运机大小而定，可在 8 ~ 15m 范围内选取。

D　分段高度的选定

（1）考虑的主要因素：

1）分段回采后采场实际回采高度的控制和测量水平；

2）采场掘进及回采机械化程度；

3）矿体及围岩的稳固性；

4）井巷工程量的大小；

5）联络道上掘时，充填料浆和水泥的控制和管理水平。

（2）需进行分段平巷间距不同时各方案的工程量比较。这些工程主要有：

1）分段平巷工程；

2）斜坡道至分段平巷的联络道；

3）脉外采准时的分支溜井量；

4）分段平巷至矿体的采场斜坡联络道及其回采扇形面积的工程量。

这些工程彼此间有相互制约的关系，分段高度大，平巷及联络道分支、溜井工程可减少，但是分段平巷距矿体的水平距离将增长；采场联络道及其回采扇形面积也相应增加，如图4.10所示。

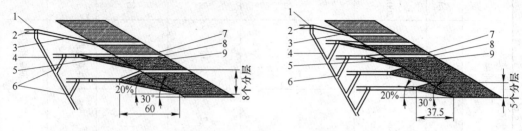

图4.10 无轨分段平巷上下间距比较

1—分段平巷；2—斜坡道至分段平巷联络巷；3—进路；4—阶段主溜井；

5—挑顶垫层；6—分段分支溜井；7—待采分层；8—回采分层；9—充填分层

如图4.10所示，在一个120m阶段高度倾角为30°的采场，当分段平巷垂直间距为24m时，共有5条分段平巷，5个分支溜井及联络道，而分段平巷至矿体的距离至少在60m以上。当分段高为15m时，则需8个分段平巷及其相关工程，而分段巷道至矿体水平距离仅为37.5m，扇形面积将较前者变小。

E 采场溜井的布置

无轨自行设备的运搬距离加大，采场溜井的间距随之变长，当一个盘区由1~3个采场组成时，溜井在沿矿体走向方向上的间距可达150~300m。

F 无轨采准巷道的通风

对于设备通过频繁的采准巷道，要开掘专用通风巷道来保证独立的新鲜风流和足够的风量、风速要求，必要时可采用机械强制通风措施。

G 采准斜坡道线路参数

国内部分金属矿山辅助斜坡道形式及线路参数见表4.3，辅助斜坡道断面及坡度见表4.4。

表4.3 部分金属矿山辅助斜坡道形式及线路参数

矿山名称	斜坡道名称	是否运输矿石	斜坡道形式	建设年份	标高/m	直线段坡度/%	弯道段坡度/%	转弯半径/m	斜坡道长度/m	路面形式厚度/mm	直线段断面尺寸(宽×高)/m×m	弯道段断面尺寸(宽×高)/m×m	主要设备
金川Ⅲ矿区				2004~2006	地表~1554	14.29	5	20	1337	混凝土厚200，局部配钢筋	4.5×3.85		
金川龙道矿					地表露天坑~1220								
阿舍勒铜矿	辅助斜坡道	否	直线+弯道	2003~2004	870.5~700	12，15	5	20，15	1592	混凝土厚200	4.1×4.125	4.4×4.125	铲运机等
铜矿峪铜矿				2004~2006	地表707.5~298	12.977			5008	混凝土厚200	4.3×3.6		
武山铜矿													

表 4.4　国内部分采用无轨设备矿山辅助斜坡道断面、坡度

矿山名称	矿石类型及采用的采矿方法	铲运机型号及外形尺寸 (长×宽×高)/mm×mm×mm	盘区辅助斜坡道 断面/m×m	盘区辅助斜坡道 坡度/%	采场出矿巷道 断面/m×m	采场出矿巷道 坡度/%	采场出矿巷道 曲率半径/m	辅路材料
金厂峪金矿	采用留矿及分段空场法。铲运机平均运距30~100m	EHST-1A型 0.76m³ 5510×1220×1550			2.8×2.8			路面辅设碎石
尖林山铁矿	矿石为磁铁矿和菱铁矿,采用无底柱分段崩落法。铲运机平均运距75m	ZLD-40型 2.0m³ 7800×2100×1700 LK-1型 2.0m³ 8750×2200×1800			3.2×3.0 4×3		出矿巷道 8	200mm厚混凝土
凡口铅锌矿	矿石为黄铁铅锌矿,f=8~12,采用盘区机械化水平分层充填法和VCR法。铲运机平均运距45m	TORO-100DH型 1.3m³ 5500×1800×1425 LF-4.1型 2.0m³ 6772×1684×1659 CT-1500型 0.83m³ 5500×1240×1800	2.8×2 3.4×3.0	20~33 25	2.8×2.6	20		回采巷道为自然碎石路面
寿王坟铜矿	矿石以黄铜矿为主,f=10~16,采用高端壁无底柱分段崩落法。进路出矿采用有底柱或无底柱空场法。铲运机平均运距60m	LK-1型 2.0m³ 8750×2200×1800 TORO-100DH型 1.3m³ 5500×1800×1425	5×4	14	4.5×3.0 4×3	25	15	自然岩石路面
大厂矿务局铜坑锡矿	矿石以锡铜矿为主,采用无底柱分段崩落法和连续分条机械化胶结充填法。铲运机平均运距50~100m	LF-4.1型 2.0m³ 6772×1684×1659 CT-6000型 3.80m³ 8810×2500×2000	12.16 4×3	15			10~15	自然岩石路面
箕子沟铜矿	细脉浸染似层状铜矿床,f=8~12,采用无底柱分段崩落法。铲运机平均运距70m	LK-1型 2.0m³ 8750×2200×1800	4×3	10~12	4×3.5		进路及联络道 5	水泥路面
丰山铜矿	矿石为含铜砂卡岩,f=6~8,采用无底柱分段崩落法。铲运机平均运距65m	LK-1型 2.0m³ 8750×2200×1800	3.2×4.2	14~17	4×3.2		回采巷道 6	

4.1.3 采准工程计算

4.1.3.1 巷道断面形状

巷道断面类型及适用条件见表4.5。

表4.5 巷道断面类型及适用条件

断面形式	图 例	适 用 条 件
梯形	图4.11c	用于围岩稳固跨度3~4m的巷道，服务年限短，小型矿山，处理大冒顶，做临时支护
三心拱	图4.11d	用于矿山平巷，地压较小
圆弧拱		用于平巷，地压小，无侧压或侧压小于定压
半圆拱	图4.11e	用于巷道或斜井、地压、侧压较大，服务年限长
隧道断面		用于顶压、侧压较大，多用于隧道
平顶巷道	参照图4.11巷道断面形式	用于回采进路或凿岩巷道

4.1.3.2 断面尺寸

断面大小取决于所使用的运输设备和阶段的运输能力（表4.6、表4.7）。

表4.6 巷道运输量与机车、矿车、轨道型号规格关系

运输量/万吨	机车质量/t	矿车容积/m³	轨距/mm	轨道型号/kg·m⁻¹
<8	人推车	0.5~0.6	600	8~9
8~15	1.5~3	0.6~1.2	600	12~15
15~30	3~7	—	600	15~22
30~60	7~10	—	600	22~30
60~100	10~14	2.0~4.0	600,762	22~30
100~200	14、10 双轨	4.0~6.0	762,900	30~38
200~400	14~20,14~20 双轨	6.0~10.0	762,900	38~43
>400	40~50,20 双轨	>10	900	43,43 以上

表4.7 生产能力与常用巷道断面关系

生产能力	阶段运输巷道			分段运输巷道			
	轨道类型	宽/m	高/m	轨道类型		宽/m	高/m
				有轨单轨	无轨设备/m³		
小型矿山	单轨	2~2.8	2.2~3.0	单轨	1~2	2.2~2.5	2.5~2.8
中型矿山	单轨	2.5~3.5	2.5~3.5	单轨	2~3	2.8~3.5	2.5~2.8
	双轨	3.5~4.5	3.0~3.8				
大型矿山	单轨	3.5~4.5	3.0~3.8	单轨	3~4	3.3~4.5	3.3~3.8
	双轨	4.0~4.5	3.0~4.0				

4.1.3.3 支护形式与厚度

支护形式选择见表4.8。

表4.8 支护形式选择

支护形式	服务年限	适用条件	不适用条件
不支护	不限	$f \geq 6$，裂隙等级小于3	易风化岩层
喷射混凝土	不限	$f \geq 4$，裂隙等级小于3	大面积渗水或局部涌水；遇水膨胀岩层，有较大腐蚀介质影响，与混凝土不黏结的岩层，即不稳定岩层。大断层，破碎带
锚杆	不限	$f \geq 4$，裂隙等级小于3	节理裂隙特别发育或风化松软岩层
锚喷	≥5	$f \geq 2$，裂隙等级小于3	同喷射混凝土
钢筋混凝木支架	5～10	$f \geq 4$，裂隙等级小于3	有动压，有膨胀性岩层
砌体	≥5	$f \leq 4$，裂隙等级小于3	
钢筋混凝土	≥5	岩层松软，有动压，极端不稳定	

矿山常用的平巷支护厚度见表4.9。

表4.9 支护厚度   mm

巷道净宽	支护厚度							
	$f = 4 \sim 6$				$f = 3$			
	混凝土	混凝土块	料石	强基深	混凝土	混凝土块	料石	强基深
3000	200	250	250	200	250	250	300	200
3500	250	300	300	200	300	300	350	250
4000	250	300	300	200	300	350	415	250
4500	300	350	350	250	350	350	415	250
5000	300	350	415	250	350	350		250
5500	300	350		250	350			250
>5500	350	350		250	400			300

注：1. 混凝土支护时，混凝土的强度不低于C15。

2. 料石支护时，强度不低于M300，规格为350mm×200mm×150mm，300mm×250mm×150mm；料石的砌缝为10～15mm。

3. 砌体砂浆一般用水泥砂浆，强度为M50～M100。

混凝土料石墙支护厚度见表4.10。

表4.10 混凝土料石墙支护厚度   mm

巷道净宽	支护厚度							
	混凝土、混凝土块		料石墙		砖砌			
	$f = 4 \sim 6$	$f = 3$	$f = 4 \sim 6$	$f = 3$	$f = 4 \sim 6$		$f = 3$	
					拱	墙	拱	墙
3000	200	200	300	300	370	370	490	490
3500	230	230	350	350	490	490	615	615
4000	230	250	350	350	490	490	615	615
4500	250	270	350	415				
5000	270	300	415	465				
5500	300	330	465	515				

注：1. 采用砖砌支护时，其支护厚度为$1.5B$、$2.0B$、$2.5B$，B为砖的长度。

2. 砖的强度等级不小于M75，砖的规格为240mm×115mm×53mm。

3. 采用砖砌支护时，壁厚应充填50mm厚的混凝土，其强度等级为C5～C10。

4.1.3.4 掘进面积计算

A 巷道断面形式

巷道断面形式见图 4.11。符号意义见表 4.11。

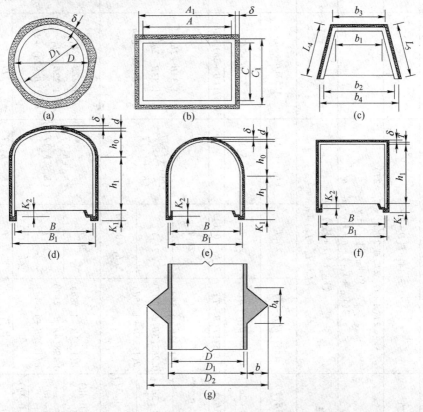

图 4.11 巷道断面形式

（a）圆形井筒；（b）矩形井筒；（c）梯形巷道；（d）三心拱形巷道；（e）半圆拱形巷道；（f）矩形巷道；（g）壁座

表 4.11 符号示意表

A—矩形净断面长边长度，m；	D_2—壁座最大掘进直径，m；	L_2—支架横梁长度，m；
A_1—矩形掘进断面长边长度，m；	d—拱顶支护厚度，m；	L_3—支架柱腿（两腿相等）长度，m；
B—矩形、拱形巷道净宽度，m；	d_0—底拱厚度，m；	L_4，L_5—两柱腿长度，m；
B_1—矩形、拱形巷道掘进宽度，m；	T—墙壁支护厚度，m；	T_1—钢梁高度，m；
b—壁座厚度，m；	δ—超过设计规定部分厚度，m；	n—每米支架数，m；
b_1—梯形巷道净上宽，m；	h_0—净断面拱高，m；	n_1—两框架立柱根数，根；
b_2—梯形巷道净下宽，m；	h_1—自巷道掘进底边面算起的墙高，m；	V_{A1}，V_{C1}，V_{L1}，V_{L2}，V_{L4}，V_{L5}—分别
b_3—梯形巷道掘进上宽，m；	h_2—巷道净高，m；	代表长度为 A_1、C_1、L_1、L_2、L_4、L_5
b_4—梯形巷道掘进下宽，m；	h_3—巷道掘进高度，m；	的木材体积，m^3。
C—矩形净断面短边长度，m；	h_4—圆形竖井壁座高度，m；	
C_1—矩形掘进断面短边长度，m；	K_1—位于水沟侧墙基础深度，m；	
D—井筒净直径，m；	K_2—无水沟侧墙基础深度，m；	
D_1—井筒掘进直径，m；	L_1—两支架间横撑长度，m；	

B 巷道断面计算

巷道断面计算见表 4.12。表中符号意义见表 4.11。

表 4.12　巷道断面掘进及支护工程量计算公式

序号	井巷断面类型	井巷支护形式	净断面/m²	掘进断面/m²	每米支护体积/m³ 拱	墙	墙基础	每米粉刷面积/m²	附图
1	圆形断面（井筒）	砖、石、混凝土、喷射混凝土	$0.785D^2$	$0.785(D+2T)^2$		$3.1416T(D+T)$			图 4.11a
2	矩形断面（井筒）	混凝土	AC	A_1C_1		$2T(A+C+2T)$ 或 $2T(A_1+C_1-2T)$			图 4.11b
		密集木盘				$2(V_{A1}+V_{C1})\cdot n$			
		木框架				$2(V_{A1}+V_{C1})\cdot n+V_{L1}\cdot n_1\cdot n$			
3	梯形断面	木支架 $(d=T)$	$\dfrac{(b_1+b_2)h_2}{2}$	$\dfrac{(b_3+b_4)h_3}{2}$		$2(V_{L2}+V_{L4}+V_{L5})\cdot n$			图 4.11d
		钢筋混凝土支架 金属支架				$(V_{L2}+V_{L4}+L_5)\cdot n$			
4	半圆形 $h_0=B/2$	砖、石、混凝土 $(d=T)$	$B(h_1+0.393B)$	$B_1(h_1+0.393B_1)$	$1.571T(B+T)$	$2h_1T$	$(K_1+K_2)T$	$1.571B+2h_1$	图 4.11f
		砖、石、混凝土 $(d\neq T)$		$B_1[h_1+0.393(B+2d)]$	$0.785(B_1d+BT)$	$2h_1T$	$(K_1+K_2)T$	$1.571B+2h_1$	
		喷射混凝土		$B_1(h_1+0.393B_1)$	$1.571T(B+T)$	$2(h_1+0.1)T$		$1.571(B+2\delta)+2h_1$	
5	三心拱形断面 $h_0=B/3$	砖、石、混凝土 $(d=T)$	$B(h_1+0.263B)$	$B_1(h_1+0.263B_1+0.3T)$	$d(1.33B+1.55d)$	$2h_1T$	$(kK_1+K_2)T$	$1.33B+2h_1$	图 4.11d
		砖、石、混凝土 $(d\neq T)$		$B_1[h_1+0.393(B+3d)]$	$0.263(3B_1d+2BT)$	$2h_1T$	$(K_1+K_2)T$	$1.33B+2h_1$	
		喷射混凝土		$B_1(h_1+0.263B_1+0.3T)$	$d(1.33B+1.55d)$	$2(h_1+0.1)T$	$(K_1+K_2)T$	$1.33(B+2\delta)+2h_1$	
6	三心拱形断面 $h_0=B/4$	砖、石、混凝土 $(d=T)$	$B(h_1+0.198B)$	$B_1(h_1+0.2B_1+0.4d)$	$d(1.22B+1.58d)$	$2h_1T$	$(K_1+K_2)T$	$1.22B+2h_1$	图 4.11d
		砖、石、混凝土 $(d\neq T)$		$B_1[h_1+0.198(B+4d)]$	$0.198(4B_1d+2BT)$	$2h_1T$	$(K_1+K_2)T$	$1.22B+2h_1$	
		喷射混凝土		$B_1(h_1+0.2B_1+0.4d)$	$d(1.22B+1.58d)$	$2(h_1+0.1)T$	$(K_1+K_2)T$	$1.22(B+2\delta)+2h_1$	
7	平顶断面	钢筋混凝土	Bh_1	$B(h_1+T_1)$	B_1T_1	$2h_1T$	$(K_1+K_2)T$	Bh_1	图 4.11g
8	底拱		$0.12B^2$	$B(0.12B+1.08d_0)$	$1.08Bd_0$				
9	壁座		0.262 $(D_1^2+D_2^2+D_1D_2)$	0.262 $(D_1^2+D_2^2+D_1D_2-3D^2)h_4$					图 4.11c

4.1.3.5　井巷掘进定额

井巷掘进的材料消耗，如表 4.13、表 4.14 所示。井巷掘进费用定额如表 4.15、表 4.16 所示。

表 4.13　竖井掘进每 100m³ 爆破器材消耗定额

掘进方式	直径/m	$f = 4 \sim 6$		$f = 8 \sim 10$		$f = 12 \sim 14$		$f = 15 \sim 20$	
		炸药/kg	电雷管/发	炸药/kg	电雷管/发	炸药/kg	电雷管/发	炸药/kg	电雷管/发
普通爆破	<3	136	210	233	270	314	379	360	440
	3~3.5	129	203	215	262	284	361	317	400
	3.5~4	125	200	201	260	260	350	280	370
	4~4.5	117	188	189	252	250	322	276	357
	4.5~5	111	180	180	250	246	300	272	351
	5~5.5	107	154	174	223	234	287	267	337
	5.5~6	105	132	172	200	227	280	261	330
圆井光面爆破	<3	136	394	233	311	314	406	360	453
	3~3.5	129	284	222	301	284	386	317	412
	3.5~4	125	280	201	299	260	375	280	381
	4~4.5	117	263	189	290	250	345	276	368
	4.5~5	111	252	180	288	246	321	272	362
	5~5.5	107	216	174	256	234	307	267	347
	5.5~6	105	189	179	230	227	300	261	340
矩形井筒掘进	$S \leqslant 7$	214	294	301	408	373	469	443	551
	7~12	197	272	281	378	337	408	391	461
	12~15	181	251	263	353	331	381	364	424
	15~20	168	246	244	332	290	375	341	418
	20~25	156	234	226	316	269	357	316	398
竖井反掘	$S \leqslant 4$	141	340	178	430	224	450	266	533
	4~6	125	300	159	350	199	400	236	472
	6~8	125	300	159	350	199	400	236	472

表 4.14　平巷掘进每 100m³ 爆破器材消耗定额

掘进方式	直径/m	$f = 4 \sim 6$			$f = 8 \sim 10$			$f = 12 \sim 14$			$f = 15 \sim 20$		
		炸药/kg	火雷管/发	导火线/m	炸药/kg	电雷管/发	导火线/m	炸药/kg	电雷管/发	导火线/m	炸药/kg	电雷管/发	导火线/m
普通爆破	≤4	274	370	770	394	542	1126	404	712	1480	485	999	2078
	4~6	224	357	740	251	492	1023	323	627	1304	389	805	1715
	6~8	202	310	645	224	419	871	298	578	1201	354	713	1482
	8~10	190	294	611	202	371	772	291	520	1080	333	654	1358
	10~12	168	265	551	186	354	736	263	472	982	313	589	1223
	12~15	148	242	499	163	315	653	231	429	893	271	551	1144
	15~20	135	213	442	145	288	597	209	400	831	246	499	1036

掘进方式	直径/m	$f=4\sim6$			$f=8\sim10$			$f=12\sim14$			$f=15\sim20$		
		炸药/kg	火雷管/发	导火线/m	炸药/kg	电雷管/发	导火线/m	炸药/kg	电雷管/发	导火线/m	炸药/kg	电雷管/发	导火线/m
光面爆破	≤4	274	473	983	294	526	1230	404	769	1598	485	1033	2148
	4~6	224	385	799	251	526	1094	323	667	1386	389	848	1762
	6~8	202	344	714	224	448	929	298	609	1266	354	731	1520
	8~10	190	312	649	202	416	865	291	546	1134	333	669	1391
	10~12	168	295	614	186	391	812	263	494	1026	313	613	1274
	12~15	148	264	648	163	358	744	231	455	846	271	570	1185
	15~20	135	247	512	145	322	670	209	441	916	246	530	1102

上表定额是按掘砌涌水量小于 $6m^3/h$ 制定的，当涌水量不同时，按表 4.15 系数调整定额消耗量。

表 4.15　井巷掘进定额受不同涌水量影响时的调整系数

项目　涌水量/$m^3 \cdot h^{-1}$	掘　进	支　护
≤10	1.06	1.03
≤15	1.08	1.04
≤20	1.1	1.05

上表定额是按井筒平均涌水量小于 $5m^3/h$ 制定的，当涌水量大于 $5m^3/h$ 时，按表 4.16 所列系数调整分项定额人工、机械耗量单价，另按表 4.17 所列系数调整砂浆、混凝土用量。

表 4.16　不同涌水量条件下人工、机械耗量单价

涌水量/$m^3 \cdot h^{-1}$	掘进	支　护					
		混凝土	混凝土砖	喷射混凝土	网喷混凝土	锚杆	井圈背板
≤5	1.00	1.000	1.000	1.000	1.000	1.000	1.000
≤10	1.05	1.006	1.002	1.009	1.004	1.003	1.002
≤20	1.13	1.010	1.003	1.016	1.007	1.003	1.002
≤30	1.20	1.025	1.009	1.030	1.017	1.016	1.007
≤50	1.30	1.036	1.013	1.039	1.024	1.024	1.010
≤70	1.44	1.050	1.018	1.049	1.033	1.034	1.015

表 4.17　不同涌水量影响时砂浆、混凝土的调整系数

涌水量/$m^3 \cdot h^{-1}$	砂　浆	混凝土（包括喷射用混凝土）
≤5	1.000	1.000
≤10	1.010	1.005
≤20	1.020	1.010
≤30	1.030	1.025
≤50	1.035	1.020
≤70	1.040	1.025

斜坡道与斜坡道联络道掘进定额见表4.18、表4.19。

表4.18 斜坡道掘进（普通爆破）定额

技术特征：铲装机装岩   单位：100m³

定 额 编 号			112104	112105	112106	112107
岩石坚固性系数（f）			<6	<10	<15	<20
基价/元			9235	12298	17398	22260
其中	人工费/元		3807	4718	6377	6931
	材料费/元		1758	2214	3264	4663
	机械费/元		3670	5366	7757	10666
名 称		单位	单价/元		数 量		
人工	综合工日	工日	37.62	101.193	125.411	169.52	184.224
材料	硝铵炸药	kg	6.18	155.232	168.538	220.651	267.221
	非电雷管（塑料导爆管）	个	1.80	219.78	296.01	411.84	512.82
	母线（平、斜巷用）（4mm²）	m	0.67	27.67	35.59	45.62	56.74
	合金钢钻头	个	26.59	4.217	11.979	23.909	43.709
	中空六角钢	kg	11.25	7.93	12.029	22.711	49.094
	风镐钎	kg	10.09	5.405			
	防水套	个	0.18	34.65	41.58	52.47	61.38
	其他材料费	%		7.50	7.50	7.50	7.50
机械	施工机械费	元		3670.04	5365.91	7757.06	10665.80
	其中风耗	m³	0.165	5675.04	13053.24	23182.56	37432.08
	其中水耗	m³	0.80	16.24	38.19	68.32	110.84
	柴油	kg	5.40	137.59	153.47	178.61	189.86

表4.19 斜坡道联络道掘进（普通爆破）定额

技术特征：铲装机装岩   单位：100m³

定 额 编 号			112102	112103	112104	112105
岩石坚固性系数（f）			<6	<10	<15	<20
基价/元			9209	12164	17331	22441
其中	人工费/元		3319	4100	5434	5922
	材料费/元		1907	2378	3621	5113
	机械费/元		3983	5686	8276	11405
名 称		单位	单价/元		数 量		
人工	综合工日	工日	37.62	88.22	108.977	144.438	157.412
材料	硝铵炸药	kg	6.18	164.102	180.734	256.133	300.485
	非电雷管（塑料导爆管）	个	1.80	239.58	311.85	424.71	545.49
	母线（平、斜巷用）（4mm²）	m	0.67	30.16	37.54	47.02	60.43
	合金钢钻头	个	26.59	5.485	13.553	26.77	48.312
	中空六角钢	kg	11.25	8.96	13.217	24.691	52.688
	风镐钎	kg	10.09	6.108			
	其他材料费	%		7.50	7.50	7.50	7.50

续表 4.19

定　额　编　号			112102	112103	112104	112105
机械	施工机械费	元		3982.80	5686.03	8275.89	11405.40
	其中风耗	m³	0.165	7327.44	14744.52	25923.60	41339.52
	其中水耗	m³	0.80	21.17	43.24	76.50	122.50
	柴油	kg	5.40	137.59	153.47	178.61	189.86

4.1.3.6　平巷、平硐掘进定额

平巷、平硐掘进定额见表 4.20。

表 4.20　平硐、平巷掘进（普通爆破）定额

技术特征：铲装机装岩　　　　　　　　　　　　　　　　　　　　单位：100m³

定　额　编　号			112136	112137	112138	112139
掘进断面/m²			≤4			
岩石坚固性系数（f）			<6	<10	<15	<20
基价/元			9790	15278	22761	31937
其中	人工费/元		4465	6126	8445	9103
	材料费/元		3055	4035	5958	8931
	机械费/元		2271	5117	8358	13904
名　称	单位	单价/元	数　量			
人工	综合工日	工日	37.62	118.68	162.84	224.48	241.96
材料	硝铵炸药	kg	6.18	271.26	291.06	399.96	480.15
	非电雷管（塑料导爆管）	个	1.80	366.30	536.58	704.88	989.01
	母线（平、斜巷用）（4mm²）	m	0.67	59.40	71.28	83.16	97.02
	合金钢钻头	个	26.59	8.168	24.849	46.877	89.10
	中空六角钢	kg	11.25	13.741	24.958	44.431	100.079
	风镐钎	kg	10.09	9.365			
	其他材料费	%		7.50	7.50	7.50	7.50
机械	施工机械费	元		2270.71	5116.65	8357.86	13903.83
	其中风耗	m³	0.165	11298.86	25760.72	42108.71	70091.14
	其中水耗	m³	0.80	31.23	75.50	123.95	207.08

4.1.3.7　天、溜井掘进定额（普通法）

天、溜井掘进定额见表 4.21～表 4.24。

89

表 4.21　天、溜井掘进（普通法）定额

单位：100m³

定额编号			单位	单价/元	112594	112595	112596	112597	112598	112599	112600	112601
掘进断面/m²					<6	<10	<15	<20	<6	<10	<15	<20
岩石坚固性系数（f）					≤4				<7			
基价/元					17965	21697	32284	39308	16596	19759	28380	34584
其中	人工费/元				7164	8410	11906	13117	6126	7199	9518	10487
	材料费/元				6963	8053	9996	11438	6786	7533	8892	9924
	机械费/元				3837	5234	10383	14753	3684	5027	9969	14173
名称		单位	单价/元		数　量							
人工	综合工日	工日	37.62		190.44	223.56	316.48	348.68	162.84	191.36	253.00	278.76
材料	硝铵炸药	kg	6.18		186.12	296.01	412.83	454.41	159.39	253.44	355.41	391.05
	非电雷管（塑料导爆管）	个	1.80		297.00	471.24	667.26	727.65	230.67	366.30	522.72	570.24
	母线（平、斜巷用）(4mm²)	m	0.67		17.82	28.71	36.63	40.59	15.84	24.75	31.68	34.65
	中空六角钢	kg	11.25		7.92	16.83	33.66	60.39	4.95	9.90	19.8	35.64
	合金钢钻头	个	26.59		9.90	19.80	35.64	65.34	5.94	11.88	20.79	38.61
	木支架	m³	1311.60		1.267	1.00	1.089	1.00	1.465	1.198	1.198	1.198
	木背板	m³	1435.18		1.871	1.871	1.871	1.871	1.871	1.871	1.871	1.871
	铁梯子	kg	3.88		20.988	20.988	20.988	20.988	20.988	20.988	20.988	20.988
	其他材料费	%	7.50		7.50	7.50	7.50	7.50	7.50	7.50	7.50	7.50
机械	施工机械费	元			3837.07	5233.62	10382.59	14752.55	3684.33	5027.03	9969.41	14172.62
	其中风耗	m³	0.165		18829.59	25662.51	50893.23	72267.44	18078.72	24647.45	48863.10	69415.91
	其中水耗	m³	0.80		39.85	53.86	106.43	150.07	38.23	51.68	102.07	143.94

机械装岩　h≤60m

表4.22　天、溜井掘进（吊罐法）定额

单位：100m³

定额编号			112602	112603	112604	112605	112606	112607	112608	112609
掘进断面/m²			<3（直吊罐）				>3（斜吊罐）			
岩石坚固性系数（f）			<6	<10	<15	<20	<6	<10	<15	<20
基价/元			15798	20844	30436	39352	16978	22537	35247	45491
其中 人工费/元			6611	7787	8791	9656	6576	7718	10591	11629
材料费/元			2327	3906	6048	8008	2611	4412	6972	9247
机械费/元			6860	9151	15597	21688	7791	10407	17685	24615
名称	单位	单价/元	数　量							
人工 综合工日	工日	37.62	175.72	207.00	233.68	256.68	174.80	205.16	281.52	309.12
材料 硝铵炸药	kg	6.18	195.03	309.87	424.71	467.28	220.77	351.45	482.13	529.65
非电雷管（塑料导爆管）	个	1.80	307.89	489.06	678.15	739.53	3477.49	552.42	787.05	857.34
母线（平、斜巷用）（4mm²）	m	0.67	17.82	28.71	36.63	40.59	17.82	28.71	36.63	40.59
中空六角钢	kg	11.25	10.395	21.681	44.748	79.695	9.90	20.79	52.47	93.06
合金钢钻头	个	26.59	10.395	21.622	47.124	86.744	11.88	25.74	55.44	101.97
其他材料费	%		7.50	7.50	7.50	7.50	7.50	7.50	7.50	7.50
机械 施工机械费	元		6859.82	9151.05	15596.59	21687.67	7790.64	10407.44	17685.06	24615.27
其中风耗	m³	0.165	18264.70	24892.63	49366.43	70099.42	21745.09	29599.90	57553.55	81645.02
其中水耗	m³	0.80	57.35	77.49	139.36	196.50	64.83	87.60	156.95	221.31
其中电耗	kW·h	0.50	571.40	571.40	706.65	901.06	1145.88	585.17	725.08	926.51

电动爬罐，机械装岩

表 4.23　天、溜井掘进定额 (一)

单位: 100m³

定额编号	单位	单价/元	112602	112603	112604	112605	112606	112607	112608	112609
掘进断面面积/m²			<3							
岩石坚固性系数 (f)			<6	<10	<15	<20	<6	<10	<15	<20
掘进长度/m			h≤60m				h≤100m			
基价/元			16379	22092	31965	41211	18916	24812	35945	46335
其中　人工费/元			6254	7362	8327	9149	7434	8756	9900	10865
材料费/元			2454	4109	6338	8337	2454	4109	6338	8337
机械费/元			7670	10621	17300	23725	9028	11947	19707	27133
名　称	单位	单价/元	数　量							
人工　综合工日	工日	37.62	166.25	195.70	221.35	243.20	197.60	232.75	263.15	288.80
材料　硝铵炸药	kg	6.18	197.00	313.00	429.00	472.00	197.00	313.00	429.00	472.00
非电雷管（塑料导爆管）	个	1.80	330.00	524.00	743.00	810.00	330.00	524.00	743.00	810.00
母线（平、斜巷用）（4mm²）	m	0.67	111.00	175.00	199.00	217.00	111.00	175.00	199.00	217.00
合金钢钻头	个	26.59	10.50	21.84	47.60	87.62	10.50	21.84	47.60	87.62
中空六角钢	kg	11.25	10.50	21.90	45.20	80.50	10.50	21.90	45.20	80.50
其他材料费	%		7.50	7.50	7.50	7.50	7.50	7.50	7.50	7.50
机械　施工机械费	元		7670.11	10621.21	17299.81	23724.71	9027.84	11947.41	19706.76	27133.05
其中风耗	m³	0.165	18281.16	24915.06	49410.90	70162.56	21571.90	29399.63	58304.32	82791.95
其中水耗	m³	0.80	72.13	100.74	167.63	230.93	84.89	113.16	190.90	264.08
其中电耗	kW·h	0.50	1256.70	1732.42	2232.39	2874.42	1476.24	1874.20	2428.93	3141.44

风动爬罐, 机械装岩

表4.24 天、溜井掘进定额 (二)

单位: 100m³

定额编号	单位	单价/元	112718	112719	112720	112721	112722	112723	112724	112725
掘进断面/m²			<3							
岩石坚固性系数 (f)			<6	<10	<15	<20	<6	<10	<15	<20
掘进长度/m			h≤60m				h≤100m			
基价/元			28647	38035	53748	71873	32243	42641	59357	79022
其中 人工费/元			6254	7362	8327	9149	7434	8756	9900	10865
其中 材料费/元			2454	4109	6338	8337	2454	4109	6338	8337
其中 机械费/元			19939	26565	39083	54386	22355	29776	43119	59820
名称	单位	单价/元	数量							
人工 综合工日	工日	37.62	166.25	195.70	221.35	243.20	197.60	232.75	263.15	288.80
材料 铵铰炸药	kg	6.18	197.00	313.00	429.00	472.00	197.00	313.00	429.00	472.00
非电雷管 (塑料导爆管)	个	1.80	330.00	524.00	743.00	810.00	330.00	524.00	743.00	810.00
母线 (平、斜巷用) (4mm²)	m	0.67	111.00	175.00	199.00	217.00	111.00	175.00	199.00	217.00
合金钢钻头	个	26.59	10.50	21.84	47.60	87.62	10.50	21.84	47.60	87.62
中空六角钢	kg	11.25	10.50	21.90	45.20	80.50	10.50	21.90	45.20	80.50
其他材料费	%		7.50	7.50	7.50	7.50	7.50	7.50	7.50	7.50
机械 施工机械费	元		199938.65	26564.61	39082.65	54386.18	22354.76	29776.40	43118.96	59819.90
其中风耗	m³	0.165	70653.17	94681.76	144080.70	201616.71	79457.35	106485.18	160007.82	223370.90
其中水耗	m³	0.80	93.68	125.54	202.73	283.72	106.43	142.64	228.71	319.52
其中电耗	kW·h	0.50	262.22	291.54	320.31	339.86	309.40	344.04	377.97	401.04

4.1.3.8 木漏斗制作及安装定额

木漏斗制作及安装定额见表 4.25、表 4.26。

表 4.25 木漏斗制作及安装定额（一）

临时   单位：个

定 额 编 号				112679	112680	112681
漏斗木材体积/m³				1.1	1.3	1.5
基价/元				925	1126	1303
其中	人工费/元			90	109	143
	材料费/元			822	1002	1143
	机械费/元			13	16	18
名 称		单位	单价/元	数 量		
人工	综合工日	工日	37.62	2.40	2.90	3.80
材料	原木	m³	1050.00	0.47	0.56	0.64
	中板	m³	1375.00	0.23	0.29	0.33
	其他材料费	%		1.50	1.50	1.50
机械	施工机械费	元		12.78	15.55	17.75

表 4.26 木漏斗制作及安装定额（二）

永久   单位：个

定 额 编 号				112682	112683	112684
漏斗木材体积/m³				1.1	1.3	1.5
基价/元				1626	1796	2095
其中	人工费/元			90	109	143
	材料费/元			1512	1661	1922
	机械费/元			23	26	30
名 称		单位	单价/元	数 量		
人工	综合工日	工日	37.62	2.10	2.90	3.80
材料	原木	m³	1050.00	0.79	0.93	1.07
	中板	m³	1375.00	0.48	0.48	0.56
	其他材料费	%		1.50	1.50	1.50
机械	施工机械费	元		23.38	25.80	29.83

4.2 切割工程

4.2.1 拉底

4.2.1.1 概念

补偿空间是矿石从原矿体上崩落下来时，其体积比原体积要增大，因而在爆破之前，必须开凿一定量的空间，用来容纳所增大的那部分体积，也就是用补偿空间来补偿落矿时的碎胀。因此，通过计算补偿空间，获得切割工程的尺寸。

4.2.1.2　补偿空间大小的确定方法

补偿空间用补偿系数 K_k 来表示（见表4.27）。

$$K_k = (K_p - 1) \times 100\% \tag{4.1}$$

式中　K_p——崩落矿石的碎胀系数，一般 $K_p = 1.2 \sim 1.3$。

$$K_p = \frac{V_1}{V} \tag{4.2}$$

式中　V_1——矿石爆破后的体积，m^3；
　　　　V——矿石爆破前的体积，m^3。

表 4.27　补偿系数表

q 值 \ 爆破方式	q_1消耗量/kg·t^{-1}	Q_2/kg·t^{-1}	大块率/%
自由空间爆破	0.29	0.3	10 ~ 18
挤压爆破	0.25	0.15	4 ~ 5

对于不同的矿山，K_p 值不同，但在同一矿山，K_p 值有一定的变化范围。这就是说 K_k 值不是固定不变的数值，而是随着矿石的物理力学性质、凿岩爆破参数、落矿方式等的不同而变化的。

当岩石整体移动时，K_p 值很小，一般为 $1.02 \sim 1.05$。

自由空间爆破时，$K_k \geqslant 20\% \sim 30\%$，挤压爆破时，$K_k \leqslant 20\% \sim 30\%$，崩落矿石的胀碎系数一般不大于 $1.2 \sim 1.3$（即 $K_p \leqslant 1.2 \sim 1.3$）。

4.2.1.3　切割工作

切割工作包括掘进拉底巷道、切割横巷、切割天井、拉底和劈漏以及施工切割立槽。

（1）切割天井的位置根据矿体与上、下盘围岩接触情况，探矿要求，以及切割槽形成的方法来决定的。一般布置在矿房的中央，或者是布置在矿房的一侧，应当是矿体最厚的部位，且靠下盘的接触线上。如图4.12所示。

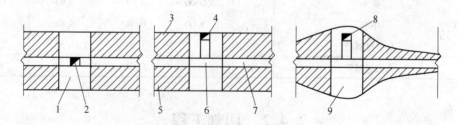

图 4.12　切割天井布置示意图
1, 6, 9—切槽；2, 4, 8—切井；3—下盘；5—上盘；7—分段平巷

（2）拉底巷道，拉底和劈漏工作。在拉底之前先开掘拉底巷道，对于分段凿岩阶段矿房法，拉底和劈漏是同时进行的。

由于工作面是垂直的，因此矿房下面的拉底和劈漏工作不能一次完成，而是随着工作的向前推进完成拉底和劈漏工作。一般拉底劈漏工作超前于回采 1 ~ 2 个漏斗即可。

拉底方法一般采用浅孔从拉底巷道向两侧扩帮，劈漏可以从拉底空间向下或从漏斗颈中向上进行。

漏斗劈开后，崩下的矿石留一部分作为分段装药爆破的工作台，这是指最小一个分段打平行孔眼时的做法。如果采用堑沟底部结构，开堑沟与上部回采炮孔同时爆破即可。

（3）施工切割立槽。施工切割立槽工作很重要，立槽的矿量一般约占矿房矿量的 10% ~ 15% 以上。施工切割立槽是回采矿房工作中极为重要的工序，必须保证施工质量。

切割立槽位置的选择（图 4.13、图 4.14）：

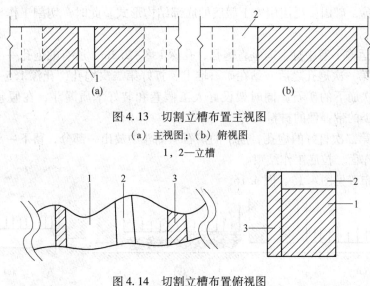

图 4.13 切割立槽布置主视图
（a）主视图；（b）俯视图
1，2—立槽

图 4.14 切割立槽布置俯视图
1—矿房；2—切割槽；3—矿柱

1）切割立槽可以位于矿房的中央或一侧。若立槽位于矿房中央，不能利用相向爆破时的撞击力来改善爆破质量。

2）切割立槽布置在矿房的一侧时，有可能利用外力将矿石抛掷到靠近溜矿井的一侧，以减小运搬距离，提高出矿效率。

3）当矿体形状有变化时，切割立槽应位于矿体最大部位，以利于创造良好的爆破自由面。

当矿块是垂直走向布置时，切割立槽应当开掘在靠上盘的一侧位置，当上盘岩石稳固性比较差时，则可开在靠下盘的一侧，使上盘岩石最后暴露出来，确保安全。

4.2.2 浅孔拉槽

在拟定开立槽的部位用浅孔留矿法向上开采，用切割天井做通风人行天井，采下的矿石从漏斗溜放到电耙巷道中，大量放矿后形成切割槽。用浅孔方法开立槽时，立槽的宽度一般为 2.5 ~ 3.5m，形成的立槽规格容易保证。但是用这种方法开立槽效率低，劳动强度大，工作面通风效果差，工人在矿堆上工作，安全性差。

此外，采用人工底部结构时，可以从运输平巷开始，在矿房范围内，将平巷开帮，扩大到矿房边界，再往上挑顶，使总高度达到 5~6m。将矿石运出后，在底层铺 0.3m 厚的钢筋混凝土底板，在此底板上人工浇注运输平巷，其他空间用充填料充填满，再浇 0.2m 厚的底板即可。

优点：可以免除回采底柱的困难，可以提高矿石回收率。缺点：工作繁重，劳动量大，效率低。

浅孔拉底的优点是能够保证规格，但浅孔拉底的劳动效率比较低，拉底速度慢。目前许多矿山，拉底劈漏还是多采用浅孔方法来开掘。

4.2.2.1 人工假底的底部结构

对于薄矿脉，矿山广泛使用人工假底的底部结构形式。此时，切割工作比较简单，具体施工方法如下：

（1）阶段运输平巷中打上向垂直炮孔，孔深 1.8~2.2m，所有的炮孔一次爆破。

（2）爆破第一次炮孔之后，站在矿石堆上，打好第二次炮孔，孔深 1.5~1.6m 左右，然后运走第一次崩下的矿石，同时架设好人工假巷和装好木质漏斗，在假巷上铺一层木板、草垫子之类的带弹性的材料。

（3）爆破第二次打好的炮孔，崩下的矿石从漏斗中放出一部分，留下一部分矿石，然后，平整好工作面，拉底工作结束。

人工假底布置见图 4.15、图 4.16。

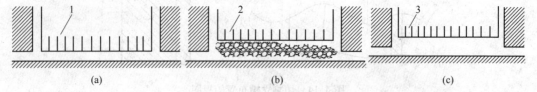

（a）   （b）   （c）

图 4.15　人工假底架设施第一步骤

（a）运输巷道中，施工上向炮孔；（b）站在爆堆中，继续施工上向炮孔；

（c）将爆破矿石运出，为人工假底架设提供空间

1—第一次炮孔；2，3—第二次炮孔

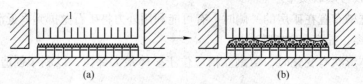

（a）   （b）

图 4.16　人工假底架设施工第二步骤

（a）架设人工漏斗；（b）站在人工漏斗上，继续爆破，放出一部分矿石，留下一部分作为垫层，

既作为继续凿岩的平台，又保护漏斗在下次落矿时不破坏漏斗

1—第二次炮孔

4.2.2.2 不打拉底平巷的劈漏拉底方法

这种方法适用于矿体厚度大于 2.5~3.0m 的条件。具体施工方法如下：

（1）在运输平巷的一侧，以 40°~45°的倾角打上向第一次炮孔，其下部炮孔的高度，由运输设备（矿车、机车）高度决定。上部炮孔，在运输平巷的顶角线上与漏斗侧的钢轨在同一垂直面上。

（2）炮孔爆破之后，站在矿堆上一侧以70°倾角打上向第二次炮孔，将第二次打的炮孔爆破后，把矿石运走，然后架设好工作台，再打上向第三次炮孔，并装好放矿漏斗，最后再进行爆破，崩下第三次炮孔，矿石从漏斗中放出运走，然后继续打第四次炮孔。爆破以后的漏斗颈高为4.0~4.5m，此时达到了拉底水平顶板的高度。

（3）在漏斗颈上部以45°倾角向四周打炮孔，扩大斗颈，最终使相邻的斗颈连通，同时完成拉底和劈漏的工作。

不打拉底平巷的劈漏拉底见图4.17、图4.18。

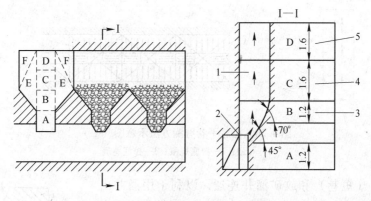

图4.17 不打拉底平巷的劈漏拉底过程（一）

1—架设工作台，施工A区域炮孔；2—顶角线；3—爆破B区域后架设工作台施工C区域炮孔；
4—安装漏斗后爆破区域C；5—运走矿石后，施工D区域炮孔，进行爆破

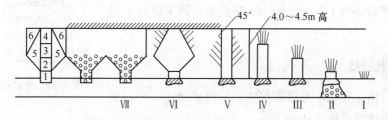

图4.18 不打拉底平巷的劈漏拉底过程（二）

Ⅰ—巷道中初次施工上向炮孔；Ⅱ—爆破后在岩堆上打第二次孔爆破后运出；Ⅲ—架漏斗，后爆破第三次孔，
放出矿石；Ⅳ—打第四次炮孔，并处理；Ⅴ—第四次爆破之后；Ⅵ—劈漏，形成漏斗

4.2.2.3 施工拉底平巷的拉底劈漏方法

这种方法运用于厚度较大的矿体。具体施工方法如下：

从运输平巷的一侧向上掘进漏斗颈，从斗颈上部向两侧掘进高2m左右，宽1.2~2.0m的拉底平巷，然后将其扩帮至主矿体边界，同时从拉底水平向下或从斗颈中向上打倾斜炮孔，将上部平巷扩大成喇叭状的放矿漏斗。

当按这种方法施工不方便时，就采用下面的方法开掘。由运输平巷直接向里掘进2m左右，然后垂直向上掘进3~4m，把斗颈开好，装好漏斗闸门，并将喇叭口劈开。劈漏时，多数是由下向上打炮孔，此时，要求拉底巷道应先掘进好。

拉底平巷劈漏见图4.19、图4.20。

4.2.2.4 留底柱的拉底方法

在运输巷道顶上留有2~3m左右的矿石底柱，在底柱上拉底，先从中间的联络道掘进

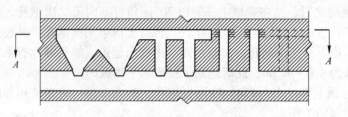

图 4.19　拉底平巷劈漏方法示意图（一）

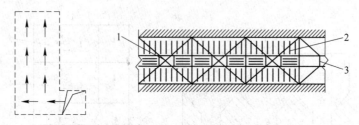

图 4.20　拉底平巷劈漏方法示意图（二）

1—斗颈；2—拉底炮眼；3—拉底巷道

一条切割巷道（短巷）和放矿溜井连通，以利于用溜井出矿。利用切割巷道拉底，在拉底巷道的基础上，扩开形成高为 2～2.5m 的拉底空间，然后在上面浇注一层 0.3～0.5m 厚的钢筋混凝土底板。如图 4.21 所示。优点是：效率高，拉底时对巷道的运输工作影响较小。缺点是：回采底柱的损失比较大。

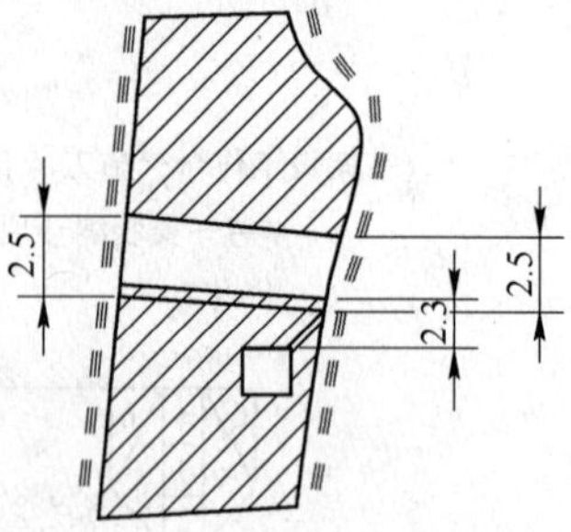

4.2.3　中深孔拉槽

图 4.21　留底柱拉底方法

中深孔拉槽主要用于分段矿房法、阶段矿房法、分段崩落法、阶段崩落等采矿方法。

4.2.3.1　"丁"字形拉槽方法

（1）"丁"字形立槽是在堑沟巷道或凿岩巷道的上方，垂直堑沟巷道或凿岩巷道掘进切割巷道，再从切割巷道上掘进垂直切割井，由切割巷道和切割井组成倒"丁"字形状。在切割巷道上钻凿平行于切割井的垂直向上扇形中深孔，以切割井为自由面和补偿空间，爆破这些炮孔，便形成了切割立槽。如图 4.22 所示。

（2）优缺点。

优点：凿岩、施工、掘进等都方便；设备的运搬、拆装、操作都方便；可减小辅助作业的劳动量及材料消耗。因而这种拉槽法使用普遍。

缺点：有部分废切割量。

4.2.3.2　"井"字形拉槽方法

（1）这种拉槽法实际上是"丁"字形槽的组合，它是由切割平巷和切割天井，在预定的切割槽部位组成一个"井"字形。

（2）适用条件：适用于切割面积大，或切割体积较多的情况。

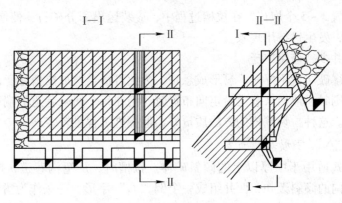

图 4.22 "丁"字形拉槽法

4.2.4 深孔拉槽

4.2.4.1 水平深孔拉槽

水平深孔拉槽是在拉槽部位的底部进行拉底，以切割天井作为凿岩天井，施工水平扇形深孔，分次爆破后形成切割立槽。如图 4.23 所示。切割立槽的宽度一般为 5～8m，由于立槽宽度较大，爆破时的夹制性较小，容易保证立槽的质量。用深孔拉槽效率高，作业条件好。这种拉槽方法适用于矿石比较稳固的条件。

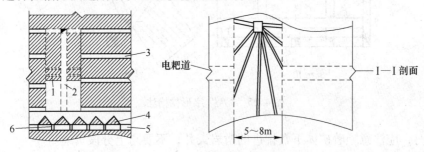

图 4.23 水平深孔拉槽法
1—中深孔；2—切割天井；3—分段巷道；4—漏斗颈；5—电耙巷道；6—斗穿

4.2.4.2 上向深孔拉槽法

拉槽时，先掘进切割平巷，在切割平巷中打上向平行中深孔，以切割天井为自由面，爆破后形成立槽。如图 4.24 所示。切割槽的炮孔可以逐排爆破，或多排同次爆破，或全部炮孔一次爆破。目前矿山采用多排同次爆破的方法。

往往在回采巷道端部矿体边界处掘进切割巷道，根据切割平巷的长度及爆破的需要，在适当的位置掘进一个或几个切割天井。在切割巷道内，向上打平行的或扇形孔，以切割天井为自由面后退逐排爆破，形成切割槽。

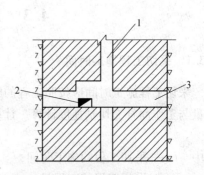

图 4.24 上向深孔拉槽法平面示意图
1—分段巷道；2—切割天井；3—切割平巷

一般每排布置3~5个炮孔，在拉槽过程中，应装运出部分矿石，使崩落的矿石松散，防止回采落矿时，发生过挤压现象。

优点：切割井少，使用广泛。

缺点：凿岩爆破质量不好时，易形成悬顶，为此可适当增加拉槽宽度，加密炮孔。

当矿体不规则时，或回采巷道沿走向布置时，则在每个回采巷道的端部都要掘进切割巷道和切割天井。这种拉切割槽的方法质量好，但掘进工程量较多。

4.2.4.3　"八"字形立槽布置

这种立槽形式适用于中厚以上的倾斜矿体。拉槽时，从堑沟巷道，按预定的切槽轮廓，掘进两条反向的倾斜天井，两井组成一个倒"八"字形，一条作为凿岩天井，另一条则作为切割槽爆破的自由面和补偿空间。在凿岩天井，用YG-40型凿岩机配立槽模撑式支架，钻凿平行于自由面天井的平行炮孔，爆破这些炮孔后则形成切割立槽。天井规格为3m×2m。如图4.25所示。

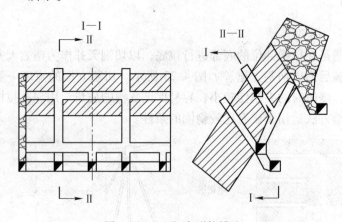

图4.25　"八"字形拉槽法

施工时，应注意顺着矿体下盘掘进的凿岩天井，不要与上分段贯通。

优点：工程量小，炮孔利用率高；废石切割量小。

缺点：凿岩的准备工作量大（要架设凿岩板台）；辅助工作量多（凿岩机频繁移动），工效低，故被采用得不多。

4.3　采切工程循环图表

4.3.1　采切工程施工时间

采切工程施工时间应按照工程的施工顺序逐项进行计算：补充切割时间用补充切割工程量与工作面补充切割速度计算。计算公式如式（4.3）所示。

$$t = L/V \tag{4.3}$$

式中　t——采切工程的施工时间；

　　　L——采切工程的工程量；

　　　V——采切工程的施工速度，用工程类比法选择，参考表4.30，m/月或m/日。

4.3.2 井巷施工速度

采切顺序应优先方便通风、出渣及压气供应等创造条件，并尽量使采切工作期内人员和设备大体取得平衡。一般矿块采准设计的施工顺序是先掘进运输平巷，贯通上下阶段，接着施工底部结构，与此同时进行切割和掘进凿岩巷道等。井巷掘进速度可参考表4.28、表4.29。按照先后顺序编制矿块采准切割工作进度计划表，并依表排出矿块的采切时间（表4.30）。

表4.28 平巷掘进速度统计表

矿山名称	巷道断面/m×m	f	支护类型	施工方法	掘进速度/m·月$^{-1}$	最高速度/m·月$^{-1}$
红透山铜矿	2×2	10~12	不支护	普通法	130~150	
红透山矿下水平	2.4×2.4	12~14			80	160
通化铜矿1250坑	2.3×2.2	8~12			100	153
紫河铅锌矿	5.28	6~8		凿岩台车	160	200
中条山矿	5.2~9.2	8~10	不支护		100~120	
华铜矿	1.92×2.2	10~12	不支护	普通法	200~250	

表4.29 天井、溜井掘进速度统计表

矿山名称	巷道断面/m×m	f	支护类型	施工方法	最高速度/m·月$^{-1}$
河北铜矿	2×1.8	8~12	不支护	吊罐法	47~51
红透山铜矿	2×2	12~14		吊罐法	100
小寺沟铜矿	4	8~12		吊罐法	80
镜铁山铁矿	6	10~14		爬罐法	81
莲花山钨矿	3×1.5	6~15	不支护	普通法	40
柴河铅锌矿	4	6~8	不支护	普通法	30

表4.30 采切工程施工时间统计表

序 号	项 目		成井（巷）速度/m·月$^{-1}$
1	箕斗斜井		50~65
2	辅助斜井		60~70
3	无轨斜坡道		130
4	充填进风斜井		50~60
5	废石充填斜井		70
6	回风竖井		50~60
7	一般平巷		120
8	采切平巷		120
9	硐室		30~50
10	天井、溜井	吊罐法	80
		普通法	50

4.3.3　掘进队组人员编制

（1）工作面每日所需工人工班数：

$$n_1 = \frac{vS}{a\eta} \tag{4.4}$$

式中　n_1——工作面每日所需工人工班数，工班；

　　　　v——掘进队掘进速度，参考表4.28~表4.30；

　　　　S——掘进巷道断面，m^2；

　　　　a——月工作日数，一般为28~29天；

　　　　η——掘进工工班效率，可参考表4.31和表4.32，$m^2/(\text{工·班})$。

（2）掘进队组人员编制：

$$n_2 = \frac{7n_1}{bg} \tag{4.5}$$

式中　n_2——掘进队组人员编制；

　　　　n_1——工作面每日所需工人工班数，工班；

　　　　b——周工作日数　一般 $b=6$；

　　　　g——工人出勤率一般为0.91~0.93。

掘进工班效率，见表4.31、表4.32。

表4.31　平巷掘进工效参考指标　　　　　　　　　　　$m^3/(\text{工·班})$

平巷掘进断面/m^2		≤4	≤5	≤6	≤8	≤12
矿岩坚固性系数 f	6~8	0.7	0.7	0.7	0.78	0.85
	>8	0.55	0.55	0.55	0.63	0.7

表4.32　天井、溜井掘进工效参考值　　　　　　　　　$m^3/(\text{工·班})$

施工方法		吊罐法			普通法		
掘进断面/m^2		≤4	≤5	≤6	≤4	≤5	≤6
岩石坚固性系数 f	6~8	1.5	1.5	1.6	0.6	0.6	0.7
	>8	1.1	1.1	1.1	0.4	0.4	0.5

4.3.4　井巷掘进进度计划表

表4.33是常用的井巷工程掘进进度计划表。

表4.33　井巷工程掘进计划表

序号	工程项目	工程量/m 或 m^3	掘进速度/m·月^{-1}	工期	进度顺序/月
1	运输平巷				
2	天井				
3	回风平巷				
4	拉底平巷				
5	切割天井				
6	漏斗颈				
7	漏斗穿				

4.3.5 采准切割巷道掘进进度计划的编制

安排采准切割工程时，宜将采矿方法分成两类。

第一类，指在回采开始前矿块（采区）内的所有采准切割巷道必须掘进完毕的那些采矿方法。

第二类，指部分采准切割巷道的掘进，可与矿块（采区）内的回采工程同时进行的那些采矿方法。

属于第一类的采矿方法有横撑支柱上向阶段法、分层落矿留矿矿房法、上向阶段落矿矿房法和充填法等。这一类采矿方法的采准和回采的相互配合问题，可以归结为在满足给定矿山年生产能力的前提下，确定同时实施采准和回采的矿块数目。

属于第二类的采矿方法有分层分段崩落法和阶段（盘区）崩落法等。在这类采矿方法中，采准和回采的相互配合问题，要比第一类采矿方法复杂得多。因为，此时除了有或处于采准中或处于回采中的矿块之外，还有一些矿块要同时进行采准和回采。

第二类采矿法回采工程开始之前所进行的部分矿块（采区）的采准，可称为前期采准，它决定回采的开始时间。因此，设计前期采准的基本要求，是尽可能于最短时间内完成前期采准工程。一般地，此时采准切割量相当大，而能同时施工的工作面数目却受到限制。

与矿块回采同时实施的矿块（采区）采准工程，可称为日常采准工程。它的任务是向回采工程提供工作面，并受回采工程的制约。一般地，此时矿块回采所需要的采准工程量不大，而采准工作线却很宽阔。因此，此时的基本要求是，在空间和时间上协调采准工程和回采工程。

如若利用网络图，则编制与回采同时实施的采准切割巷道掘进计划的工作可大为简化。

计算网络图和编制采区（矿块）采准切割工程进度计划时，需引入三个条件：（1）采用综合掘进队的组织形式；（2）掘进队的人员编制固定不变（工程收尾阶段除外）；（3）为了确定网络图中的真正主矛盾线，所使用的人力和物力仅受技术条件的限制。

第一类采矿方法的采准切割工程计划，可按下列步骤编制：按一定比例绘制采矿方法图；选择巷道断面；根据图纸计算采准切割工程量；确定巷道的掘进顺序，此时应考虑有些工程可以同时实施；绘制网络图；选择掘进同一类型巷道的掘进设备；选取工程定额；进行网络图计算，内容包括将工程持续时间标注于网络图中，统计所需总工时，确定主矛盾线并计算其持续时间；确定掘进队人员编制（人数）；制定工程进度计划；确定预计的工程时间和所需要的掘进设备数量。

确定掘进队人员编制（人数）时，首先可按下式计算日（一昼夜）需要的最多工人数目：

$$n_{\max} = \frac{M}{t_{\mathrm{h}}} \tag{4.6}$$

式中 M——采准切割工程需要的总工时，人·班；

t_{h}——网络图中主矛盾线的持续时间，d。

设计的人员编制（一般小于 $n_{\max}$）应与日工班数和网络图中工作线之值相适应，并应符合矿山安全规程的要求。

设计中应求出掘进队人员达到最多时，采区（矿块）采准切割工程完成最短期限。

此后，可以做采准切割和回采之间的平衡工作。平衡中要进一步确定采区（矿块）采准切割工程必须完成的时间和掘进队的人员编制。平衡的步骤如下。

计算同时实施采准切割工程的采区数目，此值应与同时工作的掘进队数目相符合。

$$n_{ca \cdot qi} = n_h t_{ca \cdot qi} / (t_h - t_b) \tag{4.7}$$

式中 n_h——能保证完成给定矿山年生产能力的同时回采的采区（矿块）数目；

    $t_{ca \cdot qi}$——根据采准切割工程进度计划得出的一个采区（矿块）采准切割工程完成时间，月；

    t_h——根据回采进度计划得出的采区（矿块）回采时间，月；

    t_b——备用时间，一般取 $t_b = 0.5$ 月。

最后应选用稍大于 $n_{ca \cdot qi}$ 值的整数。

按下式计算采准切割工程最长持续时间（不计备用时间）：

$$t_{max} = n_{ca \cdot qi} t_h / n_h \tag{4.8}$$

按下式确定采准切割工程的最短备用时间：

$$t_{bmin} = 0.1 t_{max} \tag{4.9}$$

求出容许的采准切割工程最长持续时间（计入备用时间）：

$$t'_{max} = n_{ca \cdot qi} \ (t_h - t_{bmin}) / n_h \tag{4.10}$$

掘进队日需最少人数可按下式计算：

$$n_{min} = M / t'_{max} \tag{4.11}$$

n_{min} 之值应与日工班数目协调。最后选用的 n_1 值应满足下列条件：

$$n_{max} \geqslant n_1 \geqslant n_{min} \tag{4.12}$$

式中 n_{max}——以前选定的掘进队日需人数。

采准切割工程的准确持续时间，可用下式确定：

$$t_1 = \frac{M}{n_1} \tag{4.13}$$

采准切割工程的准备备用时间，可用下式确定：

$$\Delta t = t'_{max} - t_1 \tag{4.14}$$

第二类采矿方法的前期采准切割工程计划编制程序，与第一类采矿方法相同。

掘进队日需最多人数可按式（4.6）计算，此值应与网络图上的工作线和日工班数目相配合。最后选用的 n 值应小于 n_{max}。

工程进度计划要根据一昼夜内同时从事采区（矿块）内掘进工作的工人人数加以编制。

采区（矿块）日常采准切割工程的施工组织形式可以是单一的，也可以是复式的。

采用单一施工组织形式时，一个掘进队在一个矿块内从矿块的第二盘区开始掘进采准切割巷道，直至施工到最后一个盘区的采准切割工程的结束（分段崩落法）。此时，每一回采盘区对应一个采准盘区，故同时处于采准切割中的盘区数目，等于同时处于回采中的盘区数目。

采用复式施工组织形式时，一个掘进队可在几个矿块中施工。

如用 t_{ki} 表示一个盘区日常采准的主矛盾线持续时间，用 $t_{h(i-1)}$ 表示采准完毕的盘区回采持续时间（其中 $i = 2, 3, 4\cdots$），用 t_b 表示盘区采准切割工程的备用时间（一般 $t_b = 0.5$ 月），则如果 $t_{ki} > 0.5 (t_{h(i-1)} - t_b)$ 时，应选用单一施工组织形式；如果 $t_{ki} \leq 0.5 (t_{h(i-1)} - t_b)$，应选用复式施工组织形式。

采用单一施工组织形式时，掘进队人数的计算办法如下。

日需最多掘进队工人数目按下式确定：

$$n_{max} = M_i / (t_{h(i-1)} - t_p) \tag{4.15}$$

式中 M_i——采准盘区中采准工程的总工时，人·班。

此数字应与网络图上工作线工人数目和日工班数目协调。

采准时间可按下式计算：

$$t_{ca} = \frac{M_i}{n} \tag{4.16}$$

进一步确定矿块（盘区）日常采准切割工程的备用时间，式中 Δt 必须满足条件式 $\Delta t > 0.1t$。

采用复式施工组织形式时，需要计算同时出工的工人人数和掘进队数目。计算方法如下。

首先，计算掘进队所需最多的工人数目：

$$n_{max} = \frac{M_i}{t_{ki}} \tag{4.17}$$

此数目需与网络图中的采准切割工作线和日工班数目协调，一般 $n < n_{max}$。

其次，按式（4.16）计算采准切割工程的持续时间。

采准切割同时施工的矿块（盘区）数目，可按式（4.7）计算。此时应选用稍大于 N 的整数，并应使 $\dfrac{n_1}{N_1}$ 等于一个整数。

再次，按式（4.8）计算采准切割工程最长持续时间（不计备用时间），再按式（4.9）确定采准切割工程的最短备用时间。

根据式（4.10）可求出容许的采准切割工程最长持续时间。

按式（4.11）可求出掘进队需用的最少人数。此时 n_{min} 之值应与日工班数目配合，且选用之值 n_1 应满足条件式。

最后，采准切割工程持续时间和备用时间，可分别按式（4.13）和式（4.14）进一步核实。

采准切割工程计算框图，示于图 4.26 和图 4.27 之中。

4.3.6 采切进度计划编制实例

确定分段落矿矿房法（参看图 4.28）中矿

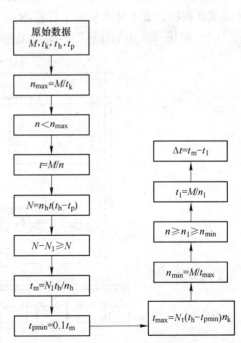

图 4.26 计算第一类采矿方法矿块
采准切割工程的步骤框图

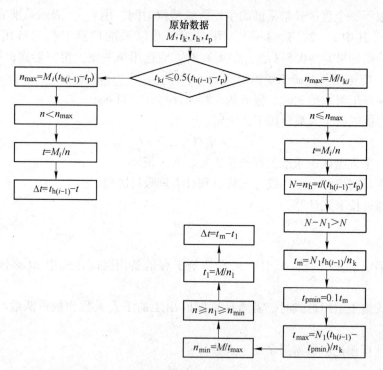

图 4.27　计算第二类采矿方法分区日常采准切割工程的步骤框图

块采准切割工程的持续时间和需要的设备。其他条件如下：日工班数为 3 班，月工作日数为 26 天，矿石坚固性系数 $f_1 = 6 \sim 8$，围岩坚固性系数 $f_2 = 16 \sim 18$；脉外运输平巷是在阶段采准期开掘的，故不计入采准工程量内。

（1）矿块采准切割计算图可参看图 4.28。

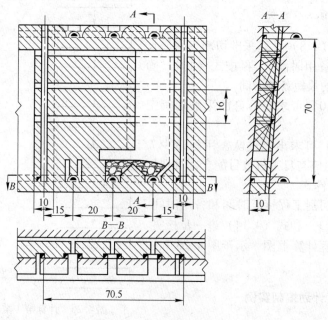

图 4.28　分段落矿矿房法

（2）掘进设备和劳动定额列于表 4.34 中。

表 4.34　施工所用掘进设备及劳动定额统计表

巷道名称	巷道断面/m²	掘进设备	一个工作面一个工班的工人数目/人	综合劳动定额/m³·（人·班）⁻¹
装载硐室	9	ПД	2	8.5
行人天井联络道	5	ПД	2	5.8
回风穿脉	5	ПД	2	7.5
分段平巷	10.24	ПД	2	10.5
回风平巷	5	ПД	2	7
行人天井	4	Птl	2	5.5
矿石溜井	4	ПД	1	6.5
切割天井	5	《西姆巴 –2》 ПД	2	6

注：表中所列的型号代表的设备，可参阅图 4.30 和其他进度计划图。

（3）采准切割工程进度网络图示于图 4.29 中，网络图的计算数据列于表 4.35 中。主矛盾线的持续时间 $t_1 = 1.44 + 8.60 + 5.53 + 2.45 = 18.02 \approx 18\mathrm{d}$。

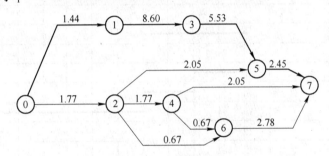

图 4.29　矿块采准切割工程网络图

（0-1-3-5-7—主矛盾线）

表 4.35　网络图计算结果

巷道名称	图 4-29 中的号码	工程量/m³	劳动定额/m³·（人·班）⁻¹	所需工时/人·班	日需最多人数/人	工程最短持续时间/d
行人天井联络道	0～1	50	5.8	8.62	1×2×3＝6	1.44
行人天井	1～3	284	5.5	51.63	1×2×3＝6	8.6
分段平巷	3～5	2089	10.5	198.95	6×2×3＝36	5.53
切割天井	5～7	265	6	44.16	3×2×3＝18	2.45
装载硐室：						
一期	0～2	180	8.5	21.2	2×2×3＝12	1.77
二期	2～4	90	8.5	10.6	1×2×3＝6	1.77
矿石溜井：						
一期	2～5	80	6.5	12.3	2×1×3＝6	2.05
二期	4～7	160	6.5	24.6	4×1×3＝12	2.05
回风穿脉：						
一期	2～6	60	7.5	8	2×2×3＝12	0.67
二期	4～6	30	7.5	4	1×2×3＝6	0.67
回风平巷	6～7	350	7	50	3×2×3＝18	2.78
共　计				434.06		

（4）根据式（4.6）求得掘进队日需最多人数为 $n_{\max} = \dfrac{434.06}{18} = 24.1$ 人。

考虑图 4.30（网络图）上日三班制的工作线和工作面的小组人数，选用 $n = 18$ 人。

根据式（4.13），完成采准切割工程约需：

$$t_{\mathrm{ca \cdot qi}} = \frac{434.06}{26 \times 18} = 0.93 \approx 1 \text{ 月}$$

（5）按确定的掘进队人数编制矿块采准切割进度计划（表 4.34 和图 4.30）。

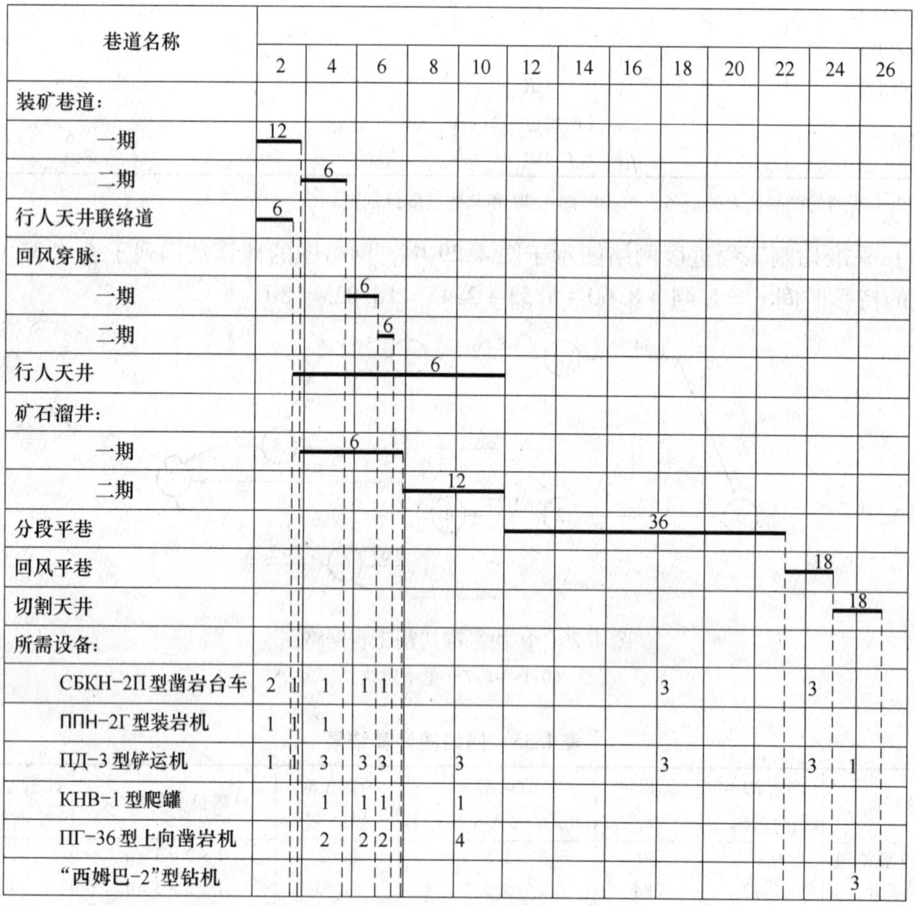

巷道名称	2	4	6	8	10	12	14	16	18	20	22	24	26
装矿巷道：													
一期	12												
二期		6											
行人天井联络道	6												
回风穿脉：													
一期			6										
二期			6										
行人天井				6									
矿石溜井：													
一期		6											
二期				12									
分段平巷						36							
回风平巷										18			
切割天井											18		
所需设备：													
СБКН-2П 型凿岩台车	2	1	1 1					3			3		
ППН-2Г 型装岩机	1	1											
ПД-3 型铲运机	1	3	3 3	3				3			3		
КНВ-1 型爬罐		1	1 1	1									
ПГ-36 型上向凿岩机		2	2 2	4									
"西姆巴-2" 型钻机												3	

图 4.30　矿块采准切割进度计划

（进度表中对应巷道的数字为工人人数，对应设备的数字为使用设备的台数，下同）

工程施工顺序可根据网络图决定，工人数目不应超过表 4.34 中所列之值。

根据进度计划，采准切割施工时间等于 25.6d，即约 1 个月；所需要的掘进设备列于图 4.30 中。

试计算分段落矿矿房法（参看图 4.28）中同时采准的矿块数目和一个矿块采准掘进队工人人数。条件如下：矿山年生产能力 $A = 2.1 \times 10^6 \mathrm{t}$，矿房回采生产能力 $P_{\mathrm{j}} = 29200\mathrm{t}/$ 月；从矿房中采出的矿石量占矿石总采出量的比重为 $K_{\mathrm{j}} = 0.67$；一个矿房的回采时间 $t_{\mathrm{h}} = 3.4$ 月。

[解]

（1）矿块的采准切割工程量列于表 4.35 中。

（2）矿块采准切割工程的网络图示于图 4.30 中，其中主矛盾线的持续时间 $t_1 = 18d$。

（3）为了满足矿山年生产能力 $A = 2.1 \times 10^6 t$ 的要求，求得同时回采的矿房数目：
$$n_f = 2.1 \times 10^6 \times 0.67 \times 1.25 / (12 \times 29200) = 5$$

（4）按式（4.7）计算同时实施采准切割工程的矿块数目（根据上例可知，$t_{ca \cdot qi} = 1$ 个月）：

选 $n_{ca \cdot qi} = 2$ 个矿块。

（5）根据式（4.8）求不计备用时间的矿块采准时间：
$$t_{max} = 2 \times \frac{3.4}{5} = 1.36$$

（6）按式（4.9）计算矿块采准切割工程的最短备用时间：
$$t_{bmin} = 0.1 \times 1.36 = 0.136$$

（7）按式（4.10）计算容许的采准切割工程最长时间：
$$t'_{max} = 2 \times (3.4 - 0.136) / 5 = 1.3 \text{ 月}$$

（8）根据式（4.11）计算掘进队日需最少工人人数：
$$n_{min} = \frac{434.06}{1.3 \times 26} = 12.84$$

考虑日三班工作制和网络图上的工作线（参看图 4.29），取掘进队日需工人人数 $n_1 = 18$ 人。

（9）根据式（4.13），得到准确的工程持续时间：
$$t_1 = \frac{434.06}{18 \times 26} = 0.93$$

（10）准确的备用时间根据式（4.14）应为：
$$\Delta t = 1.36 - 0.93 = 0.43 \text{ 月}$$

最后选取下列数值：同时采准的矿块 $n_{ca \cdot qi} = 2$，掘进队日需工人人数 $n = 18$。

采准切割工程的持续时间，配合进度计划（图 4.30），应为 $t = 25.6 \approx 26d = 1$ 月。需要的设备列于图 4.30 中。

5 回采作业构成要素及其取值

金属矿山回采设计包括回采工艺设计，如凿岩、爆破、采场通风与地压管理、回采工作计算、工作循环图表制定等。回采设计决定了矿房的生产能力和同时回采的矿房数、主要回采技术经济指标等，是采矿设计的核心内容之一。

5.1 凿 岩

5.1.1 凿岩设备及凿岩生产率

5.1.1.1 凿岩设备

地下凿岩设备按使用的动力分为气动、电动、液压和内燃凿岩机。当前气动与液压凿岩设备为矿山设备应用中的主流。

A 气动凿岩机的分类、技术指标及应用范围

a 分类

气动凿岩机常用的有手持式、气腿式、伸缩式、导轨式凿岩机，国内常用气动凿岩设备的型号和特点如表 5.1 所示。

表 5.1 气动凿岩机

凿岩机形式	型 号	特 点
手持式	Y-26	最大炮孔直径 40mm，最大孔深 3m，可打水平、倾斜与向下炮孔，用于软、中硬岩石
气腿式	YT-23	最大炮孔直径 45mm，最大孔深 5m，可打水平倾斜炮孔，用于软、硬岩石
伸缩式	YSP-45	最大炮孔直径 50mm，最大孔深 6m，可打 60°~90°向上炮孔，用于中硬以上岩石
导轨式	YG-80、YGZ-90	最大炮孔直径 80mm，最大孔深 20m，可打各个方向炮孔，用于坚硬以上岩石

气腿式凿岩机，如 YT-23(7655)、YT-28、YT-26，安装在气腿上进行操作，气腿能起支承和推进作用，可减轻操作者劳动强度。凿岩效率比手持式高，可钻凿深度 2~5m，直径 34~42mm 的水平或带有一定倾角的炮孔。

伸缩式凿岩机如 YSP-45，气腿与主机在同一纵轴线上并连成一体，用于打 60°~90° 的上向炮孔，主要用于采场和天井中凿岩作业。一般重量为 40kg 左右，钻孔深度为 2~5m，孔径为 36~48mm。

导轨式凿岩机，如 YG-40、YG-80、YGZ-70、YGZ-90。该类凿岩机机重较大，一般为 35~100kg，安装在凿岩钻车或柱架的导轨上工作，可打水平和各个方向的炮孔，孔径为 40~80mm，孔深一般在 5~10m，最深可达 20m。

b 主要技术指标

(1) 工作压力。国内气动凿岩机常用压缩空气的工作压力为 0.4~0.6MPa，国际通用的 0.63MPa 为标准工作压力。气动凿岩机的工作气压与标准工作压力接近，才能较好地发

挥其应有的效率。

（2）活塞冲击能。研究表明，只有当冲击能超过某一临界值时，才能得到较高的破碎效率；但限于活塞、钎具材料所能承受的应力，活塞冲击末速度不能超过10m/s。气腿式凿岩机的冲击能为60~80J，导轨式凿岩机为80~250J；活塞冲击末速度6~9m/s。

（3）活塞冲击频率与钎具转角。活塞冲击频率一般为26~58Hz，钎具转角的大小存在一个最优值，一般为16°~38°。

（4）转钎扭矩。气腿式凿岩机的扭矩一般为11~18N·m，伸缩式凿岩机可达30N·m，导轨式凿岩机扭矩为40~350N·m。

（5）耗气量。当工作气压为0.63MPa时，手持式、气腿式凿岩机耗气量为52~85L/s，伸缩式为94~115L/s，导轨式为94~315L/s。

（6）重量。手持式和气腿式凿岩机靠人力扶持与搬移，要求重量轻，一般为22~30kg，其单位功率重量约为9.5~13.5kg/kW；普通导轨式凿岩机重量为30~40kg，重型凿岩机重量可达170~180kg。

c 适用范围

表5.2列出了各种类型气动凿岩机的应用范围，供设计时参考。

表5.2 气动凿岩机的应用范围

类 型	手持式	气腿式	伸缩式	导轨式
最大孔径/mm	40	45	50	80
最大孔深/m	3	5	6	20
炮孔方向	水平、倾斜、向下	水平、水平倾斜	向上（60°~90°）	不限
矿岩及硬度	软、硬及中硬岩	中硬，坚硬及以上岩石	中硬，坚硬及以上岩石	坚硬及以上岩石

B 潜孔钻机的分类及应用范围

a 分类

地下潜孔钻机按行走方式分为自行式潜孔钻机（又称潜孔钻车）和非自行式潜孔钻机。自行式潜孔钻车又分为轮胎行走和履带行走两类，地下矿主要是轮胎行走方式。非自行式潜孔钻机分为支架式、雪橇式和胶轮式。

按气压大小分为低气压型（≤0.7MPa）、中气压型（0.7~1.2MPa）和高气压型（1.7~2.5MPa）三种。

按孔径和机重分轻型（≤ϕ100mm，≤3t）、中型（ϕ120~150mm，10~15t）、重型（ϕ165~250mm，25~30t），特重型（≥ϕ250mm，≥40t）。

b 适用范围

潜孔钻机的钻杆不传递冲击能，故冲击能量损失很少，可钻凿更深的炮孔，同时冲击器潜入孔内，噪声很低，钻孔偏差小，精度高。采用潜孔钻机，尤其是采用高风压潜孔钻机，不仅凿岩速度快，而且比普通接杆钎杆导向性好，钻孔直径可达165mm，孔深80m以上。潜孔钻机适用范围广，主要用于钻凿大孔径的深孔，如VCR法、阶段矿房法以及掘进天井的中心钻孔等。

C 凿岩钻车的分类及应用范围

a 分类

地下凿岩钻车又可分为掘进钻车、采矿钻车、锚杆钻车等。

（1）掘进钻车。按行走方式分为：轨轮式、轮胎式、履带式；钻臂数目分为单臂钻车、双臂钻车和多臂钻车。按动力源分为：电驱动、柴油机驱动。按自动化程度分为：全自动、半自动和手动控制的钻车。

（2）采矿钻车。按凿岩方式分：顶锤式钻车和潜孔式钻车。按钻孔深度分：浅孔凿岩钻车和中深孔凿岩钻车。按配用凿岩机台数分：单臂或双臂钻车。按钻车行走方式分：轨轮式、轮胎式、履带式采矿钻车。按钻车有无平移机构分为：有平移机构钻车和无平移机构钻车。国产地下凿岩钻车型号标识见表5.3。

表5.3 国产地下凿岩钻车型号标识

类别	组别	形式	特性代号	产品名称及代号
凿岩钻车 C（车）	地下	轨轮式 G（轨）	C（采） J（掘） M（锚） Q（切） L（联）	轨轮式采矿钻车 CGC
				轨轮式掘进钻车 CGJ
				轨轮式锚杆钻车 CGM
		履带式 L（履）		履带式采矿钻车 CLC
				履带式掘进钻车 CLJ
				履带式锚杆钻车 CLM
				履带式切割钻车 CLQ
		轮胎式 T（胎）		轮胎式采矿钻车 CTC
				轮胎式掘进钻车 CTJ
				轮胎式锚杆钻车 CTM
				轮胎式联合钻车 CTL
	水下 X（F）			水下钻车 CX

b 适用范围

凡是能使用凿岩机钻孔且巷道断面允许时均可采用凿岩钻车钻孔。

掘进钻车以轮胎式和轨轮式居多，大部分是双机或多机钻车，主要用于矿山巷道和硐室的掘进以及铁路、公路、水工涵洞等工程的钻孔作业。

采矿钻车一般为轮胎式和履带式，有的掘进钻车还可用于钻凿采矿炮孔、锚杆孔等。国内多为双机或单机作业，配套的是重型、中型导轨式凿岩机，一般钻孔直径不大于115mm，当孔深超过20m时，接杆凿岩由于能量损失大，效率会显著降低。

5.1.1.2 凿岩设备选型

选择凿岩机类型时，一般考虑以下几点：

（1）作业场所（平巷、天井、竖井和采场等）；

（2）所凿炮孔的方向、孔径和深度；

（3）矿岩的坚硬程度等。

采场凿岩一般用气腿式凿岩机。采场落矿量大或矿石坚硬时可选用导轨式凿岩机。采场矿石为中硬以下时也可选用电动凿岩机。采场矿石松软时，可用电动凿岩机直接落矿。地下矿山装备见表5.4、表5.5。

5.1.1.3 凿岩生产率

凿岩生产率除取决于凿岩速度外，还与工作面的凿岩工作组织和设备工作条件有关。凿岩生产率一般以单位时间内凿出炮孔的米数来表示。当采用凿岩钻车时，凿岩工生产率 L 为

$$L = T \cdot K \cdot V \cdot n / 1000 \qquad (5.1)$$

式中 *L*——凿岩工劳动生产率，m/（人·班）；

T——每人·班的工作时间，min；

V——技术凿岩速度，即包括开孔、换钎和移位等必要的辅助时间在内的凿岩速度，其值与凿岩机和钻车的类型有关，mm/min；

n——每名凿岩工同时操纵的凿岩机的台数；

K——凿岩时间的利用系数。时间利用系数指凿岩时间占凿岩工序的总时间的百分比，$K = 0.5 \sim 0.8$。

从式（5.1）可以看出，当所采用的凿岩机、钻车类型和岩性确定以后，提高凿岩生产率的关键是增加凿岩机台数，增加凿岩时间，减少辅助时间。因此，必须采用合理的工作组织，不断提高凿岩工作的机械化和自动化程度以及提高凿岩工的操作技术水平。

表5.4 一般冶金地下矿山装备水平

装备名称	特大型	大型	中型	小型
凿岩设备	单、双机采矿台车，2~3机掘进台车，φ165mm潜孔钻机，φ120mm以上牙轮钻机，φ1000mm以上天井钻机	单、双机采矿台车，2~3机掘进台车，φ165mm潜孔钻机，φ1000mm以上天井钻机	各种凿岩机，单机或双机采矿台车，双机掘进台车，φ100mm以上潜孔钻机，φ1000mm以上天井钻机	各种凿岩机，单机采矿台车，双机掘进台车，φ100mm潜孔钻机，φ1000mm以上天井钻机
装运设备	4m³以上铲运机，振动放矿机，6~10m³矿车，20t以上电动机车，胶带运输机	4m³以上铲运机，振动放矿机，50kW以上、0.5~1.0m³矿车，20t以下电动机车，胶带输送机	2~4m³铲运机，振动放矿机，装运机，15~50kW、0.15~0.50m³电耙，2~4m³矿车，6.7~10.0t电动机车，胶带输送机	振动放矿机，装运机，15~30kW、0.15~0.30m³电耙，0.55~2.00m³矿车，3~10t电动机车
辅助设备	装药车，锚杆台车，喷射混凝土车，人车、材料车、维修车等	3~5t矿用电梯，装药车、吊罐，锚杆台车，喷射混凝土车，人车、材料车、维修车等	1~3t矿用电梯，装药器，吊罐，爬罐，喷射混凝土机，人车、材料车、维修车等	装药器，喷射混凝土机，吊罐，人车、材料车、维修车等

表5.5 有色金属地下矿山装备水平

采矿规模/万吨·a⁻¹	>100	20~100	<20
凿岩设备	单机或双机采矿台车，双机掘进台车，≥φ165mm潜孔钻机，≥φ1500mm天井钻机	单机或双机采矿台车，双机掘进台车，≥100mm潜孔钻机，爬罐或吊罐，≤1500mm天井钻机	各种凿岩机，单机采矿台车，单机或双机掘进台车，≥φ100mm潜孔钻机，爬罐或吊罐
装运设备	≥4m³铲运机，≥55kW电耙，≥4m³矿车，≥10t电动机车，带式输送机，振动放矿机	2~4m³铲运机，≤55kW电耙，2~4m³矿车，≥6t电动机车，带式输送机，振动放矿机	≥2m³铲运机，≥30kW电耙，≥2m³矿车，≥7t电动机车，振动放矿机

5.1.2 浅孔凿岩

5.1.2.1 浅孔凿岩设备

常用的浅孔凿岩机性能可参考表5.6~表5.10选取。

5.1.2.2 浅孔凿岩设备选择

掘进小巷道断面或用于采场浅孔凿岩一般选择气腿式凿岩机。掘进较大断面巷道、硐室或者炮孔深度大于4~5m的采场，一次崩矿量大的可选用导轨式凿岩机，作业空间允许可选用掘进钻车、采矿钻车。浅孔凿岩设备选择见表5.10。

表5.6 浅孔凿岩机性能

浅孔凿岩机型号	凿岩方向	孔深/m	孔径/mm	机重/kg	备注
YT-30（01-30）	水平及倾斜	最大4	最大42	28	气腿
YT-25	水平及倾斜	2~5	34~38	23	气腿
YT-30	水平及倾斜	2~5	34~38	27	气腿
YTP-26	水平及倾斜	2~5	34~38	26	气腿
YSP-45	上向孔（60°~90°）	2~5	36~48	40左右	伸缩式

表5.7 气腿式凿岩机主要技术性能

凿岩机型号	技术特征					
	机重/kg	冲击功/J	冲击频率 /min^{-1}	扭矩/N·m	工作气压 /MPa	耗气量 /$m^3·min^{-1}$
YT-23	24	60	2100	1500	0.5	3.2
YT-24	24	60	1800	1300	0.5	2.8
YT-26	29	45	1600	1500	0.5	3.5
YT-27	26	65	2200~2450	1800	0.5	3.3
YT-28	26	65	2100	1800	0.5	3.3
YTP-26	26.5	60	2600	1800	0.4~0.6	3.0
YTP-2CG	26.5	60	2600	1800	0.5	3.0
YT-25DY	24.5	60~75	2100	1900~2200	0.5~0.6	3.0~4.5
YSP-45	44	70	2700	1800	0.5	5.0

表5.8 常用气动凿岩设备钻孔深度

凿岩机型号	最大凿岩深度/m	有效凿岩深度/m	备注
YT-26	5	<3	
YT-23（7655）	5	<3	
YSP-44	5	<3	上向孔
YSP-45	4	<3	上向孔

表5.9 凿岩机台班效率指标　　　　　　　　　　　m/（台·班）

凿岩机型号	矿石坚固性系数f		
	6~10	12~14	16~20
7655，YT-24，YTP-26	40~60	35~50	25~35
YSP-45，YT-27，YT-28	50~70	40~60	30~40
YGP-42，YGZ-50	50~80	50~70	35~50

表5.10 典型采矿方法浅孔凿岩设备选择

采矿方法	凿岩设备	
	目前使用设备	设计推荐用设备
全面法	7655、YT-24、YTP-26、YT-25	7655、YT-24、YTP-26
房柱法	7655、YT-24、YTP-26、YT-25、YT-30	YT-27、YT-28、YTP-26
浅孔留矿法	7655、YT-24、YTP-26、YSP-45、01-45	YT-27、YT-28、YTP-26、YSP-45
壁式崩落法	7655	7655、YT-24、YTP-26
干式充填法	7655	7655、YT-24、YTP-26
水力充填法	7655、YT-24、YTP-26、YSP-45、YG-40、YT-25	YT-27、YT-28、YTP-26、YGP-42、YGZ-70
胶结充填法	7655、YT-24、YTP-26、YSP-45、YG-40、YT-30	YT-27、YT-28、YTP-26、YGP-45、YGZ-70

注：YGP-42、YGZ-70凿岩机可配用CTC-300A、CTC-14、CTC-14D、CTC-10.2钻车。

5.1.2.3 浅孔凿岩设备计算

A 气动凿岩机选择计算

生产矿山凿岩机作业时间一般为 2~4h，纯作业时间短，各矿山凿岩机效率指标差别较大，主要受采矿回采工艺及综合生产能力影响。一般一个采场配备 1~2 台凿岩机作业，浅孔凿岩，1~3 班制度。

一个采场内配置凿岩机数量，应按照采场崩矿量及凿岩机台班效率来确定。

凿岩机台班数：

$$n = \frac{A}{qP} \tag{5.2}$$

式中 n——凿岩机台班数；

A——采场每一工作循环内落矿量，t；

q——每米炮孔崩矿量，t/m；

P——凿岩机台班效率，%。

每米炮孔的崩矿量：

$$q = W \cdot a \cdot \eta_\circ \cdot \gamma \cdot \frac{1-K}{1-\gamma_1} \tag{5.3}$$

式中 q——每米炮孔的崩矿量，t/m；

W——炮孔最小抵抗线（排距），m；

a——孔间间距，m；

$\eta_\circ$——炮孔利用率，%；

γ——矿石密度，t/m³；

K——矿石损失率，%；

γ_1——矿石贫化率，%。

依据生产矿山的统计数据，浅孔爆破的每米崩矿量一般为 1~2.5t。

凿岩机备用量按作业台数 100% 确定。每台凿岩机配备凿岩工人 1~2 名。

B 浅孔凿岩材料消耗

硬质合金钎头消耗指标见表 5.11。

表 5.11 浅孔凿岩硬质合金钎头进尺及消耗指标

指 标	硬质合金钎头形式	岩石坚固性系数 f			
		<5	6~8	10~12	14~20
每个钎头钻进深度/m	一字形、十字形	30~50	22~30	15~22	3~15
	柱齿形		110~150	65~110	25~65
每钻进 1m 的新钎头消耗/个	一字形、十字形	0.007~0.01	0.01~0.015	0.015~0.022	0.022~0.11
	柱齿形		0.007~0.009	0.009~0.015	0.015~0.04

钎杆消耗量按使用钎杆数目的 20%~25% 计算。

钎杆的单耗，可根据具体矿山生产实际的统计值获得平均消耗量。进行采矿方法设计时，单耗可根据 5.1.3.3 节表 5.24 不同采矿方法统计指标进行选择，或可直接借鉴井巷工程掘进定额中的浅孔费用。

浅孔凿岩实际资料见表 5.12~表 5.14。

表 5.12 浅孔凿岩实际资料

矿山名称	矿石类型	矿石坚固性系数 (f)	采矿方法	钎头直径 /mm	钎头形式	崩矿方式	炮孔深度 /m	凿岩机型号	凿岩机台班效率 t	凿岩机台班效率 m
庞家堡矿一区	磁铁矿	15~20	房柱法	φ38~43	一字、柱齿	平行上山方向	1.8~2.0	7655	50	
	石英大脉型	10~20	浅孔留矿法	φ40	一字	挑顶	1.2~1.5	YSP-45	40~55	
	磁铁矿	14~16	浅孔留矿法	φ40	一字	压顶、挑顶	1.5~1.6	7655	46~58	20~25
	矽化灰岩	12~18	充填法	φ40	一字	挑顶、平行孔	2.4	YG-40	80~90	
金岭铁矿召口区	磁铁矿	12~13	杆柱房柱法	φ38~42	一字	拉底后挑顶	1.8~2.0	7655	85	34
凡口铅锌矿	石灰岩中多金属矿	8~13	分层充填法	φ38~42	一字	挑顶、压顶	1.8~2.2	YT-30、YT-24	64.3	
马甲脑铁矿	磁铁矿	10~12	房柱法	φ40	一字	平行上山方向	1.5	YT-25、7655	40~50	
通化铜矿	热液脉型	8~12	全面法	φ38~40	一字	挑顶、压顶	1.6~2.0	YT-25	40~100	40~50
瑶岭钨矿	石英脉型	7~11	浅孔留矿法	φ38~42	一字	挑顶	1.2~1.6	01-45	40~50	
新冶铜矿	矽卡岩型	8~10	留矿房柱法	φ38~42	一字	挑顶	2.0	YT-25	48.3	
红透山铜矿	热液脉型	8~10	充填法	φ38~42	一字	压顶、挑顶	1.8~3.6	7655、YS-45	83.3	
红透山铜矿	热液脉型	8~10	留矿法	φ38	一字	挑顶	1.2	01-45	60	
青城子铅锌矿	石灰岩中多金属矿	6~8	全面法	φ38~40	一字	挑顶、压顶	1.6~1.8	YT-25	60~80	
银山铅锌矿	热液型	6~10	浅孔留矿法	φ38~40	一字	挑顶	1.2~1.5	YSP-45	60~70	
篆江铁矿	菱赤铁矿	5~10	房柱法	φ40	一字	平行上山方向	1.5	YT-25	24~38	
金河磷矿	磷块岩	8~11	房柱法	φ38~40	一字	压顶、挑顶	1.5~1.8	7655	60~70	
刘冲磷矿	磷块岩	8~10	留矿全面法	φ38~40	一字	挑顶、压顶	1.5~1.8	7655	30	40
黄沙铅锌矿	矽卡岩型	4~10	充填法	φ38	一字	挑顶	1.8	YT-25	150	
王村黏土矿	硬质黏土	3~6	长壁法	φ40	一字			7655	53.71	

表 5.13　凿岩设备台班成本　　　　　　　　　元

项　目	设　备　型　号					
	YT-25	7655	YGP-45	YG-80	YG-90	YQ-100A
折旧费	0.36	0.44	0.92	1.32	1.8	6.0
备件费	2.00	2.15	2.21	2.37	2.83	33.29
油质费	1.5	1.5	1.5	1.5	1.5	1.5
胶管费	3.3	3.3	3.3	4.1	4.1	4.1
钎钢费	0.99	0.98	10	10.32	10.32	8.5
钎头费	1.74	1.74	2.01	3.48	3.48	3.48
压气费	4.60	4.91	7.68	16.36	15.36	23.04
水　费	0.3	0.3	0.3	0.4	0.4	0.6
工　资	8	8	8	16	16	16
总　计	22.79	23.33	27.52	54.85	55.79	96.51

5.1.3　中深孔凿岩

5.1.3.1　凿岩设备

采场中深孔凿岩均采用导轨式凿岩机，采用内回转结构的有 YG-40、YG-80 凿岩机，外回转结构的有 YGZ-70、YGZ-90 型凿岩机。YG-40 凿岩机与 FJZ-25 型钻架配套，YG-80 型凿岩机与 FJYW-24 型台车配套，YGZ-90 型凿岩机与 CTC-14.2 型台车或 TJ-25 型台架配合，台车、台架以压气为动力。YG-80 型凿岩机在孔深 10m 以内时，效率较高。大部分矿山现在采用 YGZ-90 型凿岩机。

表 5.14　二次爆破的凿岩费用

项　目	1984 年	1985 年
材料费/元（%）	10289 (18.4)	22835 (34.2)
备件费/元（%）	2919 (5.2)	1146 (1.7)
钎头费/元（%）	6720 (12.0)	6350 (9.5)
炸药费/元（%）	10548 (36.7)	17247 (25.9)
钎杆费/元（%）	921 (1.6)	1972 (3.0)
人工费/元（%）	14640 (26.1)	17160 (25.7)
总计费用/元（%）	56038 (100)	66710 (100)
凿岩总进尺/m	15250	15629
每米费用/元	3.67	4.27

注：括号内为费用构成的百分率。

凿岩台车多用于无底柱分段崩落法、分段矿房法、分段凿岩阶段矿房法的凿岩进路中。常用中深孔凿岩设备的台班效率如表 5.15 所示。

表 5.15　中深孔凿岩设备台班效率　　　　　　　　m/班

设备类型	凿岩机型号	炮孔直径/mm	矿石坚固性系数 f		
			4~6	8~12	14~20
岩石电钻	YDX-40	52	20~40		
气动凿岩机	YDZ-50	60	30~50	20~30	
	YG-80	65		20~40	15~25
	YGZ-90	65		30~55	20~35
液压凿岩机	YYG-250A	65		50~75	35~60
内燃凿岩机	YN-23，YN-30A	36			

注：1. 效率指标为出勤设备的台班进尺；2. 指标波动范围较大，可根据岩石可钻性难易及钻孔直径大小适当选取；3. 选用其他设备，可参考本表类似设备指标；4. 岩石电钻效率：钻凿垂直平行炮孔时取下限值；钻凿水平扇形炮孔时取较高指标；5. 选用双机凿岩钻车时，按单机钻孔 1.2~1.4 倍计算。

国内常用中深孔凿岩设备的性能参数如表 5.16~表 5.21 所示。

表 5.16　常用中深孔凿岩设备的凿岩深度

序　号	凿岩机型号	最大凿岩深度/m	有效凿岩深度/m	备　注
1	YG-40	15	<12	钻孔 0°~90°
2	YGZ-90	30	<20	
3	YG-80	20	<18	0°~90°
4	BBC-120F	30	<20	钻孔 0°~90°

表 5.17　导轨式凿岩机型号及主要技术性能（一）

技术性能	型　号				
	YGPS-42	YGPS-34	YGP-28	YGP-85	YG-40
机重/kg	41	34	31	38	36
钻孔直径/mm	48	48	38~50	38~62	40~56
钻孔深度/m	6	6	6		15
使用气压/MPa	0.5~0.6	0.5	0.5	0.5~0.6	0.5~0.6
耗水量/L·min⁻¹	7	5	4~5	6.5	5
冲击频率/min⁻¹	2600	2600	2600	2600	1700
风管内径/mm	25	25	25	25	25
水管内径/mm	13	13	18	13	13
钎尾规格/mm×mm	22×108	22×108	22×108	25×159	32×97
外形尺寸 mm×mm×mm	650×190×157	长 665	630×160×154	65×184×157	68×225×180
台车型号	CTC300A	CTC300A	CGJ500.3	CGJ500.3	FJZ25A 钻架
最大高度/mm	2712	2712	1982	1982	
最小高度/mm	2332	2332	1736	1736	
推进长度/mm	1200	1200	2500	2500	1000
备　注	上向采矿	上向采矿	掘进	掘进	采矿、掘进

表 5.18　导轨式凿岩机型号及主要技术性能（二）

技术性能	型　号				
	YGZ-70	YGZ-70A、YGZ-75D（低噪声）	YG-80	YGZ-90	YGZ-170
机重/kg	70	75	69	95	170
钻孔直径/mm	38~55	38~55	50~75	50~80	65~100
钻孔深度/m	8	8	40	30	20
使用气压/MPa	0.5~0.7	0.5~0.7	0.5~0.7	0.5~0.7	0.5~0.7
耗气量/L·min⁻¹	7.5	7.5	8.5	11	15.5
冲击频率/min⁻¹	2300~2700	2300~2700	1750~1800	2000	1800
钎尾规格/mm×mm	25×159	32（29）×97	38×97	38~97	
外形尺寸/mm	800×230×210		900×310×100	876×355×303	
台车型号	CTJ7000-3 或 FJD-6	CTJ-3 或 JD6 钻架	FJYW24	CTC14.2 或 TJ25	CL15
最大高度/mm				3800	
最小高度/mm				2800	
推进长度/mm				1420（补偿 720）	
备　注	掘进或下向孔	采矿、掘进	采矿	采矿	露天采矿，少量生产

表 5.19 液压凿岩机技术性能

技术性能	设 备 型 号				
	YYT-30	YYGJ-145	YYGC-145	YYG-90	YYGJ-180A
机重/kg	29	145	145	94	84
钻孔直径/mm	33～50	45～100	62～125	55～80	42
钻孔深度/m	8			25	15
冲击水压/MPa	0.3～0.5			0.5～0.8	0.5～0.8
耗水量/L·min^{-1}	25	0.65～1.0		30	30
吹洗气压/MPa	0.5～0.7	35	0.4～1.0	0.5～0.7	0.5～0.7
耗气量/L·min^{-1}	300		4800	300	300
进油管内径/mm	16		13	19	19
回油管内径/mm	15	13	19	22	19
风管内径/mm	13	19	20		
水管内径/mm	13			10	10
智能器充气压力/MPa	7.5～8.0	20	11.0	5.5～6.0	5.5
钎尾规格/mm	25×108	11.0		38×12.7	32×12 螺纹
配套设备	液压设施及 FT170 气腿	台车	台车	CSJ-2 台车	CTJY10.2 台车
外形尺寸/mm	648×255×204	985×260×225	1000×260×225		

注：液压凿岩机是我国研制的新型凿岩机具。YYT-30 是轻型凿岩机，在矿山试用效率高，能耗低；YYGC-145 是重型凿岩机，正在试用中。液压凿岩机将逐步取代风动凿岩机。

表 5.20 生产矿山凿岩效率实例

序 号	矿山名称	矿石坚固性系数 f	凿岩设备	炮孔直径/mm	台班效率/m·(台·班)$^{-1}$
1	梅山铁矿	10～15	YGZ-90	58	53
2	桦树沟铁矿	12～16	BBC-120F	57	24.2
3	大庙铁矿	6～13	BBC-120F	57	46.1～62.1
		6～13	YG-80	57	33.5～57.3
4	符山铁矿	8～10	YG-80	57	38.9
5	板石沟铁矿	10～14	YG-80	57	13.0
6	弓长岭铁矿	10～11	YG-80		25.2
7	寿王坟铜矿	10～16	YG-80		27
8	程潮铁矿	4～6	YG-80	80	30.2
9	玉石洼铁矿	7～15	YG-80		36
10	漓渚铁矿	8～12	YG-80、YG-90	57	25～40 平均29
11	雁门硫铁矿	12～14	YG-80	60	25
12	冶山铁矿	10	YG-80	54～57	50
13	金河磷矿	6～8	YG-80	60	33
14	云台山硫铁矿	9～15	YG-80	57	47.95
15	铜坑锡矿	13	YG-80	60	53.44

表 5.21　凿岩设备所需巷道及凿岩硐室规格

凿岩设备型号	巷道及硐室规格	
	宽/m	高/m
YG-40 型凿岩机配 FJZ-25 型支架	2.2 ~ 2.5	2.5
01-38 型凿岩机配雪橇式圆盘支架	2.3	2.5
YGZ-80 型凿岩机配雪橇式圆盘支架	2.3	2.5
YQ-100A 型凿岩机（钻水平及向下孔）	3.5	2.5 ~ 3.2
YSP-45	2.2	2.2
YG-80 型凿岩机配台架	2.8	2.8
YG-80 型凿岩机配台架	3.0	3.0
YQ-100	3.2（上向孔）	3.2（上向孔）
	3.2 ~ 3.5（水平孔）	2.5（水平孔）
TJ-25 钻架（作业范围 360°环形）	2.5 ~ 3.0	2.5 ~ 3.0
FJY-27B（作业范围 360°环形）	2.5 ~ 3.0	2.5 ~ 3.0

5.1.3.2　凿岩设备计算

中深孔落矿采场，凿岩作业超前运搬作业。凿岩作业集中在几个采场或某个分段内进行，凿岩作业采用三班制或二班制。

凿岩机的台班数量：

$$n = \frac{A_s}{qPm} \tag{5.4}$$

式中　n——凿岩机台班数；

　　　A_s——采场每班采矿量，t；

　　　q——每米炮孔崩矿量，t/m；

　　　P——凿岩机台班效率，m；

　　　m——凿岩机年作业率，%。

采场实测合格率 70% ~ 90%，计算每米炮孔崩矿量 q 时，炮孔利用率取 95%，凿岩机年作业率，可以依据设备类型和作业班次选取，见表 5.22。中深孔凿岩设备备用率：凿岩机 50%，钻车 20%，钻架或支柱 50%。

表 5.22　凿岩机年作业率　　　　　　　　　　%

设 备 类 型	三 班 作 业	二 班 作 业
气动钻机	50 ~ 70	70 ~ 80
液压钻机	40 ~ 50	60 ~ 70
潜孔钻机	40 ~ 55	60 ~ 70

5.1.3.3　材料消耗及人员配置

A　钻具消耗

钻具消耗与钻具的材质、结构形式、加工质量及钻凿条件有关。中深孔凿岩钻头消耗指标见表 5.23，钻杆、钎尾、连接套管及冲击器消耗指标见表 5.24。

表 5.23　中深孔凿岩每钻进 1m 的钻头消耗

钻头直径/mm	钻头形式	岩石坚固性系数 f		
		6 ~ 8	10 ~ 12	14 ~ 20
65	一字形或十字形	0.004 ~ 0.01		
	柱齿形		0.01 ~ 0.02	0.02 ~ 0.05
105	三翼超前刃	0.01 ~ 0.015		
	柱齿形		0.01 ~ 0.015	0.015 ~ 0.04

表 5.24　每米钻孔的钻具消耗

设备类型	钻杆/根	钎尾/根	连接套管/个	冲击器/个
气动导轨式凿岩机	0.017 ~ 0.03	0.007 ~ 0.01	0.017 ~ 0.025	
液压凿岩机	0.014 ~ 0.025	0.008 ~ 0.01	0.013 ~ 0.017	
低压潜孔钻机	0.008 ~ 0.013			0.0008 ~ 0.0013
高压潜孔钻机	0.001			0.0008 ~ 0.001

B　人员配置

双机凿岩钻车配凿岩工 2 ~ 3 人。单机凿岩钻车配凿岩工 1 ~ 2 人。

5.1.4　深孔凿岩

深孔凿岩是在岩石中钻凿深度 12 ~ 15m 以上直径不小于 80mm 的炮孔。深孔凿岩因凿岩方法不同，采用的钻机有潜孔钻机、牙轮钻机。金属矿山地下开采常用潜孔钻机。采用深孔凿岩可改善作业环境和安全条件，能降低材料消耗和提高生产效率。

地下矿山采用潜孔钻机，因受作业空间与井下运输条件限制，要求钻机结构紧凑、体积小、拆装方便和工作可靠。当前采用的潜孔钻机直径为 100mm，机重约 200kg，常用机型为 QZJ-100、QZJ-80。

常用凿岩设备型号及技术指标见表 5.25 ~ 表 5.27。

表 5.25　常用潜孔钻机的型号

序号	凿岩机型号	最大凿岩深度/m	有效凿岩深度/m
1	YQ-100A	40	< 30
2	KQG-165	50	< 30

表 5.26　潜孔钻机效率　　　　　　　　　　　　　　m/(台·班)

岩石坚固性系数 f	钻头直径/mm			
	80	150	170	200
4 ~ 8	25 ~ 30	30 ~ 35	30 ~ 40	30 ~ 40
8 ~ 12	20 ~ 25	25 ~ 30	25 ~ 30	25 ~ 30
12 ~ 16				20 ~ 25

表 5.27　潜孔钻机生产能力

钻机型号	冲击器型号	钻头直径/mm	岩石坚固性系数 f	钻孔速度/$m \cdot h^{-1}$	台班效率/m
CIQ-80	J-100	110	6 ~ 8	8 ~ 12	40 ~ 60
			10 ~ 12	5 ~ 7	30 ~ 40
	QC-100	110	12 ~ 14	3 ~ 4	20 ~ 30
			16 ~ 18	2 ~ 3	12 ~ 16
SQ-100J	JG-100	105	12 ~ 16	9 ~ 15.4	约 52
YQ-150A	J-150	155	6 ~ 8	10 ~ 15	60 ~ 70
	QC-150B	165	10 ~ 12	6 ~ 8	35 ~ 45
	J-170	175	12 ~ 14	4 ~ 5	25 ~ 35
	J-170B	175	10 ~ 16	约 6.5	
	W-170		16 ~ 18	2.5 ~ 3.5	18 ~ 22
	QCW-150	150	8 ~ 16	6.7 ~ 20	
KQC-165	CGWZ-165	165	14 ~ 16	10.7	
KQ-200	J-200	210	6 ~ 8	12 ~ 18	70 ~ 80
			10 ~ 12	7 ~ 9	40 ~ 50
	W-200	210	12 ~ 14	4.5 ~ 6	30 ~ 40
	J-200B	210		6.5 ~ 7.5	
KQ-250	QC-250	250	16 ~ 18	3 ~ 4	20 ~ 25

5.1.5　凿岩设备计算

（1）凿岩台班数。

$$Z = \frac{A}{B} \tag{5.5}$$

式中　Z——每循环需要的台班数目，台·班；

　　　　A——每循环凿岩工作量，根据回采工艺的详细设计，进行计算，m；

　　　　B——凿岩设备的台班效率，参考表 5.27 进行选取，m/（台·班）。

（2）凿岩时间。

$$t = \frac{Z}{n} \tag{5.6}$$

式中　t——凿岩设备的凿岩时间，班；

　　　　n——每循环需要的凿岩机台数。根据工作面大小、采场产能、采矿施工队的编组确定，台。

（3）凿岩工的劳动生产率。

$$\eta = \frac{Q}{Z N_2} \tag{5.7}$$

式中　η——凿岩工劳动生产率，t/（工·班）；

　　　　Q——每循环落下的采出矿石量，t；

N_2——每台凿岩机需要配置的工人数目；浅孔凿岩机每台配 1~2 名凿岩工，两台配 3 名凿岩工；中深孔、潜孔凿岩机每台配 2~3 人；高压浅孔钻机每台配 5 人。

5.2 爆 破

5.2.1 爆破器材

5.2.1.1 常用炸药

A 无水条件

无水条件下爆破常用铵油炸药，这种炸药原料来源广、成本低、加工容易、安全性好，是金属矿山应用最广泛的炸药，包括粉状铵油炸药、多孔粒状铵油炸药、改性铵油炸药三种类型。见表 5.28~表 5.30。铵油炸药是一种感度和威力均较低的炸药，少数铵油炸药可以用 8 号雷管起爆，多数需要由起爆药包起爆。细粉状铵油炸药的最优装药密度为 $0.95~1.0 g/cm^3$，粒状铵油炸药的装药密度则为 $0.9~0.95 g/cm^3$。常规产品规格：（1）$\phi 32mm/150g$、$\phi 35mm/200g$；（2）产品包装：每箱净重 24kg；（3）可根据用户需要生产其他规格的药卷产品及散装产品。

表 5.28 粉状铵油炸药组成及性能指标

项 目		1 号铵油炸药	2 号铵油炸药	3 号铵油炸药
成分/%	硝酸铵	92 ± 1.5	92 ± 1.5	92 ± 1.5
	柴油	4 ± 1	1.8 ± 0.5	5.5 ± 1.5
	木粉	4 ± 0.5	6.2 ± 1	
性能指标	药卷密度/g·cm^{-3}	0.9 ~ 1.0	0.8 ~ 0.9	0.9 ~ 1.0
	水分含量/%	0.25	0.80	0.80
	爆速/m·s^{-1}	3300	3800	3800
	做功能力/mL	300	250	250
	猛度/mm	12	18	18
售价/元·t^{-1}		4920	4320	4000

表 5.29 多孔粒状铵油炸药性能指标

项 目		性 能 指 标	
		包 装 产 品	混 装 产 品
水分/%		≤0.3	
爆速/m·s^{-1}		≥2800	≥2800
猛度/mm		≥15	≥15
做功能力/mL		≥278	
使用有效期/d		≥60	30
炸药有效期内	爆速/m·s^{-1}	≥2500	≥2500
	水分/%	≤0.5	
售价/元·t^{-1}		4140	4800

表 5.30　改性铵油炸药性能指标

炸药名称	有效期/d	殉爆距离/cm		药卷密度/g·cm⁻³	猛度/mm	爆速/m·s⁻¹	做功能力/mL	可燃气安全度（以半数引火量计）/g	炸药爆炸后有毒气体的含量/L·kg⁻¹	抗爆燃性	售价/元·t⁻¹
		浸水前	浸水后								
岩石型改性铵油炸药	180	≥3		0.90~1.10	≥12.0	≥3.2×10³	≥298		≤100		5440
抗水岩石型改性铵油炸药	180	≥3	≥2	0.90~1.10	≥12.0	≥3.2×10³	≥298		≤100		

B　有水条件

（1）乳化炸药是一种密度可调的炸药，增强了适用范围。它的猛度、爆速和感度均较高，可以用 8 号工业雷管起爆，具有良好的抗水性能（比浆状炸药和水胶炸药更强），适用于各种条件下爆破。缺点是威力较低。乳化炸药性能指标见表 5.31。

表 5.31　国际规定的乳化炸药主要性能指标

项目		药卷密度/g·cm⁻³	炸药密度/g·cm⁻³	爆速（不小于）/m·s⁻¹	猛度（不小于）/mm	殉爆距离（不小于）/cm	摩擦感度/%	撞击感度/%	热感度	炸药爆炸后有毒气体的含量/L·kg⁻¹	保质期/d	售价/元·kg⁻¹
乳化炸药	1号	0.95~1.30	1.00~1.30	4.5×10³	16.0	4	爆炸概率≤8	爆炸概率≤8	不燃烧、不爆炸	≤60	180	12~18
	2号			3.5×10³	12.0	3						

常规产品规格：φ25mm/100g，φ32mm/150g，φ35mm/200g，φ32mm/150g，φ70mm/2000g，φ130mm/6000g。根据用户需要可生产 φ50~150mm，1~9kg 药卷及 20~40kg 的散装药包。

（2）水胶炸药是一种密度和爆炸性能均可调节的高威力防水炸药，感度较高，可以用 8 号工业雷管起爆，理化性能较好，使用安全，可用于各种爆破条件下，但制造成本较高，爆后生成的有害气体量多。它可用于井下小直径（35mm）炮眼爆破，尤其适于井下有水而且坚硬岩石中的深孔爆破。

水胶炸药性能见表 5.32。

表 5.32　水胶炸药性能参数

项目	爆速/m·s⁻¹	猛度/mm	做功能力/mL	有毒有害气体含量/L·kg⁻¹	撞击感度/%	摩擦感度/%	热感度	保质期/d
1号岩石水胶炸药	≥4.2×10³	≥16	≥320	≤80	爆炸概率≤8	爆炸概率≤8	不燃烧、不爆炸	270
2号岩石水胶炸药	≥3.2×10³	≥12	≥260					

药卷规格一般为 φ32mm/150g 或 φ35mm/200g。

5.2.1.2 起爆器材

A 导爆管

导爆管传递的是爆炸冲能。导爆管可以被任何产生冲击波的起爆器材起爆。导爆管有一定的机械强度，用火点燃导爆管不会发生爆炸，在水中不会影响导爆管的传爆性能。

起爆方法：导爆管可以用激发枪、激发笔、雷管、导爆索或炸药来激发。

售价：非电毫秒雷管（导爆管长 3 ~ 7m），各地区售价有差异，约 8.00 元/个。

B 导爆索

导爆索可以直接起爆炸药、雷管和导爆管，具有一定的抗水性能。雷管和导爆索、导爆索和导爆索直接的连接只要绑扎在一起即可。

起爆方法：起爆导爆索可以用火雷管、电雷管或导爆管雷管引爆。

售价：爆速 6000 ~ 7000m/s，各地区间售价有差异，约 1.10 元/m。

5.2.1.3 装药设备

浅孔装药通常都用人工装药的方式，中深孔装药有人工和机械装药两种方式。

A 散装炸药

散装炸药是用机械装药器装药。国产装药器有：FZY-100、BQF-50、BQF-100（Ⅰ、Ⅱ）型装药器，装药效率 500 ~ 600kg/h；ANDL-150 型装药器，装药效率 500kg/h。

装药器技术性能见表 5.33、表 5.34。

表 5.33 国产装药器技术性能

项 目	有搅拌装置		无搅拌装置	
	BQF-100	BQ-100	AYZ-150	BQ-200
药筒装药量/kg	100	100	115	200
药筒容积/L	150	130	150	300
工作风压/MPa	0.2 ~ 0.4	0.25 ~ 0.45	0.25 ~ 0.45	0.3 ~ 0.8
输药管内径/mm	25/32	25/32	25/32	25/32
装药效率/kg·h^{-1}	600	600	500	800
质量/kg	85	65	125	179
外形尺寸/mm	980/760/1265	676/676/1360	1275/1160/1540	2100/1050/1790
移动方式	手抬式	手抬式	手推胶轮式	手推胶轮式

表 5.34 瑞阿特拉斯公司产胺油炸药装药器技术性能

项 目	容量/L	装药速度/kg·min^{-1}	装药方向	装药密度/kg·L^{-1}
PORTANOL 手提式	30 ~ 50	5 ~ 7	0 ~ 360°	0.95
ANOL150	150	30 ~ 75	上向 < 30°	0.9
ANOL750	750	30 ~ 80	上向 < 30°	0.9
JET ANOL100	100	15 ~ 20	0 ~ 360°	1.0
JET ANOL500	500	20 ~ 30	0 ~ 360°	1.0

BQF-100 装药器采用风力输送，具有装药速度快，装填密度大，装药效率高，爆破效果好，使用携带方便等特点，可节省人力，提高装药效率，改善爆破质量，降低开采成本，减轻劳动强度，保障作业安全的特点，但通常有返粉、静电等缺点。

（1）BQF-100 装药器的工作原理。BQF-100 装药器在装满药的罐一侧施加压缩空气，另一侧通过输送药管伸入炮孔中，调整压气阀，炸药经输药管进入炮孔中。

（2）BQF-100 装药器技术参数。装药量 100kg；药桶容积 150L；输药软管内径 25/32mm；自重 85kg；外形尺寸 980mm × 760mm×1265mm；工作气压 0.2～0.45MPa。BQF-100 装药器适合在 15～30m 深的孔中装药。见图 5.1。

图 5.1　BQF-100 型装药器

B　药卷

药卷需要人工进行装填。人工装药采用组合炮棍，每截炮棍长度约为 1～1.5m。装药时应先用组合炮棍插入孔底一次，看其能否顺利插入，随后按药卷编号（避免装错药量）依次送入孔底并根据设计要求设置起爆药包，装药完毕再装炮泥等，雷管段数标签应留在孔口外。人工装药对于装 10m 以下的炮孔还勉强，装更深的孔则效率低下。人工装药不仅工效低、劳动强度大而且装药密度低，影响爆破效果，应尽量采用机械装药。

5.2.2　掘进爆破

井巷掘进爆破包括平巷、天井、进路回采爆破，其共同特点是在单自由面条件下，受掘进断面制约，每次爆破进尺一般只有 1～3m。

5.2.2.1　炮孔布置

掘进工作面的炮孔分为掏槽孔、辅助孔和周边孔等。平巷、斜井工作面上的周边孔又分为顶孔、底孔及帮孔（见图 5.2）。

掏槽孔的作用是首先在工作面上将一部分岩石爆破破碎并抛出，形成一个槽形空穴，为辅助孔爆破创造第二个自由面，以提高爆破效率。掏槽孔较其他孔超深 10%～15%。辅助孔位于掏槽孔外圈，其作

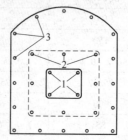
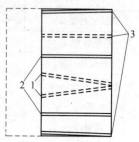

图 5.2　井巷掘进断面炮孔布置
1—掏槽孔；2—辅助孔；3—周边孔

用是崩落大量岩石和刷大断面，还可提高周边孔所需的自由面，最大限度地爆破岩石。周边孔的作用是控制巷道断面形状和方向，使井巷断面尺寸、形状和方向符合要求。

掏槽方式具有以下方式：

（1）楔形掏槽。这种掏槽具有两排以上相对的炮孔，爆破形成楔形空间，多用于中硬以上均质岩石、断面尺寸大于 4m² 的巷道掘进中。每对炮孔孔底距离取为 10～20cm，孔口距离则与孔深和倾角大小有关，炮孔倾角（与工作面交角）取 60°～75°。根据岩石的层理或节理方向，又可分为水平楔形和垂直楔形。

（2）桶形掏槽。桶形掏槽又称为柱形掏槽，是在中硬以上岩石中应用最广的垂直掏槽形式之一。其掏槽腔体积和宽度较大，利于辅助孔的爆破。空孔直径可大于或等于装药炮孔的直径，采用大直径空孔时能够形成较大的人工自由面和补偿空间。见图5.3、图5.4。

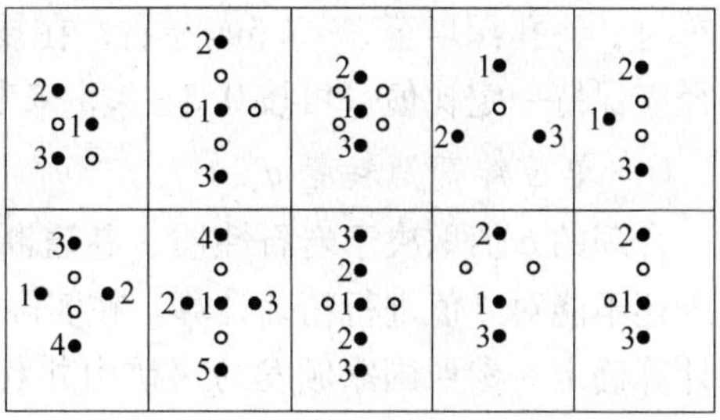

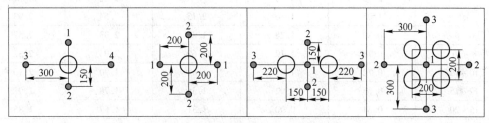

图5.3 小直径桶形掏槽
1～4—起爆顺序

各垂直掏槽形式，不以工作面而以空孔作为主要自由面，因而，最小抵抗线是装药孔到空孔距离。各掏槽孔间相互平行的方式，有利于均匀破岩和获得良好爆破进尺。

图5.4 大直径空孔桶形掏槽
1～4—起爆顺序

5.2.2.2 起爆顺序

掘进炮孔必须有合理的起爆顺序，通常是掏槽孔→辅助孔→周边孔。每类炮孔还可再分组按顺序起爆。

掏槽孔间的起爆顺序，因掏槽形式不同而有别。桶形掏槽的装药孔可采用瞬发雷管同时起爆，或用多段延期雷管起爆。

辅助孔本身亦应分段起爆。首先，与掏槽孔相邻的辅助孔先起爆，然后再依次使其他辅助孔起爆。就顺序而言，接下来的是周边孔的起爆（平巷、斜井掘进时，先起爆腰孔，即帮孔中部的孔，然后是顶孔，最后为底孔）。

使用毫秒非电塑料导爆管起爆系统控制起爆顺序，可使破碎块度均匀，爆破效率提高10%以上，拒爆事故大为减少，有利于推广光面爆破。

5.2.2.3 爆破参数

井巷掘进爆破参数包括：炮孔直径、单位炸药消耗量、孔距、孔深、炮孔数目、装药量以及填塞长度等。

A 炮孔直径

大断面井巷（大于6m²）可采用38～45mm的药卷；小断面（小于4m²）且岩石坚硬时，应使用高威力炸药和小直径药卷（25～32mm）爆破。通常的炮孔直径比装入的药卷直径大5～10mm。采用压气装药时炮孔体积可获得充分利用。

B 炮孔深度

在目前的掘进技术和设备条件下，孔深以1.5～2.5m最多。随着新型、高效凿岩机和先进的装运设备的应用以及爆破器材质量的提高，在中等断面以上的巷道掘进中使用凿岩台车时，将孔深增至 $3 \sim 3.5$ m 左右，在技术和经济上是合理的。竖井掘进时，孔深与井筒直径应保持一定比值，可按 $0.3 \sim 0.5$ 来考虑。

    C   单位炸药消耗量 q

    合理的 q 值取决于岩石性质、巷道断面、炮孔直径和深度等因素。由于影响因素多，迄今还不能对 q 值进行精确计算。在实际工作中，选定 q 值可按国家定额标准或用经验公式计算确定。参照国家颁发的《矿山井巷工程预算定额》选取（参见表 5.35 和表 5.36），并参照条件相类似的实际指标加以修正。

表 5.35   平巷掘进的单位炸药消耗额   kg/m³

掘进断面/m²	岩石坚固系数 f				
	$2 \sim 3$	$4 \sim 6$	$8 \sim 10$	$12 \sim 14$	$15 \sim 20$
<6	1.05	1.50	2.15	2.64	2.93
$6 \sim 8$	0.89	1.28	1.89	2.33	2.59
$8 \sim 10$	0.78	1.12	1.69	2.04	2.32
$10 \sim 12$	0.72	1.01	1.51	1.90	2.10
$12 \sim 15$	0.66	0.92	1.36	1.78	1.97
$15 \sim 20$	0.64	0.90	1.31	1.67	1.85
>20	0.60	0.86	1.26	1.62	1.80

表 5.36   竖井掘进的单位炸药消耗额   kg/m³

井形	掘进断面/m²	岩石坚固系数 f				
		$2 \sim 3$	$4 \sim 6$	$8 \sim 10$	$12 \sim 14$	$15 \sim 20$
圆形	<16	0.71	1.26	2.10	2.62	2.79
	$16 \sim 24$	0.60	1.13	1.82	2.22	2.31
	$24 \sim 34$	0.50	0.99	1.62	2.01	2.25
	>34	0.42	0.87	1.41	1.78	1.95
矩形	<7	1.00	1.61	2.07	2.82	3.34
	$7 \sim 12$	0.87	1.50	2.14	2.56	2.98
	$12 \sim 16$	0.78	1.38	2.00	2.40	2.80
	>16	0.74	1.29	1.87	2.32	2.62

常用的经验公式如下

$$q = \frac{Kf^{0.75}}{\sqrt[3]{S_x} \sqrt{d_x^{e_x}}} \tag{5.8}$$

式中 q——单位炸药消耗量，kg/m³；

      K——常数，对平巷取 $0.25 \sim 0.35$；

      f——岩石坚固性系数；

      S_x——断面影响系数，$S_x = S/5$（S 为巷道掘进断面面积，m²）；

      d_x——药卷直径影响系数，$d_x = \dfrac{d}{32}$（d 为所用药卷直径，cm）；

      e_x——炸药爆力影响系数，$e_x = \dfrac{320}{e}$（e 为所用炸药的爆力，cm³）。

　　每次爆破或每一次循环所需装药量，是在确定出单位炸药消耗量后，根据预定的每一掘进循环爆破的岩石体积，按下式计算出的每一循环所需的总装药量 Q。

$$Q = qV = qSL\eta \tag{5.9}$$

式中　V——每一循环预定爆破岩石体积，m^3；

　　　　S——巷道掘进断面，m^2；

　　　　L——工作面炮孔的平均深度，m；

　　　　η——炮眼利用率，$\eta = 0.8 \sim 0.95$。

　　竖井掘进每循环实际炸药消耗量为 Q：

$$Q = q_1 n_1 + q_2 n_2 + q_3 n_3 \tag{5.10}$$

式中　　n_1，n_2，n_3——分别为掏槽孔、辅助孔及周边孔的数目；

　　　　q_1，q_2，q_3——分别为掏槽孔、辅助孔、周边孔每孔装药量，kg。

　　D　炮孔数目

　　炮孔数目的多少直接影响凿岩工作量和爆破效果。孔数过少，大块增多，巷道周壁不平整，甚至出现爆不开的情形。孔数过多，将使凿岩工作量增加。确定炮孔数目的基本原则是在保证爆破效果前提下，尽可能地减少炮孔数目。通常按各炮孔平均分配炸药量原则来计算炮孔数目。设每个炮孔的装药量为 Q_0，则：

$$Q_0 = \frac{aL}{h}G \tag{5.11}$$

式中　Q_0——装药量，kg；

　　　　a——装药系数，掏槽眼取 $0.6 \sim 0.8$，辅助孔和周边孔取 $0.5 \sim 0.65$；

　　　　L——炮孔深，m；

　　　　h——每个药卷长度，m；

　　　　G——每个药卷质量，kg。

　　炮孔数目 N 为

$$N = \frac{Q}{Q_0} \tag{5.12}$$

　　式中符号的意义同前。

　　将式（5.9），式（5.11）代入式（5.12）中，可得

$$N = \frac{qSh}{aG}\eta \tag{5.13}$$

　　N 值不包括掏槽眼中的空孔个数。

　　E　孔距

　　在实际生产中，根据经验确定孔距。辅助孔孔距为 $400 \sim 600mm$；周边孔孔间距一般取 $600 \sim 700mm$，周边孔孔口距巷道轮廓线应保持在 $100 \sim 150mm$ 范围内，而且顶、底及帮孔要向外（向上、向下及向侧面）倾斜5°左右，并使孔底落在轮廓线外约100mm处。对较软的岩石，周边孔孔口距轮廓线可达 $200 \sim 300mm$。这些数据并非一成不变，都要视具体条件做合理的调整。

　　F　填塞长度

　　填塞的目的是为了提高炸药爆炸能量利用率，从而提高井巷掘进爆破效率。为此，除

应选用合适的填塞材料外,还需要一个合理的填塞长度。井巷掘进爆破用的填塞物为1:3配比的黏土与砂子混合物(称为炮泥)。合理的填塞长度应与装药长度或炮眼直径成一定的比例关系。生产中常取填塞长度相当于0.35~0.50倍的装药长度。

G   毫秒爆破时间间隔

通过高速摄影所观察到的结果表明,辅助孔相对于掏槽孔、辅助孔之间、周边孔相对于辅助孔,它们的毫秒爆破间隔时间以取50~100ms为宜(孔深1.2~5.0m,软到中硬岩石),掏槽孔各段之间的毫秒爆破间隔时间应取50ms。对于坚硬岩石,毫秒爆破间隔时间还可取小于上述值。

5.2.2.4   光面爆破

井巷掘进光面爆破是一种能按设计轮廓线爆裂岩石,使巷道周壁或开挖面保持平整,并使围岩不受明显破坏的控制爆破技术。

A   不耦合系数

不耦合系数是指炮孔直径与药包直径之比。光面爆破采用药包直径小于炮孔直径的方法,因而不耦合系数大于1,称这种装药方法为不耦合装药,且因药包与孔壁间存有空隙,故亦称为空隙间隔装药。

实践表明,不耦合系数 K' 的取值应介于1.1~3.0之间,此时可使炮孔壁岩石上受到的冲击压力(或产生的应力)不大于岩石的极限抗压强度,可获得良好的光面爆破效果。通常取 $K' = 2.5$。

在已定光面爆破炮孔直径条件下,选定不耦合系数 K' 值后,即可计算出线装药密度。线装药密度是指单位长度炮孔的装药量,又称装药集中度。线装药密度取值如表5.37所示。

表 5.37   光面爆破的线装药密度   kg/m

岩 性	线装药密度
软 岩	0.07~0.12
中 硬	0.1~0.15
硬 岩	0.15~0.25

B   炮孔孔距

一般的,合理孔距 a 宜按炮孔直径 d_2(mm)来选取。

$$a = (10 \sim 20)d_2 \tag{5.14}$$

在光面爆破实践中多用类比法选取 a 值,具体数值参见表5.38、表5.39。

表 5.38   光面爆破参数

围岩条件	巷道或硐室开挖跨度/m		周边眼爆破参数				
			炮孔直径/mm	炮孔间距/mm	光面层厚度/mm	炮孔邻近系数	线装药密度/kg·m⁻¹
整体稳定性好,中硬到坚硬	拱部	<5	35~45	600~700	500~700	1.0~1.1	0.20~0.30
		>5	35~45	700~800	700~900	0.9~1.0	0.20~0.25
	侧墙		35~45	600~700	600~700	0.9~1.0	0.20~0.25

续表 5.38

围岩条件	巷道或硐室开挖跨度/m		周边眼爆破参数				
			炮孔直径/mm	炮孔间距/mm	光面层厚度/mm	炮孔邻近系数	线装药密度/kg·m⁻¹
整体稳定或欠佳，中硬到坚硬	拱部	<5	35~45	600~700	600~800	0.9~1.0	0.20~0.25
		>5	35~45	700~800	800~1000	0.8~0.9	0.15~0.20
	侧墙		35~45	600~700	700~800	0.8~0.9	0.20~0.25
节理、裂隙很发育，有破碎带，岩石松软	拱部	<5	35~45	400~600	700~900	0.6~0.8	0.12~0.18
		>5	35~45	500~700	800~1000	0.5~0.7	0.12~0.18
	侧墙		35~45	500~700	700~900	0.7~0.8	0.15~0.20

表 5.39　我国一些典型工程光面爆破参数实例

工程名称	地质条件	断面(高×宽)/m×m	周边眼爆破参数				
			孔距/mm	最小抵抗线/mm	密集系数	线装药密度/kg·m⁻¹	孔深/m
卷扬机硐室	钙质千枚岩($f=8~10$)	13.4×(7~9)	600~700	700~800	0.8~0.9	0.2~0.3	1.5~1.8
中央变电硐室	钙质与碳质千枚岩的接触带($f=6~8$)	6.9×(4.7~5.7)	500~600	650~800	0.7~0.8	0.15~0.2	2~2.5
破碎机硐室	硅化安山岩与高岭土化安山岩($f=5~6$)	10.5×13.27	500~700	700~900	0.7~0.9	0.2~0.25	1.8~2
粗破碎的硐室	石英二长岩($f=8~10$)	11.8×14.5	500~600	600~700	0.8~1.0	0.2~0.25	2.0
罐体	中细花岗岩($f=18~20$)	(15~16)×18	600~700	800~900	0.8	0.25~0.30	2~2.5
	花岗岩($f=12$)	22.5×(14~16)	拱500墙650~700	拱500墙650~700	0.85	0.3	3.5~4
卸矿硐室	长石石英岩($f=10$)	21	500~600	700	0.7~0.8	0.12~0.14	1.6~1.8
-125调车场	灰岩节理发育($f=8~10$)	(5.1~8)×3.39	600~700	700~900	0.8~1.0	0.1~0.15	2.5~3

C　炮孔的邻近系数和最小抵抗线

光面爆破炮孔的最小抵抗线是指周边孔至邻近辅助孔的垂直距离，亦称光面层厚度。邻近系数过大，爆后可能在光爆孔间留下岩埂，造成欠挖，达不到岩石爆破效果，反之则可能出现超挖。

实践中邻近系数多取 0.8~1.0，即最小抵抗线大于或等于孔距，即具有"小孔距、大抵抗线"特点，尤其在坚硬岩石中邻近系数皆小于 1。这样，可在反射拉伸波从最小抵抗线方向折回之前造成贯穿裂缝，隔断反射拉伸波向围岩传播的可能，减小围岩破坏。

D　起爆时差

光面爆破实践证明，两相邻光爆炮孔的起爆时差不大于100ms时，可获得良好爆破效果，时差越短，则壁面平整效果越有保证。

E　起爆顺序

光面爆破掘进有两种施工方案，即全断面一次掘进方案和预留光面层方案。前者用多段毫秒电雷管或非电塑料导爆管起爆系统顺序起爆，多用于掘进小断面巷道，后者是分次爆破，采用超前掘进小断面导硐，然后刷大至全断面，多用于掘进大断面巷道或硐室。

全断面一次掘进方案的炮孔起爆顺序为掏槽孔→辅助孔→周边孔（见图5.5）。毫秒爆破间隔时间与井巷掘进爆破参数中的毫秒爆破时间间隔相同。

F　装药结构

光面爆破采用不耦合装药。在实际生产中，根据不同的条件和经验，采用几种不同的装药结构形式，见图5.6，图5.6a为小直径药卷连续反向装药结构，该装药结构形式采用直径25mm小直径药卷，最适用于炮孔直径为40mm，炮孔深度在1.8m以下的浅孔装药。图5.6b为单段空气式装药结构，该装药结构采用普通直径药卷，毫秒雷管起爆，最适用于炮孔深度为1.7~2m的装药形式。图5.6c为单段空气柱式装药，该装药结构采用普通直径药卷，毫秒雷管或秒延期雷管起爆，最适用于炮孔深度为1.7~2m的炮孔装药。图5.6d为空气间隔分节装药，该装药结构最适合采用25mm药卷装药，而对于炮孔深度没有限制，适用性更好，但对于有瓦斯存在的巷道爆破时应选用安全的导爆索引爆。

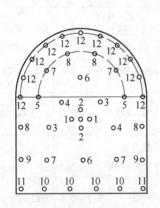

图5.5　全断面一次掘进光面
爆破炮眼起爆顺序
1~12—起爆顺序

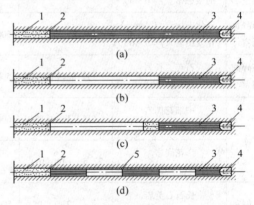

图5.6　光面爆破周边孔装药结构
（a）小直径药卷连续反向装药；（b）单段空气式装药；
（c）单段空气柱式装药；（d）空气间隔分节装药
1—炮泥；2—脚线；3—药卷；4—雷管；5—导爆索

5.2.3　浅孔落矿爆破

采场浅孔爆破主要用于房柱法、全面法、留矿法、分层崩落法、单层崩落法、分层充填法、进路充填法的回采作业中。

5.2.3.1　炮孔布置

浅孔回采爆破按炮孔方向不同，炮孔布置分为上向炮孔和水平炮孔两种，上向炮孔应用较多。

矿石比较稳固时,采用上向炮孔布孔,如图5.7a所示。矿石稳固性较差时,采用水平炮孔,如图5.7b所示。工作面可以是水平单层,也可以是梯段形,梯段长3~5m,高度1.5~3.0m。

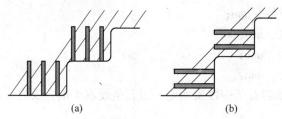

图5.7 炮孔布置图

(a) 上向炮孔;(b) 水平炮孔

爆破工作面以台阶形式向前推进,炮孔在工作面的布置有方形或矩形排列和三角形排列,如图5.8所示。方形或矩形排列一般用于矿石比较坚硬、矿岩不易分离以及采幅较宽的矿体。三角形排列时,炸药在矿体中的分布比较均匀,一般破碎程度较好,而不需要二次破碎,故采用较多。

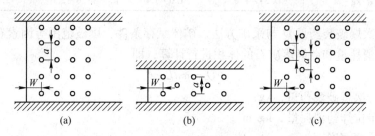

图5.8 浅孔爆破的炮孔布置

(a) 方形排列;(b) 窄幅三角形排列;(c) 宽幅三角形排列

W—最小抵抗线;a—孔距

5.2.3.2 爆破参数

A 炮孔直径

浅孔回采爆破广泛采用32mm药卷,炮孔直径为38~42mm。

一些有色金属矿山炮孔直径为30~40mm,使用25~28mm的小直径药卷进行爆破,在控制采幅宽度和降低贫化损失等方面取得了比较显著的效果。当开采薄矿脉、稀有金属矿脉或贵重金属矿脉时,特别适宜使用小直径炮孔爆破。

B 炮孔深度

炮孔深度与矿体、围岩性质、矿体厚度及边界形状等因素有关。

采用浅孔爆破时,当矿体厚度大于1.5~2.0m,矿岩稳固时,孔深常为2m左右,个别矿山开采厚矿体时孔深达到3~4m;当矿体厚度小于1.5m时,随着矿体厚度不同,孔深变化于1.0~1.5m之间。当矿体较小且不规则、矿岩不稳固时,应选用小值以便控制采幅,降低矿石的损失和贫化。

C 最小抵抗线和炮孔间距

最小抵抗线和炮孔间距按下列经验公式选取:

$$W = (25 \sim 30)d \tag{5.15}$$

或
$$W = (0.35 \sim 0.6)L \tag{5.16}$$

$$a = (1.0 \sim 1.5)W \tag{5.17}$$

式中　W——最小抵抗线，mm；

　　　d——炮孔直径，mm；

　　　a——炮孔间距，mm；

　　　L——炮孔深度，mm。

公式中的系数，依岩石坚固性质而定，岩石坚硬取小值；反之，取大值。

D　炸药单耗

浅孔回采爆破的炸药单耗与矿石性质、炸药性能、孔径、孔深以及采幅宽度等因素有关。一般采幅愈窄，孔深愈大，岩石坚固性系数愈大，则其炸药单耗量愈大。表 5.40 列出了在使用 2 号岩石硝铵炸药时，地下浅孔回采爆破单位炸药消耗量。

表 5.40　地下采矿浅孔爆破崩矿单位炸药消耗量

岩石坚固性系数 f	< 8	8 ~ 10	10 ~ 15	> 15
单位炸药消耗量/kg·m⁻³	0.25 ~ 1.0	1.0 ~ 1.6	1.6 ~ 2.6	2.6 以上 (2.8)

采矿时一次爆破装药量 Q 与采矿方法、矿体赋存条件、爆破范围等因素有关。通常只根据单位炸药消耗量和欲崩落矿石的体积进行计算，即

$$Q = qmlL \tag{5.18}$$

式中　Q——一次爆破装药量，kg；

　　　q——单位炸药消耗量，kg/m³；

　　　m——采幅宽度，m；

　　　l——一次崩矿总长度，m；

　　　L——平均炮孔深度，m。

E　装药结构

浅孔回采爆破常用的装药结构主要有连续装药和间隔装药。

耦合连续装药见图 5.9a。用小型装药器和装药机装药，可使炸药充满炮孔，形成耦合连续装药。

不耦合连续装药见图 5.9b，是沿炮孔用人工方法或用气动药卷装填机逐个将药卷装入炮孔，这样可在药卷与炮孔壁之间形成一环状空气间隙。间隔装药如图 5.9c 所示，是沿炮孔轴向间隔装入药卷，在药卷之间留有空气间隔或惰性材料间隔，形成不连续装药结构，这种装药结构一般在较松软矿石中爆破使用。

F　炮孔堵塞

炮孔装药后余下孔口部分一般都需要堵

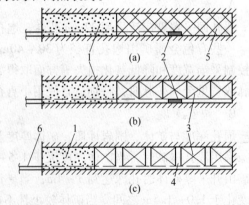

图 5.9　装药结构

（a）耦合连续装药；（b）不耦合连续装药；（c）间隔装药

1—炮泥；2—雷管；3—药卷；

4—药卷间隔；5—散装药；6—导爆索

塞。堵塞长度与抵抗线 W 有关。一般取堵塞长度 L：

$$L = (1.0 \sim 1.2)\ W \tag{5.19}$$

堵塞材料常用砂和黏土以适当的比例糅合制成。

浅孔回采爆破的起爆主要用非电塑料导爆延期雷管起爆，部分矿山仍然使用毫秒延期电雷管起爆。

5.2.4 中深孔落矿爆破

国内矿山通常把钎头直径为 51～75mm 的接杆凿岩炮孔称为中深孔，而把钎头直径为 95～110mm 的潜孔钻机钻凿的炮孔称为深孔。中深孔爆破常用于无底柱分段崩落法、分段矿房法、分段凿岩的阶段矿房法、水平深孔落矿的阶段矿房法、深孔留矿法和矿柱回收。

5.2.4.1 炮孔布置

深孔布置方式有平行布孔和扇形布孔两种。平行布孔是在同一排面内，各孔互相平行，各孔间距在孔的全长均相等，如图 5.10a 所示。扇形布孔是在同一排面内，深孔排列成放射状，孔间距自孔口到孔底逐渐增大，如图 5.10b 所示。

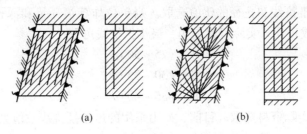

图 5.10 中深孔布置
(a) 平行布孔；(b) 扇形布孔

平行布孔与扇形布孔相比，优点是：（1）炸药分布合理，爆落矿石块度比较均匀；（2）每米深孔崩矿量大。缺点是：（1）凿岩巷道掘进工作量大；（2）每钻凿一个炮孔就需移动一次钻机，辅助时间长；（3）在不规则矿体布置深孔比较困难；（4）作业安全性差。

5.2.4.2 爆破参数

中深孔爆破参数包括孔径、孔深、最小抵抗线、孔间距、邻近系数和单位炸药消耗量。

A 炮孔直径

影响孔径的因素主要是使用的凿岩设备和工具、炸药的威力、岩石特征。采用接杆凿岩时，孔径大小主要取决于连接套直径和必需的装药体积，一般为 50～75 mm，以 55～65mm 较多。采用潜孔凿岩时，因受冲击器的限制，孔径较大，为 90～120mm，以 90～110mm 较多。当矿石节理裂隙发育，炮孔容易变形等情况下，采用大直径深孔则是比较合理的。

B 炮孔深度

选择炮孔深度时主要考虑凿岩机类型、矿体赋存条件、矿岩性质、采矿方法和装药方式等因素。目前，凿岩机 YG-40 的合理孔深为 6～8m，使用 YG-80、YGZ-90 和 BBC-120F

凿岩机时，孔深一般为 10～15m，最大不超过 18m；使用 BA-100 和 YQ-100 潜孔钻机时，一般为 10～20m，最大不超过 25～30m。

C　最小抵抗线

确定最小抵抗线的方法有以下三种：

（1）当平行布孔时，可按下式计算：

$$W = d\sqrt{\frac{7.85\Delta\tau}{mq}} \tag{5.20}$$

式中　W——最小抵抗线，dm；

　　　　d——炮孔直径，dm；

　　　　Δ——装药密度，kg/dm³；

　　　　τ——装药系数，0.7～0.8；

　　　　m——深孔密集系数，又称深孔邻近系数，$m = a/W$，对于平行深孔 $m = 0.8～1.1$；
　　　　　　 对于扇形深孔，孔底 $m = 1.1～1.5$，孔口 $m = 0.4～0.7$；

　　　　q——单位炸药消耗量，kg/m³。

（2）根据最小抵抗线和孔径的比值选取。当单位炸药消耗量和深孔密集系数一定时，最小抵抗线和孔径成正比。实际资料表明，最小抵抗线可取：

坚硬矿石：　　　　　　　　　　$W = (25～30)d$ 　　　　　　　　　　(5.21)

中等坚硬矿石：　　　　　　　　$W = (30～35)d$ 　　　　　　　　　　(5.22)

较软矿石：　　　　　　　　　　$W = (35～40)d$ 　　　　　　　　　　(5.23)

（3）根据矿山实际资料选取。目前，矿山采用的最小抵抗线数值见表 5.41。

D　炮孔间距及密集系数

平行排列深孔的孔间距是指相邻两孔间的轴线距。扇形深孔排列时，孔间距分为孔底距和孔口距。孔底距是指由装药长度较短的深孔孔底至相邻深孔的垂直距离；孔口距是指由填塞较长的深孔装药端至相邻深孔的垂直距离，见图 5.11。

表 5.41　水平扇形深孔的布置方式

d/mm	W/m
50～60	1.2～1.6
60～70	1.5～2.0
70～80	1.8～2.5
90～120	2.5～4

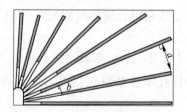

图 5.11　扇形深孔的孔间距

a—孔底距；b—孔口距

在设计和布置扇形深孔排列时，为使炸药在矿石中分布均匀一些，用孔底距 a 来控制孔底深度的密集程度，用孔口距 b 来控制孔口部分的炸药分布，以避免炸药分布过多，爆后造成粉矿过多。关于孔底距 a 的确定，可采用以下公式进行计算，对于扇形孔的孔底距 a 为：

$$a = (1.1～1.5)W \tag{5.24}$$

对于坚硬矿石取较小系数，反之则大，或按下式进行计算：

$$a = mW \tag{5.25}$$

密集系数是孔底距与最小抵抗线的比值，即

$$m = \frac{a}{W} \tag{5.26}$$

式中 m——密集系数；

a——孔底距，m；

W——最小抵抗线，m。

密集系数的选取常根据经验来确定。通常平行孔的密集系数为 0.8 ~ 1.1，以 0.9 ~ 1.1 较多。扇形孔的孔底密集系数为 0.9 ~ 1.5，以 1.0 ~ 1.3 较多；孔口密集系数为 0.4 ~ 0.7。选取密集系数时，当矿石愈坚固，块度愈小，应取较小值；否则，应取较大值。

E 单位炸药消耗量

单位炸药消耗量的大小直接影响岩石的爆破效果，其值大小与岩石的可爆性、炸药性能和最小抵抗线有关。通常，参考表 5.42 选取，也可根据爆破漏斗试验确定。

表 5.42 地下采矿深孔爆破单位炸药消耗量

岩石坚固性系数 f	3 ~ 5	5 ~ 8	8 ~ 12	12 ~ 16	≥16
一次爆破单位岩石炸药消耗量/kg·m^{-3}	0.2 ~ 0.35	0.35 ~ 0.5	0.5 ~ 0.8	0.8 ~ 1.1	1.1 ~ 1.5
二次爆破单位岩石炸药消耗量所占比例/%	10 ~ 15	15 ~ 25	25 ~ 35	35 ~ 45	>45

平行深孔每孔装药量 Q 为：

$$Q = qaWL = qmW^2L \tag{5.27}$$

式中 L——深孔长度，m；

m——密集系数；

a——孔间距，m；

W——最小抵抗线，m；

q——单位炸药消耗量，kg/m^3。

扇形深孔每孔装药量因其孔深、孔距均不相同，通常先求出每排孔的装药量，然后按每排长度和总填塞长度，求出每米孔的装药量，然后分别确定每孔装药量。每排孔装药量为：

$$Q_p = qWS \tag{5.28}$$

式中 Q_p——每排深孔的总装药量，kg；

q——单位炸药消耗量，kg/m^3；

W——最小抵抗线，m；

S——每排深孔的崩矿面积，m^2。

国内冶金、有色金属矿山的一次炸药单耗，一般为 0.25 ~ 0.6kg/m^3；二次炸药单耗为 0.1 ~ 0.3kg/m^3。

5.2.4.3 装药和起爆

A 装药

地下矿山爆破采用 2 号岩石炸药或改性铵油炸药、粒状铵油炸药。

B 堵塞

井下中深孔爆破的堵塞作用与浅孔爆破是一样的，通常采用黏土和砂的混合物，堵塞的长度一般相当于 0.5~0.8 最小抵抗线长度。由于中深孔爆破规模大，堵塞工作量大，因此有采用炮泥加木楔作堵塞材料的。木楔一般采用沿对角剖开的圆木柱。施工时，先堵一段炮泥，然后沿孔斜面挤进而紧紧卡在炮孔壁上后再堵一段炮泥。这种堵塞质量好，施工快，堵塞效果好。

C　联线与导通

装药和堵塞工作完成之后，应按设计要求将导爆索、导爆管等网路连接起来。任何起爆网路的连接，最重要的是保证接头质量，不漏连、不错连，这是保证全部药包按设计准确起爆的关键。

5.2.5　深孔落矿爆破

地下采场使用的中深孔崩矿和深孔崩矿，从爆破本质上讲没有严格区别。但是，深孔爆破在其炮孔布置形式、孔深等方面有其特点。因此，把用潜孔钻机钻凿孔深大于 15m，孔径大于 80mm 的平行深孔、水平扇形深孔等归入深孔爆破。深孔爆破常用于阶段崩落法、分段崩落法、阶段矿房法、深孔留矿法等采矿方法和矿柱回采。

5.2.5.1　炮孔布置

炮孔排列方式有平行排列和水平扇形排列两类。平行排列分为普通的平行排列和密集平行排列。VCR 法的深孔排列属于普通平行排列。普通平行排列常用于矿体形状规则、矿石坚硬并要求矿石块度均匀的场合。

密集平行深孔排列适用于开采急倾斜坚硬厚矿体。深孔直径 100~110mm，垂直或沿矿体倾斜布孔，由上向下钻孔，每组 8~27 个孔，孔间距 230~315mm，孔深可达 40m；最小抵抗线为 5~10m，如图 5.12 所示。

水平扇形深孔排列，其排面近似于水平方向，排列的方式很多，如图 5.13 所示。在选用时应根据矿体的赋存条件、矿岩性质、采场结构和凿岩设备类型来确定。由于这种深

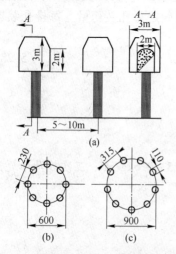

图 5.12　密集平行深孔布置方式

（a）总布置图；（b）直径为 600mm 平面图；
（c）直径为 900mm 平面图

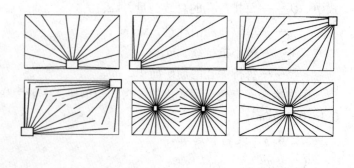

图 5.13　水平扇形深孔布置方式

孔多用潜孔凿岩机，所需要的作业空间大，一般多用凿岩硐室，相邻硐室间要尽量错开布置，避免垂直距离过小而影响其硐室的稳定性。

5.2.5.2　爆破参数

深孔爆破参数与中深孔爆破参数没有本质区别。

A　炮孔直径

炮孔直径一般采用 160~165mm，个别为 110~150mm。钻平行深孔时，钻孔直径常为 100~165mm；钻水平扇形深孔时，多为 90~110mm。

B　炮孔深度

炮孔深度为一个中段的高度，一般为 20~50m，有的达到 70m；钻孔偏差必须控制在 1% 左右。

C　孔网参数

排距一般采用 2~4m；孔距 2~3m。炮孔密集系数 $m = a/W = 0.9~1.5$。

D　最小抵抗线和崩落高度

最小抵抗线即药包最佳埋深，一般为 1.8~2.8m，崩落高度 2.4~4.2m。

E　单药包重量

药包长径比不超过 6，重 20~37kg，一般要求用高密度、高爆速、高爆热的三高炸药。

F　爆破分层

每次爆破分层的高度一般为 3~4m。爆破时为装药方便，提高装药效率可采用单分层或多分层爆破，最后一组爆破高度为一般分层的 2~3 倍，采用自下而上的起爆顺序。如图 5.14 所示。

G　单位炸药消耗量

在中硬矿石条件下，即 $f = 8~12$，单位炸药消耗量一般平均为 0.34~0.5kg/t。

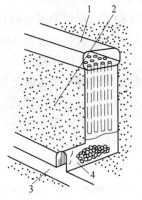

图 5.14　分段爆破示意图
1—顶部凿岩巷道；2—矿体；
3—运输巷道；4—出矿巷道

5.2.6　爆破计算

5.2.6.1　每吨矿石爆破所需的炸药消耗量

可用下式进行计算：

$$q = \frac{E}{Q} + F \tag{5.29}$$

式中　q——每吨矿石爆破所需的炸药消耗量，亦可直接参考表 5.40、表 5.42 选取，kg/t；

E——每循环落矿所需的炸药消耗量，根据回采工艺设计图、炮孔直径、最小抵抗线、孔底距、药包直径、炮孔装药系数、使用炸药的密度等求出，kg；

F——每吨矿石所需的二次爆破炸药量，中孔、深孔落矿可参考表 5.42 选取。

其他爆破材料如雷管、导火线、导爆线等的消耗根据爆破设计算出。

5.2.6.2　运药、装药、连线、爆破及通风时间

这项工序很难用较为准确的量化指标来描述，一般可根据炸药运量、运药距离、运药定额、装填定额等进行估算。

浅孔爆破爆破量不大时可由凿岩工兼职完成此项工作；爆破工作量大时，可安排2~3名专职爆破工与凿岩工一起完成。爆破后的通风时间，应符合安全规程的规定，一般不得少于30min。

中孔、深孔爆破若不便提出运药、装填定额时，可用综合指标估算。根据国内情况按每50~100kg的炸药一名爆破人员进行计算。当爆破炸药量在3000kg以上时，运药、装填、连线、爆破时间可考虑使用1~2个班。通风时间应符合安全规程规定，一般可取一个班，但需经过安全技术部门检查爆破现场空气中的有害成分符合标准后，工作人员才能进入工作面作业。

5.3　运　　搬

5.3.1　电耙

5.3.1.1　电耙适用范围及分类

A　适用范围

（1）耙运距离一般在30~50m；

（2）岩石块度在350~500mm以下；

（3）矿体厚度不大的水平、缓倾斜矿体，特殊需要时，可在5°~50°倾角的底板向下或沿10°~15°倾角向上耙运，要求生产能力不高的采场；

（4）矿岩中等稳固以上为好，否则耙道支护工作量大；

（5）主要用于采场直接耙出矿或将经漏斗流入电耙巷道的矿石耙运到溜井以及巷道掘进时的出渣。

B　分类

电耙按卷筒个数分为单卷筒、双卷筒和三卷筒耙矿绞车。按动力源分为电动和气动电耙绞车，当前矿山主要采用电动电耙绞车。电耙工作时通过耙矿绞车驱动。按照中华人民共和国机械行业标准：《耙矿绞车》（JB/T 7357—2004）规定；耙矿绞车产品型号标识如下：①JPPB②L。①—卷筒个数；J—卷扬机类；P—耙矿绞车；P—电动机与卷筒平行布置（同轴布置不标记）；B—隔爆型（非隔爆型不标记）；②—电动机功率，kW；L—远距离操纵（手动操纵不标记）。示例：电动机与卷筒同轴布置、电动机功率为15kW的隔爆型双卷筒耙矿绞车：2JPB-15耙矿绞车。

5.3.1.2　电耙选型步骤

A　选型原则

耙运距离较长，采场生产能力大，应选用大型绞车，反之应选用小型绞车。一般情况下，在采场内选用的电耙耙运距离为30~40m左右，下坡耙运距离可加大到50~60m。

矿岩块度较大，选用大中型绞车及大容积耙斗，一般耙运矿岩块度不大于350~

650mm；巷道掘进出渣，选用小型绞车和小容积耙斗。

坚硬块状矿石可选用刮板形锄式耙斗，软岩或砂粒状矿岩可选用箱形箱式耙斗。当需要将耙斗拆开才能通过有限断面，如天井等，才可运送到工作面时，应选用可拆卸式耙斗。

耙运距离是影响电耙效率最重要的因素，随着耙运距离的增加，电耙效率急剧降低。图5.15为28kW电耙的耙运距离与电耙效率关系曲线图。

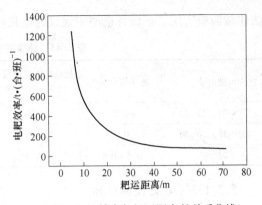

图 5.15 电耙效率与耙运距离的关系曲线

B 选型步骤

a 选型依据

（1）电耙出矿耙运方式：

1）电耙在采场底部结构中耙运矿石：较长时间在一条巷道，如耙矿巷道固定耙运矿石；

2）电耙在采场进路中耙运矿石：如采用分层充填法；

3）电耙在采场内多点不固定耙运矿石：如采用全面法、房柱法等。

（2）耙矿的底部结构形式：

1）漏斗电耙底部结构；

2）堑沟电耙底部结构；

3）平底电耙底部结构。

详见3.2节底部结构。

（3）电耙的生产能力。国产电耙绞车功率一般为 4～100kW，耙斗斗容为 0.1～1.4m^3。选择电耙时可参考下面几种情况：

1）4kW 或 7.5kW 电耙绞车主要用于巷道掘进出渣；

2）14、28、30kW 电耙绞车主要用于采场耙运矿石；

3）30、55kW 电耙绞车主要用于有底部结构巷道耙运矿石；

4）55kW 及以上电耙绞车主要用于强制或自然崩落阶段大量放矿及集中放矿的耙矿巷道耙运矿石。

b 初选

依据确定的电耙出矿耙运方式和电耙耙矿的底部结构形式及要求的电耙生产能力初选电耙。

c 选定电耙

初步选定电耙型号后，要通过电耙计算进行校核，同时，还要进行综合分析后才能选定电耙。综合分析内容包括：绞车功率、耙运距离、耙运方式、耙斗及斗容、耙运巷道或采矿场底板平整程度、倾角、矿岩块度和硬度、照明条件、大块堵塞频率、二次爆破量及等待吹散炮烟的时间、溜井或漏斗下部卸矿耽误的时间、巷道维护及设备检修等因素。

在矿山设计中，一般是参考类似生产矿山实际资料进行选择，即采用类比法，这种方法比较简单实用。在设计选型中建议的电耙设备生产能力见表5.43。

表5.43　建议的电耙设备生产能力

型　号	耙斗容积/m³	耙运的矿岩块段/mm	耙运距离/m	生产能力	
				台班/t	台年/万吨
2PK-14，2JP-15	0.2	<350	<40	30～50	2.0～3.0
2JP-28，2JP-30	0.3	<550	<40	60～80	3.5～5.0
2JP-55	0.5～0.6	<650	<40	80～100	5.0～6.0

5.3.1.3　电耙校核计算

A　电耙生产率计算

耙斗循环一次的时间 t（s）：

$$t = \frac{L}{v_1} + \frac{L}{v_2} + t_0 \tag{5.30}$$

式中　L——平均耙运距离，m；

　　v_1，v_2——首绳、尾绳的绳速（主副卷筒卷扬速度），m/s；

　　　t_0——耙斗往返一次的换向时间，通常取 20～40s。

耙运距离不固定时的加权平均运距 L(m)：

$$L = \frac{L_1 + L_2 + \cdots}{Q_1 + Q_2 + \cdots} \tag{5.31}$$

式中　L_1，L_2，…——各段耙运距离，m；

　　Q_1，Q_2，…——各段耙运矿量，m³。

耙斗每小时循环的次数 n（次/h）：

$$n = \frac{3600}{t} \tag{5.32}$$

电耙的小时生产率 A（m³/h）：

$$A = nVK_q K_\beta \tag{5.33}$$

式中　V——耙斗容积，m³；

　　K_q——耙斗装满系数，一般为 0.6～0.9；

　　K_β——电耙时间利用系数，一般为 0.7～0.8。

电耙出矿时间 t_p（h）：

$$t_p = \frac{QE}{A} \tag{5.34}$$

式中　Q——爆落的原矿体积，m³；

　　E——矿石的松散系数，耙运时一般取 1.5；

　　A——电耙生产率，m³/h。

B　耙矿绞车牵引力

耙矿绞车的牵引力必须大于耙矿总阻力。耙矿总阻力包括：（1）耙斗及耙斗内矿石的移动阻力；（2）为了控制放绳速度，对放绳卷筒做轻微制动产生的阻力；（3）耙斗插入矿堆进行装矿时的阻力；（4）钢丝绳沿耙运面的移动阻力和绕滑轮的转向阻力；（5）某些额外阻力，如耙斗拐弯阻力、耙运面不平产生的阻力等。在一般情况下，(1)、(2) 两种阻力是主要的，其他阻力较小，不必计算，只需将 (1)、(2) 两种阻力之和乘上一个大于 1 的附加系数来代表其他阻力即可。

当耙斗沿倾角为 β 的平面耙运时，耙斗及耙斗内矿石的移动阻力 F_1（N）：

$$F_1 = G_0 g(f_1\cos\beta \pm \sin\beta) + Gg(f_2\cos\beta \pm \sin\beta) \tag{5.35}$$

式中　G_0——耙斗的质量，kg；

　　　G——耙斗内矿石的质量，kg；

　　　g——重力加速度，$g = 9.8\mathrm{m/s^2}$；

　　　f_1——耙斗与耙运面的摩擦系数，通常取 0.5 ~ 0.55；

　　　f_2——矿石与耙运面的摩擦系数，通常取 0.7 ~ 0.75。

式中向上耙时取 "+"，向下耙时取 "−"。

耙斗内矿石的质量 G（kg）：

$$G = VK_q r \tag{5.36}$$

式中　V——耙斗容积，$\mathrm{m^3}$；

　　　K_q——耙斗装满系数，计算牵引力时根据最困难情况考虑，一般将耙斗作为装满处理，即取 $K_q = 1$；

　　　r——松散矿的密度，$\mathrm{kg/m^3}$。

将式 (5.36) 代入式 (5.35)：

$$F_1 = G_0 g(f_1\cos\beta \pm \sin\beta) + VK_q rg(f_2\cos\beta \pm \sin\beta) \tag{5.37}$$

为了避免放绳过快，造成钢丝绳弯垂过度或打结，可对放绳卷筒轻微制动，由此产生的阻力 F_2 在计算时可取 600 ~ 1000N。

其他阻力用附加系数 α 表示，α 通常取 1.3 ~ 1.4。

绞车主卷筒的牵引力 F（N）：

$$F = \alpha(F_1 + F_2) \tag{5.38}$$

绞车电动机所需功率 P（kW）：

$$P = \frac{Fv_1}{1000\eta} \tag{5.39}$$

式中　v_1——首绳速度，m/s；

　　　η——绞车机械效率，一般取 0.8 ~ 0.9。

当沿倾斜底板向下耙运时，因所需牵引力较小，绞车不一定能拖动空耙斗向上运行，因此需要校核耙斗向上空行程时电动机的功率是否满足要求。此时绞车电动机所需功率 P'（kW）：

$$P' = \frac{F'v_2}{1000\eta} \tag{5.40}$$

式中　F'——耙斗向上空行程时，绞车副卷筒的牵引力，N；

　　　v_2——尾绳速度，m/s。

在 P 和 P' 中取较大值选取电动机。

F' 的计算方法与 F 相似，但不包括耙斗内矿石的移动阻力。考虑到耙斗向上运行时会刮动矿石，使阻力增加，附加系数 α 应取为 2。

进行电耙计算时，需要知道主绳和尾绳速度。绞车不同，绳速也不相同，因此计算前需要根据工作条件初选一种绞车，然后进行计算检验。若检验不符合要求，应重选重算，直至符合要求为止。

C 耙斗参数

耙斗是电耙设备中装运矿岩的容器。耙斗的主要参数包括耙斗的形状、结构、重量、耙角、尺寸等，同时要有足够的强度，使耙斗在铲装中能耙满矿岩，耙运中不撒矿。

常用的耙斗形状有箱形和刮板形，见图 5.16。箱形耙斗主要用于耙运细碎、松散和硬度小的矿岩及砂土，刮板形耙斗主要用于耙运爆破后块度较大或有一定硬度的矿岩。

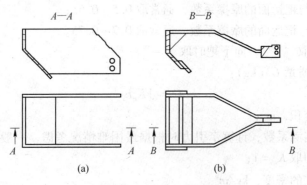

图 5.16 常用的耙斗形状示意图
（a）箱形；（b）刮板形

为了使耙斗能够插入密度大、块度大的矿岩堆中，耙斗的耙板、耙齿应有合理的倾斜角，称为耙角。沿水平耙运时，耙斗的耙角应不小于 45°；沿矿体倾斜向下耙运时，耙角大于 50°耙矿效果会更好。耙斗的耙角多为 50°~60°。

耙斗的耙板或耙齿有固定的和可拆换的。耙运的矿岩块度小又较软时，可只用耙板不加耙齿。

刮板形耙斗有固定式和折叠式。折叠式耙斗的刮板与耙斗骨架是铰接的，这样耙斗在回程时，由于刮板可折叠，耙斗所受阻力较小，运行时耙斗很少翻斗。

耙斗宽度与巷道宽度之比：采用折叠式耙斗时为 0.5~0.8；采用固定式耙斗时为 0.4~0.6，巷道壁平滑时取大值。耙斗宽度至少应为耙斗高度的 2 倍。耙斗长度为宽度的 1.5 倍。

推荐的电耙设备规格见表 5.44。每台电耙配置 2~3 名电耙工负责耙运矿石及二次破碎等工作。

表 5.44 推荐的各类电耙规格

电耙设备型号	耙斗规格			出矿巷道规格	
	宽度/m	高度/m	容积/m³	宽度/m	高度/m
2PK-14 2JP-15	0.65~0.80	0.4~0.5	0.2	1.8~2.0	1.8~2.0
2DPJ-28 2DPJ-30	1.0~1.2	0.535~0.550	0.3	2.0~2.2	2.0~2.2
2DPJ-55	1.5	1.0	0.5~0.6	2.2~2.5	2.2~2.5

耙斗重量为所耙运矿岩重量的 0.3 ~ 0.6 倍，矿岩块度较大时取大值，耙斗容积取决于所耙运矿岩的最大允许块度、要求的电耙生产能力、电耙绞车功率等。

耙斗的耙板或耙齿磨损最为严重，应该用耐磨的锰钢或由表面嵌有硬质合金的碳钢焊成。

D 滑轮和钢丝绳

a 滑轮

滑轮分为主滑轮和辅助滑轮。主滑轮是使钢绳改变移动方向，辅助滑轮是每隔 15 ~ 20m 处安装一个，用以吊起钢绳，以减小巷道底板对钢绳的磨损。常用滑轮直径为 200 ~ 400mm。滑轮直径为钢绳直径的 15 ~ 20 倍。

b 钢丝绳

钢丝绳直径主要取决于电耙绞车功率和耙斗容积及矿岩最大允许块度。钢丝绳直径可参考表 5.45 选取。

表 5.45 电耙与矿石最大允许块度关系

电耙绞车功率/kW	耙斗容积/m³	矿石最大允许块度/mm	钢丝绳直径/mm
8 ~ 10	0.06 ~ 0.15	300	10
15 ~ 20	0.1 ~ 0.24	500	16
25 ~ 30	0.3 ~ 0.4	900	19
40 ~ 50	0.5 ~ 1.0	1000	22
75 ~ 100	1.0 ~ 2.0	1200	28

5.3.1.4 耙矿绞车技术参数

耙矿绞车技术参数见表 5.46、表 5.47。

5.3.1.5 国内实例

国内应用电耙出矿的矿山见表 5.48。国内生产矿山电耙设备生产能力见表 5.49。

5.3.2 铲运机

5.3.2.1 适用范围及使用条件

A 适用范围

(1) 适合规模大、开采强度大的矿山。

(2) 适用矿岩稳固性较好矿山。

(3) 备品配件来源方便，有足够的维护、维修能力的矿山。

(4) 可取代装运机和装岩机，简化了作业工序，能向低位的溜井卸矿，也能向较高的矿车或运输车辆装矿，广泛用于出矿和出渣作业，还可运送辅助原材料。

B 使用条件

(1) 设置斜坡道。设置斜坡道后，无轨自行设备可以从地面自行到井下作业面，又可自行到地面进行检修和维护，出入方便。设置斜坡道是无轨开采必备的条件之一。

表 5.46　JP 系列耙矿绞车技术参数

型号 国家标准	型号 厂标准	平均拉力/kN 工作卷筒	平均拉力/kN 空载卷筒	平均速度/m·s⁻¹ 工作钢绳	平均速度/m·s⁻¹ 空载钢绳	钢绳直径/mm 工作钢绳	钢绳直径/mm 空载钢绳	卷筒 容绳量/m 工作钢绳	卷筒 容绳量/m 空载钢绳	卷筒 直径/mm	卷筒 宽度/mm	电动机 功率/kW	电动机 转速/r·min⁻¹	外形尺寸(长×宽×高)/mm×mm×mm	重量①/kg	耙斗容量/m³
2JP-4	~2DPJ-4	4.0		0.75		7.7		45		160	60	4	1440	890×390×415	313	0.1
2JP-7.5	2DPJ-7.5	8.0	8.0	1.0	1.0	9.3		45		205	80	7.5	1450	1146×538.5×480	400	0.1
3JP-7.5	3DPJ-7.5													1380×538.5×400	520	
2JP-15	2DPJ-15	14.0	11.0	1.1	1.5	12.5	11	80	100	225	125	15	1460	1580×640×610	654	0.25
3JP-15	3DPJ-15													1700×640×610	868	
2JP-22	2DPJ-22	20.0	15.0	1.2	1.6	14	12.5	80	100	250	140	22	1470	1520×730×640	900	0.3
2JP-30	2DPJ-30	23.0	20.0	1.2	1.6	16	14	85	110	280	160	30	1470	1650×820×695	1153	0.4
3JP-30	3DPJ-30													2006×820×695	1510	
2JP-55	2DPJ-55	50.0	33.5	1.2	1.8	18	16	85	105	350	180	55	1480	1975×1010×865	2233	0.6
3JP-55	3DPJ-55													2520×1010×8650	2874	
2JP-75	2DPJ-75J	60.0	45.0	1.32	1.8	20	18	190	210	450	220	75	1480		4600	1.0
2JP-100	2DPJ-100J	80.0	60.0	1.32	1.8	23.5	20	125	190	450	220	100	1480	2392×1515×1200	5050	1.4
2JP-90	2DPJ-90	61.8	45.1	1.3	1.8	23	20	125	190	450	220	90	1480	2392×1515×1200	3415	1.4

① 重量中不包括耙斗、滑轮。

表 5.47 DP (PJP) 系列平行布置耙矿绞车技术参数

型号 老标准	型号 厂标准	平均拉力/kN 工作钢绳	空载钢绳	平均速度/m·s⁻¹ 工作钢绳	空载钢绳	钢绳直径/mm 工作钢绳	空载钢绳	卷筒容绳量/m 工作钢绳	空载钢绳	卷筒直径/mm	卷筒宽度/mm	电动机功率/kW	转速/r·min⁻¹	外形尺寸(长×宽×高)/mm×mm×mm	重量①/kg	耙斗容量/m³
2DP-15	2PJP-15	16.0	11.6	0.88	1.27	12.5	11	80	100	225	125	15	1460	1160×870×700	835	0.3
2DP-30	2PJP-30	28.0	20.0	1.2	1.6	16	14	85	100	280	160	30	1470	1265×1000×850	1400	0.5

注：电压 380 V。
① 重量中不包括耙斗、滑轮。

表 5.48 国内应用电耙出矿的矿山

矿山名称	采矿方法	电耙功率/kW	耙运距离/m	生产能力/t·(台·班)⁻¹
东江铜矿	全面法	14	40~50	11~20
	全面法	28	40~50	23~40
通化铜矿	全面法	14	40~50	65~90
蒙江大罗坝铁矿	房柱法	28或30	40~60	38
锡矿山锑矿	房柱法	14	40~60	50
务川汞矿	房柱法	28	40~60	70
	房柱法	14	30~40	50
因民铜矿	分段法	28	40	88~92
寿王坟铜矿	阶段矿房法	28	40	120~150
华铜铜矿	阶段矿房法	55	30	200~250
白银辉铜矿	分段法	30	40	120
	分段法	28	40	60~90
香花岭锡矿	浅孔留矿法	14	40~50	30~50
大吉山钨矿	深孔留矿法	55	30	90~100
龙烟铁矿	长壁崩落法	14或30	50	42~50
王村铝土矿	长壁崩落法	28	40~50	60~100
中条山胡家峪铜矿	有底柱分段崩落法	28	25~30	91
中条山篦子沟铜矿	有底柱分段崩落法	28	25~30	82
易门铜矿	有底柱分段崩落法	28或30	40	75
锡屏磷矿	有底柱分段崩落法	14	40~50	67
松树山铜矿	有底柱分段崩落法	28	30~60	60~70
桃林铅锌矿	阶段崩落法	28	25~37.5	80
狮子山铜矿	阶段崩落法	28	30~50	80
德兴铜矿	阶段崩落法	28	30	80
黄沙坪铅锌矿	上向水平分层充填法	7	30	30~40
	下向水平分层充填法	14	30	
西石门铁矿	有底柱分段崩落法	30	40	40~60
马甲瑙铁矿	有底柱分段崩落法、房柱法	30	40~50	80

表 5.49　国内生产矿山电耙设备生产能力

矿山名称	采矿方法	电耙型号/kW	耙运距离/m	台班生产能力/t
东江铜矿	全面法	14	40～50	11～20
		28	40～50	23～40
通化铜矿	全面法	14	40～50	65～90
綦江大罗坝铁矿	全面法	28 或 30	40～60	38
矿山锑矿	房柱法	14	40～60	50
		28	40～60	70
务川汞矿	房柱法	14	30～40	50
因民铜矿	分段矿房法	28	40	88～92
寿王坟铜矿	阶段矿房法	28	40	120～150
		55	30	200～250
华铜铜矿	阶段矿房法	30	30	120
白银辉铜山矿	分段矿房法	28	40	60～90
番花岭锡矿	浅孔留矿法	14	40～50	30～50
大吉山钨矿	深孔留矿法	55	30	90～100
龙烟铁矿	长壁崩落法	14 或 30	50	42～50
王村铝土矿	长壁崩落法	14	40～60	60～100
中条山胡家峪铜矿	有底柱分段崩落法	28	25～30	91
中条山篦子沟铜矿	有底柱分段崩落法	28	25～30	82
易门铜矿	有底柱分段崩落法	28 或 30	40	75
锦屏磷矿	有底柱分段崩落法	14	40～50	67
松树山铜矿	有底柱分段崩落法	28	30～60	60～70
桃林铅锌矿	阶段崩落法	28	25～37.5	80
狮子山铜矿	阶段崩落法	28	30～50	80
德兴铜矿	阶段崩落法	28	30	80
黄沙坪铅锌矿	上向水平分层充填法	28 或 30	30～40	80～100
	下向水平分层充填法	7	30	30～40
		14	30	40～60

（2）没有主斜坡道的矿山，需解决铲运机下井问题，下井方法一般有：

1）拆成几个大部件，一般从中央铰接处解体，拆成前车体和后车体两大部分，有的还需将铲斗和轮胎拆下，装在专用平板车上，推到辅助罐笼内下放，在井下重新组装。此法多用于有轨开采局部改为无轨开采的矿山，一般只能下放斗容小于 $2m^3$ 小型的铲运机。

2）用辅助井的罐笼底部或专用提升井，将大部件或整台设备下到工作中段。其缺点是有的井口建筑物要相应临时拆除，利用绞车下放速度慢，下放时难以保持设备不转动。

3）用专用的设备井下放，方法较简便。

5.3.2.2　选型原则

A　运输距离

运距是选择铲运机的主要条件。柴油铲运机经济合理单程运距为 150～200m，电动铲运机为 100~150m。在经济合理的单程运距内，还要结合矿山及采场的生产能力进行设备选型。有条件的选用大型铲运机，产量小、运距较短的选用小型铲运机。

B 柴油铲运机和电动铲运机

柴油铲运机有效运距长、机动灵活、适用范围广，缺点是废气净化效果不理想，比电动铲运机的维修量大。电动铲运机没有废气排放问题，噪声低、发热量少、过载能力大，相对而言，结构简单、维修费用低、操作运营成本低，但灵活性差，转移作业地点较困难，电缆昂贵且易受损，存在漏电危险，用于通风不良、运距不长、不需频繁调换的工作面。

C 出矿（岩）量

巷道掘进每次爆破量有限，一次出渣量少，一般不宜采用大中型设备。采场出矿一般采用大中型设备，辅助作业一般采用中小型设备。

D 作业场地空间

作业场地空间较大时采用大中型设备，狭小时采用小型设备。

E 矿山地理位置气温和海拔

随着温度或海拔增加，发动机的额定功率降低，进而降低了生产率。为了保证地下铲运机的性能，就必须选择与之相适应的地下铲运机或采取相应的措施。

F 经济因素

选择设备型号和规格时还要考虑经济因素，进行经济比较分析后确定。机械设备的装运费用一般规律是大型的比小型的经济，经营成本低一些。

5.3.2.3 选型及设备数量计算

A 选型计算

铲运机的选型通常采用计算或类比方法确定。

（1）根据采矿工艺要求的出矿方式来确定出矿结构，计算铲运机生产能力。

1）铲运机小时生产能力。

①完成一次装运卸循环时间 t。

$$t = t_1 + t_2 + t_3 + t_4 + t_5 \tag{5.41}$$

$$t_5 = \frac{2L}{v} \tag{5.42}$$

式中　t——装运卸一次作业循环时间，s；

　　t_1——装载时间，一般定点装矿取 20~30s，不定点装矿取 60~80s；

　　t_2——卸载时间，卸入矿仓或溜井一般取 10~20s；

　　t_3——掉头时间，因铲运机为前装前卸式，装运卸一次作业循环有两次掉头时间，一般共取 30~40s；

　　t_4——其他影响时间，一般取 20s；

　　t_5——空重车运行时间，s；

　　$2L$——装运卸一次作业循环往返运距，m；

　　v——铲运机运行速度，m/s，与巷道状况（如照明、巷道宽度、路面性质、转弯多少及坡度等）有关，特别是路面性质不同，运行速度可有成倍之差，参考表 5.50 选取。

表 5.50　铲运机运行速度参考数据

路面性质	差（无路面或很差的碎石路面）	较好（较好的碎石路面）	好（混凝土路面）	很好（沥青混凝土路面）
运行速度/km·h^{-1}	<6	6~8	8~12	>12

②小时装运卸作业循环次数。

$$n = \frac{3600}{t} \tag{5.43}$$

式中　n——小时装运卸作业循环次数，次/h。

③小时生产能力。

$$Q_h = KnGr \tag{5.44}$$

式中　Q_h——铲运机小时生产能力，t/h；

　　　K——铲斗装满系数，一般取0.8；

　　　G——铲运机一次装载量为一个铲斗（尖斗）容积，m^3/次；

　　　r——装运物料的松散密度，t/m^3。

根据以上步骤，针对固定型号的3.8m^{3}铲运机，可计算出铲运机装矿的小时运输量曲线。

根据上述计算和下列数据，计算并画出3.8m^{3}铲运机运距、速度和小时运输量关系曲线，见图5.17。

计算数据如下：

装运物料松散密度/kg·m^{-3}　　　　　　　　　　2000
铲斗载重/kg　　　　　　　　　　　　　　　　　6080
装载时间/s　　　　　　　　　　　　定点装矿30，不定点装矿80
卸载时间/s　　　　　　　　　　　　　　　　　20
掉头时间（两次）/s　　　　　　　　　　　　　40
其他时间/s　　　　　　　　　　　　　　　　　20

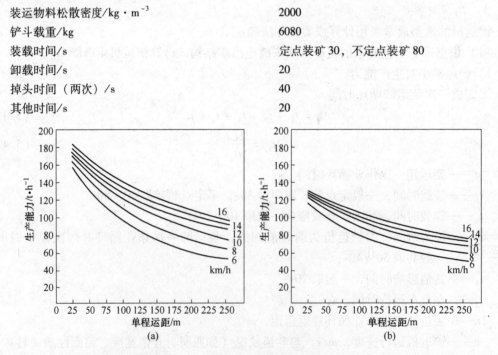

图5.17　3.8m^{3}铲运机装矿小时运输量曲线
（a）定点装矿；（b）非定点装矿

从图 5.17 知，可按不同的运行速度和不同的单程运距查得 3.8m³ 铲运机的小时生产能力。若需求得其他型号铲运机的小时生产能力，需按铲运机斗容校正系数进行校正，见表 5.51。

表 5.51 铲运机斗容校正系数

铲运机型号	ST-1	ST-1$\frac{1}{2}$	ST-2	ST-3	ST-4	ST-5	ST-8	ST-11
铲斗容积/m³	0.765	1.15	1.53	2.30	3.06	3.80	5.60	8.50
校正系数	0.201	0.303	0.403	0.605	0.805	1.00	1.474	2.237

图 5.17 是按照装运物料容量为 2000kg/m³ 制作的。如需求得装运其他物料的小时生产能力，再需按物料密度校正系数进行校正，见表 5.52。

表 5.52 物料密度校正系数

物料松散密度 /t·m⁻³	1.3	1.4	1.5	1.6	1.7	1.8	1.9	2.0	2.1	2.2	2.3	2.4	2.5	2.6	2.7	2.8
校正系数	0.65	0.70	0.75	0.80	0.85	0.90	0.95	1.00	1.05	1.10	1.15	1.20	1.25	1.30	1.35	1.40

2）台班生产能力。

①班有效工作时间。

班内设备完好率按下式计算：

$$q_1 = \frac{T_1 - T_2}{T_1} \tag{5.45}$$

式中 q_1——班内铲运机设备完好率，%；

T_1——铲运机班内可能工作时间，h；

T_2——铲运机班内故障停工时间，h。

铲运机的故障处理时间随设备使用时间增长而增加。据英国采矿杂志编辑部 1974 年对世界各国的函调资料统计，50 多个矿山铲运机设备完好率为 14.4%~95%，平均 73%。国内生产矿山为 30%~76%。

工时利用率用下式计算：

$$q_2 = \frac{T_3}{T} \tag{5.46}$$

式中 q_2——工时利用率，%；

T_3——铲运机班实际开动时间，h；

T——班法定工作时间，h。

铲运机班实际开动时间，还受作业条件（如溜井、通风条件、大块、悬顶、供气、供水、供电等）和生产管理、设备利用程度等因素的影响，故工时利用率既包括了设备完好率，又包括了设备利用率、生产管理和作业条件。国外生产矿山的工时利用率一般为 40%~70%，国内生产矿山一般为 30%~50%。

班有效工作时间按下式计算：

$$T_3 = Tq_2 \tag{5.47}$$

②台班生产能力确定。在求得班有效工作时间后，按下式计算：

$$Q_b = Q_h T_3 \tag{5.48}$$

式中　Q_b——铲运机台班生产能力，t。

③台年生产能力确定。年工作班数一般取 500～600 台·班。台年生产能力可按下式计算：

$$Q_a = mQ_b \tag{5.49}$$

式中　Q_a——铲运机台年生产能力，t；

　　　m——铲运机台年工作班数，台·班。

用上述方法计算铲运机生产能力比较繁琐，且影响因素多而复杂，计算的结果不一定很准确。

（2）类比法。在矿山规划设计中，根据采矿工艺的出矿方式和出矿结构、生产能力，铲运机经济有效运输距离、作业场地和条件、投资和成本费用等因素进行综合分析，对比类似生产矿山实际指标进行选取，采用类比法简单实用。

国内外生产矿山铲运机技术性能指标见表 5.53～表 5.55。

表 5.53　生产矿山铲运机生产能力

矿山名称	采矿方法	铲运机		单程运距/m	工时利用率/%	生产能力			备注
		型号	斗容/m³			台时/t	台班/t	台年/万吨	
梅山铁矿		LK-1	2.0	66～73	50	91～100	388～448	12～13	1982～1983 年生产指标
符山铁矿		LK-1	2.0	80～120	50～60		155～194 平均 170	10.7～12.4	1980～1983 年生产指标
弓长岭铁矿		LK-1	2.0	50	37～50		213～255	11.15	1982 年生产指标
程潮铁矿		WJ-1.5	1.5	110	37～50		180～240	2.84、6.82	1981～1983 年生产指标
尖林山铁矿	无底柱分段崩落法	ZLD-40	2.0	75	31～32		79～255 平均 154	11.47	1982 年生产指标
大厂矿务局铜坑锡矿		LF-4.1	2.0	50～100	10～38	83～137	93～328		1983 年 7～8 月生产指标
末山铜矿		LK-1	2.0	60～70	37		平均 210	11.34	1979 年生产指标
中条山有色金属公司篦子沟铜矿		LK-1	2.0	70			128～615	7.0～11.9	1980～1984 年生产指标
寿王坟铜矿		LK-1 TORO-100DH	2.0 1.3	32～62	42	60～75	200～250	14.5 9.4	1976～1978 年生产指标
金山店铜矿	平底结构的阶段自然崩落法	LK-1	2.0	50			196～200		1983 年,1984 年短时工作指标

矿山名称	采矿方法	铲运机		单程运距/m	工时利用率/%	生产能力			备 注
		型号	斗容/m³			台时/t	台班/t	台年/万吨	
凡口铅锌矿	盘区机械化水平分层充填法	TORO-100DH	1.3		18.7		平均167		4号试验采场指标
		LF-4.1	2.0	45	20~25	117	平均247	8.9	−200m 盘区试验采场指标
		CT-1500	0.83	30~60	38		平均223		采场大量出矿指标
红透山铜矿	上向水平分层充填法	LK-1	2.0	40	39.6	67	137~248	6.0~9.0	1980~1981年生产指标
铜绿山铜矿		WJ-1.5D 电动	1.5	60	25~62.5	91	平均200		1984年试验指标
金厂峪金矿	浅孔留矿法或分层充填法	EHST-1A 电动	0.76	30~50~100	25~38	21	56~105		实测值表

表 5.54 南昌通用机械有限责任公司铲运机技术性能参数

型 号		WJD/WJ-0.4	WJD/WJ-0.75	WJD/WJ-1	WJD/WJ-1.5	WJD/WJ-2	WJD/WJ-3	WJD/WJ-4
铲斗容积（堆装）/m³		0.4	0.75	1	1.5	2	3	4
额定载重量/t		0.8	1.5	2	3	4	6	8
铲取力/kN	WJD型（电动）	16	39	45	52	65	77	110
	WJ型（内燃）	16	36	45	50	65	77	110
牵引力/kN	WJD型（电动）	18	41	50	62	90	115	140
	WJ型（内燃）	18	40	50	70	90	120	140
卸载高度/mm		870	1080	1100	1460	1780	1670	1600
铲斗举升高度/mm		2060	3650	3120	3630	4000	4000	4270
爬坡能力（低速额定载荷）/(°)		12	12	12	12	12	12	12
离地间隙/mm		150	165	190	220	250	280	300
转弯半径 R（外侧）/m		3.5	4.5	4.5	5	6.5	6.5	7
功率/kW	WJD型（电动）	22	37	45	55	75	90	132
	WJ型（内燃）		42	49	63.2	86	102	
机重/t	WJD型（电动）	3.5	6.7	7	10.5	14.5	17.5	24
	WJ型（内燃）		6.3	6.5	9.5	14	17	
外形尺寸/mm	长	4350	5900	5900	7000	7740	8720	9620
	宽	900	1260	1270	1600	1850	2090	2230
	高	2000	1900	1950	2100	2000	2240	2440

表5.55　Altas Copco 铲运机技术性能参数

型　号		ST-2D	ST-2G	ST-3 1/2	ST-600LP	ST-710	ST-1020	ST-7.5	ST-8B	ST-8C	ST-1520	ST-1810	EST-2D	EST-3.5
额定载重量/t		3.6	3.6	6.0	6.0	6.5	10	12.24	13.6	14.5	15	17.5	3.629	6
额定斗容/m³		1.9	1.9	3.1	2.7	3.2	5.0	5.7	6.5	6.9	7.5	8	1.9	3.1
铲取力（液）/kN		88.79	88.79	97.6	93	139.2	146.59		227.1	227.1	250.9	307.3	91.3	97.61
铲取力（机）/kN		58.2	58.2	77.91	86	101.33	311.1		227.1		201	287.8	58.8	78.53
前进后退运动速度/km·h⁻¹	1挡	3.4	4.5	4.7	4.7	4.7	5.1	4.3	4.8	5.5	5.5	4.6		
	2挡	6.9	9.1	9.7	9.6	7.8	8.9	7.4	8.2	8.6	10.7	8.8		
	3挡	11.4	15	18.9	18.4	15	15.3	12.4	13.7	16.1	18.1	14.8		
	4挡	19.5	25.4			23.9	24.5	20	22.3	27	29.2	24.5		
铲斗运动时间/s	提升	3.7	3.7	4.7	4.7	6.1	7.9	8.0	6.8	6.8	7.3		3.7	6.8
	下降	3.0	3.0	5.0	5.0	4.6	7.1	6.0	8.0	8.0	5.0		2.4	4.0
	侧翻	6.4	6.4	3.6	3.6	1.3	2.7	3.0	7.0	7.0	7.3		4.0	4.0
额定功率/kW		63	87	136	136	149	186	213	207	242	298	317	56	74.6
额定转速/r·min⁻¹		2300	2300	2300	2300	2300	2100	2100	2300	2100	2100	2100	1500	1500
发动机或电动机参数	型号	F6L912W	BF4M 1013FC	F8L413 FW	BF6M 1013E	BF6M 101FC	DetroitS-50	Detroit S60	DeutzF12 L413FW	Detroit S60	Detroit S60DDEC	Detroit S60DDEC	VACM OTOR	VACM OTOR
变速箱型号		RT28000	RT28000	RT28000	RT28000	DF150	DF250	5000	5000	5000	DANA40000	DANA40000	13.7MHR	13MHR
变矩器型号		C270	C270	C270	C270	与变速箱集成	与变速箱集成	C8000	C8001	C8002	带变矩器	带变矩器	28000	28000
桥型号		14D	14D	406S	406S	406S	19D	Wagner508	Wagner509	21D4354	53R	Wagner508	15D	Wagner508
转弯半径/mm	内侧	2635	2635	2561	2240	3230	3416	3153	3523	3850	4550	3792	2677	2743
	外侧	4797	4797	5638	5430	5970	6610	6687	7010	7451	8470	7874	4699	5537
外形尺寸/mm	长	6712	7080	8458	7726	8824	9745	10514	10287	10978	11320	11607	6833	8636
	宽	1651	1651	1827	1896	1924	2259	2457	2489	2147	2648	3054	1549	1803
	高	2086	2066	2247	1560	2104	2355	2492	2591	2771	2650	2869	2086	2247
卸载高度/mm		1467	1467	1313	1496	1693	1670	2235	1807	2097	2365	2836	1524	1245
卸载距离/mm		1070	1070	812	645	1518	1920	1895	1854	1849	2070	1477	762	813
举升高度/mm		3782	3782	3172	3923	4345	5060	5520	5080	5206	6000	6583	3609	3886
操作重量/t		11.54	12.736	17.51	17.33	18.2	26.3	35.6	36.75	39.2	41.3	52.345	11.382	17.01

（3）综合分析。铲运机规格型号的选择既要满足生产能力要求，还要满足经济运距，适合巷道断面规格要求，最后通过综合分析确定。矿山可参考铲运机的应用条件进行选取，见表5.56。

表5.56　地下铲运机的应用条件

基　本　参　数	用　　　途	应　用　条　件
斗容1.0~2.5m³ 机宽1.2~2m	掘进掌子面（截面积6~10m²）和回采时搬运矿石；与载重量为5~10t自卸卡车配套	采用充填法、溜矿法、房柱法开采薄矿脉，运输距离小于150m
斗容3~4m³ 机宽2.2~2.5m	掘进掌子面（截面积8~18 m²）和回采时搬运矿石；与载重量为20~25t自卸卡车配套	采用房柱法、分段崩落法、分层充填法、矿房法开采中等厚度矿脉和厚大矿体，运输距离小于250m
斗容5~6m³ 机宽2.5~2.7m	回采时搬运矿石；与载重量为25~45t自卸卡车配套	采用房柱法、连续矿房法、分段崩落法、矿房法开采厚大矿体，运输距离小于400m

在满足这些前提下，尽量选大型号铲运机。有时若只有一台设备可以完成的工作，最好选择两台较小设备，避免了只有一台设备出故障，就停工停产。

（4）铲运机斗容选择。在铲运机大小确定之后，选择合适容量的铲斗也是很重要的问题。选择铲斗的一个原则是使铲斗容量与矿石松散度之乘积接近铲运机的额定载重量为最好。

国外使用铲运机最多的是4m³左右的机型，约占总销售量的30%；1.5~3.0m³机型约占22%；0.75~1.1m³机型约占15%。国内目前使用的主要是4m³以下的机型，使用最多的是0.75~2.0m³铲运机。

B　设备数量计算

工作设备数量：

$$A = Q/Q_a \tag{5.50}$$

式中　A——铲运机工作数量，台；

　　Q——年出矿总量，t/a；

　　Q_a——铲运机生产效率，t/(a·台)。

备用设备数量：

$$B = KA \tag{5.51}$$

式中　B——铲运机备用数量，台；

　　A——铲运机工作数量，台；

　　K——设备备用系数，$K = 0.5~1.0$。

铲运机备用数量与设备出矿工作制度和检修制度有关。当出矿工作制为每天三班时，备用设备数量要大些；当出矿工作制为每天两班时，备用设备数量可小些。

（1）设备计划检修所需备用系数。据国外矿山生产资料，设备工作小时数与计划检修小时数的比约为5∶1，则设备计划检修所需备用系数至少为20%。

（2）设备大修所需备用系数。据国外生产资料，估算设备大修时间为运输时间的10%，则设备大修所需备用系数为10%。

（3）设备故障所需备用系数可按设备完好率计算，设备完好率建议取 60%~70%，则设备故障所需备用系数为 30%~40%。

上述三者合计铲运机备用系数为 60%~70%。考虑现行矿山管理和维修水平以及铲运机用于不同工艺利用率的变化，铲运机的备用系数可根据具体条件取 50%~100%。

通常两班制出矿，设备利用率不高的条件下可取下限，三班工作且设备利用率较高时取上限。

铲运机设备总数量为工作与备用设备数量之和。

5.3.2.4   铲运机运搬计算

（1）铲运机台班生产能力计算

$$Q_b = KG\gamma Tq_1 q_2 \frac{3600}{t_1 + t_2 + t_3 + t_4 + t_5} \tag{5.52}$$

式中 Q_b——铲运机台班生产能力，t/（台·班）；

     K——铲斗装满系数，一般取 0.8；

     γ——被铲运矿石的松散密度，t/m³；

     G——铲运机的铲斗容积，m³；

     T——每班的法定工作时间，h；

     q_1——班内铲运机的设备完好率，可在 0.3~0.76 中选取；

     q_2——工时利用率，受设备的作业条件如溜井、大块二次破碎、通风、悬顶等的影响，一般为 0.3~0.5；

     t_1——装载时间，s，定点装矿取 20~30s，不定点装矿取 60~80s；

     t_2——卸载时间，s，卸入矿仓或溜井一般可取 10~20s；

     t_3——掉头时间，s，铲运机装卸一次，要掉头两次，一般共取 30~40s；

     t_4——其他影响时间，s，一般可取 20s；

     t_5——空重车运行时间，s，可用下式进行计算：

$$t_b = \frac{2L}{v} \tag{5.53}$$

     L——铲运机由装载地点到卸载地点的单程距离，m；

     v——铲运机的运行速度，m/s，与巷道状况如照明、巷道宽度、路面质量、转弯多少及坡度等因素有关，可参考表 5.50 选取。

（2）铲运机每循环的作业时间

$$t = \frac{Q}{Q_b} \tag{5.54}$$

式中 t——铲运机每循环工作的班数，班；

     Q——每循环的采矿量，t。

每台铲运机一般每班配备驾驶员 2 人。

（3）铲运机主要材料消耗及运搬成本。

主要材料消耗可参考表 5.57。

铲运机的成本主要是材料消耗与工资费用。工资费用中除驾驶员的工资外，还应考虑修理人员的工资。

表 5.57 国内生产矿山铲运机生产能力及主要材料消耗

矿山名称	铲运机		单程运距/m	生产能力/t·(台·班)$^{-1}$	主要材料消耗			
					柴 油		液压油	
	型号	斗容/m^3			单耗/kg·t^{-1}	费用/元·t^{-1}	单耗/kg·t^{-1}	费用/元·t^{-1}
凡口铅锌矿	LF 4.1	2.0	30~60	247	0.12~0.15		0.007~0.009	
小寺沟铜矿	LK-1	2.0	50~100	121~157	0.238~0.358	0.105~0.152	0.011~0.073	0.017~0.073
笸子沟铜矿	LK-1	2.0	70	128~615	0.164~0.323			0.016~0.043
红透山铜矿	TORO 100DH	1.3	40	137~248	0.148~0.246	0.074~0.123	0.0053~0.0454	0.013~0.107
尖林山铁矿	ZLD-40	2.0	75	154	0.295~0.734	0.147~0.367	0.0115	0.027
符山铁矿	LK-1	2.0	80~120	170	0.021~0.103	0.052~0.105	0.022~0.058	0.035~0.093
丰山铜矿	LK-1	2.0	60~70	210	0.11~0.19	0.13~0.23	0.01~0.06	

5.3.3 振动放矿机

振动放矿机放矿具有出矿能力大，可基本消除矿石卡斗结拱现象，改变矿石的流动性能，放矿容易、能耗低、采切工程量小、成本低等优点。

振动放矿机的技术生产率用下式计算：

$$Q = 3600 \gamma h_0 Bv \tag{5.55}$$

式中　Q——振动放矿机的技术生产率，t/h；

　　　γ——振动放矿矿石的松散密度，t/m^3；

　　　h_0——振动放矿时，矿石层的厚度，一般为 0.2~0.7m；

　　　B——振动放矿机振动台的宽度，m；

　　　v——矿石流速度，一般为 0.1~0.5m/s。

振动放矿机的实际生产能力受其几何参数、埋设参数、动力参数、弹性系统及所放矿岩的物理力学性质、矿石块度、湿度、粉矿含量、黏结性等因素的影响，一般可用下式计算：

$$Q_s = KQ \tag{5.56}$$

式中　Q_s——振动放矿机的实际使用生产能力，t/h；

　　　Q——振动放矿机的技术生产率，t/h；

　　　K——生产能力影响系数，0.2~0.4。

我国一些矿山使用振动放矿机装车的时间见表 5.58。

表 5.58　振动放矿机实际装车时间表

矿山名称	东风萤石矿			石人嶂钨矿			冯家山铜矿		金州石棉矿
振动放矿机型号	HZJ-D	HZJ-ⅡA	HZJ-Ⅱ	HZJ-Ⅱ	HZJ-Ⅲ	HZJ-Ⅰ	VC-3	VC-1	
电动机功率/kW	1.5	3	3	3	3	4	4	10.5	4
台板长度/m	1.85	1.85	1.65	2.00	1.50	2.00	2.10	2.30	2.20
台板宽度/m	0.90	0.90	0.87	0.90	0.87	0.90	1.00	1.00	0.90
安装倾角/(°)	17	15	10	15	0	15	8~12	12	15~20
采矿方法	留矿法								
合格块度/mm	400								800
矿车容积/m³	0.55			0.55			0.75		1.10
				0.75					
装车时间/s·车⁻¹	10~20	8~10	8~10	3~5			15	7~9	12~17

一台振动放矿机配备工人 2~3 人，一人操作振动放矿机，一人驾驶电车。

5.3.4　漏斗闸门装矿

留矿法多用漏斗闸门装矿。由于漏斗间距较小，放矿过程中运输与放矿及相邻漏斗间的放矿难免互相影响而降低放矿效率，放矿时间可用下式估算。

$$T = \frac{Q}{Kn} \tag{5.57}$$

式中　T——留矿采矿法多漏斗闸门的放矿时间，班；

　　　Q——留矿采矿法一次局部放矿量，t；

　　　K——每个漏斗每班的平均放矿量，$K = 10 \sim 20t/(班 \cdot 个)$，矿车容积大、连续放矿量最大、运输与放矿影响不大的取大值；

　　　n——留矿法采场同时放矿的漏斗数，个。

留矿法采场放矿，每班配备工人 2 人，一人放矿，一人开电车。

5.4　充　　填

5.4.1　充填能力计算

5.4.1.1　充填料浆日平均需要量

充填料浆日平均需要量按下式计算：

$$Q = W_{矿} \times \delta_1 \times K_1 \times K_2 / \gamma_{矿} \tag{5.58}$$

式中　Q——日平均充填量，m³；

　　　$W_{矿}$——每日原矿产量：t；

　　　$\gamma_{矿}$——矿石密度，t/m³；

　　　δ_1——采充比，取 1.0；

　　　K_1——充填体沉降系数，取 1.1；

　　　K_2——流失系数，取 1.05。

充填类型选择灰沙比 K 以及充填浓度后，可以计算出所需的充填料的比例及数量，完成表 5.59，为沙仓、管路等计算与选择提供资料。

表 5.59　充填材料消耗量

序　号	项　目	单　位	数　量
1	水泥	t/d	
2	尾砂	t/d	
3	水	t/d	
4	尾砂密度	t/m^3	
5	矿石密度	t/m^3	
6	日生产能力	t/d	
7	年工作日	d	
8	日充填体积	m^3/d	
9	日充填料浆量	m^3/d	

5.4.1.2　充填系统工作能力

充填系统工作制度可以由年工作 330 天，每天 1、2、3 班，每班 6 ~ 8h 工作制，充填料浆日平均需用量 Q 确定，一次最大充填量的系数 K 可取 1 ~ 2 之间，则系统设计的时候，最大充填能力为 $2Q$，正常为 Q，根据充填工作制度，可计算出充填系统的工作能力。

5.4.2　充填构筑物

5.4.2.1　充填前准备工作

充填前准备工作包括：（1）浇注放矿溜井或加高溜井；（2）加高人行泄水井；（3）架设隔墙模板并浇注混凝土隔墙体；（4）充填前的全面检查工作。经检查后，即可将所需充填管、流槽、木板等物，通过天井上口 0.5 ~ 2.0t 的绞车沿天井下放到采场。

A　浇注溜矿井

溜井内径一般为 1.5 ~ 2.0m，多采用钢筋混凝土整体浇注方式形成。根据阶段高度的不同，井壁厚度取 0.5 ~ 1.0m，多用 0.4 ~ 0.5m 厚。当阶段高度增加时，溜井通过的矿量大，壁厚还要增加，可达 0.8 ~ 1.0m。

B　加高人行泄水天井

人行泄水井一般采用方形断面，规格为 1.5m ×1.5m。它是用混凝土预制件砌成的顺路天井。如某铜矿的人行泄水井如图 5.18 所示，净断面为 1.8m × 1.8m，内壁由 3mm 的木模板构成，砌混凝土预制块之间留 0.2 ~ 0.3m 的间隙，在泄水孔处堵上草袋子。

C　浇注隔墙

（1）隔墙的作用是将间柱和充填料分开，为以后回采间柱创造条件，以降低矿石损失贫化。

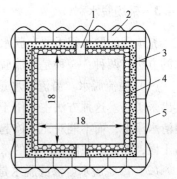

图 5.18　某铜矿人行泄水井形式
1—泄水孔；2—预制板；3—混凝土；
4—木模板；5—草袋或麻袋

（2）隔墙的厚度每个矿山不一样，一般为 0.5 ~ 2.0m。矿山用的隔墙薄者为 0.5 ~ 0.6m，厚者达 1.5 ~ 2.0m。只要各分层隔墙浇注在同一垂直面上，且混凝土质量较好，用充填法回采间柱，隔墙厚度有 1.0m 即可满足要求。

浇注隔墙的模板过去采用木制，现多用混凝土预制块，预制块规格为 300mm × 200mm × 150mm，形成的隔墙总厚度为 0.8m（预制块厚 0.3m，内浇注 0.5m 厚的混凝土）。在浇注隔墙时，为空心性好，上、下层对挤，因此在施工时，在每一分层隔墙砌筑完后，间隔 1.0m 左右插入一根钢筋，上面露出 0.5m 左右，可以起到上、下层对挤和连接良好的作用。

目前多数矿山采用先充填矿房后砌筑隔墙的方法，即首先是用混凝土预制件做好隔墙模板，之后进行充填，当进行到一个分层还差 0.2m 时停止充填，改为进行浇注混凝土底板作业，在此同时把混凝土注入隔墙内，使底板和隔墙同时完成。

5.4.2.2　正式充填采场

准备工作完成后，充填料沿着管径为 100mm 的管道进行水力输送。

5.4.2.3　假底（顶）铺设

为了提高矿石回收率和改进作业条件，采场充填完成后，在充填料上铺一层厚 0.15m 的混凝土作底板，使之便于落矿，减少贫损。底板浇注后，要养护一天，才能进行下一个循环的凿岩工作，养护 2 ~ 3 天，才能进行落矿。人工浇注混凝土时效率低，劳动强度大。另一种方法是把搅拌好的混凝土从充填井下放，倒入采场中，用电耙耙均匀，再辅助少量人力劳动即可完成。

铺设混凝土底板的三种方法：

（1）喷浆机喷射混凝土法——是将干的胶结材料通过直径为 50mm 的胶结管导入喷嘴，在喷嘴处加水向外喷射的方法。

（2）管道自流输送浇注法——是在上水平将混凝土料通过直径 100 ~ 150mm 的管道自流到矿房，导入软胶管进行浇注。

（3）混凝土搅拌机法——是把搅拌好的混凝土，经压气罐沿管道输送到矿房进行浇注。

5.4.3　采场脱水

充填后的脱水很重要，脱水的程度和质量好坏直接影响着充填的效率和质量。解决脱水的方法有两种：一种是溢流脱水；另一种是渗滤脱水。

（1）溢流脱水。溢流脱水是将充填料自然沉积下来，上部澄清的水经溢流管或溢底孔排出采矿场。这种方法主要用于采后全尾砂或分级尾砂一次充填的采场脱水。该法只能使澄清水流出，而不能对充填体起疏干作用。澄清水流出后往往在充填体上形成一层稀泥不易干固，因此，在随采随充的采场中采用与渗滤法配合脱水。

（2）渗滤脱水。渗滤脱水是利用滤水构筑物将水渗滤出充填体。渗滤脱水的构筑物有滤水窗、滤水筒、滤水墙和滤水天井等。滤水用的材料有：稻草帘、麻布、荆条、竹席、毡布、芦苇等。

1）滤水窗。滤水窗适用缓倾斜矿体，通常配合密闭墙使用。排水范围很有限，比如粗粒充填料充填时，只能排除滤水窗水平以上的水，用细粒充填料脱水的范围就更小。

2）滤水墙。滤水墙滤水有两种方法，一是和密闭墙配合使用；二是单独设置。滤水墙是由木材支撑、隔板和滤水材料构成，滤水墙又称砂门子或挡砂墙，如图5.19 所示。

由于下向充填法大部分是用进路回采，回采断面小，因而在进路口处设置砂门子来脱水。进路口既是充填料的进口，又是充填脱水的出口。充填管可用软管，导水管可用楠竹筒或塑料管。导水孔直径 120mm 左右。

3）滤水筒。滤水筒一般用木板制成，上面每隔一定距离钻直径 30mm 的滤水孔，筒外用滤水材料包裹，一般安设在充填料中，如图 5.20、图 5.21 所示。滤水筒主要用于缓倾斜矿体。

滤筒一般是在底板上沿走向每隔 30m 安设一个。

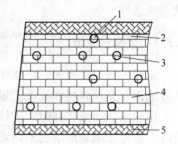

图 5.19 脱水砂门结构示意图
1—充填管；2—红砖；3—导水管
（可放楠竹）；4—钢筋混凝土预制块；
5—钢筋混凝土假顶

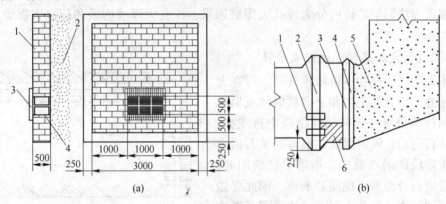

图 5.20 滤水筒结构示意图（一）
（a）：1—150～200 号混凝土块砌墙；2—充填尾砂；3—12～14 号铅丝网式草席；4—固定木架；
（b）：1—排水管；2—密封墙；3—滤水墙；4—滤水材料；5—沉积尾砂；6—滤出废水

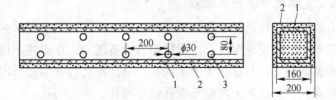

图 5.21 滤水筒结构示意图（二）
1—木板；2—草席；3—滤水孔

5.5 矿柱回采

采矿设计时将矿块划分成矿房和矿柱两步骤回采，但矿房和矿柱的回采互相影响。因此，采矿设计时必须统一考虑矿房、矿柱的地压管理、结构尺寸、采矿巷道、通风系统、回采工艺以及矿块的生产能力和技术经济指标。回采矿柱的方法主要依据已采矿房的存在状态来选择。

5.5.1　矿房已充填

采完矿房已充填时，广泛使用崩落法或充填法来回采。具体方法取决于矿房所用的采矿方法以及充填材料和充填质量的好坏。

用充填法回采矿柱时，矿柱回采与矿房回采可在同一阶段内进行；当用崩落法回采矿柱时，应考虑围岩崩落的不同影响，与回采矿房同一阶段或落后一个阶段回采矿柱。

但是无论用哪种采矿方法回采矿柱，一般都是先采顶底柱，后采间柱。

5.5.2　矿房未充填

当矿房为采空区时，矿房的上、下盘岩石主要是靠矿柱来支撑。这种状态存留的时间越长久，上、下盘围岩发生变形甚至垮落的可能性越大，同时矿柱也将发生变形或被破坏。此时一般用大爆破方法回采矿柱。

大爆破方法回采矿柱可分为浅孔大爆破回采、深孔大爆破回采和药室大爆破回采法三种。

5.5.2.1　浅孔落矿方法回采矿柱

回采上阶段底柱和本阶段顶柱时，可在上阶段运输巷道中，打上向和下向放射状或扇形炮孔，间柱部分可在天井和联络道中打浅孔。全部炮孔打完后，同时爆破，崩落的矿石借自重，经本阶段的漏斗放出。崩落矿柱的同时，上部覆盖岩石及围岩可能随着崩落，因此要做好放矿管理工作。浅孔大爆破方法适用于厚度比较薄（厚度不大于 4~6m）的矿体。如图 5.22 所示。

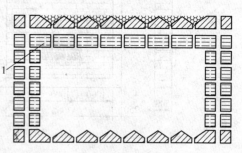

图 5.22　浅孔落矿方法回采矿柱
1—2m 长下向炮孔

5.5.2.2　深孔大爆破方法回采矿柱

深孔大爆破方法回采矿柱适用于急倾斜厚和极厚的矿体，具有回采强度大、劳动生产率高、施工工艺简单、工作安全等优点。根据凿岩设备能力，在矿柱中适当的地方补充开掘一些凿岩巷道和凿岩硐室，并在其中施工深孔。全部深孔打完后，分段同时爆破。一般上阶段底柱用扇形深孔，间柱用上向扇形深孔或中深孔。

为减少矿石的损失和贫化，有的矿山将几个矿块的矿柱同时回采，包括上阶段底柱、本阶段顶柱和间柱；另外一个方法就是按一定顺序爆破，即用雷管的不同段数来控制爆破。一般是先崩间柱，后崩顶底柱。

用大爆破方法回采矿柱时，应当事先用矿石堵塞好放矿漏斗，堵塞高度不小于 3m，以防止爆破时冲击波的破坏。

用大爆破方法回采矿柱，一般存在两个问题：一是大块率高；二是矿石损失大。

大块率高的原因：（1）在矿柱中开掘系统巷道困难，因而凿岩巷道数量一般都不足，造成炮孔深度不够，且分布不均匀。（2）对矿柱实际存在状态不清楚，设计与实际不相符。（3）矿柱保留时间过长，局部发生破坏，装药不完全等。

矿石损失贫化大的原因：主要是矿柱崩落时，上部崩落岩石直接覆盖，在崩矿过程中，上覆岩层又与崩落矿石互相混合，在放矿时必然增大矿石的损失与贫化。

另外，在放矿过程中，存在下盘损失。从实验研究可知，如果用大爆破方法回采矿柱，只适用于倾角小于70°的矿体。应用这种方法回采矿柱，应当采取必要的措施，以降低下盘的矿石损失，如开掘下盘漏斗。

5.6 空区处理方法

用空场采矿法回采矿房以后留下大量采空区，随着矿石的采出和空区的形成，岩体的原始应力状态受到破坏，应力重新分布，一些部位应力集中，另一些部位的应力降低。随着开采工作的延深或矿柱回收，空区体积不断扩大。如果应力集中超过矿石或围岩的极限强度时，围岩将会出现失稳，发生片帮、冒顶、跨落，严重时发生矿柱垮塌，巷道破坏，岩层移动，顶板大面积冒落，地表大范围开裂、下沉和塌陷。在顶板大面积冒落时，将产生强烈的破坏性冲击波，对人员、设备、工程造成严重威胁。

处理采空区常用的方法有三种，即崩落围岩法、充填空区法和封闭空区法。归结起来就是三个字"崩"、"充"、"封"，它与矿房回采过程中的地压管理一样，主要是对围岩进行支撑和崩落。大量的采空区处理方法是"崩"和"充"，而"封"单独使用得很少，"封"往往是配合"崩"使用。

5.6.1 崩落围岩法

5.6.1.1 适用条件

使用崩落法的基本条件是：围岩和地表允许陷落。

5.6.1.2 作业过程

（1）崩落围岩与矿柱回采两次作业一般应当同时进行。崩落围岩的工程如硐室、炮孔等，必须在矿柱回采前完成，爆破时先崩落矿柱，接着崩落围岩。

（2）崩落的岩石在回采阶段上部形成垫层，用以保护生产工作的安全进行。崩落岩石垫层的高度，一般应大于矿体的厚度，一般大于15~20m。

（3）对于急倾斜厚和极厚的矿体，在开采后形成了空区，在处理空区时，除了要求有足够厚度的岩石垫层外，还需要在适当的地方开出"天窗"，使采空区与地面连通，以防止由于围岩大面积突然崩落产生强大冲击气浪的破坏作用。

（4）对于缓倾斜和倾斜矿体，崩落围岩形成的垫层往往损失在矿体下盘，不能随着回采工作面的下降而下移，因此，在回采中应当有计划地间隔地崩落顶板岩石，不断补充岩石垫层，如图5.23所示。

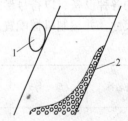

图5.23 补充岩石垫层示意图

1—崩下岩石补充垫层；2—原来崩落下来的岩石垫层随着下采放矿，丢失在下盘，矿体倾角越小，丢失得越多

5.6.2　充填空区法

5.6.2.1　适用条件

（1）围岩与地表不允许崩落；

（2）要求提高矿柱的回收率；

（3）有现成的、廉价的充填料可利用，如露天剥离，掘进废石、尾砂、冶炼炉渣等；

（4）其他不宜用崩落围岩处理采空区的条件，如覆盖岩层很厚，又极稳固的盲空区等。

5.6.2.2　充填作业过程

充填空区的方法是干式充填，也可以是水砂充填、尾砂充填，有的矿山采用水力碎石充填法。

5.6.2.3　治理空区时的充填与充填采矿法的区别

前者是采后一次充填，充填效率高，而充填采矿法是边采边充，因而在工艺和充填质量上不同。

5.6.3　封闭空区法

5.6.3.1　适用条件

（1）矿石和围岩极稳固，矿体厚度与延深不大，埋藏不深，矿体开采年限不长。

（2）埋藏较深的、分散孤立的盲矿体形成的空区，距主要矿体或主要生产区较远，空区下部不再进行回采工作。

（3）围岩一定是允许崩落的。

5.6.3.2　作业过程

砌筑隔墙应当用塑性材料，如砂袋等，仅砌砖墙不行，其隔墙的长度不应小于15m。

5.7　回采循环图表

回采循环图表主要内容是合理确定工作面的凿岩、爆破、运搬支护及采空区处理工艺并进行各工艺设备的选型，确定工作面的主要参数及工作面的循环作业方式等。回采工艺所选的各种设备，以符号形式画在采区布置平面图上，还应注明通风、运输等生产系统及有关尺寸，并编制机械配置及数量表，见表5.60。

表 5.60　工作面机械配置及数量表

设备名称	型　号	容　量	用　途	数　量		备注
				工　作	备　用	

工作面循环图表包括循环作业图、劳动组织表和技术经济指标表。

（1）确定循环方式和作业方式。根据工作面回采工艺方式及工作面长度，确定循环进度和昼夜循环数，可采用昼夜三班或四班工作制，或"两采一准"、"两采两准"、"三采一准"、"边采边准"的作业方式。

（2）劳动组织。根据工序的工作量，确定各工种的人数、等级与配备等。组织形式可分为"追击作业"、"分段作业"、"分段接力作业"等，可根据工作面长度、顶板稳定情况、管理水平等因素选择组织形式。将各工种人数按循环时间编制工人出勤表。

（3）回采人员配备以及设备、材料和费用。

1）回采人员按劳动定额或岗位进行配备，同时考虑出勤系数。

2）凿岩机数量根据同时工作的矿房、矿柱数目和班生产能力，按凿岩机台班效率及每米炮孔崩矿量或台班崩矿量计算。

3）采场运搬设备按类似矿山的实际资料选型，其数量应根据同时工作的采场数目和备用采场数目进行配置。计算出的凿岩、运搬设备数量还应乘以备用系数。

4）回采材料消耗根据回采工程技术特征，按材料消耗定额或实际需要计算。吨矿回采费用等于回采过程中所消耗的材料、动力、人工等费用之和除以矿块采出矿量。

典型采矿方法设计与应用实例

6.1 空场采矿法

6.1.1 房柱法

6.1.1.1 适用条件

（1）水平和缓倾斜矿体，矿体倾角一般小于30°。

（2）矿石中等以上稳固，顶底板围岩中等以上稳固，顶板不太稳固的矿床采用锚杆控顶后亦可采用。

（3）矿体厚度：一般小于10m，当顶板围岩稳固时厚度可达12~14m。

1）矿体厚度小于3~4m，顶板岩石很稳固，且在矿体中夹有局部贫矿或废石，全面法更为合适。

2）矿体厚度小于8~10m，可采用浅孔留矿和电耙出矿的房柱采矿法。

3）当矿体厚度很大时，可采用深孔落矿和无轨设备的房柱采矿法。

（4）矿石为低价矿石。

（5）矿石不结块、不自燃。

6.1.1.2 典型方案

房柱采矿法见图6.1。

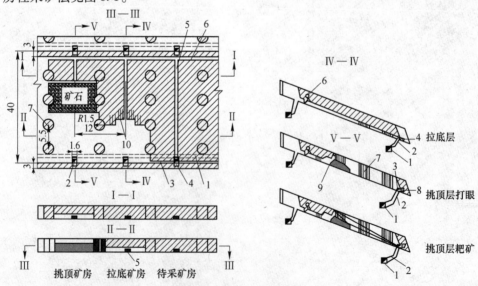

图6.1　房柱采矿法

1—运输巷道；2—溜井；3—切割平巷；4—电耙硐室；5—上山；
6—联络平巷；7—矿柱；8—电耙绞车；9—崩落矿石；10—炮孔

A 采场构成要素

国内多数使用浅孔落矿的房柱法构成要素见表6.1。

表6.1 国内浅孔房柱法采场构成要素

矿山名称	阶段高度/m	矿块斜长/m	采区长度/m	矿块宽度/m	矿房宽度/m	间柱宽度/m	顶柱宽度/m	底柱宽度/m
锡矿山锑矿	30~60	40~60		15~20	12~15	4~5	3~6	3~6
湘西金矿	25	55~60	40~80		5	3×4		5~7
刘冲磷矿	50	分段20~30	30~40		8~16	2~4	1~1.5	
新浦磷矿	44.5	66		42	14	2×1.5	2.0	4.6
黄山岭铅锌矿		60			12~15	3~5	4.0	4.0

a 矿房长度

在电耙运搬的方案中，矿房长度一般为40~60m。

b 矿房宽度

矿房宽度在8~20m之间。矿房宽度主要取决于顶板允许暴露面积。留永久性矿柱时，矿房宽度应尽可能等于矿房顶板允许暴露的最大安全跨度。

c 矿柱尺寸

矿柱尺寸一般为3~7m，矿柱间距为5~8m，见图6.2。

d 顶柱与底柱宽度

顶柱宽度一般为3~5m，底柱宽度取决于出矿的底部结构。

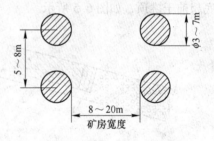

图6.2 矿柱尺寸

B 采准切割

a 阶段运输巷道

金属矿山多采用脉外采准方式，巷道的断面尺寸取决于运输设备，一般为2.8m×2.5m。

b 溜井

每个矿房内都开掘一个溜矿井，不放矿的溜矿井可以用作通风、行人、送料。溜井布置在矿房的中心线位置。溜井的断面为2m×2m。

c 天井

沿矿房中心线并紧贴底板掘进天井，对缓倾斜矿体天井一般称为上山，以利于行人、通风和运搬设备和材料，同时作为回采时的自由面。天井断面为2m×2m。

d 切割平巷

在矿房下部边界处掘进切割平巷。切割平巷既作为起始回采的自由面，又可作为相邻矿房的通道，也可作为电耙道用。断面为2m×2m。

e 联络平巷

矿房间掘进联络平巷，断面为2m×2m，间距3~5m。

f　电耙硐室

在矿房下部的底柱中，掘电耙硐室，宽2m，高2m，深4~5m。

C　回采

矿体厚度、矿岩稳定性不同，可采用不同的回采方法。

a　凿岩

（1）当矿体厚度在2.5~3.0m之间时，一般不拉底，以巷道掘进方式一次采全厚，用浅孔方式落矿，如图6.3所示。

（2）当矿体厚度在3~5m之间时，分为拉底和挑顶两步回采。

1）矿岩稳定性好时，可以将底一次全部拉开，然后再从头开始挑顶，如图6.4所示。

2）矿岩稳定性较差时，不应将底一次全部拉开，而应逐渐拉底，拉一段接着就挑顶，但要求拉底超前于挑顶，如图6.5所示。

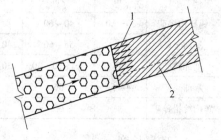

图6.3　一次采全厚示意图
1—炮孔；2—切割上山

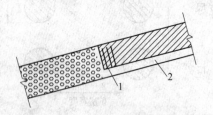

图6.4　一次拉底挑顶示意图
1—挑顶炮孔；2—拉底

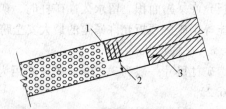

图6.5　分次拉底示意图
1—挑顶；2—拉底高度；3—拉底方向

（3）当矿体厚度在5~10m之间，可以采取其他措施回采，如划分为若干台阶回采。

站在矿石堆上凿岩爆破，为了便于通风，不拉底应先施工通风联络巷道，此巷道可以贴底板沿倾斜掘进，也可以在顶板方向沿矿体倾斜方向掘进，使风流贯通。

1）正台阶回采。当矿石与顶板岩石界线明显时，使用正台阶较好（图6.6）。在台阶上堆积矿石往下要倒运矿石，可以用电耙，也可使用自行设备。这种回采方法顶板管理方便，若顶板稳固性差时，施工锚杆较方便。

2）倒台阶回采（图6.7）。倒台阶回采主要用于矿石稳固而顶板不稳固矿体。上向阶梯工作面回采是先拉低，再挑顶采第二层、第三层直至顶板。当工作面推至预留矿柱处

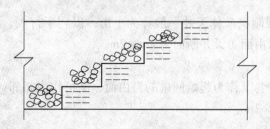

图6.6　正台阶回采

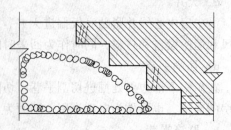

图6.7　倒台阶回采

时，一般采用多打孔少装药类似光面爆破的形式将矿柱掏出来，以保证矿柱少受损失。采下的矿石，暂留一部分在采场内，以作为继续上采的工作台。紧靠顶板的一层矿石的回采，视顶板稳固程度而定。

（4）当矿体厚度大于 10m 以上，水平厚度则达到 20m 以上，可以采用其他采矿方法，如仍采用房柱法，需要用中深孔落矿（图 6.8），否则，台阶数目增多，安全性变差。

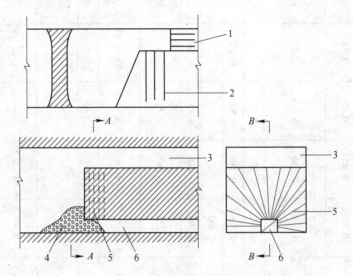

图 6.8　中深孔落矿房柱法
1—切顶（在顶板位置开通风巷道）；2—用深孔钻机打下向孔（在端部还要开立槽）；
3—切顶空间；4—矿石；5—上向扇形中深孔；6—凿岩上山

b　爆破

采用浅孔落矿，参照浅孔回采爆破计算；采用中深孔爆破，参照中深孔回采爆破计算。

c　运搬

崩落下来的矿石可采用 14、28、30 或 55kW 电耙进行耙运。用电耙将矿石耙到溜井中，再放入阶段运输巷道中装车拉走，也可借助于装车台直接将矿石耙入矿车中。矿体倾角小于 15°，可考虑采用无轨设备进入采场，直接运搬。

d　通风

一般情况下，新鲜风从阶段运输巷道进入矿房，污风经回风平巷、回风井排出地表。房柱法的空区四通八达，必须很好管理才能达到预期通风效果。应当注意风流方向应与耙矿方向相反。

e　顶板管理工作

顶板管理一是留矿柱支护，二是用锚杆支护，取决于围岩本身的稳固性。

（1）留矿柱支护。当顶板岩石稳固性较差时，在顶板下留矿柱，以增加其稳固性。当顶板局部不稳固时，可以在局部地区留矿柱。当矿房顶板遇到有断层或跨度较大时，可以预留临时矿柱。

（2）锚杆支护。利用打入岩层中的锚杆来加固围岩层。锚杆支护过程可全部机械化，成本低，劳动强度低。

6.1.1.3　经济指标

房柱法经济技术指标见表 6.2。

表 6.2　房柱法经济技术指标

矿山名称	采矿方法	矿块生产能力/$(t \cdot d^{-1})$	采切比/$(m \cdot kt^{-1})$	采矿工效/$(t \cdot (工 \cdot 班)^{-1})$	损失率/%	贫化率/%	掌子面工作效率/t	每吨矿石材料消耗 炸药/kg	雷管/个	导火索/m	钎子钢/kg	硬合金/g	木材/m^3
锡矿山锑矿		60~100	5~15		20~30	5~10	10~14	0.35					
福山铜矿		90~120	33		13	15	10		0.50	0.80	0.03	1.2	
贵州汞矿		薄矿体 50			3~5	50~85	6.4	0.218	0.234	0.548	0.027	1.487	
贵州汞矿		中厚矿体 170~290				7~25	9~16						
荆钟磷矿		150~200	11.7		16.6	4.5	11.44	0.187	0.205	0.541		0.306	0.0005
刘冲磷矿		110~150	12.0		19.06	7.84	9~11	0.226	0.280	0.500	0.032	1.00	0.0006
马甲珋铁矿		40	20		30.1	23.72	3.3	0.400					
泗顶铅锌矿		136	6.5		11.5	17.2	14.25	0.396	0.416	0.934	0.010	1.03	0.0024
湘西金矿沃溪矿		70	13.5		13.8~17.4	5~10	7~8	0.275	0.280	0.62	0.015	0.17	0.0002
新晃采矿酒店矿区		90~120	15~25				7~10	0.25~0.30	0.4~0.5	0.8~1.1	0.03~0.05	1.0~1.5	0.001~0.003
白石潭铁矿		40~48	16		22.73	6.69	7.31	0.29	0.32	0.85	0.03	0.96	
黄山岭铅锌矿		49	33.5		6.9~11.96	16.5~18.7	10.73	0.35	0.04~0.35				0.0003
良山铁矿	中深孔房柱法	250	9.2	10.26	10~30	15	10.26	0.64					
王集磷矿	深孔房柱法	200	6.0	9.33	22	7	9.33	0.42	0.1	0.02	0.133	5.2	
牟定铜矿	中深孔房柱法	230	17	27.3	4.7	7	27	0.719	0.365	0.487	0.6	0.12	

6.1.2 全面法

6.1.2.1 适用条件

（1）开采水平或缓倾斜矿体，矿体倾角小于30°。

（2）矿体厚度在3~4m以下，一般多用于1.5~3.0m的矿体。

（3）矿石和围岩稳固，特别是顶板围岩要稳固，比房柱法的要求高。顶板的暴露面积大于200~500m²。

（4）开采价值不高的矿石，特别适合于开采矿石品位不均匀或带有废石夹层的矿体。

（5）是小型矿山经常采用的采矿方法。

部分全面采矿法矿山开采技术条件见表6.3。

表6.3 部分全面采矿法矿山开采技术条件

矿山名称	矿体厚度/m	矿体倾角/(°)	矿石稳固性	顶板稳固性	底板稳固性
大罗坝矿区	0.9~3.0	18~22	赤铁矿 $f=5~8$	石英砂岩 $f=10~16$	碳质页岩 $f=2~3$
云锡松树脚锡矿	0.3~0.4	25~40	硫化矿 $f=10~12$，较稳固	大理岩 $f=8~10$，稳固	矽卡岩、大理岩 $f=12~14$，稳固
大厂巴里锡矿	2.5	<30	较稳固	灰岩、页岩 $f=9~15$，稳固	较稳固
通化铜矿	脉厚0.1~0.3，1.4~2.0	20~29	$f=8~12$，稳固	闪长岩 $f=8~12$，稳固	闪长岩 $f=8~12$，稳固

6.1.2.2 典型方案

全面采矿法见图6.9。

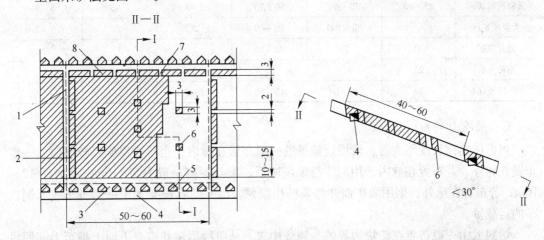

图6.9 全面采矿法

1—上山；2—间柱；3—漏口；4—阶段平巷；5—底柱；6—不规则矿柱；7—安全联络道；8—顶柱

A 矿块布置

阶段内沿矿体走向划分成矿块。当矿体的开采面积大于15000m²时亦可划分为采区。矿块面积一般在100~200m²之间。

B　采场构成要素

a　矿块长度

矿块长度一般为 50～60m，个别矿山为 30m。

b　阶段高度

受矿块斜长限制，阶段高度一般取 20～30m。

c　矿块斜长

受耙运距离限制，矿块斜长一般取 40～60m。

d　顶柱厚度

顶柱厚为 2～3m。

e　底柱高度

底柱高度一般取 3m，可根据漏斗布置形式选取。

f　间柱宽度

间柱宽度一般取 3m 或不留间柱。

g　溜井间距

溜井间距一般取 50～60m，漏斗间距 5～10m。

h　矿柱尺寸

间柱距离 6～8m，间柱尺寸一般取 2m×2.5m 或 2.0m×3m。废石垛尺寸视废石量而定，一般取 3m×3m 或更大些。

国内部分矿山全面法结构参数见表 6.4。

表 6.4　国内部分矿山全面采矿法构成要素

矿山名称	阶段高度/m	矿块长度/m	矿块斜长/m	顶柱高/m	底柱高/m	间柱宽/m
云锡松树脚矿	25～30	50～60	50～70	2～3	2～3	6～8
大罗坝矿区		80～100	40～60	2	2	1.5～2.0
通化铜矿	30	50	30～80	2	3	2
秦岭金矿	22		60	2	5～6	
大厂巴里锡矿	20	50～60	40～50	2～3	3	

C　采准与切割

当矿体走向长度不大时，阶段运输平巷一般布置在脉内；当阶段出矿点较多时，一般布置在脉外。若布置在脉内，用漏斗与采场联系，漏斗距离一般为 5～10m，有时达 12～16m；若布置在脉外，则用放矿溜井与采场相联系，溜井的容积要大于一列机车或 5 辆汽车的运载量。

切割上山一般布置在矿块边界的一侧或中央，从阶段运输巷道自下而上掘至上部回风巷道，一方面作开始回采的自由面用，另一方面作通风用。

切割平巷一般布置在矿块的下端，放矿溜井或漏斗的上方，既作回采自由面用，也可作安设移动电耙绞车用。当采用固定绞车时，绞车硐室安置在溜井或漏斗上口的顶板内，以防耙矿时失控的滚石伤人。暂不出矿的放矿溜井可用来上下人员和运送材料，一般不另掘人行井。在顶板中每隔一定距离开掘一条人行联络道通至上部回风巷，以保证采场有两个以上的安全出口。

D 回采

a 回采顺序

根据矿山的规模和采准要求，阶段内有前进式或后退式回采。为了控制地压活动，上阶段应超前下阶段 50 ~ 60m。在本阶段切割采场应超前回采采场 50 ~ 60m。

b 回采工作面的推进方向

回采工作面推进方向有三种：

（1）沿走向推进。适用于倾角小于30°的矿体。从切割上山开始，沿矿体走向从矿块的一侧向另一侧推进。推进的工作面长度为矿块的斜长。工作面一般呈直线形或阶梯形。阶梯长 8 ~ 20m，阶梯间超前距离一般为 3 ~ 5m。阶梯工作面可使凿岩和出矿平行进行，避免作业间相互干扰，有利于提高矿块生产能力。

（2）逆倾斜推进。适用于倾角大于30°的矿体。切割上山一般多布置在矿块的中央，在矿块的下端部布置切割平巷，从切割平巷开始自下而上逆矿体倾向推进。工作面宽度为矿块的长度，工作面形状一般呈直线形，也有呈梯段形。

（3）顺倾斜推进。适用于矿体倾角大于30°，矿体顶板围岩不够稳固的矿体。此种推进切割上山一般多布置在矿块中央，工作面呈扇形状由上向下推进。

当矿体厚度较大时，如中厚矿体，一般采用分层开采。具体条件是：当矿体厚度小于 3m 时，全厚一次开采；当矿体厚度大于 3m 时，分层开采。

当矿块划分为区间时，若为上下分段区间，则采用自上而下的方式进行回采；若为左右区间，则由矿块的一侧向另一侧推进。区间内一般采用逆倾斜推进。

c 凿岩

凿岩多采用浅孔落矿。孔径一般为 36 ~ 40mm，孔深为 1.2 ~ 2.0m，排距为 0.5 ~ 1.0m，孔距为 0.6 ~ 1.2m，一次推进距离 1.2 ~ 1.4m。

d 爆破

一般用非电导爆管直接引爆乳化炸药爆破。

e 运搬

一般用电耙直接把矿石耙入溜井或漏斗出矿，也有用小型铲运机或装载机直接装入汽车或机车出矿。

f 采场支护

（1）矿柱支护。一般留不规则的矿柱。单一的矿柱为方形或圆形，规格为 2m × 2m ~ 4m × 4m 或直径为 3m、4m。

（2）石垛支护。矿石品位较高时一般采用石垛支护。石垛尺寸一般为 4m × 4m。

（3）矿柱和石垛联合支护。联合支护形式一般以矿柱为主，石垛为辅。石垛可用石块或混凝土预制块建造，形状多为四边形，也有六边形、八边形或圆形、椭圆形等，规格一般为 4m × 4m ~ 5m × 5m，支撑能力可达 100 ~ 120t。

（4）锚杆支护。锚杆支护网度一般为 1.5m × 1.5m，锚杆长度一般为 1.8 ~ 2m，锚杆孔直径若用砂浆锚杆多为 22 ~ 25mm，若用管缝锚杆多为 28 ~ 30mm。

6.1.2.3 技术经济指标

全面采矿法的主要技术经济指标见表6.5。

表6.5　全面采矿法主要技术经济指标

项目名称		矿 山 名 称				
		松树脚矿	车江铜矿	大罗坝铁矿	湘西金矿	巴里锡矿
矿块生产能力/t·d⁻¹		50~90	60~80	70	40~80	50~80
采切比/m·kt⁻¹		8~18	13	12.4~14.0	25~30	30
损失率/%		14~20	4~6	10	3~5	8~13
贫化率/%		8~17	18~20	6~9	4~6	<15
掌子面工作效率/t		3.5~7.0	9~10	12	5.0~6.5	10~13
每吨矿石材料消耗	炸药/kg	0.47	0.29~0.54	0.25	0.32	0.51~0.63
	雷管/个	0.32~0.67	0.59~0.83	0.19	0.41	0.41~0.56
	导火线/m	0.3~0.69	0.90~1.62	0.37	0.70	0.92~1.07
	钎子钢/kg	0.017~0.032	0.09	0.025	0.030	0.06~0.08
	硬质合金/g	0.014~0.024	0.62~1.53	0.46	0.02	0.07~0.09
	木材/m³	0.0011~0.0057	0.00043~0.00059		0.004	0.0029~0.0074

6.1.3　留矿法

6.1.3.1　适用条件

（1）矿石与围岩基本稳固；

（2）倾角50°以上的急倾斜矿体；

（3）矿体厚度2~5m；

（4）极薄矿体多脉合采；

（5）矿石不结块，不自燃。

6.1.3.2　典型方案

浅孔留矿采矿法见图6.10。

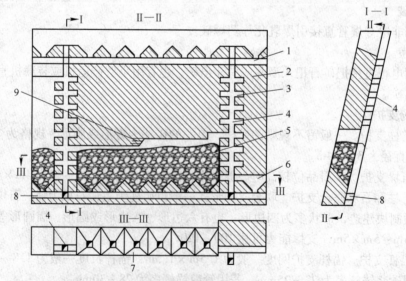

图6.10　浅孔留矿采矿法

1—上阶段运输巷道（回风巷道）；2—顶柱；3—联络巷道；4—人行通风井；5—暂留采场的矿石；
6—拉底水平；7—漏斗；8—阶段运输巷道；9—水平炮孔

A 构成要素

构成要素见表6.6、表6.7。

表6.6 普通留矿柱的浅孔留矿采矿法矿块构成要素　　　　m

项目名称		沿走向布置	垂直走向布置
中段高度		40～60	40～60
矿房长度		40～50	一般为矿体厚
矿房宽度		一般为矿体厚	20～30
间柱宽度	薄矿体	2～4	
	厚矿体	6～8	8～10
顶柱厚度		4～6	5～7
电耙耙矿及格筛漏斗底柱高度		12～14	12～14
无格筛的漏斗及平底底柱高度		2.5～4	4～6
漏斗间距	留矿石底柱的	4～6	4～6
	不留矿石底柱的	2.2～3	

表6.7 国内部分矿山留矿采矿法构成要素

矿山名称	主要采矿技术条件	阶段高度/m	矿块长度/m	间柱宽度/m	底柱高度/m	顶柱厚度/m
金厂峪金矿	脉状矿床，平均厚度6m，倾角70°，矿石、围岩均稳固	40	40	8～10	6～13	3～4
松江铜矿	矽卡岩型矿床，平均厚度2～6m，倾角约70°，矿石、围岩均中等稳固	40	50	8	5～11	4～5
郑和铅锌矿	矽卡岩型矿床，平均厚度1.5～3m，倾角62°～69°，矿石中等稳固，围岩稳固至中等稳固	30	30	7.4	5	
焦家金矿	脉状矿体，平均厚度1.5～3m，倾角55°～70°，矿石稳固性一般，围岩中等以上稳固	30	30			
石人嶂钨矿	石英脉，平均厚度0.6m，倾角约80°，矿石、围岩均稳固	40	50		2.5～3.0	2.8～3.0
大吉山钨矿	石英脉，平均厚度0.4m，倾角60°～80°，矿石、围岩均稳固	50	40～60		0～3	3

a 阶段高度

阶段高度一般为30～50m，如表6.8所示。

表6.8 阶段高度选取表

矿体厚度	矿体倾角/(°)	岩石稳固性	矿体赋存条件	阶段高度/m
薄矿脉	＞50	一般	一般	40～50
	倾角＞60	稳固	简单	50～60
	50～60	较差	复杂	30～40
中厚矿体		好	简单	40～60
		差	复杂	35～40

b 矿块长度

薄矿脉留矿法的矿块长度常用的是 40~60m，中厚矿体矿块长为 40~80m。

c 矿柱尺寸

（1）顶柱厚度。

对于薄矿脉，由于矿房的跨度很小，如果留顶柱，一般只留 2~3m。

对于中厚以上的矿体，一般都要留顶柱。当矿石比较稳固时，且矿房跨度不太大时，一般留 3~6m。如果矿石稳固性差些，或者矿房跨度很大时，应当留 5~6m。

（2）底柱高度。底柱高度与底部结构的类型有关。当矿体比较薄时，也可采用人工底柱来代替矿石底柱。一般薄矿体底柱高度可为 4~6m，中厚以上留 8~10m。

（3）间柱宽度。中厚以上矿体，当矿岩很稳固，矿房跨度不太大时，间柱宽度为 8~12m 即可，薄矿体则为 2~6m。

（4）人行联络道间距

人行联络道间距一般为 5m 左右。

（5）漏斗间距

漏斗间距一般为 5~7m，斗颈断面为 1.8m×1.5m 及 1.8m×1.0m，当条件很好时，间距可以小一些，取 3~5m。

d 底部结构

底部结构可以采用漏斗、漏斗电耙、堑沟电耙底部结构。

B 采准工作

a 阶段运输巷道

中厚矿体中阶段运输巷道一般布置在脉外，薄矿脉中一般布置在下盘脉内。

b 人行通风天井

在薄矿脉中人行通风天井一般是沿脉布置，且使矿脉位于天井断面的中央，以利于探矿；在中厚矿体中，人行通风天井一般布置在矿体内靠下盘的矿岩接触面上，也可以布置在间柱水平断面的中央。天井的规格一般为(1.5~2)m×(2~2.5)m。

c 人行通风联络道

在垂直方向、人行天井两侧，每隔 4~5m 左右开一条联络道，使天井与矿房贯通。联络道断面为 1.8m×1.5m 或 1.8m×1.8m。采场两端的人行联络道应错开布置。

C 切割工作

开掘拉底巷道，形成拉底空间；开掘漏斗颈，把漏斗劈开，形成喇叭状以利出矿。一般沿走向每隔 5~7m 开凿一个，漏斗应当尽量开在靠矿体下盘侧，以利于减小平场工作量。漏斗颈高度一般为 1.0~2.0m，边坡角应在 45°以上。拉底高度一般为 2~2.5m，拉底的宽度一般应等于矿体厚度。对于薄和极薄矿脉，为保证放矿顺利，宽度不应小于 1.2m。拉底和劈漏往往是联系起来进行施工的。先把底拉开，然后再劈漏。如图 6.11 所示。

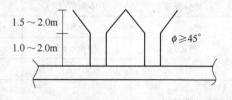

图 6.11 切割工作

D 回采工作

浅孔留矿法的回采工作包括：凿岩、装药、爆破、通风、局部放矿、撬顶、平场和大量放矿等。矿房回采是自下而上分层进行的，每一分层的高度一般为 2～3m，采用浅孔落矿。

a 凿岩

（1）凿岩方式。浅孔留矿法的凿岩方式有上向孔和水平孔。在薄和极薄矿脉中用浅孔留矿法开采时，多采用上向炮孔。打上向孔（前倾 75°～85°的炮孔）一般使用 YSP45 型凿岩机。赋存条件比较稳定的矿脉中推广使用水平孔，采用 7655 型凿岩机。矿石稳固性差时尽量用水平孔。

（2）工作面布置形式。浅孔留矿法的工作面形式有直线式和梯段式。梯段的长度根据水平炮孔和上向孔的不同而有所区别。

1）上向孔梯段长一般为 10～15m，梯段高为 1.2～1.5m，上向孔的深度约为 1.3～1.8m，上向孔一般前倾 75°～85°。当矿石的可爆性差时，炮孔可超深 0.05～0.1m，见图 6.12。

2）水平炮孔梯段长一般为 2～4m（2 倍于孔深长），梯段高为 1.5～2.0m，水平孔的深度为 2～3.5m，水平孔一般上倾 5°～8°，便于排出岩粉，见图 6.13。

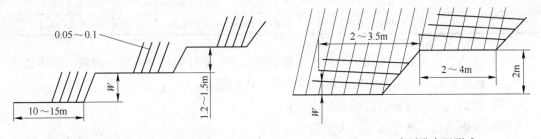

图 6.12 上向孔布置形式　　　　　　图 6.13 水平孔布置形式

薄矿脉开采参数：炮孔直径多采用 32～36mm。炮孔排距 1.0～1.2m；炮孔间距 0.8～1.0m；最小抵抗线 $W = 0.6～1.6m$。

3）一字形排列适用于矿石破碎性较好，矿岩量分离的条件下，矿厚小于 1.0m，见图 6.14。

4）之字形排列适用于矿石爆破性较好，且矿脉厚 0.7～1.2m 的条件，能够比较好地控制采幅宽度，见图 6.15。

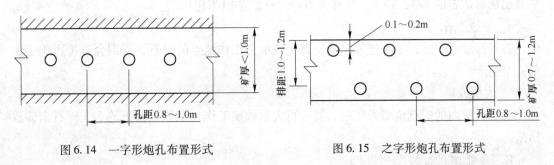

图 6.14 一字形炮孔布置形式　　　　图 6.15 之字形炮孔布置形式

5）平行排列形式适用于矿石坚硬，矿体与围岩接触界线不明显或难以分离的厚度较大的矿脉，见图6.16a。

6）交错布置形式（梅花形布置）适用于矿石坚硬，厚度大的矿体，这种形式崩下来的矿石块度比较均匀，见图6.16b。

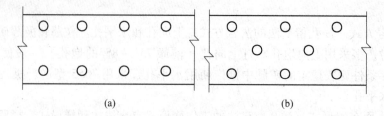

(a)　　　　　　　　　　　　(b)

图6.16　炮孔平行排列（a）及交错排列（b）形式

b　装药爆破

（1）浅孔回采的单位炸药消耗量如表6.9所示。

表6.9　浅孔的单位炸药消耗量　　　　　　　　　　kg/t

普氏系数 f 值	$2 \sim 4$	$6 \sim 8$	$10 \sim 14$	>14
δ_1	$0.15 \sim 0.2$	$0.2 \sim 0.3$	$0.3 \sim 0.4$	$0.4 \sim 0.6$
δ_2	$0.15 \sim 0.2$	$0.2 \sim 0.25$	$0.25 \sim 0.3$	$0.35 \sim 0.4$

（2）浅孔装药系数。炮孔中的装药系数不宜太小，最好能达到60%～70%。装药系数太小，炸药在矿石中分布不均匀，崩下的矿石大块比较多。

（3）炸药。多用铵油炸药或乳化炸药。

（4）起爆药包。置于孔底，人工装药。

（5）起爆器材。非电导爆管或导爆索。

c　通风工作

新鲜风流从上风流方向的天井进入，通过矿房工作面以后，经天井排到上部回风平巷。电耙道的通风应形成独立的系统，防止污风窜入矿房中。工作面的风量应当保证满足排尘、排烟的需要。要求采掘工作的风速不低于0.15m/s，空气的含氧量不得少于20%。

d　局部放矿

矿石崩落以后，矿石碎胀，为了保证有一定的工作空间，必须放出部分矿石。按规定应放出崩落矿石的1/3，剩下2/3作为继续工作的临时工作台。

e　平撬工作

在局部放矿以后，工人进入采场，首先应撬去工作地点的浮石，否则会直接影响工人的安全生产。

f　大量放矿

当把矿房内的矿石全部采完后，要进行大量放矿工作，把原来留下的2/3碎石全部放出来。

E　浅孔留矿法的工作组织

浅孔留矿法回采工作循环图见图6.17。

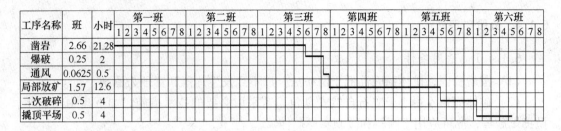

图 6.17　浅孔留矿法回采工作循环图

（1）应注意作业顺序问题，如下部出矿，上部就不能凿岩或做其他工作。

（2）薄矿脉开采时，多用一昼夜三班为一个循环，即一个班凿岩，另一个班爆破、通风，第三个班放矿、平场及其他准备工作。配备凿岩工人1名，助手1名，平场工2名，放矿工2~4名，支柱工1名等。

（3）中厚以上矿体开采时，一般也是三八制。基本有两种安排方式：

1）一班凿岩爆破，一班放矿通风，一班平场准备。

2）一班平场准备和凿岩爆破，两班放矿，劳动组织是用综合工作队形式。

6.1.3.3　技术经济指标

浅孔留矿法经济技术指标见表6.10。

表 6.10　浅孔留矿法主要技术经济指标

指标名称		西华山钨矿	盘古山钨矿	瑶岗仙钨矿	大吉山爬罐浅孔留矿法	珰坑矿块石砌壁浅孔留矿法	湘东钨矿横撑支柱留矿法	银山铅锌矿平底结构浅孔留矿法	焦家金矿	上官金矿	湘东钨矿
采场生产能力/t·d⁻¹		50~60	42				50~70	55~75	80	90	100
采矿掌子面工效/t		12.5	12.4	10.2	14.6	4.74	5.5	10~12			
采矿凿岩台班效率/t		66	64	41.4	81.4	41.5	38	50~70			
采切比/m·kt⁻¹				21				12~16	16	32	21.6~31.8
损失率/%		6.1	4.7	13		14.2	6~7	12.6	3	10	5.6
贫化率/%		78	66~76	73~78	74	71.8	56.2	12~14	5	17	72.9
每吨矿主要消耗材料	炸药/kg	0.62	0.76	0.72	0.64	0.40	0.70~0.75	0.6			0.73~0.83
	雷管/个	0.82	0.73	0.88	0.91	0.91	0.84	0.68			0.9~1.0
	导火线/m	1.70	1.95	1.75	2.66	1.40	1.47	2.00			
	合金片/g	2.6	3.99	3.3		5.0	6~7	2~3			
	钎子钢/kg	0.027	0.05	0.055	0.089	0.071	0.070	0.045			
	坑木/m³	0.006	0.0023	0.00232	0.0009	0.013	0.01~0.012	0.0019			0.01
直接成本/元·t⁻¹		3.4	4.9~5.8	4.7~5.8	5.99		5.3	3.53			

6.1.4 分段矿房法

6.1.4.1 适用条件

（1）围岩稳固，矿体稳固性低于留矿法，以不致发生片落和冒顶为原则。

（2）矿体倾角不得小于矿石自然安息角，若采取必要的技术措施，如下盘中间漏斗、抛掷爆破等，亦可应用于倾斜和缓倾斜厚矿体。

（3）采场内不能分采和手选，一般多用于含夹层较少的矿体。

6.1.4.2 典型方案

分段（中段）采矿法见图6.18。

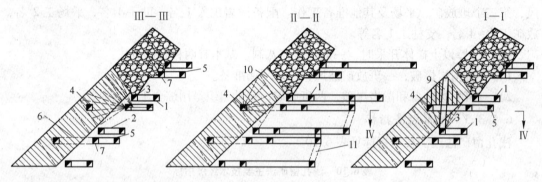

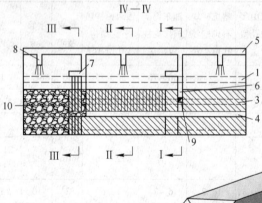

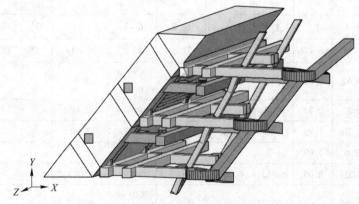

图 6.18　分段（中段）采矿法

1—分段运输平巷；2—装运横巷；3—堑沟平巷；4—凿岩平巷；5—矿柱回采平巷；6—切割横巷；
7—间柱凿岩硐室；8—斜顶柱凿岩硐室；9—切割天井；10—斜顶柱；11—斜坡道

A　采场布置

矿房布置方式分为沿走向布置、垂直走向布置两种方案。

（1）沿走向布置。由矿房中央向两侧后退回采或从矿房一侧向另一侧推进，矿房长轴与矿体走向一致。

（2）垂直走向布置。由上盘向下盘推进，而矿房长轴垂直于走向，适合回采厚大矿体。

选取分段采矿法平面尺寸时，上盘岩石和顶柱暴露面积不得超过表6.11所规定的范围。当矿体厚度小于表6.12所列数值时，矿房应沿走向布置。

表6.11　矿岩允许暴露面积范围

名　称	矿石与围岩均稳固	极稳固的矿石，稳固的围岩	极稳固的矿石和围岩
上盘岩石允许暴露面积/m²	1250～2000	2000～2500	2500～3000
顶柱允许暴露面积/m²	800	800～1000	1500～1800

表6.12　沿走向布置分段采矿法的矿体厚度极限值

顶板稳固程度	矿石稳固程度	
	稳固的	极稳固的
稳固的	矿体厚度15m	矿体厚度20m
极稳固的	矿体厚度20m	矿体厚度30m

B　矿块构成要素

（1）阶段高度40～60m；

（2）每个阶段划分为三个分段，分段高度为15～20m；

（3）每个分段分为矿房和矿柱，矿房沿走向长35～40m；

（4）矿房宽度等于矿体水平厚度；

（5）沿倾斜长25～45m，间柱宽6m；

（6）分段间留斜顶柱，其真厚度为5m。

矿块构成要素见表6.13。

表6.13　国内外采用分段出矿分段法矿块构成要素

矿石名称	出矿方法	阶段高度/m	分段高度/m	矿房宽/m	间柱宽/m	底柱高/m	顶柱高/m
杨家杖子钼矿	电耙出矿	35	12	连续回采	无间柱		5（斜高）
青城子铅锌矿	爆力运搬	30	15	32	4		
因民矿面山坑	电耙出矿，部分振动放矿机出矿	72	31.5	连续回采	无间柱	顶底柱合一	5.5
赞比亚某铜矿	铲运机出矿	40～60	15～20	30～40	6		5

C　采准工作

（1）从阶段运输平巷掘进斜坡道，使各分段互相连通，可行驶无轨设备及无轨车辆运送人员设备及材料等。不设斜坡道，则需要布置设备井。

（2）放矿溜井。沿走向每隔100m掘进一条放矿溜井，溜井与各分段运输平巷相通。

（3）分段运输平巷。每个分段水平都在下盘脉外掘进一条分段运输平巷。

（4）装矿横巷。从分段运输平巷沿走向每隔6~8m距离开掘一条装矿横巷。

（5）矿柱回采平巷。在分段运输平巷上部掘进矿柱回采平巷。

（6）凿岩平巷。靠近上盘的脉内掘进凿岩平巷。

（7）间柱凿岩硐室。间柱凿岩硐室均在靠下盘脉外开掘。

（8）顶柱凿岩硐室。顶柱凿岩硐室均在靠下盘脉外开掘。

D　切割工作

（1）切割横巷。在矿房的一侧掘进切割横巷，使得凿岩平巷和矿柱回采平巷相连通。

（2）切割天井。从堑沟巷道到分段矿房的最高处，掘进切割天井。

（3）堑沟拉底平巷。装矿横巷与堑沟拉底平巷相通，堑沟拉底平巷开掘在靠矿体下盘处。

（4）切割立槽的形成。在切割横巷中钻凿环形深孔，以切割天井为自由面，爆破后便形成切割立槽。

E　回采工作

（1）在凿岩平巷中打环形深孔从切割槽向矿房另一侧进行回采工作。

（2）在堑沟拉底平巷中打上向扇形炮孔和上部回采炮孔同时爆破。

（3）崩落下来的矿石，从装矿横巷用铲运机运输到分段运输平巷内最近的溜井中，溜到阶段运输巷道中装车运出。

F　矿柱回采与空区处理

当一个矿房回采结束以后，立即回采一侧的间柱和斜顶柱。

（1）回采间柱的深孔凿岩硐室布置在切割横巷靠下盘的侧部。

（2）回采斜顶柱的深孔凿岩硐室开掘在矿柱回采平巷的一侧，对应于矿房中央部位。

（3）回采矿柱的顺序是先爆破间柱并将崩下的矿石放出之后再爆破顶柱。爆破顶柱时，由于受外力抛掷作用，顶柱崩落的大部分矿石溜到堑沟内放出。

6.1.4.3　技术经济指标

技术经济指标见表6.14。

表6.14　分段矿房法技术经济指标

矿山名称	生产能力 /t·d^{-1}	掌子面工效/t	采切比 /m·kt^{-1}	损失率 /%	贫化率 /%	材料消耗单耗						
						炸药 /kg	雷管 /个	导火线 /m	导爆索 /m	钎钢 /kg	合金片 /kg	木材 /m³
辉铜山铜矿	300~370	15.8	7.69	6.3	9.49	0.46					1.407	0.0007
龙山铜矿	100~200	45	10	10	20	0.68	0.23	0.43	0.21	0.022	1.35	0.0009
大庙铁矿	93~134	21.6		20.7~24.5	14.5~16.9	0.211	0.077		0.75			0.0003
金陵铁矿	300~400	20.7	8.4	6.5	13.5	0.454	0.198	0.3	0.251	0.0402	1.654	0.0002
郭店铁矿	100	6	9	9.6	10.2	0.72	0.54			0.03		0.00017
牟定铜矿	160~180	26.6		12~26	13~22	0.46				0.22	0.013	0.00025
大姚铜矿	89~130	90		7.6~8.01	8.5~10.3	0.68~0.70	0.2			0.04~0.06	0.018	

续表6.14

矿山名称	生产能力 /t·d^{-1}	掌子面工效/t	采切比 /m·kt^{-1}	损失率 /%	贫化率 /%	材料消耗单耗						
						炸药 /kg	雷管 /个	导火线 /m	导爆索 /m	钎钢 /kg	合金片 /kg	木材 /m^3
胡家裕矿	303		20.3	10.85	16.7	0.461	0.031		0.234			
开阳磷矿	143	5.3	10.97	49.2	20.5	0.22						0.0021
东川因民矿面山坑			12.4~14.5	14.55~15.15	15.46~16.46	0.51						
下告铁矿	250~500		13	20	10	0.337	0.18		1.375			
金玲铁矿	低分段260 高分段400		6.3~7.5 2.4~5.5	6.5	13.5	0.594 0.587	0.198		0.251			

6.1.5 分段凿岩阶段矿房法

6.1.5.1 适用条件

(1) 厚和极厚矿体。

(2) 围岩稳固,矿体稳固性以不发生片落、冒顶为准则。

(3) 急倾斜矿体,矿体倾角不得小于矿石的自然安息角,一般为50°以上。当设置下盘漏斗等一些必要措施时,也可以应用于倾斜和缓倾斜的厚矿体。

6.1.5.2 典型方案

分段凿岩阶段矿房法见图6.19~图6.21。

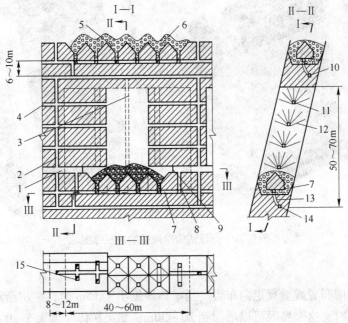

图6.19 电耙出矿分段凿岩垂直深孔落矿阶段矿房法

1—拉底巷道;2—通风人行天井;3—天井;4—分段平巷;5—劈漏后形成的漏斗;

6—切割拉槽;7—电耙道;8—未劈漏的小井;9—未拉底部分;10—回风巷;

11—分段凿岩巷;12—炮孔;13—溜矿口;14—阶段运输平巷;15—溜井

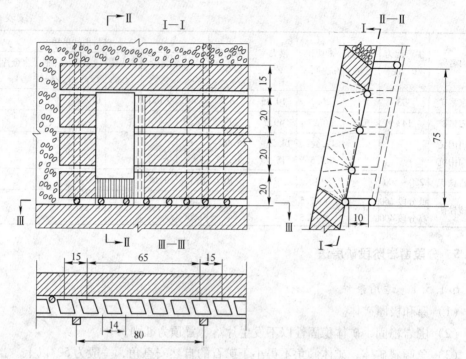

图 6.20　平底结构出矿分段凿岩垂直深孔落矿阶段矿房法

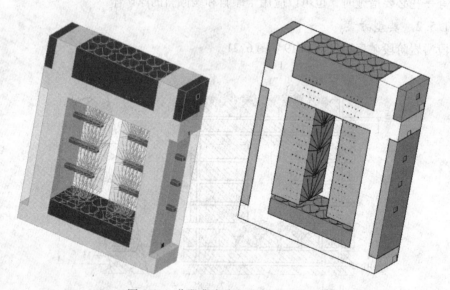

图 6.21　分段凿岩阶段矿房法三维图

A　矿块布置

矿房可沿走向布置或垂直走向布置。当矿体厚度小于 15m 时，矿房沿走向布置；当矿石和围岩极稳固时，这个界限可以增加到 20 ~ 30m；如果矿体厚度大于 20 ~ 30m 时，矿块应垂直走向布置。

B　构成要素

阶段矿房法构成要素见表 6.15。

表 6.15 阶段矿房法矿山构成要素

矿山名称	采场布置	阶段高度 /m	矿房长度 /m	矿房宽度 /m	分段高度 /m	顶柱高度 /m	底柱高度 /m	间柱宽度 /m
金玲铁矿	沿走向布置	40~70	40~60	水平厚度	12~14	8	8	6
	垂直走向布置		矿体厚度	20~25	18~20	8~10		8~10
太白金矿	沿走向布置	50	矿体厚度	17	11	6	2.5	8
下告铁矿	垂直走向布置	60	矿体厚度	20	13	7~8	13~14	10~15
辉铜山铜矿	沿走向布置	60	37~50	矿体厚度	9~11	6~8	11~13.6	8

a 阶段高度

分段凿岩阶段矿房法的阶段高度一般为 50~70m。

b 矿房长度

一般情况下矿房长为 40~60m。与矿体倾角有关,矿体倾角越缓,则上盘岩石对矿柱的压力也越大,矿房长度应减小。

c 矿房宽度

当矿房是沿走向布置时,矿房宽度等于矿体厚度;当矿房是垂直走向布置时,矿房宽度一般为 15~25m。

d 分段高度

分段高度一般为 10~20m,取决于凿岩设备的凿岩能力。

e 矿柱尺寸

(1) 顶柱厚度。一般为 6~10m。

(2) 间柱宽度。沿走向布置时,一般为 8~12m,垂直走向布置时,一般为 10~14m。

(3) 底柱高度。底柱高度主要取决于底部结构的形式,矿岩的稳固性。

当采用电耙底部结构时,底柱高度可取 7~11m,当由放矿漏斗直接放矿装车时,底柱高度可取 4~6m。

f 漏斗间距

漏斗间距一般为 5.5~6m,也有 7m 的。

C 采准工作

a 阶段运输巷道

阶段运输巷道的位置根据整个阶段运输巷道的布置来决定,一般沿矿体下盘接触线布置。

b 通风人行天井

通风人行天井多数布置在间柱中,断面为 1.6m×2.2m。凡是有人员工作通行的地方,都应该送进新鲜风流。

c 电耙巷道

由人行天井掘进电耙巷道。电耙巷道断面可为 2.5m×2.2m 或 2.5m×2.5m。

d 溜矿小井

由运输巷道一侧向电耙道开掘溜矿小井,断面可为 2m×2m。溜矿井上口不要正对斗口,应错开 2.0m 以上。溜矿井的位置如图 6.22 所示。

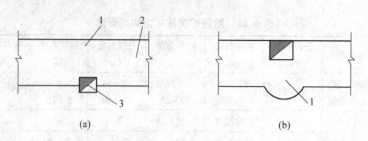

图 6.22　溜矿井的位置
1—人行过道；2—耙道；3—凿岩天井

e　分段凿岩巷道

（1）由天井掘进分段凿岩巷道。

（2）分段巷道断面由选用的凿岩设备来决定。高度一般不小于 2m，宽度一般不小于 2m。如用 YG80 时，断面可为 2.8m×2.8m。

（3）分段凿岩巷道的数目及位置。每个分段可布置 1～2 条分段凿岩巷道，通常靠下盘布置以减小炮孔深度，提高凿岩效率，如图 6.23a 所示。当矿体下盘与围岩接触带不够稳固，上盘围岩与矿体不易分离以及需要沿矿全上盘布置探矿巷道时，才沿矿体上盘布置分段凿岩巷道，如图 6.23b 所示。当矿体厚度较大时，分段巷道可布置在矿体中央，向两侧凿岩，如图 6.23c 所示。当遇到矿体形状复杂、矿岩易分离等情况时，可以沿矿体上、下盘各布置一条凿岩巷道，如图 6.23d 所示。

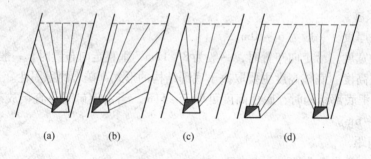

图 6.23　分段巷道的位置

矿体的倾角越小，则分段凿岩巷道越应当靠下盘布置。其目的是使炮孔深度相差不大，以便提高凿岩效率。

f　漏斗颈

漏斗颈一次掘进完毕，但漏斗可分次劈开，能满足崩落矿石的需要即可，漏斗颈断面可为 2m×2m。

D　切割工作

切割工作包括：掘进拉底巷道，切割横巷，切割天井，拉底和劈漏以及施工立槽。

拉槽方法见 4.2.4 节深孔拉槽。

E　回采工作

切割工作完成之后，则可以依切割立槽为爆破自由面，在分段巷道中施工上向扇形炮孔，进行正式回采工作。矿房回采工作主要包括落矿、出矿通风及地压管理。

a 凿岩

凿岩在分段巷道施工扇形炮孔，在分段巷道两侧的敞开进路中打平行炮孔落矿。

（1）垂直上向平行炮孔（图6.24a）。

优点：大块少，爆破效果好。

缺点：凿岩机移动频繁，限制了最小抵抗线长度，安全性差，增加了巷道工程量。

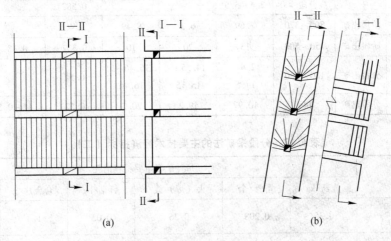

图6.24 上向平行深孔布置图

（a）平行孔；（b）扇形孔

（2）垂直上向扇形炮孔（图6.24b）。

优点：比在敞开进路中作业安全性好，劳动生产率高，同时减少了采准工作量。

缺点：炮孔布置不如平行孔均匀，爆破效果比平行孔差，大块多。矿石损失大，矿房边界矿石不易采干净。

为了解决炮孔布置不均，丢矿，对于厚度较大的矿体，可以沿矿体上、下盘矿岩接触线各开一条分段凿岩巷道，或者采取混合布置方式。

b 运搬工作

崩落的矿石借自重落到底部结构上经漏斗溜放到电耙道，用28kW或55kW电耙把矿石耙入溜井下放到阶段运输平巷中装矿车运走，耙斗容积为$0.3 \sim 0.5 m^3$。

当矿体的倾角小于50°时，残留在下盘的矿石不易放出，而且残留的矿石随着阶段高度的增加而急剧增加。为了充分回收矿石，应当开凿下盘漏斗，将下盘崩落矿石靠自重放出或借助电耙将下盘崩落矿石运搬到采场之外。

c 通风工作

通风工作大多采用集中凿岩，分次爆破的办法，这样使出矿时的污风不至于影响凿岩工作。

d 采场地压管理

选择合理的矿房矿柱尺寸，严格控制采空区的暴露面积和暴露时间，及时处理采空区，以此保证回采工作的顺利进行。

6.1.5.3 技术经济指标

技术经济指标见表6.16、表6.17。

表 6.16　分段采矿法的主要技术经济指标（一）

矿山名称	出矿方式	矿块生产能力/t·d⁻¹	采切比/m·kt⁻¹	损失率/%	贫化率/%	主要材料消耗		
						炸药/kg·t⁻¹	雷管/发·t⁻¹	导爆索/m·t⁻¹
金玲铁矿	阶段出矿	低分段 260 高分段 400	6.3~7.5 2.4~5.5	6.5	13.5	0.594 0.587	0.198	0.251
辉铜山铜矿	阶段出矿	300~370	7.69	6.3	9.49	0.46		0.79
下告铁矿	阶段出矿	250~500	13	20	10	0.337	0.18	1.375
因民矿面山坑	分段出矿	180~240	12.4~14.5	14.55~15.15	15.46~16.46	0.51		
开阳磷矿	分段出矿	143	10.97	49.2	20.5	0.22	0.41~0.56	

表 6.17　分段采矿法的主要技术经济指标（二）

矿山名称	每吨矿石主要材料消耗					
	炸药/kg	雷管/个	导火（爆）线/m	钎钢/kg	合金片/g	坑木/m³
杨家杖子钼矿（阶段矿房法）	0.35	0.208	0.26	0.03	1.8	0.0015
杨家杖子钼矿（深孔留矿法）	0.29	0.007	0.045			
红透山铜矿	0.26~0.49	0.42~0.80	0.5~1.7	0.01~0.077	1.75~2.32	0.00004~0.00035
河北铜矿	0.23~0.34	0.372	0.67	0.06~1.01	1.64~2.05	0.000526~0.00246
大吉山钨矿	0.25~0.35	0.002~0.006	0.05~0.08	0.003~0.074		
弓长岭铁矿（留矿）	0.45~0.70	0.4~0.6	1.2~1.5	0.03~0.05	3~15	13~24
锦屏磷矿（留矿）	0.53					0.0003~0.00035
高山矿（苏联）	0.288					
古普金铁矿（苏联）	0.597					
铜矿山（苏联）	0.43~0.48					
柯米切恩铁矿（苏联）	0.22~1.24					0.002~0.003
塔什塔戈尔矿（苏联）	0.24~0.28					
贝塔尼亚矿（加拿大）	0.265					
玛姆贝格矿（瑞典）	0.27					

6.1.6　水平深孔落矿阶段矿房法

6.1.6.1　适用条件

（1）矿石和围岩稳固，特别是围岩应当有足够的稳定性，使之在开采时不能冒落。

（2）矿体比较规整。

（3）急倾斜。

（4）厚矿体。

（5）用于开采价值不高的矿体。

部分矿山应用阶段矿房法的开采技术条件见表6.18。

表6.18 部分矿山应用阶段矿房法的开采技术条件

矿山名称	矿体厚度/m	矿体倾角/(°)	矿岩种类及条件	
			围岩	矿体
弓长岭铁矿	10～25	70～85	绿泥片岩 $f=3～4$，不稳固	磁铁矿 $f=6～9$
红透山铜矿	8～12	72～83	黑云母片麻岩 $f=12～18$，稳固	黄铜矿 $f=8～10$，稳固

6.1.6.2 典型方案

水平深孔落矿阶段矿房法见图6.25、图6.26。

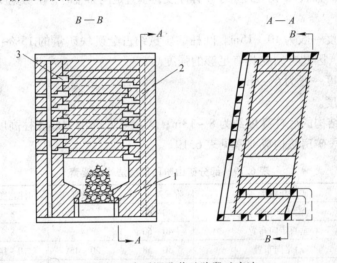

图6.25 水平深孔落矿阶段矿房法
1—电耙道；2—通风天井；3—凿岩硐室

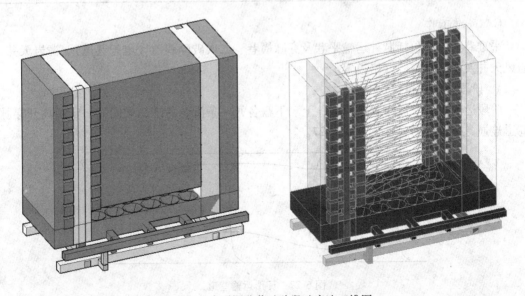

图6.26 水平深孔落矿阶段矿房法三维图

A 矿块布置

一般当矿体厚度在20~30m以下时,矿块沿走向布置,大于20~30m时矿块垂直走向布置。

B 构成要素

a 阶段高度

阶段矿房法阶段高度一般为60~80m。

b 矿房长度

沿走向布置时,矿房长度一般为20~50m;垂直走向布置时,矿房长度等于矿体厚度。

c 矿房宽度

矿块沿走向布置时,矿房宽度等于矿体厚度;垂直走向布置时,矿房宽度一般为10~30m。

d 矿柱尺寸

(1) 间柱宽度一般为10~15m。间柱的矿量约占全矿块矿量的15%~35%,并且承受大部分岩石压力,因此必须要具有足够的强度。

(2) 顶柱厚度一般为6~8m。

(3) 底柱高度。

有漏斗底部结构的底柱高度约为8~13m;无漏斗底部结构的底柱高度约为5~8m。

部分矿山阶段矿房法构成要素见表6.19。

表6.19 部分矿山阶段矿房法构成要素

矿山名称	矿房布置形式	阶段高度/m	矿房长度/m	间柱宽度/m	顶底柱高度/m
弓长岭铁矿	沿走向布置	40~60	22	8	19
	垂直走向布置	40~60	14	8	19
大吉山钨矿	沿走向布置	50~58	20~45	10~14	12~17
	垂直走向布置	50~58	20~35	10~14	12~17
红透山铜矿	沿走向布置或垂直走向布置	60	34	10	11~18

C 采准工作

采准巷道主要包括脉外运输平巷及穿脉横巷、二次破碎巷道(电耙巷道)、凿岩天井、通风天井及凿岩硐室、联络道等。

a 阶段运输巷道

阶段运输平巷一般布置在脉外,上、下盘各开一条沿脉巷道,中间隔一定距离开穿脉巷道连通,构成环形运输,见图6.27。

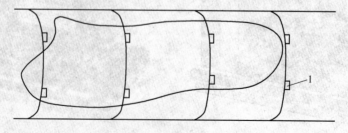

图6.27 环形运输巷道

1—溜井

b 电耙巷道

一般电耙巷道布置在运输水平上 $4 \sim 5m$ 高的地方。典型方案的电耙巷道位于运输巷道顶板上，矿石直接耙入矿车中装运走。对于电耙巷道，一般都应有专门的回风系统，电耙巷道断面 $2m \times 2m$。

c 凿岩天井

凿岩天井是沿运输横巷掘进的，它与上部回风巷道连接。凿岩天井布置在矿房的角上比较好，它能够较好地控制矿房边界，可以防止留残矿现象，见图 6.28。如果凿岩天井布置在矿房中央，距离间柱和下盘部分距离过大，在这些地方就易产生"炮根"，使矿房上部逐渐变小，如图 6.29 所示。

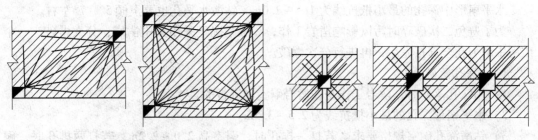

图 6.28 凿岩天井对角布置   图 6.29 凿岩天井中央布置

凿岩天井间的距离，当使用中深孔时，孔深不应超过 $10 \sim 12m$。当使用深孔时，孔深不应超过 $20m$（有的深 $15 \sim 40m$）。在合理孔深范围内，凿岩效率比较高。

d 凿岩硐室

当采用 YQ-100 深孔钻机凿岩时，需要开凿专门的凿岩硐室。硐室直径为 $3.5 \sim 4.0m$，高 $2 \sim 2.2m$。可采用以下几种布置形式：

（1）两个凿岩天井的硐室交错布置。每个凿岩天井的硐室担负一个分层的深孔。

（2）增加凿岩硐室的间距，使每个硐室可以打两排孔。

（3）一个天井中的上、下相邻凿岩硐室错开布置，避免在同一位置上、下重叠。

凿岩硐室布置见图 6.30。

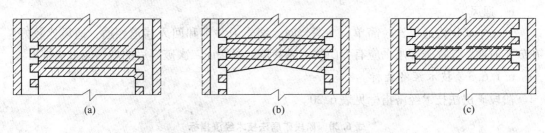

图 6.30 凿岩硐室布置
(a) 布置形式 (1)；(b) 布置形式 (2)；(c) 布置形式 (3)

在布置凿岩硐室时，应当注意如下几点：

（1）炮孔深度合理，勿使个别炮孔过长。

（2）炮孔能够控制矿房边界。

（3）凿岩硐室、天井及联络道应尽量减小对间柱稳定性的影响。

（4）下向相邻硐室之间的间柱要有一定的厚度，以保持硐室的稳固性。

D　切割工作

切割工作主要包括开掘拉底巷道、拉底空间和劈漏。具体的浅孔拉底劈漏的方法与浅孔留矿法相同。

E　回采工作

a　落矿

落矿方式可分为中深孔和深孔落矿两种，具体如下：

（1）中深孔落矿。用中深孔落矿时，其凿岩、装药工作是在凿岩天井中的平台上或吊盘上进行的。

水平扇形中深孔的最小抵抗线为 1.5~2.0m。钻凿水平孔也要上倾 5°~7° 左右。

为了避免二次破碎时污风影响凿岩工作，一般情况下采用集中凿岩，分次爆破。一个矿房中的炮孔全部打完后，再进行分次爆破。

（2）深孔落矿。

1）用深孔落矿时，凿岩工作是在凿岩硐室中进行的。

2）水平扇形深孔的最小抵抗线为 2.5~3.5m。

3）钻凿深孔硐室规格要求。若打一排孔时，硐室高 2.0~2.2m；若打两排孔时，硐室高 2.8m。

深孔爆破时应注意第一次爆破时，由于拉底空间不大，同时要保护底柱的稳固性，一般先爆破 1~2 排孔，以后可以逐渐增加排数，这样可减少总的爆破次数。

b　运搬

（1）每次爆破下来的矿石可以全部放出，也可以暂留在矿房中，但是并不作为维护围岩的一种手段，只起到调节出矿量的作用。

（2）阶段矿房法一般都采用电耙出矿。电耙绞车能力为 28~55kW，耙斗容积为 0.3~0.5m³。

由于采用深孔落矿大块率高，达 20%~30%，二次破碎量较大。二次破碎工作在电耙道中进行，对出矿效率影响很大。

c　通风

回采中矿房内通风比较简单，在凿岩时，凿岩天井都和回风巷道相通，通风比较好。在放矿时期，二次破碎水平应有专门的回风巷道，以保证二次破碎后的炮烟能很快排出。

6.1.6.3　技术经济指标

阶段矿房法技术经济指标见表 6.20。

表 6.20　阶段矿房法技术经济指标

矿山名称	矿块生产能力 /t·d⁻¹	采切比 /m·kt⁻¹	损失率/%	贫化率/%	每米孔崩矿量 /t	主要材料消耗			
						炸药 /kg·t⁻¹	雷管 /个·t⁻¹	导爆线 /m·t⁻¹	坑木 /m³·kt⁻¹
弓长岭铁矿	250~300		24~32	9~11		0.45~0.70	0.4~0.6	1.2~1.5	13~24
大吉山钨矿	210~450	3.6~6.5	13~24	86.70	12~20	0.25~0.35	0.002~0.006	0.05~0.08	
红透山铜矿	300~400		20~25	18~20	15~16	0.26~0.49	0.42~0.8	0.5~1.7	0.00004~0.00035

6.1.7 深孔球状药包后退式阶段矿房法（VCR）

6.1.7.1 适用条件

（1）矿石和围岩处于中等稳固以上程度。

（2）厚和极厚水平矿体以及中厚以上的急倾斜矿体。

（3）矿体相对比较规整。

（4）矿体无分层现象，不应有互相交错的节理或穿插破碎带。

国内外应用 VCR 法矿山的矿体赋存条件见表 6.21。

表 6.21 国内外应用 VCR 法矿山的矿体赋存条件

矿 山	矿 体				围 岩		地质特点	原用采矿方法	VCR法应用比重/%
	形状	长/m	厚/m	倾角/(°)	上盘	下盘			
加拿大桦树镍矿 83 号矿体	块状	335.3	3.05～12.2	70	黑云母片麻岩（稳固）	石英岩（稳固）	矿石稳固	充填法、阶段矿房法	13.9
加拿大白马铜矿		670.6	24.4	70	闪长岩（不稳固）	石灰岩（不稳固）	矿石不稳固		78
加拿大百周年钼矿	窄脉	120～180	3～18	75～80	火成碎屑岩（稳固）	英安碎屑岩（较稳固）	矿石稳固	深孔阶段矿房法、VCR 切割	100
加拿大福克斯钼矿	透镜体	457.2	4.6～30.5	70～90	石灰岩，角页岩（中稳）	石英岩（不稳固）	矿石不稳固	充填法	
加拿大斯特拉康纳镍矿	透镜体	914.4		30～60	花岗角砾岩	花岗片麻岩		深孔阶段矿房法	12
美国卡尔福克钼矿	透镜体	400	40	70～90	石灰岩，角页岩（中稳）	石英岩（不稳固）	矿石不稳固	水平分层充填法、阶段矿房法	100
美国霍姆斯太克金矿	脉状	121.9						充填法	35～50
美国埃斯卡兰帝银矿		1100	1.5～14	70～75	火成碎屑岩（稳固）	流纹岩（稳固）	矿石稳固		
西班牙鲁尔比尔斯铅锌矿				90			矿石中稳		
西班牙阿尔马登汞矿			4.5～5.0	90	石英岩（稳固）	石英岩（稳固）	矿石稳固		
瑞典奴萌瓦拉铁矿		200（试验区）	5～35	60	斑岩（接触带不稳固）	正长岩（稳固）	矿石稳固		
中国凡口铅锌矿		200～600	20～50	60～70	灰岩（中稳）	灰岩（中稳）	矿石中稳		
中国金川二矿区		50（试验区）	30～50	70～75	混合岩（中稳）	绿泥片岩（不稳固）	矿石不稳固		
中国金厂峪金矿		40（试验区）	12～28	65～75	斜长角闪岩（中稳）	斜长角闪岩（中稳）	矿石中稳		

6.1.7.2　典型方案

深孔球状药包后退式阶段矿房法三维图如图 6.31 所示。

A　矿块布置与结构参数

根据矿体厚度，矿房可沿走向或垂直走向布置。当开采中厚矿体时，矿房沿走向布置；开采厚矿体时，则矿房垂直走向布置。此时可先采间柱，采完间柱放矿以后进行胶结充填，再采矿房，矿房采完放矿以后，可用水砂或尾砂充填。

阶段高度取决于围岩和矿石的稳固性及钻孔深度。按照生产实践的一般经验，阶段高度一般取 40~80m。

矿房长度根据围岩的稳固性和矿石允许

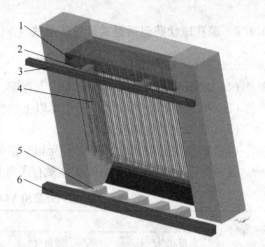

图 6.31　深孔球状药包后退式阶段矿房法（VCR 法）
1—凿岩硐室；2—进路横巷；3—进路平巷；4—平行孔；
5—装运巷道；6—下盘沿脉运输巷

的暴露面积确定，一般为 30~40m。矿房宽度，沿走向布置时，即为矿体的水平厚度；垂直走向布置时，应根据矿岩的稳固性确定，一般为 8~14m。

间柱宽度，沿走向布置时为 8~12m；垂直走向布置且先采间柱时，其宽度一般为 8m。

顶柱厚度根据矿石稳固性确定，一般为 6~8m。底柱高度按出矿设备确定，当采用铲运机出矿时，一般为 6~7.5m。也可不留底柱，即先将底柱采完形成拉底空间，然后分层向下崩矿，整个采场采完和铲运机在装运巷道出矿以后，再采用遥控技术，使铲运机进入采场底部将留存在采场平底上的铲石铲运出去。

B　采准工作

当采用垂直平行深孔时，在顶柱下面掘凿岩硐室，硐室长度比矿房长度长 2m，硐室宽度比矿房宽 1m，以便钻凿矿房边孔时留有便于安置钻机的空间，并使周边孔距上下盘围岩和间柱垂直有一定的距离，以控制矿石贫化和保持间柱垂直面的平直稳定。钻机工作高度一般为 3.8m。为充分利用硐室自身的稳定性，一般硐室墙高 4m，拱顶处全高为 4.5m，形成拱形断面。

为了增强硐室的安全性，可采用管缝式摩擦锚杆加金属网护顶。锚杆网度为 1.3m×1.3m，呈梅花形，锚杆长 1.8~2m，锚固力为 68670~78480N。

当采用垂直扇形炮孔时，在顶柱下面掘凿岩巷道，便可向下钻垂直扇形深孔。

当采用铲运机出矿时，由下盘运输巷道掘装运巷道通达矿房底部的拉底层，与拉底巷道贯通。装运巷道间距一般为 8m，巷道断面为 2.8m×2.8m，曲率半径为 6~8m。为保证铲运机在直道状态下铲装，装运巷道长度不小于 8m。

C　切割工作

拉底高度一般为 6m，可留底柱、混凝土假底柱或平底结构。留底柱时，在拉底巷道矿房中央向上掘 6m 高，宽约 2~2.5m 的上向扇形切割槽，然后自拉底巷道向上打扇形中深孔，沿切割槽逐排爆破，矿石运出后，形成堑沟式拉底空间。采用混凝土假底柱时，则自拉底巷道向两侧扩帮达上下盘接触面，然后再打上向平行孔，将底柱采出，再用混凝土造成堑沟式人工假底柱。

D 回采工作

a 钻孔

现在多采用大直径深孔，炮孔直径多为165mm。炮孔排列有垂直平行深孔和扇形孔两种。采用垂直平行深孔的孔网规格一般为3m×3m，按矿石可爆破性确定。各排平行深孔交错布置或呈梅花形布置，周边孔的孔距适当加密。钻孔设备采用深孔大直径钻机。如今使用的潜孔钻机有阿特拉斯-科普柯 ROC-306 型履带式潜孔钻机、TRWMission 钻机、英格索兰德 CMM-DHD-16 型潜孔钻机等。国产钻机有长沙矿山研究院与嘉兴冶金机修厂按 ROC-306 型仿制的 DQ-150J 型潜孔钻机。

b 爆破

球状药包所用的炸药必须采用高密度、高爆速、高威力的炸药。国外20世纪70年代主要采用高含量 TNT 的浆状炸药，如今已发展为乳化炸药。

分层爆破参数的确定包括三部分；一是药包重量的选定。根据球状药包的概念，药包长度不应大于药包直径的6倍。二是药包最优埋置深度，指药包中心距自由面的最佳距离。三是布孔参数。合理的炮孔间距应考虑矿石的可爆性，并使爆破后形成的顶板平整。

装药结构及施工顺序。单分层的装药结构及施工顺序一般包括测孔、堵孔底、装药、堵塞等环节。测孔即在进行爆破设计前测定孔深，测出矿房下部补偿空间的高度。堵孔底是将系吊在尼龙绳尾端的预制圆锥形水泥塞下放至孔内预定位置，再下放未装满河沙的塑料包堵住水泥塞与孔壁间隙，然后再向孔内堵装散沙至预定高度为止。装药时采用系结在尼龙绳尾端的铁钩钩住预系在塑料药袋口的绑结铁环，借药袋自重下落的装药方法。药包上面填入河沙，填塞高度以2~2.5m为宜。

c 起爆网路

起爆采用起爆弹—导爆索—导爆管雷管—导爆线起爆系统。球状药包采用起爆弹中心起爆。孔内导爆索与外部网路的导爆线之间采用导爆管连接。

d 爆破实施

采用单分层爆破时，每分层推进高度约3~4m。爆破后顶板平整，一般无浮石和孔间脊部。

E 出矿

a 出矿设备

国内外多采用铲运机出矿。凡口铅锌矿使用 LF-4.1 型铲运机出矿，斗容2m³，平均台班生产能力为247t，最高为587t，平均日生产能力为740t，最高为1500t。使用斗容0.83m³CT-1500 型铲运机出矿，平均台班生产能力为223t，平均日生产能力为581t，最高达977t。

b 出矿方式

一般每爆破一分层，出矿约40%，其余暂留矿房内，待全部崩矿结束后，再行大量放矿。若矿石含硫较高，则产生二氧化硫，易于结块。为减少崩下矿石在矿房的存留时间，使矿石经常处于流动状态，减小矿石结块概率，当矿岩稳固允许暴露较大的空间和较长的时间时，可采取强采、强出、不限量出矿。

6.1.7.3 技术经济指标

VCR 法主要技术经济指标见表6.22。

表6.22　垂直深孔球状药包落矿阶段矿房法主要技术经济指标

指　标	矿　山		
	加拿大桦树矿	加拿大白马铜矿	中国凡口铅锌矿
矿块生产能力/t·d⁻¹	630		482
深孔凿岩工效/m·(工·班)⁻¹			3.32
深孔凿岩台效/m·(台·班)⁻¹			24.1
矿块爆破工效/t·(工·班)⁻¹			181.7
矿块出矿运输工效/t·(工·班)⁻¹			32.16
矿块回采工作工效/t·(工·班)⁻¹	75		19.23
矿石损失率/%	4	22	3
矿石贫化率/%	23	19	8.4
每米炮孔崩矿量/t		32	20
炸药消耗量/kg·t⁻¹	0.14	0.27	0.4
大块产出率/%			0.98
采矿作业成本/元·t⁻¹		1.18美元	6.97

6.2　崩落采矿法

6.2.1　单层崩落法

6.2.1.1　适用条件

(1) 地表及围岩允许陷落。

(2) 矿体倾角一般不大于35°缓倾斜层状矿体，多数矿山小于30°，矿体倾角应变化不大。当倾角不小于40°时，支柱、耙矿、凿岩等工作都很困难，且很不安全。

(3) 矿体厚度一般不大于3m，多用不大于2m的矿体。当矿体厚大于4m时，工作面支护极端困难，工人劳动强度大。

(4) 顶板围岩不稳固，且应易崩落。

(5) 矿体的底板最好是比较平的，否则影响耙矿。

(6) 矿体规模比较大，但连续性较好，有利于长壁工作面的推进。

(7) 对矿石的稳固性不限，最好稳固。

(8) 壁式崩落法主要用于开采铁矿、锰矿、铝土矿和黏土矿。

国内部分应用单层崩落法的矿山的开采技术条件见表6.23。

表6.23　国内部分应用单层崩落法的矿山的开采技术条件

矿山名称	矿体赋存条件				围岩条件			
	矿体厚度/m	倾角/(°)	走向长度/m	矿石稳固性	上　盘		下　盘	
					岩石名称	稳固性	岩石名称	稳固性
湘东铁矿	1.6	35		不稳固	泥质灰岩、钙质页岩	不稳固	石英砂岩、砂质页岩	不稳固
湖田铝矿	2.18	30~80	1300	中稳	杂色黏土页岩	不稳固	黏土页岩	不稳固
王村铝土矿	2.5	13	2200	较稳固	铝土页岩	较稳固	石英砂岩	较稳固
白渔口黏土矿	2.16	8	500	不稳固	白云岩炭质黏土	不稳固	炭质黏土	不稳固
浦市磷矿	2.36	15		不稳固-中等稳固	泥质白云岩、白云岩板岩、白云岩	不稳固-中等稳固	白云质板岩、白云岩	不稳固

6.2.1.2 典型方案

单层崩落采矿法见图 6.32。

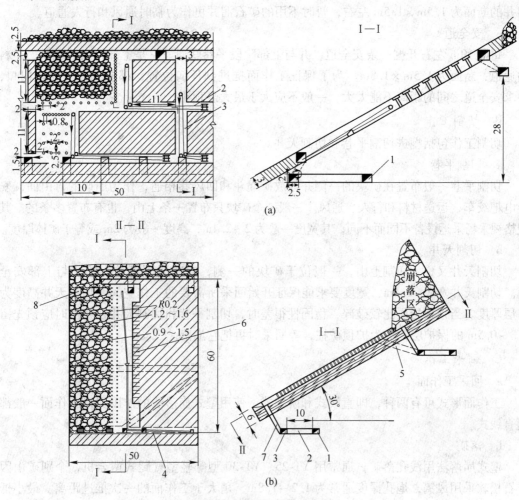

图 6.32 单层崩落采矿法

（a）短壁式崩落法示意图

1—阶段运输巷道；2—分段巷道；3—上山

（b）长壁崩落法示意图

1—阶段沿脉运输巷道；2—联络巷道；3—沿脉装矿巷道；4—切割巷道；

5—安全道；6—炮孔；7—矿石溜井；8—切割上山

A 矿块的构成要素

a 阶段高度

一般工作面斜长为 40~60m。

b 矿块长度

矿块长度变化范围一般为 50~100m，最大可达 200~300m。

c 阶段运输平巷布置

阶段运输平巷布置在矿层中或底板的岩石中。当矿体底板起伏不平，断层等构造多，地压大时以及同时开采多层矿体时，一般都将运输巷道布置在底板脉外岩石中。

d　矿石溜井

沿装车巷道每隔 5～6m，向上掘进一条矿石溜井，并与采场下部切割平巷贯通。矿石溜井的断面为 1.5m×1.5m 左右，暂时不用的矿石溜井可作为临时通风和行人通道。

e　安全道

每隔 10m 左右开掘一条安全道，并与上部阶段平巷联通。它是上部行人、通风、运料的通道，断面为 1.5m×1.8m。为了保证工作面推进到任何位置，都能有一个安全出口，要求安全道之间的距离不能太大，一般不应大于最大悬顶距。

B　切割工作

切割工作包括掘进切割平巷和切割天井。

a　切割平巷

切割平巷一般布置在矿块的一侧并与放矿漏斗和回风巷相通，作为崩矿的自由面，安装电耙绞车，运送材料和行人、通风。一般一个矿块只布置一条上山，也有布置多条的。其规格视采场采运设备不同而不同，其宽度一般为 2～2.4m，高度一般为 2m 或等于矿体厚度。

b　切割天井

切割天井又称为切割上山，一般位于矿块的一侧，它联通下部矿石溜井与上部安全道。切割天井宽 2～2.4m，宽度要求能保证开始回采所需要的工作空间。切割天井高度为矿层厚度。当顶板岩层比较破碎，稳固性很差时，切割平巷和切割天井在开凿时应预先留 0.3～0.5m 的保护层，称为护顶矿柱，等回采时再把它崩落。

C　回采工作

a　回采工作面

工作面形式可有两种，即直线式和阶梯式。使用壁式崩落法的矿山回采工作面一般都用直线式。

b　落矿

壁式崩落法用浅孔落矿，通常用 YT-25、YT-30 型等轻型气腿式凿岩机，个别矿山因矿石松软采用风镐，炮孔深度通常为 1.2～1.8m，稍大于工作面的一次推进距离。最小抵抗线 $W=0.6～1.0$ m。采用硝铵炸药、非电导爆管起爆，每米炮孔崩矿量为 1.3～1.7t/m。

c　采场运搬

多数矿山用电耙出矿，电耙绞车安设在切割平巷或硐室中，随着回采工作面的进行，定期移动电耙绞车。常用的电耙为 28kW 或 30kW 电耙绞车，耙斗容积为 0.25～0.3m³，电耙运搬效率为 100～120t/(台·班)。对于松软矿石，可以采用链板运输机运搬矿石。如果在这种条件下仍然用电耙出矿，电耙把底板耙出一条深沟，会造成很大的贫化。

d　顶板管理

对于长壁式崩落法，顶板管理工作十分重要。

(1) 顶板支护。

1) 木支柱支护。立柱直径为 18～22cm 的圆木，柱帽长 0.5m。

2) 金属支柱支护。金属支柱支承能力比木支柱大，并可多次复用，但重量大，在顶板、底板形态稳定，矿体厚度变化不大的矿山，还可用液压掩护式支架。

3) 其他支护方式。除木支柱及金属支柱外，还可以采用锚杆、木垛和矿柱等支护。

锚杆一般是与木支护配合使用，以增大支柱间距，减少木材消耗量。木垛具有较大的支承面积和支承能力，一般用来支承采场下部暴露面积比较大的溜口两侧和保护上部安全出口，应注意木垛的架设不要影响出矿。

（2）放顶。有计划地撤除支柱崩落顶板岩石的工作称为放顶。及时放顶可减小工作面压力，保证回采工作的正常进行。

1）放顶步骤：

①放顶之前，首先打好密集支柱，可打单排密集支柱，如果压力大，单排不行，可打双排支柱。

②局部地方打放顶炮孔。顶板不能自然冒落时，要强制放顶，反之撤出支架后，自然冒落。强制放顶时，孔深 1.6~1.8m，炮孔倾角为 60°左右。炮孔打在支柱外 0.5m 处，逆推进方向打一排眼，强制崩落顶板。

③撤柱。在放顶区内回收支柱，一般是用上部阶段巷道的回柱绞车回收支柱，采用 15~20kW 慢动绞车，按沿倾斜方向自下而上，沿走向由远而近的顺序回柱。如果由于地压很大或其他原因，不能用人工或机械回收支柱，则用木钻在支柱上钻一小孔装入炸药或直接在支柱上捆上炸药，将支柱崩倒。

2）放顶参数：放顶参数包括：放顶距、控顶距和悬顶距。悬顶距等于放顶距与控顶距之和。几个矿山放顶参数见表 6.24。

表 6.24　几个矿山放顶参数

采矿项目 矿山	王村铝土矿	王村黏土矿	焦作黏土矿	湘车铁矿	庞家堡铁矿
采矿方法	长壁	长壁	长壁	长壁	长壁
控顶距/m	3.1	3.6	2.0	3.2~6.4	3.2~6.4
放顶距/m	1.4	1.2	3.0	4.8~6.4	首次 6.4~9.6，一般 4.8~9.6
悬顶距/m	4.5	4.8	5.0	9.0~11.2	首次 10.8~16.0，一般 9.6~11.2

①放顶距。每次放顶的宽度称为放顶距，放顶距变化的范围比较大，一般为支柱棚子的整数倍，大约变化在 2.8~10m 之间。

②控顶距。当放顶以后，保证留的能够维持正常回采工作的最大宽度，称为控顶距，一般为 2~3 排支柱的距离。

③悬顶距。顶板暴露的宽度称为悬顶距。悬顶距过大、过小均不合适，悬顶距过大，支柱消耗量大，安全性差。悬顶距过小，放顶次数多，生产能力小，暴露面积小，有时放不下来。

e　通风

壁式崩落法工作面的通风条件比较好，新鲜风流由下阶段平巷经人行井、切割平巷进入工作面，清洗工作面以后，污风经上部安全道，排至上部阶段平巷。当沿走向的长度较大时应考虑分区通风。

6.2.1.3　技术经济指标

壁式崩落法技术经济指标见表 6.25。

表6.25　壁式崩落法技术经济指标

项目	明水铝土矿浅井矿区	王村铝土矿东宝山矿区	焦作大连黏土矿(软质)	庞家堡铁矿	遵义团溪锰矿	山东铝厂王村矿	二滩黏土矿	复州湾黏土矿	博山铝土矿
矿块生产能力/t·d^{-1}	160~200	160~240	60~100	143~217	75~90	100~150	118	80~179	110~160
矿块生产能力/万吨·a^{-1}	4.5	4.5~5.5	1.0~3.0	4~6	0.5~2.0	4.5~5.5	1~4	1~2	
劳动生产率　凿岩工/t·(工·班)$^{-1}$	60~75	52.5~100	风镐25~35	30		30~35			
劳动生产率　耙矿工/t·(工·班)$^{-1}$	40~50	40~60	30	30		55			
劳动生产率　放矿工/t·(工·班)$^{-1}$	80~100	80~120	30	35		80~120			
劳动生产率　工作面工/t·(工·班)$^{-1}$	4.5	5.0~5.3	4~5.5	5.8	3~3.5	5~7	3	3.4	5
采切比/m·kt^{-1}	10~20	8	20~40	20~40	48	15	15.8	25	25
采切比/m³·kt^{-1}	5	38	10	110					
废石混入率/%		5			6.75	17		2	
矿石贫化率/%	10			4.6					
矿石损失率/%	20~40	17	17	26.4	10	17	27.4	35	25
劳动量　采切/工班·kt^{-1}	220	40		150		100			
劳动量　落矿/工班·kt^{-1}				30					
劳动量　出矿/工班·kt^{-1}		142~160		30		157			
回采材料消耗　炸药/kg·t^{-1}	0.15~0.18	0.16~0.17	0.08	0.3~0.4	0.388	0.28~0.41	0.1	0.3	0.21
8号火雷管/个·t^{-1}	0.4	0.3~0.36		0.4	0.7	0.48~0.8	0.7		
导火线/m·t^{-1}	0.6	0.4~0.52		1.0		0.66~1.12	1		
合金片/g·t^{-1}				0.32~0.58					
钎钢/kg·t^{-1}	0.05	0.06		0.04~0.06					
钢丝绳(φ14~18mm)/kg·t^{-1}				0.005					
坑木/m³·t^{-1}	0.008~0.01	0.009	0.0123	0.007~0.01	0.023	0.013	0.02	0.003	0.001
坑木回收率/%	80~90	70	80	34.6	80				

6.2.2 分层崩落法

6.2.2.1 适用条件

（1）地表允许崩落。

（2）矿石稳固性不限，上盘岩石不稳固，下盘岩石稳固性不限。

（3）矿石松软有黏结性，难以适用其他方法。

（4）对矿石损失贫化要求严。

（5）矿石品位高、价值大。

（6）不易适用充填法的矿山。

6.2.2.2 典型方案

分层崩落法见图6.33、图6.34。

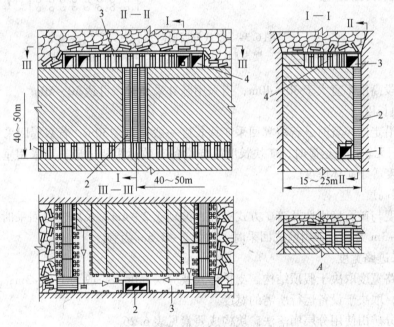

图6.33 进路分层崩落采矿法

1—运输平巷；2—三格天井；3—分层巷道；4—回采进路

A 矿块布置

（1）矿体厚度小于8m，且倾角大时，矿块沿走向布置。各个分层在矿体全厚上用分层平巷进行回采。

（2）矿体厚度在8~30m时，矿块沿走向布置，回采进路垂直走向布置。

（3）矿体厚度大于30m时，矿块垂直走向布置。回采进路沿走向布置，矿块长度等于矿体厚度。

B 构成要素

a 阶段高度

对于倾斜或缓倾斜矿体，阶段高度不宜大于20~30m；对于急倾斜矿体，若采用脉内

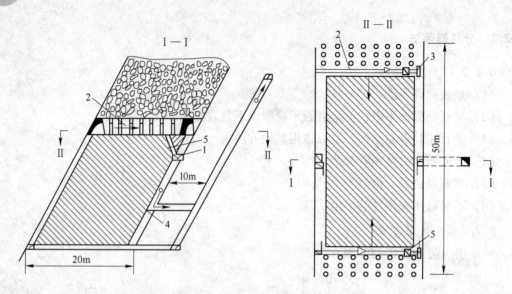

图 6.34　壁式分层崩落采矿法

1—储矿巷道；2—壁式工作面；3—电耙；4—风门；5—放矿溜井

采准时，阶段高度不宜大于 30~40m，当采用脉外采准时，可达 30~50m。

　　b　矿块长度

　　当采用沿走向布置时，若单翼回采矿块长度一般为 20~30m，若双翼回采一般为 40~60m。若采用无轨设备运矿时，矿块长度应与设备有效运距相适应。当采用垂直走向布置时，矿块长度等于矿体厚度。

　　c　分层高度

　　分层高度与矿石稳固性及落矿方式有关，波动于 2~4m。采用进路回采时，分层高度一般以 2.5~3m 为宜；采用壁式回采时，取 2.2~2.5m 为宜。

　　d　回采进路宽度

　　回采进路宽度取决于假顶结构、支护形式及分层高度，一般为 1.8~3m；当采用无轨自行设备时，取决于设备运行所需的宽度。

　　国内部分矿山使用分层崩落法矿块构成要素见表 6.26。

表 6.26　分层崩落法构成要素

矿山名称	采矿方法方案	矿块布置方式	矿块结构参数/m				假顶结构
			阶段高度	矿块长度	矿块宽度	分层高度	
镇坑金矿	进路分层分条回采分层崩落法	沿走向	40	40	8.43	2.5	柔性假顶
武山铜矿	进路回采	沿走向	40	50	12.8	2.7	钢筋混凝土假顶
云锡马拉格矿	进路回采	沿走向	25~30	50~150	6~20	2.25	柔性金属网假顶
云锡老厂胜利坑	进路回采	垂直走向	25	等于矿厚（20~30）	12.5	2.2~3.0	长地梁加金属网
苏州高岭土矿	进路回采	沿走向	33 和 40	30~40	矿体厚	3~3.5	竹笆

C 采准切割

采准巷道布置方式与矿体厚度有关，分为脉内、脉外和联合三种形式。

（1）当矿体厚度为 2~3m 时，一般采用脉内布置，运输平巷及采准天井均设于脉内，用分层巷道一次回采矿体全厚。此时，采准工作量小，但对通风不利，脉内巷道维护也较困难。

（2）当矿体厚度大于 3m，小于 20m 时，一般采用脉外布置。阶段运输巷道及采准天井均设于脉外，矿块放矿溜井一般设在脉内靠下盘处或下盘岩石中，且每个分层包括阶段水平在内均设有运输巷道，此运输巷道要和出矿溜井及人行天井相通，且上下分层要错开布置。

（3）当矿体厚度大于 20m 时，一般采用脉内和脉外联合布置。在进路回采方案中，除了在矿体下盘布置脉外阶段运输巷道和脉外天井外，还要在矿体靠下盘处布置脉内运输巷道和脉内天井、脉内放矿溜井；在壁式回采方案中，除了在矿体下盘布置脉外运输平巷、脉外天井和脉内运输平巷、脉内天井、溜井外，还在矿体上盘矿岩交界处布置脉内沿脉巷道和通风天井。下盘脉内天井和脉外天井，每隔一定的垂直距离用联络道联通，以利通风。

设置储矿巷道时，将几个分层划为一个分段，在分段下盘矿岩交界处提前开掘一条分层平巷作为储矿巷道，且通过小溜井将上面几个分层的矿石放入到储矿平巷内，然后由电耙或装运机运走。

在进路式回采方案中，分层中的下盘沿脉巷道或穿脉巷道都可以作为切割巷道；在壁式回采方案中，一般在矿块两翼的端部掘进切割巷道，从两翼向中间后退式回采。

D 回采

a 落矿

一般采用浅孔爆破法落矿，对于松软矿石如高岭土等也可用风镐落矿。

孔深以不破坏假顶为原则，对于进路式回采方案，一般为 1.5~1.8m；对于壁式回采方案，一般为 1~1.5m。一次爆破长度，取决于顶板压力大小，可以为工作面全长，也可以分成数段进行。

b 运搬

工作面出矿主要是 7.5~14kW 电耙。在储矿平巷中出矿，一般用 28~30kW 电耙，也可用小型铲运机出矿。

c 支护

支护方式取决于假顶结构及其承载能力和连续性，以及地压大小。对于竹木假顶和金属网假顶一般都用木棚支护；对于长梁结构和木质假顶一般用木质柱支护，此时的木支柱直接支在地梁下面，使地梁成为本分层的横顶梁；采用整体钢筋混凝土假顶或矿石较稳固时，一般采用带帽的立柱支护。棚间距或立柱间距视具体条件而定，一般在 0.6~1.5m。

d 假顶铺设

假顶必须满足下列要求：有足够的承载能力和一定的连续性，允许工作面顶板有一定的暴露面积以保证回采工作安全；有效隔离废石，防止矿石贫化；在首采分层的上部要有大于 5~6m 的废石垫层，以保护假顶免受大块岩石冒落而遭破坏。

（1）金属网假顶。金属网假顶一般用直径为 2~3mm 的旧钢丝或 10~14 号铁丝编成网目为 3cm×3cm 或 4cm×4cm 的金属网，将此金属网铺设在进路的纵向木地梁上。网片之间用铁丝绑扎使其连接成整体,即构成金属网假顶。进路间同一断面处一般铺设2~3根直径约为20~25cm,长约4~6m的木地梁,以增强假顶的整体性。这种假顶整体性好,强度大,有柔性,放顶时缓慢陷落,有利于回收坑木。

(2) 竹木假顶。竹木假顶的铺设是沿长壁工作面每隔0.5~1.5m,或者在进路两侧埋放直径为20~25cm,长为4~6m的木地梁,然后在上面横竖铺两层竹笆或钉一层3~5m厚的木板而成。这种假顶木材消耗量大,整体性差,竹木受潮后,强度低,效果亦差。

(3) 钢筋混凝土假顶。根据强度要求,钢筋可铺成单层或双层,混凝土厚度一般为20~30cm,钢筋直径为10~14mm,网目为200mm×250mm~250mm×300mm,混凝土标号为150号。相邻进路在铺设时,钢筋要留有一定的搭接长度,以便连成整体。这种假顶整体性好,承载能力大,允许的暴露面积大,有利于提高循环进尺,且防火,防腐蚀。

(4) 其他。如整体软性假顶和自然假顶等。整体软性假顶主要是在第一分层用方框支柱拉开造顶空间,然后在方框地梁上铺设钢丝绳和原木等而形成;自然假顶主要用在顶板岩石具有黏结性,崩落吸水后,在地压作用下能够形成一个整体的矿体。

e　放顶及地压管理

放顶是分层崩落法中顶板管理的重要环节。一般情况下,放顶均以进路为单元进行,只有压力很大时,才在进路内采取边采边放。放顶多采用小药包崩断木支柱或棚腿,也有采用绞车回收木柱。放顶前已采完的进路底板或放顶区底板都必须铺上假底。

对于首采分层,当围岩采完后不能自行崩落时,一般采用凿岩爆破法强制放顶,要使假顶之上的岩石垫层厚度不小于8m。

在实际生产中,根据地压的大小,进路采、留、放的条数一般有下列三种放顶方式:

(1) 进路采完后立即放顶。

(2) 回采进路和崩落区之间保留一条已采完的进路,另一条已采完的进路进行放顶。

(3) 回采进路和崩落区之间保留一条已采完的进路,另2~3条已采完的进路进行放顶。

6.2.2.3　技术经济指标

国内部分矿山应用分层崩落法技术经济指标见表6.27。

表6.27　部分分层崩落法矿山主要技术经济指标

项目	会泽铅锌矿矿山厂	云锡老厂锡矿胜利坑	云锡马拉格锡矿		武山铜矿	苏州瓷土公司阳东矿	苏州瓷土公司阳西矿	广东阳春硫铁矿	镇沅金矿	本溪铀矿3号矿体
			整体式软性假顶	普通金属网假顶						
矿块生产能力/t·d⁻¹	45~50	50~60			设计80~100,实际54(最高104)	46	54	粉矿1~1.5万吨/a,矿块0.8~1万吨/a	66.12	43.2
工作面工班效率/t	2.69~2.98	4~4.5	4.5~5	3~4.5	3.97	3.66	3.35	3.84		
采切比/m·kt⁻¹	10.5	25~30(生探进尺多)	30~35(生探进尺多)		设计21.2	采准4~6	采准2~3	17.16	6.33	7.10

项目		会泽铅锌矿矿山厂	云锡老厂锡矿胜利坑	云锡马格拉锡矿		武山铜矿	苏州瓷土公司阳东矿	苏州瓷土公司阳西矿	广东阳春硫铁矿	镇沅金矿	本溪铀矿3号矿体
				整体式软性假顶	普通金属网假顶						
贫化率/%		13.24 ~ 14.14	3 ~ 19	7.7	10	13.93			8	7.89	10.20
损失率/%		11.6 ~ 22.88	2 ~ 10	1.7	5	2.34	视在回收率75 ~ 80	视在回收率25	16 ~ 20	5	4.50
每吨矿石材料消耗	炸药/kg	0.23 ~ 0.32	0.17 ~ 0.27	0.3	0.35	0.224			0.244 ~ 0.364	0.46	
	火雷管/个	0.33 ~ 0.42	0.4 ~ 0.47			0.1164			0.48 ~ 0.93		
	导爆管/根					0.1726					
	导火线/m	0.67 ~ 0.87	0.319	1.5	1.6	0.1031			0.95 ~ 1.57		
	坑木/m³	0.011 ~ 0.021	0.02 ~ 0.023	0.012	0.024	0.0159（全用金属支柱时0.005）	0.0075	0.0075	0.0147 ~ 0.0214	0.012	
	钎钢/kg	0.006	0.01 ~ 0.0256			0.0248	0.077 ~ 0.027	0.0023 ~ 0.022	0.00114		
	合金片/g	0.0001	0.161 ~ 0.22			0.0136			0.00167		

6.2.3 有底柱分段崩落法

6.2.3.1 适用条件

（1）地表允许陷落。

（2）上盘围岩最好能呈块状自然崩落。

（3）矿石中等以上稳固。

（4）急倾斜矿体。

（5）矿石品位低、价值低的矿体。

（6）一般用来开采较坚硬的矿石。

6.2.3.2 典型方案

水平深孔落矿有底柱分段崩落法是以电耙道为单元进行矿块划分的。急倾斜和倾斜矿体，当厚度小于15 ~ 20m时，矿块一般沿走向布置；厚度大于15 ~ 20m时，矿块一般垂直走向布置。其典型方案如图6.35所示。

A 矿块布置

矿块布置有沿走向和垂直走向两种布置方式，主要根据矿体厚度决定。

B 矿块构成要素

a 阶段高度

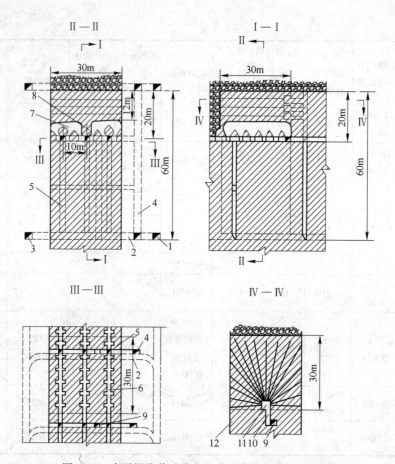

图 6.35 水平深孔落矿有底柱分段崩落法典型方案图

1—下盘脉外运输巷道；2—穿脉运输巷道；3—上盘脉外运输巷道；4—行人、通风天井；5—放矿溜井；

6—耙矿巷道；7—补偿空间；8—临时矿柱；9—凿岩天井；10—联络道；11—凿岩硐室；12—深孔

阶段高度一般为 40~60m。缓倾斜矿体时，阶段高为 30~45m，倾斜矿体时，阶段高为 45~50m，急倾斜时为 50~60m。

b 分段高度

分段高度一般为 15~25m。

c 矿块长度

矿块长度通常取决于电耙的有效耙运距离，一般为 30m，最大不超过 60m。采用铲运机出矿时为 80~100m。

d 矿块宽度

矿块宽度是由一条或几条电耙道所控制的宽度。通常一条电耙道所控制的宽度为 10~15m。

e 底柱高度

底柱高度取决于底部结构形式，如采用漏斗电耙底部结构时，分段底柱高度为 6~8m，若采用堑沟底部结构时，底柱高度为 11~13m。

f 漏斗间距

漏斗间距一般为 5~7m，大多数矿山的漏斗都是交错布置的。

有底柱分段崩落法构成要素见表6.28。

表6.28　有底柱分段崩落法构成要素

| 矿山名称 | 阶段高度/m | 分段高度/m | 阶段底柱高度/m | 分段底柱高度/m | 电耙道 | | 漏斗间距/m | 耙运距离/m | 放矿斗穿规格（宽×高）/m×m | 斗颈规格（长×宽）/m×m |
					间距/m	规格（宽×高）/m×m				
胡家峪铜矿	50	12~20	12	8~10	15	2.5×2.5	5	25~40	2.5×2.5	2.5×2.5
箅子沟铜矿	45	15~22.5	10~12	10~11	15	2.4×2.5	6	25~30	2.4×2.5	2.4×(2.0~2.4)
松树脚锡矿	25		11		12	2.0×2.0	6	30~35	1.8×1.8	1.8×1.8
金山店铁矿	50~60	25~30		5~6	10	2.0×2.0		30~40	2.0×1.8	2.0×2.0
黑山沟铁矿	50	17~23	7	5		2.2×2.5	6~8	30~45	2.2×2.0	2.0×2.0
因民铜矿大壁槽区	60	10	7~7.5	5~5.5	12	2.0×2.0	5	45~55	2.0×(1.8~2.0)	2.0×2.0
马庄铁矿	50	15~22	6~7	6~7	9~10	2.0×2.0	4.5~5	20~50	2.0×2.0	1.3×1.8

C　采准工作

a　阶段运输巷道

采用环形运输系统，有穿脉装车和沿脉装车两种方式。用穿脉装车时，其穿脉间距一般为25~30m。用沿脉装车时，其穿脉间距一般为60~80m。

b　放矿溜井

溜井断面尺寸为1.5m×1.5m~2.0m×2.0m。

c　人行通风天井，设备材料天井等及其相关的联络工程

一般有两种布置方式，一种是矿块独立式，另一种是采区公用式布置。

d　电耙道的布置

当矿体厚度不大（≤15m）时，多用沿走向布置。当矿体为厚矿体时，一般是垂直走向布置。

e　底部结构

对于有底柱崩落法，多使用漏斗或堑沟底部结构形式。底部结构由电耙巷道、斗穿（或出矿口）、斗颈和受矿部分（漏斗或堑沟）所组成。

f　凿岩天井和凿岩硐室

凿岩天井最好与上阶段或分段贯通，以改善通风条件。凿岩天井的位置应当保证炮孔分布均匀。当用中深孔凿岩时，可在凿岩天井中架设板台，而深孔凿岩时，则需要从天井每隔一定距离掘进专门的硐室，其硐室规格（长×宽×高）为3.5m×3.5m×3.0m。

D　切割工作

用电耙出矿的切割工程主要是开掘补偿空间和劈漏（或开掘堑沟）两项工作。用铲运机出矿的切割工程就是用堑沟巷进行拉底。拉底方法通常是在拉底水平开掘横巷或平巷（统称为拉底巷道），在平巷或横巷内钻凿水平中深孔，最小抵抗线一般为1.2~1.5m，每排布置3个炮孔，利用拉底平巷或横巷为自由面，每次爆破3~5排孔，形成

拉底空间。

E　回采工作

回采作业包括：落矿、运搬和地压管理。

a　落矿

水平向下落矿，为了保护底部结构的稳固，多采用自由空间爆破方式，施工水平扇形深孔。深孔凿岩设备用 YQ-100 潜孔钻机。最小抵抗线 $W = 3.3 \sim 3.6m$。中深孔凿岩设备用 YG-80、YG-90 型凿岩机。

b　出矿

出矿工作包括：放矿、二次破碎和耙矿三个环节。

（1）放矿。崩落矿块的矿石有 70%~80% 是上部覆盖岩石下放出来的。随着矿石的放出，上部覆盖岩石也随着下移，矿岩直接接触，引起矿石损失和贫化。

（2）二次破碎。二次破碎是指放矿过程中处理卡漏、悬顶以及破碎大块矿石。

（3）耙矿作业。采场耙矿一般用电耙。提高耙矿效率的办法是：改善落矿质量；降低大块产出率；减少二次破碎所占用的时间，增加纯耙矿时间。

c　采场地压管理

崩落法是以崩落围岩来实现地压管理的，形成覆盖岩层的方法有：

（1）如果原来上部是用露天开采的，则可以崩落露天矿的边坡或用原来的剥离岩石来充填采空区。

（2）当开采急倾斜矿体时（70°~80°以上），可以用爆破相邻采区或者是下盘脉外硐室的围岩。角度小时，通常还是崩落上盘围岩。

（3）当开采缓倾斜矿体时，要及时补充放顶，补充覆盖岩层的厚度。

（4）围岩自然塌落。能自然塌落是比较省事省钱的办法。

d　采场通风

因为采空区已崩落，分段崩落法的通风条件差，因此应当正确地选择通风方式和通风系统。

（1）尽量采用压入式通风，以减少漏风。

（2）应当保证电耙道内的风速达到 0.5m/s。过大、过小都不利于采矿，若过小则排烟慢，若过大反而易吹起粉尘。

（3）在电耙道内，主风流方向应当与耙矿方向相反。通风的重点地区是电耙道。

（4）应当避免采用全部脉内采准系统，因为脉内工程随着开采而被破坏，很难构成完整的通风系统。

（5）把通风的重点放在电耙水平，使耙道的通风系统与全矿的总通风系统直接联结起来。

6.2.3.3　典型方案

垂直深孔落矿与水平深孔落矿不同之处是炮孔的施工方向不同。垂直深孔或中深孔落矿，其补偿空间是垂直的，简称垂直拉槽；而水平深孔分段崩落法是采用水平深孔落矿，其补偿空间是水平的，简称水平拉底。垂直深孔落矿分段崩落法见图 6.36。

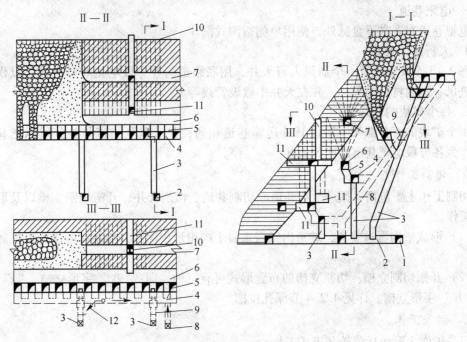

图 6.36　垂直深孔落矿有底柱分段崩落法

1—阶段沿脉运输巷道；2—阶段穿脉运输巷道；3—矿石溜井；4—耙矿巷道；

5—斗颈；6—堑沟巷道；7—凿岩巷道；8—人行通风天井；9—联络道；

10—切割井；11—切割横巷；12—电耙巷道与矿石溜井的联络道（回风用）

A　矿块布置

采场的布置主要取决于矿体厚度和倾角。对于急倾斜和倾斜矿体，当矿体厚度小于 15 ~ 20m 时，矿块一般沿走向布置；大于 15 ~ 20m 时，矿体一般垂直走向布置。对于缓倾斜和倾斜中厚矿体，可沿走向布置，亦可沿倾向布置。

B　构成要素

垂直落矿分段崩落法是以水平深孔的控制范围来划分的。

1）阶段高度 40 ~ 60m；

2）分段高度 10 ~ 25m；

3）分段底柱高度—若采用漏斗底部结构一般为 5 ~ 7m；若采用电耙溜井放矿底部结构时，一般为 11 ~ 13m；若采用铲运机出矿堑沟底部结构时，一般为 12 ~ 15m；

4）矿块长度—采用电耙出矿时，一般为 30 ~ 40m；采用铲运机出矿时，可为 80 ~ 100m；

5）矿块宽度 10 ~ 15m。

C　采准工作

a　阶段运输巷道

阶段运输水平多采用环形运输系统。穿脉巷道间距：若用电耙出矿，一般为 30 ~ 60m；若用铲运机出矿，可达 80 ~ 100m。

b　溜井布置

可采用倾斜分支溜井、独立垂直溜井。

c　电耙巷道

电耙巷道布置在下盘脉外，使用单侧堑沟式漏斗。

d　人行通风天井

每2~3个矿块设置一个通风人行天井，用联络道与各分段电耙巷道贯通，以作为人行、进风、运输材料的天井，并在天井中敷设管线等。

e　每个矿块的溜井

每个矿块的溜井都和上阶段脉外运输巷道相通，并且以联络道与各分段电耙巷道相通，作为各分段电耙巷道的回风天井。

D　切割工作

切割工作主要包括：掘进堑沟巷道、切割巷道、切割天井、开凿切割立槽以及形成堑沟等工作。

（1）形成堑沟掘进巷道，巷道内钻凿垂直上向扇形中深孔，与落矿同次分段爆破形成堑沟。

（2）开掘切割立槽。切割立槽的布置形式可有三种，即："八"字形立槽，"J"字形槽，"井"字形立槽。详见4.2.4节深孔拉槽。

E　回采工作

回采工作主要包括落矿和出矿工作。

a　落矿工作

（1）落矿一般采用中深孔或深孔，多用中深孔落矿。经常使用YG-80凿岩机，配FJY-24型圆环雪橇式台架进行凿岩工作。如果用深孔则用YQ-100型潜孔钻机。

（2）爆破采用挤压爆破。挤压爆破与自由空间爆破相比较，由于补偿空间小，因而减小了采准工作量，改善了爆破效果。

b　出矿工作

过去大多使用电耙出矿，绞车功率多用30kW，耙斗容量为0.25~0.3m³，耙运距离一般为30~50m；有的矿山使用5kW电耙绞车，耙斗容量为0.5m³。现在使用铲运机出矿的矿山逐渐增多，使用铲斗容积为0.5~3.8m³的矿山居多，其运距可达80~100m。

6.2.3.4　技术经济指标

有底柱分段崩落法技术经济指标见表6.29、表6.30。

表6.29　有底柱分段崩落法主要技术经济指标

矿山名称	采场生产能力 /t·d⁻¹	采切比 /m·kt⁻¹	损失率 /%	贫化率 /%	主要材料消耗		
					炸药 /kg·t⁻¹	坑木 /m³·t⁻¹	水泥 /kg·t⁻¹
胡家峪铜矿	400	21	14.3	13.7	0.834	0.00024	2.15
筻子沟铜矿	250	14	15.50	22.56	0.672	0.000125	2.365
松树脚锡矿	150~200	27~34.4	25	10~15	0.395	0.004	3.5
易门铜矿狮山坑	254	21.3	10.4	25.3	0.865	0.0014	
易门铜矿凤山坑	150~80	22	20~22	32.0	0.75	0.0305	
因民铜矿	160~170	22.9	18.2	22.6	0.506	0.001	

表6.30 部分有底柱分段崩落法矿山技术经济指标

项目		易门铜矿		中条山有色金属公司		铜陵有色金属松树山矿	大姚铜矿一坑
		狮山分矿	凤山分矿	篦子沟矿	胡家峪矿		
矿块生产能力/t·d⁻¹		200~250	200~250	200~300	200~300	200~250	180~220
掌子面劳动生产率/t·(工·班)⁻¹		62~95	50~70	30~40	30~35	35~40	25~35
损失率/%		5~10	10~22	14~25	10~15	20~27	25~35
贫化率/%		20~30	28~35	20~30	15~20	15~20	20~30
凿岩	凿岩机型号	YQ-100	YQ-100	YGZ-90	YGZ-90	YQ-100	YGZ-90
	打孔方式	垂直扇形、水平、束状孔	水平、束状孔	垂直扇形孔	垂直扇形孔	水平扇形孔	垂直扇形孔
	台班效率/m·(台·班)⁻¹	8~12	8~12	20~28	20~25	7~10	15~20
耙矿	电耙功率/kW	30	30	30~55	30	30	55
	耙矿方式	水平耙	水平耙	水平耙	水平耙	水平、倾斜耙	倾斜耙
	耙运距离/m	30~50	25~60	25~30	25~30	40	30~50
	台班效率/t·(台·班)⁻¹	70~90	70~90	70~100	70~100	70~90	60~80
矿石材料消耗	炸药/kg·t⁻¹	0.35~0.5	0.37~0.54	0.4~1.0	0.6~0.75	0.4~0.6	0.4~0.5
	雷管/个·t⁻¹	0.2~0.35	0.06~0.1	0.025~0.3	0.025~0.3	0.3~0.4	0.05~0.07
	导火线/m·t⁻¹	0.4~0.7	0.12~0.25	0.2~0.5	0.22~0.3	0.4~0.7	0.2~0.3
	导爆线/m·t⁻¹			0.2~0.3	0.2~0.3		
	钎钢/kg·t⁻¹	0.004~0.023	0.002~0.013		0.19~0.33	0.02~0.04	0.4~0.6
	合金片/g·t⁻¹	0.3~0.6	0.3~0.8				4~5
	坑木/m³·t⁻¹	0.0044~0.009	0.0012~0.0018			0.002~0.003	0.0004~0.0008
原矿成本/元·t⁻¹		18.45~19.05		14~19	17~18	18~20	18~20

6.2.4 无底柱分段崩落法

6.2.4.1 适用条件

（1）地表和围岩允许崩落。

（2）急倾斜厚矿体或缓倾斜的极厚矿体。

（3）矿石稳固，不需要大量支护，但随着支护技术的发展，对矿石稳固性的要求有所降低。围岩的稳固性不限，但上盘围岩易于崩落对采用这种方法更有利。

（4）矿石不很贵重，可靠性好或围岩含有品位，允许有较大的贫化率。

（5）矿石需要剔出夹石或分级出矿。

6.2.4.2 典型方案

无底柱分段崩落法见图6.37。

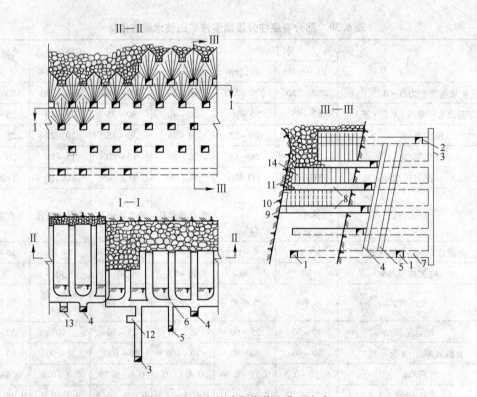

图 6.37　无底柱分段崩落法典型方案

1，2—上下阶段运输巷道；3—设备井；4—溜井；5—通风井；6—分段运输联络道；

7—设备井联络道；8—回采巷道；9—切割巷道；10—切割天井；11—切割槽；

12—机修硐室；13—废石溜井；14—扇形炮孔

A　矿块布置

当矿体厚度小于 15～20m 时，矿块沿走向布置。当矿体厚度大于 15～20m 时，矿块垂直走向布置。

B　构成要素

a　阶段高度

阶段高度一般为 60～70m。

b　阶段运输巷道布置

对于无底柱方法，阶段运输巷道多数布置在脉外，其目的是便于下一阶段回采时，可作为回风巷道用。

c　分段高度

根据我国使用无底柱分段崩落法的具体情况，一般分段高度可在 9～15m 之间，分段高度有逐渐增大的趋势，部分矿山增大分段高度到 18～20m。

d　回采巷道布置

对于厚大矿体，回采进路一般呈垂直走向布置，进路的联络巷一般布置在矿体下盘的围岩中，以减少矿石损失，改善通风条件。上下相邻的分段，进路一般呈菱形布置。

（1）回采巷道间距。在矿山生产中，回采巷道间距一般取用 8～12m，有不少矿山采用 10m 间距。当崩落矿石的粉矿多、潮湿、流动性差时，回采巷道间距应取得小一些。

（2）回采巷道断面尺寸。回采巷道断面尺寸大小取决于矿石稳固性及选用的装矿、凿岩设备等。如选用凿岩台车穿孔，铲运机出矿，进路断面可选择宽×高为 3m×3m 或 4m×3m。

回采巷道断面与放矿时矿石流动规律有关。一般情况进路高度为 3～3.5m 左右。

1）回采进路宽度。从降低矿石损失贫化的角度看，进路宽些好。进路宽，装矿设备可以在巷道的全宽上装矿，使矿岩呈水平接触面下降，这样就可改善矿石回收指标。因此，在矿石稳固允许条件下，使进路宽些好。

2）回采进路高度。从放矿角度看，进路高度小些好。因为巷道高度大时，将导致上部废石提前混入进路中的矿石中，使进路内正面损失加大，而正面损失难以回收。（何况正面损失又占有相当大比重）。

（3）回采巷道断面形状。回采巷道断面形状有矩形和拱形两种。从放矿角度来看，矩形断面比拱形断面好。因为拱形巷道的拱越高，则矿石流动面越窄，越易发生堵塞，并且使放出椭球体变得瘦长，而增大了矿石损失。从巷道的稳固性来看，拱形的比矩形的好。因而当矿石的稳固性差，要采用拱形断面时，就应使回采巷道间距适当缩小。

（4）回采巷道的布置。可分为沿走向和垂直走向两种布置方式。当矿体厚度较大（15～20m），可垂直走向布置进路，反之可沿走向布置。沿走向布置时，回采巷道尽量靠近下盘布置，这样可以使矿层呈菱形崩落，从而减小矿石损失。

部分矿山无底柱分段崩落法构成要素见表 6.31～表 6.33。

表 6.31　我国部分矿山无底柱分段崩落法构成要素

矿山名称	阶段高度/m	分段高度/m	放矿分段高度/m	进路间距/m	放矿溜井间距/m	备注
漓渚铁矿	50	10.14	24	10	50	双巷菱形高分段方案
河北铜矿	60	10～20	40	12.5	20～36	高端壁方案
镜铁山铁矿	60	20	20	15	60	高分段方案
梅山铁矿	120	15	15	20	120	大间距方案
北铭河铁矿	120	15	15	18		大间距方案

表 6.32　生产矿山无底柱分段崩落法实际构成要素

矿山名称	阶段高度/m	溜井间距/m	矿块尺寸（长×宽）/m×m	分段高度/m	进路间距/m	进路断面/m×m	爆破步距/m	端壁倾角/(°)	边孔倾角/(°)
大庙铁矿	63～73	50	50×(20～50)	10～13	10	4×3	3.0	90	50
符山铁矿 4 号矿体 6 号矿体	50 50	60 50	60×(40～60)	10	10	4×3 4×3	1.6 1.5	85 80～90	45 60
镜铁山铁矿	60～120	40	40×50	10～12	10	3.5×3.5	1.6	90	50
梅山铁矿	120	50	60×50	10～13	10	4×3.2	1.6	90	50
大冶铁矿尖林山车间	60～70	50	50×(30～50)	10	10	4×3.2	2.2～2.5	80～85	60

矿山名称	阶段高度 /m	溜井间距 /m	矿块尺寸 (长×宽) /m×m	分段高度 /m	进路间距 /m	进路断面 /m×m	爆破步距 /m	端壁倾角 /(°)	边孔倾角 /(°)
冶山铁矿	60～70	30～50		10～12	10	3×2.8	1.5～3.0	80～90	50～60
弓长岭铁矿	60	30～50	30×80、 50×20	10～12	10	4×3.2	3.0	75～80	50
板石沟铁矿	60	60	60×(30～60)	10	10	3×3	1.5～3.0	90	45
潮程铁矿	70	50	50×40、 50×50	8～13	10	3.3×2.8	2.0～2.5	80	60
金山店铁矿				8～12	10	2.8×2.8		90	45
玉石洼铁矿	50	40	50×40	10	10	2.6×2.7、 3.0×3.2	1.6	85	45～50
丰山铁矿	50	50	50×27	8～10	7～10	3.6×3.1	2.2～2.4	80	60
大厂矿务局 铜矿坑	90	60	60×50	12～13	10	3.2×3.0、 4×3.2	3.2～3.6		
向山硫铁矿	28～43		50×35	7～14	7～8	(1.8～2.5)× (3～3.5)	2.5～2.8	75～80	45
云台山硫铁矿	50	24	50×48	7～14	6～10	2.5×2.5	1.5	90	40
瑞典 Klruna 铁矿	235	200～250	200×90)	12	11	5×3.7	1.6～1.8	80	
瑞典 Mslmberget 铁矿	100	150			15	5.5×3.8	1.7	85	55
加拿大 Stoble				10	11	5×4	1.5	85	78

表 6.33 国内采用无底柱分段崩落法的技术指标

比较项目 矿山名称	阶段高度 /m	溜井间距 /m	分段高度 /m	进路间距 /m	进路断面 (高度) /m×m	崩矿步距/m	端壁倾角 /(°)	边孔倾角 /(°)
大庙铁矿	63～73	50	10～13	10	4×3	3	90	50
板石沟铁矿	60	60	10	10	3×3	1.5～3	90	45
符山铁矿4号矿体	50	50	10	8	4×3	1.6	85	45
梅山铁矿	60	60	10、12、 10	10	4×3、3×3	1.8、1.6	90	50
河北铜矿	60	30～40	10	12、5	4.5×3	6	85	50
程潮铁矿	70	50	8、13	10	3.3×2.8	2～2.2	85	50、60
向山硫铁矿		25～30	7、14	7	2.6×3.7	1.8～2.5、3.0～3.5	75～80	35、40
李珍铁矿	50	50	8、10		2.4×2.5	1.8	90	45
张岭铁矿	60	50、30	10、12	10	4×3.2	3	75～88	50
多数矿使用范围	60～70	50～60	10～13	8～10	4×3、3×3	1.5～3.5	90	45～50

C 采准工作

采准工作包括阶段沿脉运输平巷、天井、溜井、斜坡道等，一般布置在下盘围岩中，若下盘岩石不稳固，上盘岩石稳固，也可将其布置在上盘围岩中。

a 设备井

大型矿山采用无轨自行设备，用斜坡道与各个分段相连，有些矿山还将斜坡道与地表直接相通，部分矿山采用设备井和各分段相连。为了便于上下人员，一些矿山设立了电梯井。

设备井一般是一个阶段内按实际需要布置 1～2 个。一般是沿走向方向每隔 150～300m 长度，在下盘的崩落界限之外，布置设备井。设备井断面根据运送的设备大小而定，一般设备井断面为 2.8m×2.8m。

b 溜井布置及矿块尺寸

一般以一个溜井服务的范围划分为一个矿块。溜井间距的大小，采用铲运机，则运距一般可达 150～200m（个别可达 300m），因而溜井间距一般可为 150～200m。通常溜井间距可按 4～5 条进路布置。溜井间距不宜过大，否则会影响运搬效率。溜井一般布置在脉外，距矿体边界 15m 以上，否则会影响安全性。当矿体厚度很大时，溜井不得不布置在脉内。

c 分段运输联络道

分段运输联络道基本上与回采进路相同，因为设备要同样地行走。当运输联络道布置在脉内时，实际上它的一部分是一条回采巷道。可分为脉内和脉外两种布置形式。分段联络道还是布置在脉外好，虽然增加了岩石掘进量，但其他方面的条件都较好。为了转弯顺利，要求转弯半径 $R > 6.5$m。若用铲运机 R 还应更大。分段运输联络道与回采巷道之间的交角，应有一定的限制，一般 $\alpha \leqslant 90°$，目的是运行方便，便于设备转弯。

d 通风天井

通风天井一般多布置在下盘围岩中。

D 切割工作

切割工作包括：掘进切割平巷、切割天井和形成切割立槽。切割立槽的面积和形状要与崩矿的面积和形状相适应。切割立槽的宽度一般不小于 2m。

当矿体边界比较规整时，采用切割巷道和切割天井联合拉槽法；当矿体不规则时，或回采巷道沿走向布置时，则在每个回采巷道的端部都要掘进切割巷道和切割天井。

E 回采工作

回采工作主要包括落矿、出矿和通风等。

a 凿岩

(1) 设备。国内主采用 CZZ-700 型胶轮自行单机凿岩台车，配 YG-80、BBCC-120F 和 YZ-90 型凿岩机。平均生产能力为 30～50m/（台·班）。中型矿山使用凿岩台架，配 YG-80 型凿岩机。常用的合金钎头直径为 51～65mm。

（2）炮孔布置。无底柱分段崩落法是在分段回采巷道内打向上扇形炮孔。扇形炮孔排面倾角有三种布置方式。

1）前倾布置。排面倾角小于90°，为70°～85°左右，装药方便。矿石不稳定时，有利于防止放矿口上部带炮而崩落，矿石回收率低。

2）垂直布置。排面倾角呈90°。矿石回收指标较前倾布置好，且炮孔方向容易掌握，但装药条件差。当矿石稳固时，大都采用这种形式。

3）后倾布置。矿石回收率较高。但装药及凿岩条件都比较困难，而且爆破时放矿口处易带炮冒落。当矿石稳固时，可采用。

（3）扇形炮孔的边孔角。通常边孔角采用55°～70°。

b　爆破

（1）爆破参数。最小抵抗线 $W = 1.5 \sim 2.0\,m$。若 W 太小时，前排孔爆破时，易破坏后排孔。W 太大时，易产生大块和爆破立槽，影响爆破效果。

（2）崩落步距。一般每次爆破 1～2 排孔。在生产中常用的崩矿步距为 1.8～3.0m。

（3）装药。可用人工装药包，也可用压气装药。用压气装药可以提高装药密度，达到 $0.9 \sim 1.0\,g/cm^3$ 以上，而人工装药只能达到 $0.6\,g/cm^3$ 左右。

当使用压气装药时，可用 FZY-10 型、ZYZ-150 型、FZY-1 型、WZ-200 型等装药。

（4）起爆方法。一般都采用非电导爆管起爆＋起爆弹或导爆索的方法。

c　通风

分段回采巷道都是独头巷道，数量多、断面大，且互不贯通，每个回采巷道又都通过崩落区与地表相通，很难形成贯通风流，管理起来很困难。国内矿山主要是回采工作面用局扇通风，这种方法安装比较困难，管理也很困难，所以效果也不太好。

d　运搬

目前使用的出矿设备主要是：铲运机，短距离生产能力为 300～400t/（台·班）。

F　回采顺序

a　阶段内各矿块的回采顺序

上、下部分段之间按自上而下的顺序回采。上分段的回采应超前下分段一定距离，一般为大于一个分段高度的距离。

b　分段内各矿块的回采顺序

地压大，或者矿石够稳固时，应当尽量避免采用由两端向中央的回采顺序，防止地压向中央集中。

同一分段内矿块的回采巷道，应当保持在一条直线上，以减小矿石与废石的接触面，这样有利于降低矿石的损失和贫化，有利于对回采巷道的维护和增加它的稳固性。一般地，3～5 条进路尽量呈一条直线。如果不能呈一直线，有超前地放矿，也应当不大于一个分段高的尺寸。

6.2.4.3　技术经济指标

无底柱分段崩落法技术经济指标见表 6.34。

表 6.34 国内部分矿山无底柱分段崩落法主要技术经济指标

矿山名称	分段高度/m	进路间距/m	矿块生产能力/t·d⁻¹	工作面工人工效/t·(工·班)⁻¹	采切比/m·kt⁻¹	每米崩矿量/t	损失率/%	贫化率/%	炸药单耗/kg·t⁻¹	备注
桃冲铁矿	8~10	10	196~280	6.39~16.96	5.46~14.01	7.16	29.28	19.81	0.4~0.81	
冶山铁矿	12	10	277.8~416.7	20~23	7	6~7	11.1~23.4	18.3~24	0.39~0.44	
梅山铁矿	10~15	10	485~697	13.53	3~4	6~8	21	15~17	0.35	
北铭河铁矿	15	18			2.1	10	5.22（设计）	2.36（设计）	0.45	大间距方案
河北铜矿	10~15	12~12.5	500~750	30	9.6	11.5	15	15~20	0.55~0.74	高端壁方案
镜铁山铁矿	10~15	10~15	208	18.89	8.33	5.84	11.1	11.04	0.65	
	20	20			3.15	8.5	14.8	11.5	0.457	高分段方案
漓渚铁矿	10	10	200~250	10.8	6.05	4.45	29.82	16.92	0.41	
	24	10	375	11.31	6.3	5.06	16.5	13.63	0.38	高端壁方案

6.2.5 阶段强制崩落法

6.2.5.1 适用条件

（1）地表允许崩落。

（2）厚度大于 10~15m 的急倾斜和倾斜的矿体。当矿体厚度大于 10m 缓倾斜时也可以使用。任何倾角的较厚矿体均可用。

（3）对矿岩稳固性要求不严格，中硬以上没有自然崩落倾向的矿体，围岩以保证在开凿补偿空间时不会提前崩落而增加贫化为好。

（4）矿体形态最好比较规整，否则贫化和损失大。若围岩有矿化现象时，是比较理想的条件。

（5）矿石无结块性、自燃性。

总体看，阶段崩落法适合于开采低品位的厚大矿体。

6.2.5.2 典型方案

按回采爆破方向分为垂直落矿方案、水平落矿方案和联合落矿方案。

（1）垂直落矿方案。采用垂直扇形、平行深孔或中深孔进行侧向挤压爆破。垂直落矿按凿岩高度分为阶段凿岩和分段凿岩。阶段凿岩时，孔深达 30~40m，由于深孔偏斜较大，因此，通常采用分段凿岩的中深孔落矿。

（2）水平落矿方案。在矿块底部进行较大面积的水平拉底形成补偿空间，在天井凿岩硐室或巷道打水平炮孔进行落矿。水平落矿可以弥补垂直落矿方案的缺点。但爆破对底部结构破坏作用较大，大块产出率高，矿块生产周期较长。若矿石破碎时，补偿空间开凿较困难，安全性差，炮孔变形大，挤压爆破效果差。水平落矿方案如图 6.38 所示。

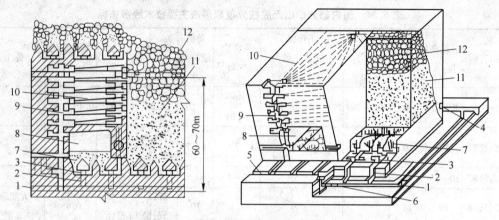

图 6.38　水平落矿方案阶段强制崩落采矿法

1—阶段运输巷道；2—矿石溜井；3—耙矿巷道；4—回风巷道；5—联络道；6—人行通风小井；

7—漏斗；8—补偿空间；9—天井和凿岩硐室；10—深孔；11—矿石；12—岩石

水平落矿方案适用于矿石中等以上稳固，水平厚度一般大于 20m 的矿体。

（3）联合方案。由两种以上落矿方法或阶段强制崩落法与其他方法联合组成的新方案。

A　矿块布置

当矿厚小于 30m 时，沿走向布置，此时矿块长度为 30~45m，矿块宽等于矿体厚。当矿体厚不小于 30m 时，垂直走向布置，此时矿块长度与宽度均约为 30~50m。

B　矿块构成要素

a　阶段高度

当矿体倾角较缓时，阶段高度为 40~50m；当矿体倾角较陡时，为 50~60m。

b　底柱高度

底柱高度一般为 12~16m。目前，一般选用电耙放矿、振动放矿机放矿和平底结构出矿。

部分矿山阶段强制崩落法构成要素见表 6.35。

表 6.35　部分矿山阶段强制崩落法构成要素

矿山名称	回采方案	阶段高度/m	矿块宽度/m	矿块长度/m	分段高度/m	底柱高度/m	漏斗间距/m
小寺沟铜钼矿	垂直上向扇形深孔落矿方案	40~55	25	矿厚（130）	10~15	12	11.5（出矿斜巷间斜距）
德兴铜矿	垂直上向中深孔落矿方案	60	15.2	40		16	5~6
铜矿峪铜矿	垂直上向中深孔落矿方案	60	16	90~100	15	15	12（铲运机出矿）
会理镍矿	水平中深孔落矿方案	50	14~16	矿厚或 20~32		12~14	5~6
桃林铅锌矿	水平扇形中深孔落矿方案	40	20	50	10	12	5

C 采准工作

采准工作类似分段崩落法。

a 阶段运输巷道

阶段平巷一般采用环形运输系统，穿脉装车。穿脉平巷间距一般为 30~50m，底盘脉外平巷除了作为本阶段运输平巷外，还兼作下一阶段的回风巷，一般要求上下阶段的穿脉要对应。

b 底部结构形式

大多数矿山采用普通漏斗电耙底部形式（有单侧的和双侧的），少数用堑沟形式的。

c 其他采准巷道

其他采准巷道如电耙巷道、放矿溜井、人行井、凿岩天井及凿岩硐室等，类似分段崩落法。

D 切割工作

切割工作包括拉底巷道、切割天井、劈漏、切割巷道等。

E 回采工作

a 凿岩

水平深孔一般采用 YQ-100 或 KQJ-100 潜孔钻机凿岩。炮孔直径多为 100~110mm，最小抵抗线为 3~3.5m，炮孔密集系数为 1.1~1.25，孔深一般约为 20m。

垂直深孔一般用 YQ-100 型潜孔钻凿上向孔，也可用 KQJ-100 型潜孔钻机打上向孔和下向孔（上、下对打也可），其凿岩爆破参数同上。

对于垂直中深孔一般采用 YGZ-90 型凿岩机，炮孔直径多为 60~70mm，最小抵抗线多为 1.4~1.6m，炮孔密集系数多为 1.2~1.3。

b 爆破

采用装药器装药，非电导爆管起爆。水平深孔落矿方案，矿块内落矿的深孔和上阶段底柱中的炮孔一般同时分段爆破。每层内的深孔可同时起爆也可微差起爆。层与层之间用分段间隔依次起爆。

垂直深孔或中深孔落矿方案，不分有无补偿空间，一般以排为单元，进行分段微差爆破。

矿石爆破后，上部覆盖的岩层一般情况下可自然崩落，并随矿石的放出逐渐下降充填采空区。当不能自然崩落时，必须在回采落矿的同时，有计划地崩落围岩。为保证回采工作安全，在回采阶段上部应有 20~40m 厚的崩落岩石垫层。

c 出矿

采场运搬主要是用电耙。常用 28.30kW 和 55kW 电耙。近年来，开始使用铲运机出矿。

F 覆盖岩层厚度

覆盖岩层厚度一般都在 20m 以上。

6.2.5.3 技术经济指标

阶段强制崩落法技术经济指标见表 6.36。

表 6.36　阶段强制崩落法主要技术经济指标

项　目			狮子山铜矿 (1985 年)	桃林铅锌矿 (1984 年)	小寺沟铜矿 (1984 年)	会理镍矿	观音山铁矿 (设计)
矿块生产能力/t·d^{-1}			250～450	400～600	1500	150～250	900
矿块生产能力/万吨·a^{-1}			8～10	10～12	30	6	20～27
劳动生产率	凿岩工/t·(工·班)$^{-1}$		35～48	40	60	30	
	出矿工/t·(工·班)$^{-1}$		75	47	125	33	
	放矿工/t·(工·班)$^{-1}$		50	47	65	67	
	工作面工/t·(工·班)$^{-1}$		32～41	16	28～45	17	3～3.5
采切比/m(m^3)·kt^{-1}			12 (48)	13.5 (50)	6 (60)	18.4	13.5 (96)
采准比/m(m^3)·kt^{-1}			10 (40)	10			11.1 (72.3)
切割比/m(m^3)·kt^{-1}			2 (8)	3.5			2.4 (23.7)
矿石贫化率/%			20～25	30	25	21	15
矿石损失率/%			12～15	20	15～20	18	20
吨矿成本/元			15.81			9～12	
劳动量	总劳动消耗量/工·班·kt^{-1}		142.5	141	77		
	采切/工·班·kt^{-1}		80	104.3	30		
	落矿/工·班·kt^{-1}		25	20.7	27		
	出矿/工·班·kt^{-1}		37.5	16	20		
回采材料消耗	炸药/kg·t^{-1}		0.6～0.65	0.6	0.43	0.66	
	其中	一次爆破	0.4～0.45	0.4	0.42	0.31	
		二次爆破	0.2	0.2	0.01	0.35	
	火雷管/个·t^{-1}		0.3	0.23	0.01	0.49, 电 0.073	
	导火线/m·t^{-1}		0.3	0.7		0.61	
	合金片/g·t^{-1}		1.15	2	3～5.2	1.33	
	钎钢/kg·t^{-1}		0.01	0.033		0.524	
	钻杆/kg·t^{-1}		0.0001		0.0013		
	坑木/m^3·t^{-1}		0.0004	0.001	0.0002		
	非电导爆管/m·t^{-1}		0.1	0.263			
	钢丝绳/kg·t^{-1}		0.01	0.04			
	铲运机轮胎/条·万吨$^{-1}$				2.4		
	油类消耗/kg·t^{-1}		0.08				

6.2.6　自然崩落法

6.2.6.1　适用条件

（1）矿体厚大，应具有相当的水平面积和开采高度，以保证初始崩落和维护正常崩落所必需的条件，如拉底面积等。所以，适于开采急倾斜厚大矿体和极厚的倾斜矿体。

（2）矿石的可崩性好。一般要求矿体不稳固，矿石节理、裂隙发育或中等发育，容易自然冒落，且冒落下来的矿石块度不大，便于放矿。

（3）矿石品位分布均匀，夹石少，矿石无黏性和自燃性。

（4）矿体形状规整和围岩界限明显。

（5）顶板围岩随着放矿能够自然崩落。崩落下来的围岩块度应比矿石大，以防增加贫化。

（6）围岩最好含有益矿物。

6.2.6.2　典型方案

自然崩落法可分为：矿块回采和连续回采两种方案。

（1）矿块回采阶段自然崩落法。矿块回采阶段自然崩落法如图 6.39 所示。此法是将阶段划分成方形或长方形矿块，以矿块为单元进行回采。

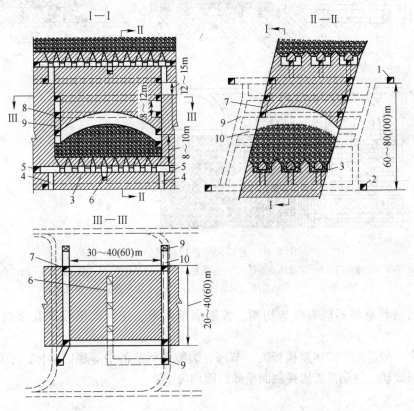

图 6.39　矿块回采阶段自然崩落法

1，2—上、下阶段运输巷道；3—电耙巷道；4—矿石溜井；5—联络道；6—回风巷道；
7—切帮天井；8—切帮平巷；9—观察天井；10—观察巷道

本方案适用于回采矿石软弱，节理、裂隙发育，崩落矿石块度小的矿体。采用本方案要实施控制放矿，使崩落矿岩接触面保持水平面均匀下降。

（2）连续回采阶段自然崩落法。此法是将阶段划分为尺寸较大的分区，按分区进行回采。一般在分区的一端沿宽度方向掘进切割巷道，再沿长度方向拉底，拉底到一定面积后，矿石便开始崩落。随着拉底不断向前扩展，矿石自然崩落也随之向前推进，矿石顶板面逐渐形成一斜面，并以斜面形式推进，如图 6.40 所示。

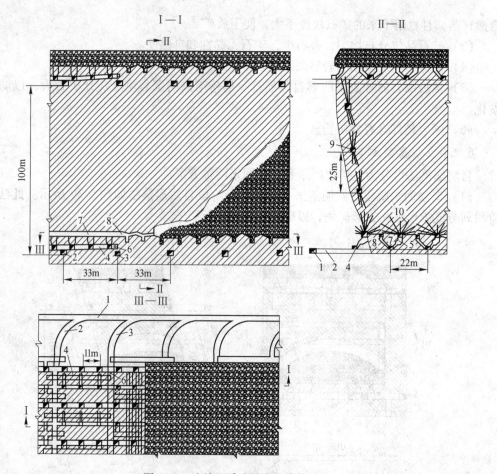

图 6.40 连续回采阶段自然崩落法

1—阶段沿脉运输巷道；2—穿脉运输巷道；3—通风巷道；4—耙矿巷道；5—漏斗颈；6—通风小井；
7—拉底巷道；8—联络巷道（形成漏斗用）；9—凿岩巷道；10—拉底深孔

如果切割巷道尚不能有效地切割、控制崩落边界，还可以采用炮孔爆破方法进行切帮。

本方案一般适用于矿体规模较大，节理、裂隙较稀疏的中等稳固矿体。采用本方案，要实施控制放矿，使崩落矿岩接触面呈倾斜面均匀下降。

A 构成要素

a 阶段高度

阶段高度一般为 60 ~ 200m，个别矿山阶段高度达 400m。

b 矿块宽度

矿块的宽度一般为 30 ~ 90m。

c 底柱高度

阶段自然崩落法的底柱高度，由于负担矿量较大，且矿岩的稳固性大多欠佳。因此，其高度比一般的采矿方法要高，有的高达 20m 以上。

d 漏斗间距

影响漏斗间距的因素有矿岩的稳固程度、崩落矿石块度的大小、每个漏斗负担矿量的数量以及采用的出矿方案和出矿设备等。

B 采准工作

采准工程由阶段运输、底部结构、拉底、切割与通风等工程组成。

a 阶段运输

阶段自然崩落法的矿山,由于生产能力大,一般采用脉外环形运输系统,穿脉装车。穿脉运输巷道的间距根据选定的出矿方式和出矿巷道的布置形式确定。

b 底部结构

底部结构与出矿方式有关。阶段自然崩落法采用的出矿方式有重力、溜井出矿,电耙出矿和铲运机出矿三种。

(1)重力、溜井出矿。如图6.41所示,从运输巷道1的两侧按55°左右的倾角分别向上开凿出矿溜井2,在每个溜井高约12m处,再开凿分支溜井3,且直通格筛巷道4,格筛以上为放矿漏斗。这样一对出矿溜井可供4个放矿点使用。底柱高度一般约为23m。

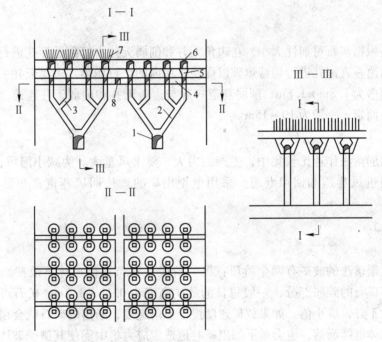

图6.41 重力、溜井出矿
1—运输巷道;2—放矿溜井;3—分支溜井;4—格筛巷道;
5—漏斗;6—拉底巷道;7—拉底炮孔;8—联络道

此种底部结构多用在崩落矿石块度小,且比较均匀的矿块。优点:容易实现控制放矿,有利于降低矿石损失与贫化,出矿成本低。缺点:结构复杂,采准工程量大,工人劳动强度大。

(2)电耙出矿。阶段自然崩落法用电耙出矿的底部结构与一般的有底柱崩落法电耙出矿的底部结构基本相同。不同之处是阶段自然崩落法阶段高度较高,每个漏斗所负担的矿量较大,需要有较大的漏斗间距。耙道和漏斗的支护要加强。

(3)铲运机出矿。采用大型铲运机出矿,对崩落矿石块度适应性强,出矿效率高,易于实现控制放矿，是一种较好的出矿方式，但要求巷道断面大，出矿口间距大。其主要缺点是底部矿柱损失大。

C　切割工作

a　拉底

拉底水平一般布置在出矿水平以上，与出矿水平之间的距离主要取决于矿岩稳固性和选用的拉底方法，一般为 5 ~ 15m。拉底方法既有浅孔拉底，也有深孔拉底，其高度大多在 3m 以上。国外矿山采用的拉底面积为 30m×30m ~ 120m×120m，变化范围很大。

拉底一般从靠近已崩落矿块的一侧，或从矿体上盘开始，随着崩落线推进顺序爆破拉底炮孔，每次爆破步距 5m 左右（2 ~ 3 排孔）。拉底时，要注意拉底线不能与下部的出矿巷道平行，以免出矿巷道承受太大的应力而遭到破坏。为此，拉底推进线多沿对角线方向呈阶梯状推进。两相邻拉底巷道之间的超前距离一般控制在 6 ~ 12m 范围内。拉底时，一旦发现留有残柱，一定要及时处理，否则将会阻止矿石自然崩落，并对出矿巷道产生应力集中。

b　切帮

切帮就是根据矿石可崩性大小，在边角天井和削弱天井中打数层深孔进行爆破，或在削弱巷道中钻凿垂直深孔进行切帮爆破以促使矿块内的矿石崩落。边角天井一般布置在四个角上，断面多为 1.8m×1.8m；削弱巷道一般与边角天井和削弱天井连通，其垂直距离由矿岩稳固性而定，一般为 10 ~ 15m。

D　通风

阶段自然崩落法作业比较集中，生产能力大，要求风量大。为减小漏风，保证风质，一般设有专用进风巷道和回风巷道。采用电耙出矿的矿块回风巷道常布置在耙矿水平以下。

E　回采工作

a　放矿

阶段自然崩落法的放矿有两个阶段：第一阶段是在待崩落矿体下放矿。随着矿石崩落，放出崩落矿石的碎胀部分，一般每日的放矿高度为 0.15 ~ 1.2m。矿石可崩性好，取大值；可崩性不好，取小值。如果放矿速度慢于崩落速度，崩落的矿石就会顶住待崩的矿体，会阻止矿体继续崩落，也会对下部出矿巷道造成应力集中而使其遭受破坏，崩落下来的矿石也会被压实，造成放矿困难。放矿速度过快，则会在待崩矿体与已崩矿石之间形成较大的空间，容易使周边已崩落的岩石流入采场内，造成过早贫化，也会出现矿体过早突然崩落，使得大块增多。

第二阶段是整个崩落层高度上的矿石全部崩落以后，在覆岩下放矿。覆岩下的放矿一般采取等量均匀放矿。对于矿块自然崩落法，一般将矿岩接触面控制呈水平下降。对于连续自然崩落法，一般将矿岩接触面控制呈 45°倾角下降。

b　支护

由于阶段高度较高，出矿巷道所负担的矿量很大，使用的时间也长，从而出矿巷道磨损严重，再加上频繁的二次爆破，出矿巷道往往破坏严重。因此，必须重视巷道的支护和维修。

对于处于开采应力范围内的巷道，如穿脉运输巷、通风巷、出矿巷等，一般采用高标号混凝土支护，其厚度为 300~450mm，有些矿山的电耙巷道底板还采用钢轨加固；对于巷道交岔口、斗穿、装矿巷道的眉线部位可采用锚杆、锚索、金属网喷射混凝土或钢梁等加强支护。在开采应力影响范围以外以及使用时间不长的巷道，一般采用锚喷支护即可。

6.2.6.3　技术经济指标

自然崩落法技术经济指标见表 6.37。

表 6.37　自然崩落法主要技术经济指标

矿山名称	金山店铁矿		铜矿峪铜矿	镜铁山铁矿	丰山铜矿	漓渚铁矿	四川石棉矿
	Ⅰ区 +25m 矿体	Ⅱ区 +0m 矿体					
生产能力/t·a^{-1}	9.5×10^4	7.8×10^4	400×10^4	$(9~10) \times 10^4$		$(7~8) \times 10^4$	$(4~6) \times 10^4$
回收率/%	85.74	83.24		88.84	80.63	80.00	78.00
贫化率/%	30.66	22.00		11.15	25.43	20.00	15~25

6.3　充填采矿法

6.3.1　削壁充填法

6.3.1.1　适用条件

（1）矿脉埋深稳定。

（2）矿岩接触面明显，矿岩易分离，矿脉规则。

（3）矿脉厚度小于 0.4m。

对于急倾斜矿脉，工作面宽度 0.8~0.9m，工人即可顺利地进行工作，所以工作面宽度超过 0.9m 是不合适的。对于缓倾斜矿脉最小工作面宽度可取 1.0~1.2m。

（4）矿石运输和加工费用很高。

（5）围岩不含有用成分。

（6）选厂能力小。

（7）采用小直径钻头和小直径药包。

（8）采空区需要支护。

（9）矿石可能是稳固和稳固性较低的。

（10）对于极贵重的矿石，采用削壁充填法是合适的。

6.3.1.2　典型方案

削壁充填法见图 6.42。

A　矿块构成要素

a　阶段高度

阶段高度一般为 30~45m。

b　天井间距

天井间距一般为 50m。在极薄矿脉中有用成分一般分布不均匀，矿体沿走向和沿倾斜

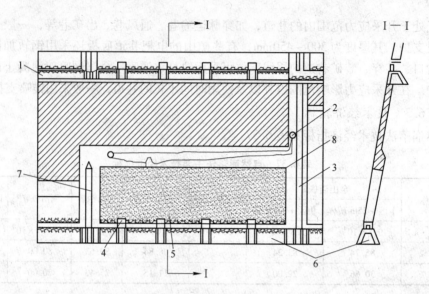

图 6.42　削壁充填法

1—回风巷道；2—电耙绞车；3—天井；4—放出多余废石的溜井；

5—充填料；6—运输平巷；7—顺路天井；8—垫板

常常有膨大缩小的情况，采区尺寸不大，则有利于采准时更好地探清矿脉情况。

c　顶、底柱

一般不留顶柱、底柱和间柱。底柱多用木结构或混凝土的人工底柱。

B　采准工作

a　阶段运输巷道

阶段运输巷道多采用沿脉布置，尺寸取决于运输设备，一般为 2.5m × 2.5m 或 2.8m × 2.8m。

b　人行通风天井

削壁充填法一般采区宽度不大，如果是开采贵重金属，则一般不留平巷顶部的矿柱，而是加强运输平巷的支护。

C　切割工作

对于削壁充填法，切割工作主要是拉底工作，通常在掘进运输平巷同时进行拉底工作。

D　回采工作

回采工作是自下而上水平分层进行回采。先采矿石还是先采围岩，根据具体情况而定。如果围岩比矿石坚固，矿石易于采掘，矿体有足够的厚度，矿石易于脱帮，以后有用成分易于振落，此时可先开采矿石后开采围岩，反之先采围岩后采矿石。

当先采矿石时则将矿石崩落在铺好的垫层上，按照这种工作循环、重复工作。如果是先采围岩，则应将充填所用的崩落下来的围岩加以平整，铺好垫层，然后再崩落矿石。

a　凿岩工作

上向凿岩机 YSP-45 打浅孔，炮孔间距一般为 0.3 ~ 0.6m，炮孔深度一般为 1.2m。炮

孔多布置在矿脉中间。一个炮孔所担负的面积为 $0.1 \sim 0.25 m^2$。回采分层高度一般为
1.0m。当矿脉厚度很小时，最好用小直径炮孔（30mm），有利于减小矿石损失和节省
人工。

b 装药爆破

炮孔打完之后，即可进行装药爆破工作，一般用人工装药。

在崩矿之前先要在采场内的充填料上铺设好垫层。垫层的种类很多，可在下面铺一层
草袋、麻袋或油布之后再铺一层木板，有的铺钢板。有的矿山采用运输皮带作为垫层材
料，经实践证明，效果良好。如果开采贵重金属且品位高，为了提高回收率，比较有效的
方法是在充填料上铺设一层 $10 \sim 15cm$ 厚的混凝土。

c 采场通风

削壁充填法利用全矿的总负压，新鲜空气自运输平巷经采区天井进入工作面，清洗工
作面，由另一侧天井进入回风平巷中。

d 平场运搬

崩落下来的矿石可以人工运搬，也可以用机械运搬。为了减轻工人体力劳动尽量采用
小型机械运搬，可提高采场运搬效率。

e 崩落围岩

当采矿中的矿石运搬完毕之后，拆除垫层（混凝土底板除外）。在围岩中打孔、装药、
起爆，爆破后崩下的岩石填入采空区。如果崩下的岩石过多，则可通过事先在下部砌筑的
废石漏口放出多余的矿石，然后将充填工作面进行平整，当垫层铺设后，即可进行下一个
工作循环。

6.3.1.3 技术经济指标

削壁充填法技术经济指标见表 6.38。

表 6.38 削壁充填法技术经济指标

	项 目	金厂沟梁金矿（机械化）	湘西金矿沃溪矿区	牟平金矿	撵山子金矿	瓦房子锰矿
矿体条件	矿体倾角/(°)	80 ~ 90	20 ~ 40，平均26	70 ~ 82，平均80	60 ~ 80，平均70	平均10 ~ 25
	矿体厚度/m	平均0.13 ~ 0.54	平均1.03	平均0.97	0.1 ~ 0.5，平均0.3	平均0.4
采场结构参数	阶段高度/m	40	25	40	40	斜长60
	矿块长度/m	100	50 ~ 60	45	50	100
	顶柱/m	无	无	3	无	无
	底柱/m	人工假底0.5	5	无	5	无
	间柱/m	无	无	无	无	无
	采幅/m	1 ~ 1.5	1.2 ~ 1.4	0.97	矿石0.6，削壁后1.8	1.5
	溜井间距/m	40	漏斗间距40		30	20
	分层高度/m	0.5 ~ 1.5	1.2	0.6 ~ 0.8	1.8	1.5

续表 6.38

项目			金厂沟梁金矿（机械化）	湘西金矿沃溪矿区	牟平金矿	撰山子金矿	瓦房子锰矿
技术经济指标		矿块生产能力/t·d^{-1}	50	20~30	29	8	18~20
技术经济指标		掌子面工效/t·(台·班)$^{-1}$	7	2.5~4.5	4.1	0.1	0.62
技术经济指标		回采凿岩效率/t·(台·班)$^{-1}$	人工 40~45，台车 70	35~40	25	37	18~21
技术经济指标		回采出矿效率/t·(台·班)$^{-1}$	铲运机 10t/h	电耙 20		人工 0.15	人工 1
技术经济指标		采切比/m·kt^{-1}	采准比 5.23	36.5	40	18.05	35~43
技术经济指标		损失率/%	7	5~8	4.5	10	20.97
技术经济指标		贫化率/%	40	35~83	16	50	1.37
技术经济指标	材料消耗	炸药/kg·t^{-1}	0.55	0.31	0.6	0.4	0.36
技术经济指标	材料消耗	雷管/个·t^{-1}	非电 1.20			0.71	
技术经济指标	材料消耗	导火线/m·t^{-1}	0.73	0.85	2	1.2	1.25
技术经济指标	材料消耗	合金片/g·t^{-1}	1.23	1.74	0.3	0.001	0.48
技术经济指标	材料消耗	钎钢/kg·t^{-1}	0.03	0.024	0.12	0.01	
技术经济指标	材料消耗	坑木/m^3·t^{-1}	0.0051	3.15	0.006	0.003	0.004

6.3.2 上向分层充填法

6.3.2.1 适用条件

(1) 矿岩中等稳固以上矿体；矿石不允许全厚度暴露。

(2) 适用于急倾斜薄矿体、倾斜中厚以上矿体和缓倾斜极厚矿体。

(3) 产状复杂和分支复合的矿体以及需要进行分采的矿体。

(4) 矿岩中等稳固以上、矿石价值中等以下。

6.3.2.2 典型方案

上向水平分层充填法见图 6.43、图 6.44。

A 矿块布置

a 沿走向布置

在矿石与围岩比较稳固的条件下，矿体厚度不超过 15m 时，采用沿走向布置。

b 矿块垂直走向布置

矿体厚度为 10~15m 时，采用垂直走向布置。

B 矿块构成要素

a 矿房长度

矿房长度一般宜控制在 50m 以内。如果矿体厚度超过 50m，则在矿体的垂直走向方向上布置两排矿房，在两排矿房之间留沿走向的纵向矿柱。

b 阶段高度

阶段高度根据矿体的倾角确定：倾斜矿体为 30~40m，急倾斜矿体为 50~60m。

c 矿房的水平暴露面积

矿房的水平暴露面积取决于矿石的稳固性。当矿石稳固时，水平暴露面积多在 300~

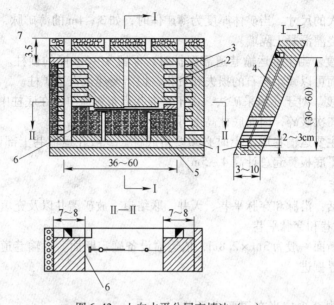

图 6.43 上向水平分层充填法 (一)

1—沿脉平巷；2—人行天井；3—联络道；4—充填天井；5—溜矿井；6—隔墙；7—顶柱

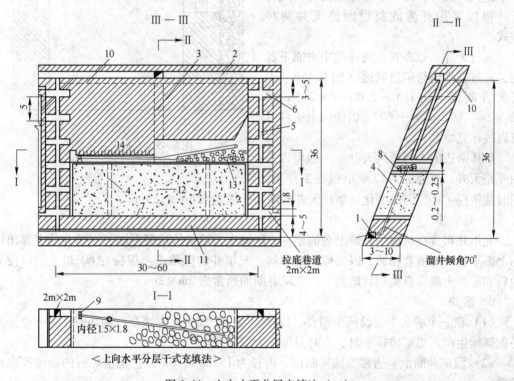

图 6.44 上向水平分层充填法 (二)

1—阶段运输平巷；2—回风巷道；3—充填天井；4—放矿溜井；5—人行通风天井；6—联络道 (间距 4~6m)；
7—隔墙；8—底板；9—电耙绞车；10—顶柱；11—底柱；12—充填料；13—崩下矿石；14—炮孔

$500m^2$ 之间；当矿石极稳固时，可达到 $800 \sim 1200m^2$ 或更大，个别矿山达到 $2000m^2$。

d　矿柱尺寸

（1）间柱宽度。用充填法回采间柱时，可留 7~10m。当矿石和围岩不稳固且地压较大时，则应取较大的尺寸。当矿体厚度为薄矿体时，如3~4m的薄矿脉，可不留间柱，此时可在矿房之间浇灌混凝土隔墙。

（2）顶柱厚度。当上部运输巷道需保护时，保留3~5m厚的顶柱。不留顶柱可以简化回采步骤，因而可以减小矿石的损失和贫化，但需要建造人工矿柱。

（3）底柱高度。对于充填采矿法，由于采准巷道布置简单，在底柱中的巷道很少，并且不在其中进行二次破碎，因而底柱高度可小一些。

当矿房位于主要运输巷道之上时必须要留底柱。一般在运输巷上部留2~3m高的底柱，即从运输水平底板算起总计高4~5m。

C　采准工作

采准工作包括：沿脉和穿脉平巷、天井、联络道、放矿溜井以及充填井。

a　沿脉运输巷和穿脉平巷

运输巷道的断面一般为3m×2.8m，依运输设备确定断面。运输巷道位置一般靠近矿体下盘或上盘边界掘进。

b　天井

在一个矿房中至少应当布置两个天井，一个是人行天井，另一个是充填天井。人行天井可以采用开凿或架设顺路天井两种方式。

人行天井一般布置在间柱的中央靠下盘处，通过联络道与矿房联通（图6.45）。人行天井断面为（1.5~2.0）m×2.5m或2m×2m，倾角应大于60°，以便回采矿柱时可以改作充填井。

矿体两边的人行通风天井，一般可以采用顺路天井。优点是可以减小掘进工作量，同时能适应矿体形态的变化。顺路天井的断面一般为1.5m×1.5m。

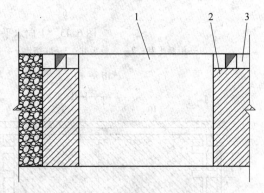

图6.45　人行天井布置图
1—矿房；2—间柱；3—联络道

c　充填井

充填井布置在矿房中央靠上盘的地方，以减小充填料的运搬距离。充填井的上部出口与上部平巷或短横巷相通，以便倾倒充填料。充填井的倾角应当保持在60°以上，以便充填料和混凝土能靠自重顺利地流下。充填井断面通常为2m×2m。

d　溜井

（1）在一个矿房中应设两个溜井，以便于当一个溜井发生堵塞或破坏时，另一个溜井还能继续生产。当矿房很小时，有时只留一个溜矿井。

（2）溜矿井断面。通常为圆形断面，内径为1.5m×1.5m，它是由矿石的块度及出矿量确定。

（3）溜井砌筑。溜井可用混凝土浇灌或预制混凝土砌筑而成，或者用钢板焊接成圆筒。

（4）溜矿井的倾角应当大于60°。溜井下口与平巷或横巷相通，并设有放矿闸门。

e　联络道

自拉底水平的底板起，在天井中每隔4~6m，垂直布置一条联络道，使之与矿房相通。两个天井的联络道，在垂直位置错开布置较好，以免充填时两个天井中的联络道同时被堵死。联络道要和天井掘进同时完成。联络道断面为 $1.5m \times 2m \sim 1.8m \times 2m$。

D 切割工作

拉底为该采矿方法的主要切割工作。在拉底之前，先在拉底水平掘进一条拉底巷道，它是先由人行天井第一条联络道掘进一条短巷与溜矿井相通，然后利用溜矿井出矿，同时把拉底巷道（在矿房中）掘进完毕。

拉底水平位于运输巷道上部 $2 \sim 3m$ 处，拉底巷道断面为 $1.8m \times 2.0m \sim 2m \times 2m$。在拉底巷道的基础上，向矿房两边扩大至矿房边界。在拉底区的底板上要浇灌一层厚 $0.3 \sim 0.5m$ 钢筋混凝土作为下阶段回采的保护层。

切割工作平面图见图 6.46。

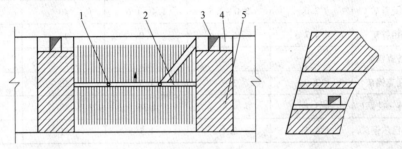

图 6.46 切割工作平面图
1—溜矿井；2—拉底巷道；3—天井；4—联络道；5—间柱

E 回采

回采工作按分层进行，每采完一层就充填一层，使工作空间始终在 $2.0 \sim 2.2m$ 的高度。每采充一次便形成一个工作循环。每一个工作循环包括：落矿、撬顶、运搬、充填、浇注混凝土隔墙和底板，加高溜矿井和顺路天井等。

a 分层高度

国内主要用浅孔凿岩，分层高度为 $1.5 \sim 2.0m$。如用中深孔崩矿，分层高度可达 $4 \sim 5m$，或可采用两次到多次浅孔崩矿逐步形成。

b 凿岩

凿岩方式有两种：（1）利用上向凿岩机打上向孔；（2）打水平孔。

机械化水平高的矿山：上向水平分层充填法通常采用单机或双机液压凿岩台车，凿岩台车平均效率为 $96m/(台 \cdot 班)$，每米炮孔崩矿量为 $7.45t/m$，铲运机出矿。

机械化水平低的矿山：凿岩设备大多数仍为传统的手持式凿岩机，如 YSP-45 型、7655 型凿岩机，炮孔直径为 $38 \sim 50mm$。一般多用上向孔，孔深 $1.6 \sim 2.0m$，孔间距 $0.8 \sim 1.2m$。前后排炮孔错开布置，以充填井为自由面崩矿，每分层分为 $2 \sim 3$ 次爆破。打上向孔，可以集中凿岩，然后一次爆破，也可分次爆破。放炮后，集中出矿，适合用电耙出矿。打水平孔时，只能随打随崩矿，适用于铲运机出矿。水平孔落矿、顶板比较平整，撬碴工作量小，有利于顶板管理，安全性比较好。

c 爆破

炸药一般采用铵油炸药、乳胶炸药和 2 号岩石炸药等，单位耗量一般为 $0.21 \sim$

0.25kg/t，采用非电导爆管起爆。

上向水平分层充填法通常为人工装药，效率低，劳动强度大。国内外部分矿山的凿岩爆破参数详见表 6.39。

表 6.39　国内外部分矿山的凿岩爆破参数

矿山名称	凿岩爆破参数				
	分层高度/m	炮孔深度/m	炮孔间距/m	炮孔直径/m	炮孔倾角/(°)
中国凡口铅锌矿	4.0	4.0~4.5	1.2~1.5	50	85~87
中国红透山铜矿	3.0	3.6	1.4~1.5	38	75~80
中国黄沙坪铅锌矿	2.0	2.0	0.8~1.2	38	80~85
中国金川龙首矿	2.0	2.0~2.5	1.4~1.6	40	水平孔
瑞典乌登铅锌矿	4.7	5.0	3.0	43	65
加拿大汤普森镍矿	3.6	4.0		35	65
加拿大莱瓦克镍矿	3.0	3.6	1.5	50	65
澳大利亚芒特·艾萨矿	3.7	4.4	1.36	48	65
澳大利亚科巴尔铜矿	4.5	5.4	1.5	51	65

d　运搬

国内充填法矿石运搬主要用电耙和铲运机两种设备。机械化上向水平分层充填法采场通常采用铲运机出矿。当运输距离为 150~250m 时，采用铲运机将矿石装入卡车再运出采场。铲运机斗容 0.38~6.1m³，多数矿山为 1.5~3.0m³。电动铲运机斗容为 0.75~4.0m³ 不等，电缆卷筒容量已达 150m 以上，基本上能满足充填法采场的出矿要求，且设备利用率提高 20%~60%，维修费用降低 42%，作业环境得到较大改善，通风费用显著降低。国内外部分矿山铲运机的实际出矿效率见表 6.40。

表 6.40　国内外部分矿山铲运机的实际出矿效率

矿山名称	铲运机型号与斗容		运输距离/m	出矿效率/t·(台·班)$^{-1}$
	型号	斗容/m³		
中国凡口铅锌矿	ST-3	2.7	25~30	388
中国康家湾矿区	WJD-1.5	1.5	15~20	133
中国金川二矿区	EIMCO928	6.0	200	250~400
中国三山岛金矿	ST-3	2.7	<150	161
加拿大莱瓦克镍矿	ST-4A	3.0	150~200	300
澳大利亚芒特·艾萨矿	ST-5	3.8	52	500
澳大利亚科巴尔铜矿	ST-5	3.8	76	680
瑞典乌登铅锌矿	ST-8	6.1	150~175	100t/h

e　人工混凝土假底铺设

人工混凝土假底浇注工作有三项：浇注底板、隔墙及施工放矿溜井。

（1）浇注底板。为了提高矿石回收率和改进作业条件，在充填料上面铺一层厚为8～10cm的混凝土，人工浇注混凝土时，效率低，劳动强度大。

另一种方法是把搅拌好的混凝土从充填井下放，倒入采场中，然后用电耙耙均匀，再辅助少量人力劳动即可完成。

（2）浇注混凝土隔墙。隔墙的作用是将间柱和充填料分开，为以后回采间柱创造条件，以降低矿石损失和贫化。隔墙的厚度各个矿山不一，一般为0.5～2.0m。

只要分层的隔墙浇注在同一垂直面上，且混凝土的质量比较好，用充填法回采间柱，则隔墙的厚度有1.0m即可满足要求。

多数矿山是采用先充填矿房后再砌筑隔墙的办法，即首先用混凝土预制件做好隔墙的模板，之后进行充填工作，当进行到一个分层还差0.2m时停止充填，改为进行浇注混凝土底板工作，在此同时把混凝土灌入隔墙内，使底板和隔墙同时完成。

F 充填工作

每一分层回采完毕，完成充填准备工作，如浇注隔墙，加高溜矿井及顺路天井等，从充填井向矿房下放充填料。待充填量达到设计要求的高度时停止，扒平表面，然后铺一层混凝土底板，至此，充填工作结束。

采场充填采用的充填料有分级尾砂或天然砂、棒磨砂胶结、高水速凝全尾砂胶结、废石、炉渣和戈壁骨料胶结等。按回采方式的不同有如下几种充填方式：

（1）采用一步骤回采时，通常采用分级尾砂充填。为降低损失率和贫化率及利于铲运机作业，在每分层尾砂充填面上铺设厚度0.4～0.5m的胶结垫层，灰砂比一般为1:5。

（2）采用两步骤回采时，矿房一般用尾砂胶结充填，于矿房和矿柱之间构筑混凝土或尾砂胶结隔离墙，并在非胶结的充填面上铺设胶结垫层。部分矿山上向水平分层充填法采用的充填材料见表6.41。

表6.41 部分矿山上向水平分层充填法采用的充填材料

矿山名称	回采方式	充填材料	灰砂比或水泥量/kg·m⁻³	
			充填体	胶结垫层
凡口铅锌矿	两步骤回采	分级尾砂或棒磨砂胶结	1:8	1:5
康家湾矿区	两步骤回采	分级尾砂胶结	1:(10～15)	1:5
红透山铜矿	一步骤回采	尾砂		C20
	两步骤回采	尾砂胶结	C20	C20
黄沙坪铅锌矿	两步骤回采	废石		C15
	一步骤间隔回采	废石或分级尾砂		C15 或 1:5 尾砂浆
铜绿山铜矿	两步骤回采	分级尾砂或炉渣		1:8
金川龙首矿	两步骤回采	戈壁骨料胶结	1:10	1:10

目前多数采用上向水平分层充填法的矿山开采深度较大，充填料从制备站至各充填采场通过钻孔和管道自流输送，料浆浓度为70%～78%。采场内充填管道通常采用轻便的增强聚乙烯管。为确保充填质量和充填面平整，采场内充填管线上每10m左右应设一个下料

点，以减少料浆离析。此外，充填过程中的引流水和洗管水应排到采场之外。

采场充填脱水采用渗透脱水方式，脱水构筑物有滤水井、滤水塔两种。滤水井形式有井框式、钢筒和混凝土浇灌等；滤水塔用金属网或钢筋焊成圆筒，也可用荆条编织。滤水井和滤水塔外包多层滤水材料，滤水塔下端用塑料管与人行排水井或滤水井连通。

　　G　采场顶板管理

为确保人员和设备的安全，必须加强顶板管理并进行预防性支护。采场支护通常采用锚杆、锚杆与钢丝网、长锚索与锚杆和长锚索与钢丝网联合支护。锚杆和锚索的直径、长度及网度，需根据采场地质条件确定。锚杆长度为 2.0 ~ 3.5m，直径为 16 ~ 20mm，网度 1.2m × 1.5m 或 1.5m × 1.5m；长锚索直径一般为 15 ~ 25mm，布置网度为 3m × 3m 或 4m × 4m，有效长度为 3 ~ 5 个分层高度。国内外部分矿山上向水平分层充填法采场支护概况见表 6.42。

表 6.42　国内外部分矿山上向水平分层充填法采场支护概况

矿山名称	采场支护概况
中国凡口铅锌矿	采场顶板采用锚杆或锚杆与钢丝网联合支护，锚杆直径为 25 ~ 38mm，锚杆网度为 1.4m × 1.5m，钢丝网网度为 25mm × 25mm
中国凤凰山铜矿	采场采用长锚索与锚杆联合支护，长锚索采用直径为 15 ~ 25mm 钢丝绳，孔径为 60 ~ 70mm，孔深为 8 ~ 10m，网度为 4m × 4m；锚杆为胀管式和管缝式，孔径为 35mm，孔深为 2m，锚杆网度为 1.5m × 1.5m
中国铜绿山铜矿	采场采用长锚索与锚杆联合支护，长锚索直径为 24.5mm，长度为服务 3 ~ 4 个分层高度，网度为 4m × 4m；锚杆为管缝式，直径为 45 ~ 46mm，长度为 1.6 ~ 1.8m，网度为 0.9m × 0.9m
中国云锡老厂锡矿	采场采用长锚索与锚杆联合支护，长锚索直径为 22.5mm，长度为 12 ~ 15m，锚固 3 ~ 4 个分层高度；锚杆直径为 33mm，长度为 1.5 ~ 1.9m
澳大利亚芒特·艾萨矿	采场采用锚杆与钢丝网或长锚索与锚杆联合支护，锚杆直径为 16 ~ 19.5mm，长度为 2.3 ~ 3m，网度为 1.2m × 1.2m ~ 2.4m × 2.4m 不等，钢丝网网度为 102mm × 102mm；长锚索由 7 股 7mm 高拉力钢丝组成，长为 18m，锚索孔直径为 50mm，孔距为 2.4m，呈菱形布置，孔内灌注加有膨胀剂的波特兰水泥，每根锚索的负荷能力为 50t
加拿大汤普森镍矿	采场采用锚杆与钢丝网联合支护，锚杆呈棋盘式布置，间距 1.0m，锚杆长度为 2.4m，钢丝网网度为 102mm × 102mm
加拿大斯特拉恩科纳矿	采场采用锚杆与钢丝网联合支护，锚杆长度为 1.8m，直径为 19.5mm，钢丝网网度为 102mm × 102mm

6.3.2.3　技术经济指标

上向分层充填法技术经济指标见表 6.43。

表 6.43　上向分层充填法技术经济指标

	项　目	红透山铜矿	黄沙坪铅锌矿	焦家金矿	金川龙首矿及二矿区	云锡老厂锡矿
矿体条件	矿体倾角/(°)	65 ~ 70	40 ~ 50	平均 60	60 ~ 70，平均 65	0 ~ 20
	矿体厚度/m	2 ~ 30，平均 15	6 ~ 8	0.31 ~ 15.4，平均 4.02	10 ~ 30，平均 20	平均 9.15

项 目		红透山铜矿	黄沙坪铅锌矿	焦家金矿	金川龙首矿及二矿区	云锡老厂锡矿
采场结构参数	阶段高度/m	60	36	40	60	44
	矿块长度/m	130～180	沿走向20～60，垂直走向为矿厚	10	矿厚	30～32
	矿块宽度/m	矿厚	沿走向为矿厚，垂直走向10～20	矿厚	5	7
	顶柱/m	6～8	3～4		2.5～3.0	
	底柱/m	7	5～6	4	6.5	6
	间柱/m	3	7～8		5	7
	分层高度/m	3	1.5～8	2.5～3	2.5～3.0	分段高9，分层高3
	溜井间距/m	20		9～10	漏斗间距5	
技术经济指标	矿块生产能力/t·d⁻¹	80	40～60	27.8	40～60	80
	掌子面工效/t·(台·班)⁻¹	14	8～10	4.54	5～7	2.45
	回采凿岩效率/t·(台·班)⁻¹	60～100，平均80	40～60	35～40	40～60	30～35
	回采出矿效率/t·(台·班)⁻¹	电耙100，铲运机250	电耙80	电耙50	装运机50～70	铲运机80
	采切比/m·kt⁻¹	8～10		17～18	8～11	
	损失率/%	矿房3，矿柱20	2.64	16.68	矿房5～8	6.75
	贫化率/%	矿房15～20，矿柱15	23.53	21.34	矿房6～8	3.66
材料消耗	炸药/kg·t⁻¹	0.44	0.4～0.43	0.31	0.220～0.256	0.238
	雷管/个·t⁻¹	非电0.18	火0.4～0.45	0.4	火0.193～0.257	0.457
	导火线/m·t⁻¹	0.23	导火线1.0	0.52	0.018～0.526	0.071
	合金片/g·t⁻¹	0.001	1.6～1.7	1.44	0.21～0.24	0.025
	钎钢/kg·t⁻¹	0.025	0.03～0.04	0.038	0.03～0.17	0.031
	坑木/m³·t⁻¹	0.0002	0.0001	0.0028	0.018～0.023	0.0007

6.3.3 下向分层充填法

6.3.3.1 适用条件
（1）适用于开采矿石很不稳固或者矿石和围岩都很不稳固。
（2）矿石品位很高或价值很高的金属矿床。
（3）从缓倾斜到急倾斜矿体，从薄矿脉到厚矿体都适用。
（4）矿体轮廓从简单到复杂。
（5）地表从允许崩落到不允许崩落。
（6）其他采矿法难以回采的、充填采矿法分两步骤回采的矿柱。

6.3.3.2　典型方案

下向分层充填法见图 6.47。

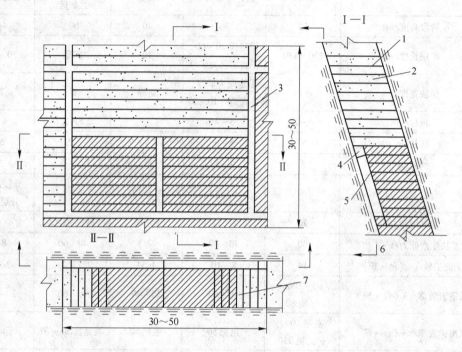

图 6.47　下向分层尾砂充填法
1—假顶；2—尾砂充填体；3—矿块天井；4—分层切割平巷；
5—溜矿井；6—阶段平巷；7—分层回采进路

A　矿块布置

当矿体厚度小于 20m 时，采场沿矿体走向布置；矿体厚度大于 20m 时，采场垂直或斜交矿体布置，以利于进路稳定和作业安全。

B　矿块构成要素

a　阶段高度

阶段高度为 30~60m。

b　分段高度

分段高度为 10~15m，服务 3~5 个分层。

c　矿块长度

采场长度应根据出矿设备确定，沿矿体走向布置时，电耙出矿一般为 50m，铲运机出矿一般为 100m；垂直矿体走向布置时，一般划分为盘区，盘区长度为 50~100m，宽度为矿体厚度。矿体厚度大于 8m 时，上、下分层进路应相互垂直布置，在下分层进路回采时，使上分层进路充填体不至于全部暴露。暴露的部分如同一横梁架在进路之上，使之处于稳固的状态。

d　分层高度

电耙出矿分层高度为 2.0~3.5m，铲运机出矿为 3.0~5.0m。

e　进路宽度

电耙出矿进路宽度为 $2.5 \sim 4.0 \mathrm{m}$，铲运机出矿为 $4.0 \sim 5.0 \mathrm{m}$；六角形进路，高为 5m，顶底宽为 3m，腰宽为 6m。

f 矿柱

不留顶、底和间柱。

国内外部分矿山采场布置和构成要素见表6.44。

表 6.44　国内外部分矿山的采场布置和构成要素

项　目	矿 山 名 称					
	金川龙首矿	金川二矿区	武山铜矿	柏坊铜矿	格伦德铅锌矿	拉梅尔斯贝格铅锌矿
矿体长度/m	1300	1600	1600		数百米	500
矿体厚度/m	$15 \sim 110$	98	16.8	16	>2	$15 \sim 30$
矿体倾角/(°)	$70 \sim 80$	$60 \sim 75$	$56 \sim 64$	$20 \sim 70$	急倾斜	40
采场布置形式	垂直走向	垂直走向	沿走向	沿走向	沿走向	垂直走向
采场长度/m	50	100	100	53	$150 \sim 250$	矿体厚度
阶段高度/m	60	50	40	30	$60 \sim 90$	
分段高度/m	12	12	10		9.9	15
分层高度/m	2.5	4	3.3	$2.5 \sim 3.0$	3.3	3
进路断面/m×m	$5 \times (3 \sim 6)$	4×5	3.3×3.0	$(2.5 \sim 3) \times (3.5 \sim 4)$	3.3×3.0	3.0×3.3

C 采准工作

用铲运机出矿时，采用脉外斜坡道采准系统。采准工程包括斜坡道、分段联络巷道、分段巷道、分层联络巷道、溜矿井、通风充填井。

用电耙出矿时，采用脉内或脉外天井采准系统。采准工程包括人行通风天井（兼作设备井，天井下部可作溜矿井）、充填井、充填巷道、分层巷道和电耙硐室等。人行通风天井和充填井应随回采分层下移，其上部在充填时应预留，以保持其原有功能。

a 阶段运输巷道

阶段运输巷道布置在下盘矿岩接触带或下盘岩石中。

b 天井

天井布置在下盘矿岩接触带。一个矿块有三个天井，在矿块两端各布置一个人行通风井，中间一个溜矿井。

(1) 人行通风井是随着回采分层的下降，逐渐被建筑在充填料中的混凝土井所代替。

(2) 溜矿井从上往下逐渐消失。

D 切割工作

每一分层回采前必须沿下盘接触带掘进一条切割平巷。如果矿体轮廓很不规则或者厚度较大，也可以将切割平巷布置在矿体水平面的中央。

E 回采工作

a 回采方式

回采方式有两种：一是进路式回采；二是壁式回采。

进路回采：按分层全高进行巷道采矿，这些采矿巷道称为回采进路。

壁式回采：采场或盘区回采顺序是自上而下的，以水平进路（铲运机出矿）或倾斜进路（电耙出矿）分层回采，倾斜进路的倾角为6°～12°。进路沿矿体走向布置时，一般从上盘至下盘逐条或间隔回采；进路垂直矿体走向布置时，从盘区两端向中央间隔回采，以利于提高无轨自行设备的效率和盘区生产能力。

b 回采分层

回采分层高度一般为2～(2.5～3.0)m，进路的宽度为2～(2.4～3.0)m。用YT-30或YT-25型凿岩机凿岩，孔深为1.6～2.0m。国内多用电耙运搬矿石，国外通常采用铲运机运搬矿石，进路多用木棚支护。

c 凿岩爆破

大、中型矿山一般采用单机或双机液压凿岩台车，炮孔直径为38～40mm，孔深为2.5～4m。小型矿山一般采用气腿式凿岩机凿岩，炮孔深度一般为1.5～1.8m。为使矿岩和充填体受爆破的破坏较小，保持其自身的支承能力，形成较规整的断面形状，应采用光面爆破。

d 爆破

爆破用铵油炸药，非电导爆管起爆，单位炸药消耗量为0.3～0.35kg/t。

e 运搬

采场运搬一般采用斗容为2.0～6.0m³铲运机，小型矿山通常采用7.5～14kW电耙。

f 通风

采场进路通风一般为局扇压入式通风方式，所需风量按排除爆破炮烟和出矿设备柴油发动机功率计算。

F 充填工作

a 充填前的准备工作

清理底板，铺设钢筋混凝土板，钉隔离层，构筑脱水砂门等。

b 充填

准备工作完成后可进行正式充填工作。

6.3.3.3 技术经济指标

国内矿山采场主要技术经济指标见表6.45。

表6.45 国内部分矿山的采场主要技术经济指标

指 标 名 称	矿 山 名 称				
	金川二矿区	金川龙首矿	武山铜矿北矿带	黄沙坪铅锌矿	灵山金矿
采场（或盘区）生产能力/t·d⁻¹	640	378	123	50	70
H127双臂凿岩台车效率/t·(台·班)⁻¹	250～400				
水星14双臂凿岩台车效率/t·(台·班)⁻¹		126			
6.1m³铲运机出矿效率/t·(台·班)⁻¹	250～400				
2.0m³铲运机出矿效率/t·(台·班)⁻¹		126			
0.76m³电动铲运机出矿效率/t·h⁻¹			25		
电耙出矿效率/t·(台·班)⁻¹				30～40	35～40
炸药单位消耗量/kg·t⁻¹	0.3～0.35	0.33		0.17	0.48
矿石损失率/%	4.20	5.17	4.57	5	6.80
矿石贫化率/%	3.15	6.17	6.84	3～5	4.13

6.3.4 上向进路充填法

上向进路充填法是一种由下而上，以巷道进路方式回采并充填的采矿方法。回采进路是在矿石的自然稳定或略加支护下作业。

6.3.4.1 适用条件

除充填法适用条件外，尚需满足如下条件：

（1）矿、岩均不稳固，但矿体基本能保证回采进路稳定的富矿床或贵重金属矿床。

（2）矿石裂隙较发育或破碎而品位又高的充填法矿柱回采。

（3）矿体的厚度一般为 2～12m，及个别厚矿体。

上向进路充填法示意图见图 6.48。

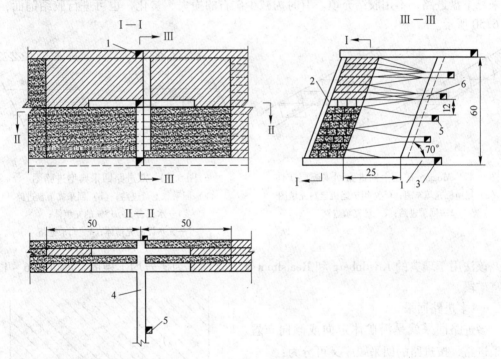

图 6.48 上向进路充填法示意图

1—运输穿脉（4m×4m）；2—回风充填井；3—阶段运输平巷（4m×4m）；

4—联络道（4m×4m）；5—溜矿井（φ3m）；6—斜坡道

6.3.4.2 主要回采方案及特点

A 上向进路充填法的特点

上向进路充填法回采的实质是巷道机械化掘进式采矿。该法主要有如下特点：

（1）进路顶板暴露面积与采场比较相对较小，能保证回采作业的安全。

（2）进路断面较大，凿岩、出矿、支护、充填等工艺可实现机械化作业，效率较高。

（3）充填体强度要求低，充填成本较下向充填法低。

（4）为不破坏矿石原有稳定性和保证接顶的质量，进路回采采用光面爆破。

（5）采场通风为独头巷道通风，效果较差。

B　进路布置

根据矿体厚度不同，上向进路充填法的进路布置条数不同。

a　单进路回采

单进路回采就是沿矿体厚度布置一条进路（采场），它与上向水平分层充填法的区别是：进路采完后不为下分层留爆破补偿空间或作业空间，而必须做接顶充填，因而它们的炮孔排列、爆破方向及通风等均不相同。该法由于只布置一条进路，适应矿体形态变化的能力强，如瑞典 Krislinberg 矿，用于矿岩裂隙发育、厚 2～6m 的矿体。联邦德国 Meggen 矿在 4～5m 厚的断层富矿体中使用，见图 6.49。

b　双进路回采

双进路回采就是沿矿体走向布置两条进路，一般先回采靠上盘进路，用胶结充填；后回采靠下盘进路，不用胶结充填。有时为减少矿石的损失、贫化，也可进行胶结铺面，如图 6.50 所示。

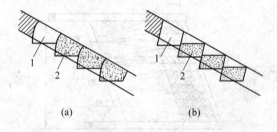

图 6.49　Meggen 矿用上向进路回采断层矿体
（a）用抛掷充填车图；（b）用铲运机运料充填图
1—回采进路；2—已充填进路

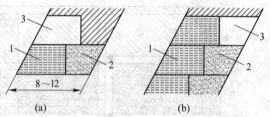

图 6.50　双进路回采典型进路图
（a）回采靠上盘进路；（b）回采靠下盘进路
1—水泥含 f 为 15% 的充填体；
2—无水泥的充填体；3—回采进路

该法用于瑞典的 Kristinberg 和 Reatslrom 矿，这两矿为矿岩均不稳固、厚度为 6～12m 的富矿段。

c　多进路回采

多进路回采就是沿矿体走向或倾向布置多条进路，按进路的回采顺序又可分为：

（1）逐个进路回采。瑞典 Falun 矿在裂缝比较发育的矿柱中，布置三条进路回采，进路回采顺序是逐个进行的，即每采完一条进路，进行胶结充填，待充填料固结以后，再挨着回采相邻进路，如图 6.51 所示。

这种顺序回采，即使进路再多，回采进路始终只有一条，故生产能力较低，多用于回采矿柱（包括顶底柱）或零星小矿体。

（2）间隔进路回采。苏联 Aunonu 多金属公司沿矿体倾向布置多条进路，进路间的回采是一条间隔一条回采。这种回采顺序不但

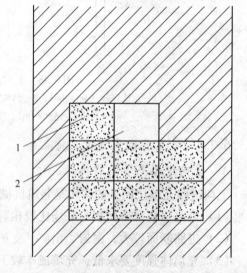

图 6.51　Falun 矿用上向进路法回采矿柱示意图
1—已充填进路；2—回采进路

同时作业的进路多，生产能力大，而且一期进路胶结充填体的凝固时间长，稳固性好，能有效地支撑顶板，减少了二期进路的贫化。该矿回采倾角小于35°的矿体，获得了较好的经济效益，如图6.52所示。

金川二矿区上向进路充填法试验区布置多条进路回采特厚矿体，采用间隔进路回采顺序以求获得作业安全和生产能力较大的效益。如图6.53所示。

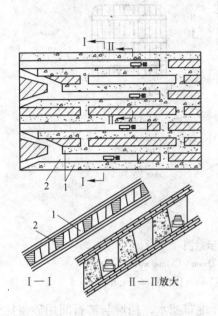

图6.52 Aunonu多金属公司用进路
回采缓倾斜矿体示意图
1—已胶结充填的进路；2—正在回采的进路

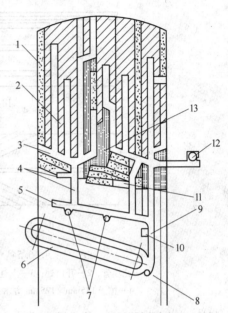

图6.53 金川二矿上向进路充填法
（试验区）布置示意图
1—已充进路；2—回采进路；3—分层沿脉；
4—分层联络道；5—分段平巷；6—斜坡道；
7—矿井；8—废石溜井；9—分段联络道；
10—进风井；11—电动铲运机接线室；
12—天井；13—辉绿岩脉

6.3.4.3 采场结构及工艺

A 采场结构与采准

采场沿走向布置，长100~150m，矿体厚度小于5m，布置一条进路；矿体厚度大于6m，布置两条或多条进路。进路断面一般宽4.5~5m，高4m。

采准巷道包括采区斜坡道或分层巷道、分层联络道、回风井和溜矿井等，除回风井布置在上盘外，其他井巷一般布置在矿体下盘。

B 回采工艺

凿岩一般采用双机液压台车凿岩，整齐。采用光面爆破，使用弱性炸药，孔深2.7~3m，采用装药车装药。为保证进路周边出矿用1.5~3.8m³铲运机，将矿石运到脉外溜矿井，放至下阶段运输水平。出矿完后，在工作面安装锚杆，锚杆长2.1~2.7m，间距1.5m左右。必要时安装钢筋条网护顶。如此循环，一直到该进路全部采完为止。

充填一般采用管道充填。水泥与砂子（或尾砂）的配比一般为1:10，也可采用上下不同的配比充填，即上部 0.9～1.5m，采用配比 1:4，其余为 1:10。

当要求强度高和充填接顶好时，可采用混凝土抛掷车充填。

充填管直径一般为 18cm 塑料管，用链子悬挂在进路顶部，挂钩间距 3～4m，充填之前，在进路口架设木挡墙。挡墙的结构如图 6.54 所示。

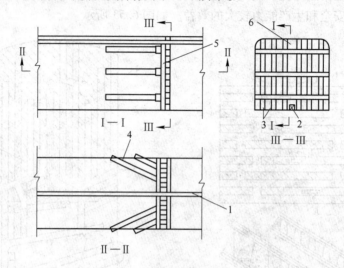

图 6.54　挡墙结构示意图

1—充填管；2—开口处；3—立柱 125mm×125mm～150mm×150mm 方木；
4—撑子 125mm×125mm 方木；5—木板 25mm×170mm；6—上开口

每块木板之间留 5mm 的空隙。木墙内衬塑料纤维布滤水，挡墙与矿石间用砂浆抹缝，防止跑砂。为保证充填接顶，充填分两次进行，第一阶段充完，要停一个班，再进行第二阶段充填。随着充填高度的增加，开口处钉上木板。在上开口处观察充填已接顶时，在适当位置锯断充填管，停止充填。

充填 24h 后，可拆除挡墙，充填一周后，开始相邻进路的回采。

采场通风采用局扇。新鲜风流由 $\phi560$mm 塑料风筒导入。

多进路回采的采场生产能力可达 400～1000t/d，损失率和贫化率一般均为 3%～10%。

6.3.4.4　实例

（1）白银厂小铁山铅锌矿矿体走向长 1100m，厚度 1～45m，一般为 5m 左右，矿体倾角为 70°～80°，为一多金属铅、锌、银矿床。矿体直接顶板为绿泥石千枚岩，下盘则硅化强烈。由于矿区内小构造错动多，节理裂隙发育使矿岩的稳固性较差。

设计规模 1500t/d，在矿岩比较稳固的块状矿地段应用上向进路充填法开采。

采场一般沿走向布置，长 100m，进路为 4m×4m，按矿体厚度布置 1、2、3…条进路，回采时，间隔进行，详见图 6.55。

在矿体下盘布置阶段联络巷道及分层联络道的斜坡道，从斜坡道向矿体开掘分层联络道（一般在矿块中部），每条分层联络道负担下、中、上三个分层的回采，即在垂直方向每隔 12m 布置一条分层联络道。斜坡道和联络道坡度均为 1:6，断面 4m×4m。在矿块中部的上下盘分别掘进充填回风井和溜矿井。

回采时先从矿块中央拉开垂直矿体走向的分层进路，再从这里沿走向向矿块两端用进

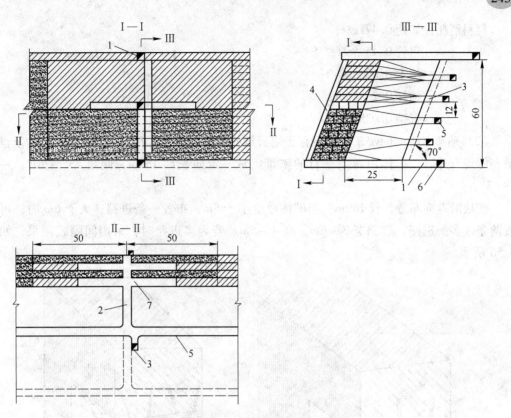

图 6.55 小铁山铅锌矿上向进路充填法

1—回风巷道（4m×4m）；2—分层联络道（4m×4m）；3—溜矿井 φ3m；4—回风充填井（2m×4m）；
5—分段巷道（4m×4m）；6—阶段运输巷道（4m×4m）；7—切割横巷（4m×4m）

路回采。设计在进路中采用无轨凿岩台车、光面爆破、装药车、铲运机、撬毛机等，待矿石出完后，再用锚杆台车进行锚杆支护，必要时再喷一层水泥砂浆，如此循环作业，直至整个进路的矿石出完。

充填前在进路口用木柱、木板建筑挡墙，内侧衬以塑料编织袋或草袋作滤水层，进路与木挡墙的间隙要用水泥砂浆封死，防止漏浆、跑砂，然后从充填井内把充填管沿进路顶部吊挂。一般第一期回采的进路充 1:4 的水泥尾砂浆，第二期进路充 1:(8~10) 的水泥尾砂浆，或不放水泥。但第二期回采的进路充填挡墙要移至分层联络道口。

回采进路的通风主要采用局扇。局扇可悬吊于巷道顶部，把风筒接到进路内，进行压入式通风。污风经上盘充填回风井进入上阶段回风巷，去出风井。

设计主要技经指标如下：

矿块生产能力：400t/d；

凿岩工班效率：115.2t；

采矿工班效率：133.3t；

采切比：54m/kt；

损失率：10%；

贫化率：8%；

材料消耗：炸药 0.47kg/t；

雷管 0.45 个/t；

坑木 0.0006m³/t；

锚杆 0.265kg/t；

钎钢 0.035kg/t。

（2）瑞典 Kyistinbeyg 矿矿体赋存于绢云母或绿泥石片岩、石英岩内。在矿体的上盘为滑石绿泥石片岩。矿体由两条平行的矿带组成，走向长约 134m，倾角 45°~70°，一般为 45°。

矿块沿走向布置，长 150m，当矿体厚度小于 5m，布置一条进路；大于 6m 时，可布置两条或多条进路。进路宽 3~6m，高 4~5m。若为多进路时，采用间隔式回采，如图 6.56 所示。

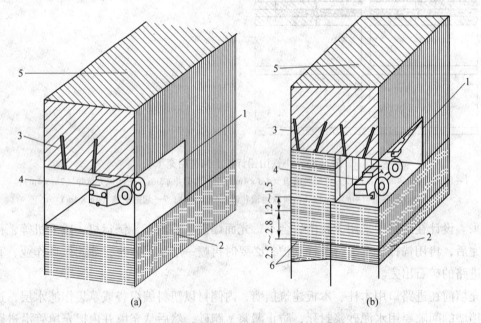

图 6.56　瑞典 Kyistinbeyg 上向进路充填法典型图

（a）单进路回采；（b）双进路回采

1—生产分层；2—水砂充填体；3—锚杆；4—凿岩台车；5—矿体；

6—胶结充填体（灰砂比 1:10~1:20）

用辅助斜坡道采准，斜坡道坡度 1:7~1:8。从斜坡道至采场掘分层联络道，它为三个分层服务，随着分层的上采，对分层联络道进行挑顶垫底。斜坡道的一端，布置脉外溜矿井，规格为 φ2.0~2.5m。

用双机液压凿岩台车打眼，眼深 2.7~3m，用装药车装药。出矿用铲运机将矿石运至溜矿井，放到下阶段运输水平。出矿后在作业面安装长为 2.3m 的锚杆。如此循环至整个进路回采完毕。

充填前在进路口架设滤水挡墙，进路内敷设 φ90~100mm 塑料充填管。充填料由充填管充入进路内，直至结顶为止。水泥与砂子的配比为 1:10，养护一周后，在相邻进路进行回采。若为双进路回采时，下盘进路一次进行水砂充填。砂浆浓度均为60%。

平均工班劳动生产率为23～27t；

损失率一般为3%～10%；

贫化率一般为3%～10%。

（3）南斯拉夫 Bor 铜矿 Coka Dulkan 矿体水平矿柱是用上向水平分层充填法回采完后的顶底柱，每个水平矿柱长100m，宽16m，高8m；含铜品位高达15%，故用上向进路充填法回采。

每个水平矿柱为一个采场。进路宽3m，高2.5～3m，长约100m。每个采场布置5条进路，进路的回采顺序是挨个进行的，一个水平矿柱分三层采完，如图6.57所示。

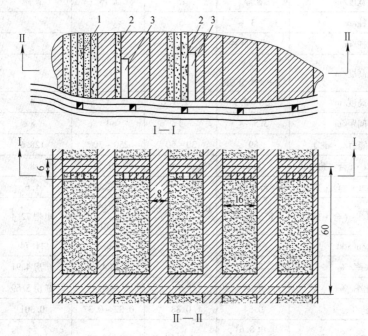

图6.57　南斯拉夫 Bor 铜矿上向进路充填法示意图
1—第一分层已采完；2—充填完进路；3—回采进路

采准工作包括：在矿柱最低水平的下盘岩石中掘进一条运输平巷，并掘矿石溜井和人行天井与阶段运输水平相连。

回采工艺：回采从紧靠垂直矿柱的进路开始，当进路采到约100m时停止，在进路口构筑隔墙并用麻袋布裹好。充填管插入进路用尾砂一直充填到顶板为止。采场充填和脱水之后，紧挨着充填好的进路，再采一条新进路。这一工艺反复进行直到整个分层采完。8m 厚的水平矿柱分三层采完。

主要指标：平均工班劳动生产率15t；

损失率5%；

贫化率2%～3%；

充填体强度（3～5）×10^5Pa。

6.3.4.5　技术经济指标

进路充填法技术经济指标见表6.46。

表 6.46　进路充填法技术经济表

项　目		焦家金矿（上向进路）	河东金矿（上向进路）	小铁山铅锌矿（上向进路）	金川龙首矿（下向进路）	招远灵山金矿（下向进路）
矿体条件	矿体倾角/(°)	30~60,平均40	25~55,平均38	60~80,平均75	50~80,平均70	45~70,平均55
	矿体厚度/m	0.31~45,平均4.88	平均6.56	1~45,平均5.5	1~150,平均54	0.8~21,平均4.3
采场结构参数	阶段高度/m	40	25	60	60	40
	矿块长度/m	40~60	17	100	单翼25,双翼50	50
	矿块宽度/m	矿厚	15	矿厚	矿厚	矿厚
	顶柱/m	3	5			
	底柱/m	7 或无底柱				
	分段高度/m	7~7.5（2~3 个分层）		12		
	分层高度/m	2.5~3.5	2.5	4	4	3
	进路间距/m	3.5~4	3	4	8	3
技术经济指标	矿块生产能力/t·d^{-1}	89	30~50	250~300	128.6	29~37
	掌子面工效/t·(台·班)$^{-1}$	8.1	3~5	10.5	8	3.5
	回采凿岩效率/t·(台·班)$^{-1}$	台车50	20~30	台车260	1.6	38
	回采出矿效率/t·(台·班)$^{-1}$	铲运机78	0.5m³铲运机20~30	0.75m³铲运机130	电耙72.4	电耙35
	采切比/m·kt^{-1}	6.8	2.4	32.7	11.74	9.5
	损失率/%	7.51	8	矿房4.24	矿房4.91	8
	贫化率/%	8.64	5	矿房9.45	矿房5.69	8
	材料消耗	炸药/kg·t^{-1}	0.54	0.88	0.32~0.37	0.301	0.34
		雷管/个·t^{-1}	非电0.61,火0.06	火0.04	非电0.03	0.29	非电0.52,火0.035
		导火线/m·t^{-1}	0.13	0.1	0.17~0.22	0.721	0.17
		合金片/g·t^{-1}	4.3	3	1.17~2.04	0.28	3
		钎钢/kg·t^{-1}	钎杆0.00076,钎头0.00474,钎尾0.00088	0.1	0.048~0.09	0.019	0.025

采矿方法设计说明书

7.1 设计说明书组成及要求

7.1.1 组成

设计说明书由前置部分、主体部分和结尾部分组成。

（1）前置部分：封面，摘要，目录；

（2）主体部分：正文，结论；

（3）结尾部分：参考文献，结束语，附图。

7.1.2 要求

7.1.2.1 前置部分

（1）封面。封面是设计说明书的表面。封面由下列内容组成：设计题目、单位、设计者姓名、设计日期。详见图7.1封面样式。

（2）摘要。摘要由设计说明书标题、摘要内容和关键词构成。摘要内容是对采矿方法设计内容不加注释和评论的简短陈述，具有独立性和自含性。其内容应包括与采矿方法设计说明书等同的主要信息。摘要应说明设计工作的简要依据、所选择的方法、所获得的结果与建议等。关键词要求3~5个。摘要一般不少于400字。

（3）目录。目录由设计说明书的章、节、条、附录等的序号、名称和页码组成。章节既是设计的提纲，也是其组成部分的标题。目录的序号一律采用阿拉伯数字。目录应该在全文排版结束后，自动生成。

7.1.2.2 主体部分

（1）正文。正文是采矿方法设计的核心部分，占主要篇幅，字数在10000字以上，包括设计对象描述、采矿方法初选、采矿方法比较、采矿方法优选、优选采矿方法的结构参数、采准、切割、回采设计、矿房、矿柱回采及采空区处理。正文内容必须实事求是，合乎逻辑，准确客观，结论严谨，层次分明，语言流畅，符合学科和专业的有关要求。

正文中图表应编序号，添加图名、表名等。图纸绘制、表格与插图必须规范准确，符合国家标准。图的纵横坐标必须标注量、单位。图序及图名置于图的下方。表序及表名置于表的上方。表内应标明各项目的符号、单位、量。表内"空白"代表未测或无此项；"—"代表未发现；"0"代表实测结果为零，应使用计算机绘制图表。

辽宁省沈阳市第二铜矿

急倾斜中厚矿体采矿方法设计说明书

年级：＿＿＿＿＿＿

班级：＿＿＿＿＿＿

学号：＿＿＿＿＿＿

姓名：＿＿＿＿＿＿

东北大学

年　　月　　日

图 7.1　设计说明书封面

正文中出现的符号和缩略词应符合本专业、学科的权威性机构或学术团体所公布的规定。如为作者自定的符号和缩略词，应在第一次出现时加以说明，给出明确的定义。引用他人资料（包括图、表、数据、论点、论据等）要用角标标注，注明出处。

（2）结论。结论应当准确、完整、明确、精练。可在结论或讨论中提出建议、设想、尚待解决的问题等。采矿方法设计的结论通常列出通过设计优选的采矿方法、开采指标、生产能力、凿岩设备、运搬设备、切割方法、回采参数等各工序的成果。

7.1.2.3　结尾部分

（1）参考文献。参考文献按引用文献的顺序，统一编号，列于文末，详见格式要求部分。

（2）结束语。对整个采矿方法设计进行总体性、概括性的总结，表达采矿方法设计过程、学习收获、对采矿方法设计的建议，以及对指导者、参考文献的作者或设计过程中帮助过作者的人等的感谢等。

（3）附图。采矿方法设计说明书的最后，要装订采矿方法典型图、底部结构示意图、爆破设计图、切割工程设计图、采矿方法施工图等相关说明图纸。附图要求准确、规范，符合技术要求，详见图纸部分。

7.2　封　面

封面要求简洁且包含以下内容:

(1) 设计说明书名称;

(2) 设计者信息。

对于采矿工程专业学生而言,封面格式如图7.1所示。

7.3　附　图

7.3.1　图幅

采矿方法设计说明书附图采用 A3 图幅。图框格式如图 7.2 所示。

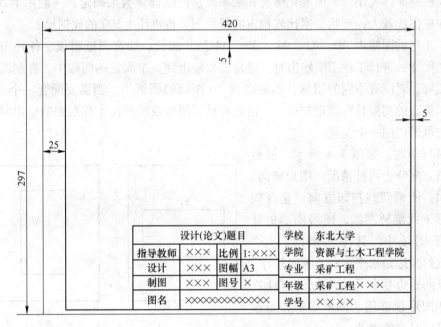

设计(论文)题目			学校	东北大学
指导教师	×××	比例 1:×××	学院	资源与土木工程学院
设计	×××	图幅 A3	专业	采矿工程
制图	×××	图号 ×	年级	采矿工程×××
图名	××××××××××××××		学号	××××

图 7.2　A3 图框

7.3.2　图签

在进行采矿方法的课程设计和毕业设计时,建议采用图 7.3 所示图签。

7.3.3　图纸比例与图幅

图纸比例指的是纸质类媒介中图上距离与实际距离的比值。在采矿工程中,不同工程图纸的图纸比例有不同的要求,通常在一定范围内进行选择。

我国金属矿山矿区地形图多采用 1:1000 或 1:2000 的比例尺,有的矿区范围较大,也可采用 1:5000 的比例尺。中段巷道设计图一般选用 1:500 的比例尺。采矿方法设计图的图

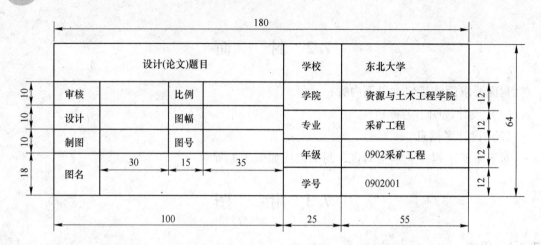

图 7.3   东北大学采矿工程课程设计用图签

纸比例应根据矿体大小、矿体变化情况和采矿方法的结构参数来确定，一般用 1∶200 的比例尺。在矿体比较大，产状要素比较稳定的条件下，也可用 1∶500 的比例尺。

采矿工程的图幅由 A0、A1、A2、A3、A4 及其加长、加宽图纸组成。各种图幅均具有固定的尺寸，进行工程图纸输出时，通常需要输出到一个固定的图幅中。在制图标准中不同的图幅，对应着不同的图框，如输出到 A0 图幅的图纸中，则需要配套一个 A0 的图框，不同类型的图框具有固定的尺寸。由此可见，图幅或图框在工程制图的输出时，同样属于一定范围内的一个变量。

图形打印时，如图 7.4 所示，依照图形输出方向分为两种情况：图形横向、图形纵向。所谓调整打印方向就是等同于在图形下面旋转图纸，使得图形更好地分布于图纸中。其中"横向打印"时，图纸的长边是水平的；"纵向打印"时，图纸的短边是水平的。"反向打印"控制打印图形顶部还是图形底部，该选项只有打印时方能生效。

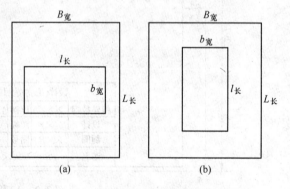

图 7.4   打印方向
（a）横向打印；（b）纵向打印

AutoCAD 中，采用绘图比例 1∶1。在 AutoCAD 中绘制完毕的图形的最大长、宽分别记为 $L_{\text{长}}$、$B_{\text{宽}}$，选择的图纸的长、宽分别记为 $l_{\text{长}}$、$b_{\text{宽}}$，图纸比例记为 M。

工程图纸的打印存在以下两种情况：

（1）工程图纸输出时，图幅固定，需要计算并选择图纸比例 M。

图幅固定，输出图纸的 $l_{\text{长}}$、$b_{\text{宽}}$ 固定，则

纵向打印：$M = \left[\min\{l_{\text{长}}/B_{\text{宽}}、b_{\text{宽}}/L_{\text{长}}\}\right]$，二者比值中较小的值向下取整后，在满足工程图纸范围中选取。

横向打印：$M = \left[\min\{l_{\text{长}}/L_{\text{长}}、b_{\text{宽}}/B_{\text{宽}}\}\right]$，二者比值中较小的值向下取整后，在满足工

程图纸范围中选取。

例如：AutoCAD 中绘制一个矩形，长 10000 图形单位，宽 8000 图形单位，绘图单位为 mm，输出到 A0 图纸（1189mm × 841mm）中，则图纸比例 M 的计算过程如下：

图形纵向输出：

$$M = [\min\{841/10000, 1189/8000\}] = [\min\{0.0841, 0.148625\}] = [0.0841] = 1:11.89 \approx 1:20$$

图形横向输出：

$$M = [\min\{1189/10000, 841/8000\}] = [\min\{0.1189, 0.1051\}] = [0.1051] = 1:9.51 \approx 1:10$$

同理，输出到 A1 ~ A4 图形，所需比例如表 7.1 所示。

表 7.1 图纸输出比例表

图 幅	尺 寸	图形方向	图纸比例 M	备注图框放大 $1/M$
A0	841 × 1189	纵向	1:20	23780 × 16820
	1189 × 841	横向	1:10	11890 × 8410
A1	594 × 841	纵向	1:20	16820 × 11880
	841 × 594	横向	1:20	16820 × 11880
A2	420 × 594	纵向	1:30	17820 × 12600
	594 × 420	横向	1:20	11880 × 8400
A3	297 × 420	纵向	1:50	21000 × 14850
	420 × 297	横向	1:30	12600 × 8910
A4	210 × 297	纵向	1:50	10500 × 14850
	297 × 210	横向	1:50	14850 × 10500

（2）工程图纸有固定的图纸比例 M，选择图幅。

图纸比例固定，则 M 为定值。

图纸纵向：图幅长 $l_{长} = M \times B_{宽}$，$b_{宽} = M \times L_{长}$。

图纸横向：图幅长 $l_{长} = M \times l_{长}$，$b_{宽} = M \times L_{宽}$。

根据计算出的 $b_{宽}$、$l_{长}$，比照图幅尺寸，选择标准图幅或标准图幅的加长版本。

如 AutoCAD 中，绘制一个矩形，长 100000 图形单位，宽 80000 图形单位的图形，以 1:10、1:20、1:50、1:100、1:1000 比例输出时，需要的图幅见表 7.2。

表 7.2 输出图幅选择表

图纸比例	折算后长 × 宽	可选图纸规格	图形方向	选择图幅
1:10	10000 × 8000	无		
1:20	5000 × 4000	无		
1:50	2000 × 1600	无		
1:100	1000 × 800	1189 × 841	横向	A0
1:200	500 × 400	594 × 420	横向	A2
		594 × 841	纵向	A1

续表7.2

图纸比例	折算后长×宽	可选图纸规格	图形方向	选择图幅
1:500	200×160	297×210	纵/横	A4
1:1000	100×80	297×210	纵/横	A4
1:2000	50×40	297×210	纵/横	A4
1:5000	20×16	297×210	纵/横	A4
1:10000	10×8	297×210	纵/横	A4

通过以上两个例子，可以看出如何根据需要选择图幅和图纸比例。如果用户同时固定了图幅（纸）和比例，就要校验一下，选定的图纸能否容下选定的图纸比例折算后的图形。从上面两个表可以看出，同样一幅图形，在比例小于1:200时，采用A1纵向打印和A2横向打印均可，此时，A2打印出来的图纸就比较饱满，A1图纸打印出来，必然留有大量的空白。因此，图幅不仅仅是容下按比例折算的图形，还要求打印后的图形在图幅中位置合适、大小合适，达到准确、美观的目的。

当用户确定了图幅 A 和图纸比例 M 后，可按照如下方法进行工程图纸输出：

1）将图幅 A 对应的标准图框放大 1/M 倍后，将所有图形置于图框内。此时绘图比例是1:1，图纸比例即为 M，按照 M 打印比例打印即可。

2）将所有图形选择放大 M 倍，将所有图形移动到图框内部。此时，绘图比例变化为 M，打印比例1:1，则图纸比例是 M。同时，前文所述，标注样式中【全局比例调正】为 M 倍，保证标注与图形的比例一致。

7.3.4 图纸比例与绘图单位

打印时，会遇到如下问题，AutoCAD 设定绘图单位是 mm，绘制一个1000mm 长，800mm 宽的 A 对象，屏幕上绘制出的图形是1000个图形单位长，800个图形单位宽。当绘图单位为 m 后，绘制一个1000m 长，800m 宽的 B 对象，屏幕上绘制出的图形同样是1000个图形单位长，800个图形单位宽。那么这两个图形打印时，图幅与比例的区别如下：

（1）绘图单位与图幅选择。绘图单位的设定在绘图之前，代表现实世界中物体折算到 AutoCAD 屏幕空间中的对应关系。一旦图形绘制完毕，该图形在屏幕空间的大小就固定，不随绘图单位的变化而发生变化。基于此，A、B 对象的屏幕对象大小一样，输出时对打印图幅选择没有任何影响。

（2）绘图单位与图纸比例选择。图纸比例的定义是图纸上单位长度与现实世界中物体单位长度的比值。上例中 A、B 对象均输出到 A0 图纸（1189mm×841mm）中，打印比例1:1，则 A 图形的图纸比例为1:1。B 图形的图纸比例为1:1000。可以这么理解，A 图形输出到 A0 图纸后，图纸中1mm 的单位长度对应1个图形单位（mm），因此图纸比例为1:1，B 图形输出到 A0 图纸后，图纸中1mm 的单位长度对应1个图形单位（m），因此，图纸比例为1mm:1m = 1:1000。

从上例分析可知，设绘图单位是 mm 的 k（k 取值1、10、100、1000等对应于 mm、cm、dm、m）倍，则图纸比例计算后是原来的 1/k 倍。

7.3.5 图纸比例与文字大小

图纸中文字的大小、表格中单元格的宽度和高度、表格内文字、标注样式中的文字大小、箭头大小、尺寸界限的大小都有相应的制图规范规定，如文字的大小如表7.3所示。

表7.3 文字大小设置　　　　　　　　　　　　mm

纸质图纸 （图纸比例 1:k）	图幅大小	A0	A1	A2	A3、A4
	数字、字母	5	5	3.5	3.5
	汉字	7	5	3.5	3.5
	图名	7	7	7	5
	比例及英文图名	4	4	4	3
CAD 图 （绘图比例 1:1， 打印比例 1:k）	图幅大小	A0	A1	A2	A3、A4
	数字、字母	5k	5k	3.5k	3.5k
	汉字	7k	5k	3.5k	3.5k
	图名	7k	7k	7k	5k
	比例及英文图名	4k	4k	4k	3k

7.3.6 线型和线宽设置

进行采矿工程制图时，图线宽度系列通常为 0.18mm、0.25mm、0.35mm、0.5mm、0.7mm、1.0mm、1.4mm 和 2.0mm。绘图时应先根据图纸的复杂程度和比例大小确定基本图线宽度 b，b 宜采用 0.35mm、0.5mm、0.7mm、1.0mm、1.4mm 和 2.0mm，再根据基本图线宽度 b 确定其他图线宽度。图线类型及宽度见表7.4。

表7.4 图线类型及宽度

类 型	形 式	图线宽度		用 途
		相对关系	宽度/mm	
粗实线	———————	b	1.0~2.0	图框线、标题栏外框线
中实线	———————	$b/2$	0.5~1.0	勘探线、可见轮廓线、粗地形线、平面轨道中心线
细实线	———————	$b/4$	0.25~0.7	改扩建设计中原有工程轮廓线，局部放大部分范围线，次要可见轮廓线，轴测投影及示意图的轮廓线
最细实线	———————	$b/5$	0.18~0.25	尺寸线、尺寸界线、引出线、地形线、坐标线、细地形线
粗虚线	- - - - - - - -	b	1.0~2.0	不可见轮廓线、预留的临时或永久的矿柱界限
中虚线	- - - - - - - -	$b/2$	0.5~1.0	不可见轮廓线
细虚线	- - - - - - - -	$b/3$	0.35~1.0	次要不可见轮廓线、拟建井巷轮廓线
粗点划线	—·—·—·—	b	1.0~2.0	初期开采境界线
中点划线	—·—·—·—	$b/2$	0.5~1.0	
细点划线	—·—·—·—	$b/3$	0.35~1.0	轴线、中心线
粗双点划线	—··—··—	b	1.0~2.0	末期开采境界线
中双点划线	—··—··—	$b/2$	0.5~1.0	
细双点划线	—··—··—	$b/3$	0.35~1.0	假想轮廓线、中断线
折断线	——〜——	$b/3$	0.35~1.0	较长的断裂线

续表 7.4

类 型	形 式	图线宽度		用 途
		相对关系	宽度/mm	
波浪线	∿∿∿∿∿	$b/3$	0.35	短的断裂线、视图与剖视的分界线、局部剖视图或局部放大图的边界线
断开线	—— — ——		1.0～1.4	剖切线

7.3.7　图纸绘图与出图顺序

（1）根据所需绘制 CAD 图纸用途按表 7.4 选取合适的线型和线宽，按 1:1 比例绘制所需的 CAD 图纸，即 1 个单位 = 1mm。

（2）根据所绘制的 CAD 图纸尺寸和用途确定合适的图纸比例（1:k）和图幅。依照图纸比例，选择合适的标注样式，设置全局系数，进行图纸标注和引线注释。

（3）根据所选的图幅按 1:1 比例绘制图框，将所绘图框放大 k 倍；或按照 k:1 比例直接绘制图框（当绘制 A3、A4 图框时，由于图框的尺寸与图纸尺寸相同，将导致图框外侧边界线无法打印。这时建议完成图框绘制后，选中图框，将图框缩小为原尺寸的 95%，如此即可打印出完整的图框）。

（4）图形绘制完毕后，根据所选择的图幅，结合图纸比例，放大后插入拟采用的图框，并完善标题栏内的基本信息，并按照表 7.3 调整图纸中文字的大小。

（5）将最终绘制好的 CAD 图纸和图框打印，在打印选项卡中选择图幅和打印比例（1:k），点击确定进行打印，如图 7.5 所示。

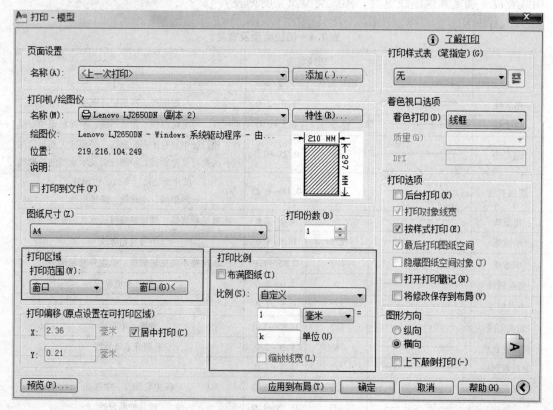

图 7.5　CAD 图纸打印界面

7.4 版　式

7.4.1 页面设置

纸张大小：纸的尺寸为标准 A4 复印纸（297mm×210mm）。

版心（打印尺寸）：247mm×160mm（不包括页眉行、页码行），即页边距上、下、左、右各设置为 25mm。

正文字体字号：中文小四号宋体，英文小四号"Times New Roman"字型，全文统一。

段落：首行缩进 2 个字符，行间距 1.5，段前 0 行，段后 0 行。

装订：双面打印印刷，沿长边装订。

页码：页码用阿拉伯数字连续编页，字体小四号宋体，页面底部居中，数字两侧用圆点（如·3·）或一字横线（如—3—）修饰。

页眉：自摘要页起加页眉，眉体使用单线，页眉说明 5 号楷体，左端"设计项目名称"，右端"章号章题"。

7.4.2 打印要求

（1）课程设计内容打印要求。

标题要求：论文主体部分按章、节、条、项分级，在不同级的章、节、条、项阿拉伯数字编号之间用"."（半角实心下圆点）相隔，最末级编号之后不加点。排版格式见表 7.5。

表 7.5　正文排版格式

标　题	字号字体	格　式	举　例
第 1 级（章）	二号黑体	居中，单倍行距，段后 1 行	第 1 章 ×××
第 2 级（节）	三号黑体	居左，单倍行距	1.1 ××××××
第 3 级（条）	四号黑体	居左，单倍行距	1.1.1 ××××××
第 4 级（项）	小四号黑体	使用不同编号	(a) (b) (c) …; (1) (2) (3) …等

（2）介于标题要求下的其他要求。

1）前置部分。

①摘要。摘要标题按一级标题排版；中文摘要和关键词采用小四号宋体，1.5 倍行距，关键词之间用","相隔。英文摘要和英文关键词采用小四号"Times New Roman"字体，1.5 倍行距，关键词之间用";"相隔。

②目录。"目录"两字采用一级标题排版格式，但不排入标题，不进目录；章题目和结尾内容题目采用二级标题排版；节题目采用四号宋体字，1.5 倍行距，居左；条题目采用小四号宋体字，1.5 倍行距，段落左缩进 2 个字符。目录自动生成。

2）主体部分。

①文字。正文、结论部分除有标题要求外，汉字字体采用小四号宋体，1.5 倍行距。外文、数字字号与同行汉字字号相同，字体用"Times New Roman"字体。

②插图。插图包括图解、示意图、构造图、框图、流程图、布置图、地图、照片、图版等。插图注明项有图号、图题、图例。图号编码用章序号，如"图3.1"表示第3章第1图。图号与图题文字间置一字空格，置于图的正下方，图题用5号宋体，需全文统一。图中标注符号文字字号不大于图题的字号。

③表。表的一般格式是数据依序竖排，内容和项目由左至右横读，通版排版。表号也用章序号编码，如：表3.1是第3章中的第1表。表应有表题，与表号之间置一字空格，置于表的上方居中，用5号宋体，需全文统一。表中的内容和项目字号不大于表题的字号。

④公式。公式包括数学、物理和化学公式。正文中引用的公式、算式或方程式等可以按章序号用阿拉伯数字编号，如式（3-1）表示第3章第1式，公式一般单行居中排版与上下文分开，公式序号与公式同行居公式右侧排版。

3）结尾部分。

①参考文献。中文字体采用小四号宋体。外文、数字字号与汉字字号相同，字体用"Times New Roman"字体，1.5倍行距。参考文献采用顺序编号，体系如下。

专著格式：序号. 编著者. 书名［M］. 出版地：出版社，年代，起止页码.

期刊论文格式：序号. 作者. 论文名称［J］. 期刊名称，年度，卷（期）：起止页码.

会议文献格式：序号. 作者1，作者2，作者3等. 文章题目名［A］. 论文集名［C］.出版地：出版社，年代，起止页码.

学位论文格式：序号. 作者. 学位论文名称［D］. 发表地：学位授予单位，年度.

注：作者姓名写到第三位，余者写"等."。

②结束语。"结束语"标题采用一级标题格式排版。中文字体采用小四号宋体，1.5倍行距。外文、数字字号与同行汉字字号相同，字体用"Times New Roman"字体，1.5倍行距。

③附图。附图采用左侧叠图，左侧装订。

7.5　装　订

（1）说明书一律左侧装订。

（2）设计图纸一律按设计大纲内容顺序，编写页码装订在说明书中。

（3）说明书内容装订排列顺序如下：

1）封面；

2）摘要；

3）目录；

4）正文；

5）参考文献；

6）结束语；

7）附图。

辽宁省沈阳市第二铜矿
急倾斜中厚矿体采矿方法设计说明书

年级：_____

班级：_____

学号：_____

姓名：_____

东北大学

年　　月　　日

课程设计任务书

课程设计题目：

　　辽宁省沈阳市第二铜矿急倾斜中厚矿体采矿方法设计说明书

设计的基本内容：

　　1. 矿山开采技术条件补充

　　依据提供的基本开采条件，补充剖面图、平面图和部分地质条件、水文条件，形成完整的开采技术条件。

　　2. 文献查阅与综述

　　通过文献查阅，获得相应矿体条件下可以采用的采矿方法，并收集这些采矿方法所采用的结构参数、底部结构、凿岩、运搬设备的型号、生产能力、功效等指标，为后期采矿方法初选提供参考。

　　3. 进行采矿方法的选择

　　(1) 采矿方法初选；结合矿体条件，进行采矿方法的初步筛选，筛选出 3~5 种可以采用的采矿方法。

　　(2) 结合文献综述，在初选采矿方法中，进一步筛选，保留 2~3 种可以采用的采矿方法。

　　(3) 采矿方法技术经济比较：

　　1) 针对每一种采矿方法，完成结构参数确定、底部结构选择、采切工程设计；

　　2) 绘制采矿方法三视图；

　　3) 完成采切工程量与采切费用计算；

　　4) 编制采掘进度计划表。

　　(4) 回采设计：

　　1) 凿岩：凿岩设备与数量选择，凿岩工人配备与凿岩时间计算；

　　2) 爆破：爆破器材、炸药用量、单耗、装药工人数量、装药时间等的确定；

　　3) 运搬：运搬设备选择与计算、运搬时间统计与计算；

　　4) 地压管理：地压管理的方法及时间统计。

　　(5) 按照凿岩、爆破、通风、运搬等工序的时间编制一个回采工序循环图表。

　　(6) 计算一个工作循环内的矿房生产能力、劳动工效及回采成本。

（7）采矿方法综合比较与选择。

4. 矿块施工设计

针对中段平面图中某一勘探线区间选择一个采场，布置采切工程，统计工程施工坐标及工程量信息，指导矿块施工。

5. 整理附图，版式修正，装订成册。

学生接受课程设计题目日期

第1周

指导教师签字：

年　　月　　日

目　录（页码略）

1　矿山开采设计条件

1.1　设计基本条件

（1）矿山名称：辽宁省沈阳市第二铜矿；

（2）生产能力：15万吨/a；

（3）矿体倾角：$70° \sim 80°$；

（4）矿体倾向：北；

（5）矿体走向：东西；

（6）走向长度：500m；

（7）中段高度：50m；

（8）矿体厚度：5m；

（9）矿石：$f = 8 \sim 10$，稳固；

（10）下盘围岩：$f = 8 \sim 12$，由于变质作用不够稳固；上盘围岩 $f = 8 \sim 10$，稳固；

（11）夹石情况：无；

（12）矿石密度：$2.8 t/m^3$；

（13）岩石密度：$3.0 t/m^3$。

1.2　设计图纸补充

（1）根据设计基本条件，补充设计部位 $1 \sim 18$ 号勘探线剖面图，其中 $1 \sim 3$ 号勘探线剖面图如图 1.1 ~ 图 1.3 所示。

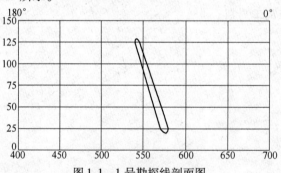

图 1.1　1号勘探线剖面图

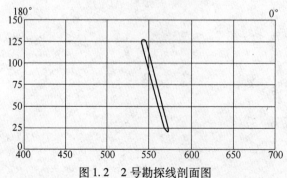

图 1.2　2号勘探线剖面图

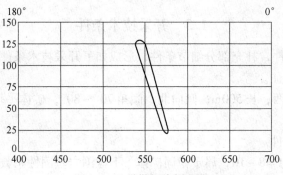

图1.3 3号勘探线剖面图

（2）根据设计基本条件和1~18号勘探线剖面图，做出设计部位 +25m、+75m、+125m 水平平面图，结果如图1.4~图1.6所示。

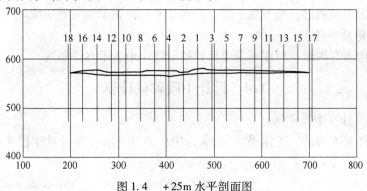

图1.4 +25m 水平剖面图

图1.5 +75m 水平剖面图

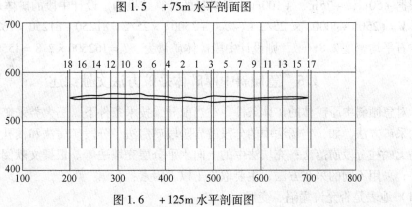

图1.6 +125m 水平剖面图

1.3　开采技术条件

结合设计基本条件，补充部分细节条件，形成如下开采技术条件。

（1）矿体赋存特征。

设计矿体走向东西，长500m，倾向北，倾角70°～80°，矿体平均厚度5m，属于典型的急倾斜中厚矿体。

（2）工程地质条件。

矿石坚固性系数$f = 8 \sim 10$，属于稳固矿体。下盘围岩坚固性系数$f = 8 \sim 12$，由于变质作用，下盘不够稳固；上盘围岩坚固性系数$f = 8 \sim 10$，属于上盘稳固围岩。矿体围岩节理构造不发育。矿石矿化程度均匀，无夹石。

（3）水文地质条件。

设定地表无水系通过，地下水正常，涌水量不大，属于水文地质简单区域。

（4）环境地质条件。

设定矿山地表有耕地、村庄等需要保护的设施，地表不允许陷落。

1.4　设计中段矿量计算

（1）剖面图计算中段矿量。

由矿体设计基本条件，矿体平均宽5m，中段高度50m，则设计中段矿体的平均截面积为：

$$5 \times 50 = 250 \text{m}^2$$

矿体沿走向方向延伸500m，则设计中段矿体的体积为：

$$250 \times 500 = 125000 \text{m}^3$$

矿石平均密度2.8t/m^3，则设计中段矿体矿量为：

$$2.8 \times 125000 = 350000 \text{t}$$

（2）平面图计算中段矿量。

+100m中段矿体长500m，平均宽5m，面积：$S_{+100} = 2500 \text{m}^2$

+75m中段矿体长500m，宽8m，面积：$S_{+75} = 4000 \text{m}^2$

+50m中段矿体长500m，宽5m，面积$S_{+50} = 2500 \text{m}^2$

根据+50m、+75m、+100m中段矿量的计算结果确定设计中段的矿体体积为：

$$V = (2500 + 4000) \times 25/2 + (4000 + 2500) \times 25/2 = 81250 + 81250 = 162500 \text{m}^3$$

矿石平均密度2.8t/m^3，则设计中段矿体矿量为：$T = 162500 \times 2.8 = 455000 \text{t}$

1.5　急倾斜中厚矿体采矿方法文献综述

针对急倾斜中厚矿体的矿体条件，在当前开采技术条件下，三大类采矿方法中均有相适用的采矿方法，如：空场法中的分段凿岩阶段矿房法、分段矿房法和浅孔留矿法；崩落法中的无底柱分段崩落法；充填法中的上向水平分层充填法等。根据文献阅读，相同的矿体条件，采用不同的采矿方法，主要取决于以下因素：

（1）地表是否允许塌陷、变形。

根据地表地形的情况：是否有村庄、耕地、公路、铁路、建筑物、水库等需要保护的设施。如果有地表不允许塌陷，则崩落采矿法需要排除掉，空场类采矿法需要进行及时嗣后充填。

（2）根据矿体及上下盘围岩的稳定性。

如果矿体、围岩及上下盘均不稳固，当采用暴露面积大、暴露时间长的空场采矿法时，安全性成为首要问题。为了保证安全，需要减小采场的暴露面积、暴露时间或者放弃采用空场法。

（3）根据矿山的尾矿指标或充填材料来源，决定是否采用充填采矿法。

例如，金矿等贵重金属，采用全泥氰化等技术进行选矿之后，尾矿中含有有毒有害成分，容易对地下水造成污染，不能直接进行充填，需要进行尾矿处理后，方能进行充填。此外，采用河砂、棒磨沙等外来材料进行充填的，需要保证充填材料的来源。

此外，根据文献综述分析，急倾斜中厚矿体中采用阶段矿房法的多是矿体垂直厚度10m以上的矿体，上盘围岩稳固，上盘允许暴露面积较大，允许暴露时间较长，采用该种方法矿体的产能较大。

急倾斜中厚矿体采用分段矿房法，主要是由于矿体上盘围岩不够稳定。如果采用分段凿岩阶段放矿的方法，则上盘极易冒落，造成矿石的损失与贫化。因此，通过分段凿岩、分段充填，可减小暴露面积，减少损失与贫化。

急倾斜中厚矿体采用浅孔留矿法，矿体厚度在 7~8m 以下，暴露面积较小，且矿体的上盘和矿体稳定性良好。

急倾斜中厚矿体采用无底柱分段崩落法的矿山，首先地表允许崩落，矿山产能较大；其次，上盘围岩破碎，稳定性较差；再次，矿体稳定性中等，在简单支护或不支护的条件下，满足凿岩安全。

急倾斜中厚矿体采用上向水平分层充填法的矿山，首先地表不允许陷落；其次，矿体和上盘围岩均较为破碎；再次，选矿厂能提供可直接充填的尾砂。

1.5.1　分段凿岩阶段空场法实例

1.5.1.1　矿床地质条件

阿尔登-拓普坎铅锌矿是塔吉克斯坦的一座大型铅锌矿，前期采用露天开采，后期转入地下开采。矿体上、下盘和矿体均为中等稳固，矿区内矿床水文地质条件属中等-复杂类型。矿体倾角 70°~80°，局部直立，平均 75°，属急倾斜矿体；矿体厚度变化较大，但 5~15m 的中厚矿体占 63.1%，显然，阿尔登-拓普坎铅锌矿以急倾斜中厚矿体为主。

1.5.1.2　结构参数

阶段高度 70~75m，分段高度 18~22m，底柱高度 15~20m，顶柱高度 4~6m；矿房沿走向布置，矿房长 50m，矿柱长 10m，宽为矿体厚度；一个矿房布置一条溜井和一条通风天井，作为一个独立的回采单元（即矿块）；采用中深孔凿岩，3m³ 铲运机出矿。工程布置如图 1.7 所示。

1.5.1.3　采矿工艺流程

分段凿岩阶段空场法的采切工程主要包括通风天井、分段巷道、装矿巷道、溜井、拉底平巷、切割井等。一般从穿脉运输巷道施工通风天井、溜井等工程，从斜坡道施工分段

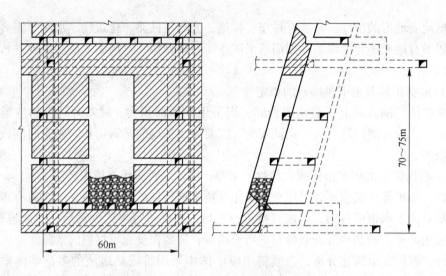

图 1.7　分段凿岩阶段空场法工程布置图

巷道、装矿巷道、拉底平巷等。

分段凿岩阶段空场法采用分段凿岩、阶段出矿,在分段凿岩巷道内钻凿扇形中深孔,以切割井为自由面后退式爆破,炮孔直径 76mm,炮孔排距 1.5~2m,孔底距 2~3m。钻机效率 8 万米/(台·a),炮孔延米爆破量约 10t/m。崩落的矿石用 $3m^3$ 电动铲运机运至矿块溜井,电动铲运机效率 30 万吨/a,再经振动放矿机装车。

1.5.1.4　技术经济指标

一个矿块的底部可以布置 4~5 条回采出矿进路,可以布置一台 $3m^3$ 电动铲运机出矿,矿块的最大回采出矿能力可以达到 30 万吨/a,综合生产能力可以达到 15 万吨/a。

采切回采率 95%,废石混入率 5%;矿房回采率 90%,废石混入率 10%;矿柱回采率 60%,废石混入率 20%;采矿方法综合回采率 82.13%,废石混入率 12.49%。

分段凿岩阶段空场法因布置底部结构,其采切比达到 8.89m/kt。技术经济指标见表 1.1。

分段凿岩阶段空场法在采用合理的矿块参数并对矿柱进行适当维护的情况下,其安全生产条件也比较好,且采矿凿岩和出矿均在具有贯穿风流的巷道作业,通风条件较好。

表 1.1　分段凿岩阶段空场法技术经济指标

指标名称	采　切		矿　房		矿　柱		综　合		矿块生产能力 /万吨·a^{-1}	采切比 /m·kt^{-1}
	回采率 /%	混入率 /%	回采率 /%	混入率 /%	回采率 /%	混入率 /%	回采率 /%	混入率 /%		
指标值	95	5	90	10	60	20	82.13	12.49	15	8.89

1.5.2　浅孔留矿法实例

1.5.2.1　矿床地质条件

银母寺铅锌矿矿体倾角 73°~85°,厚度 2~5m。矿体呈似层状,形态比较规则,产状与围岩一致。矿体及上盘围岩均稳固 ($f=8~10$),下盘围岩相对松散 ($f=6~8$)。矿石不结块、不自燃。

1.5.2.2　结构参数

阶段高度 60m,矿房沿走向布置,矿块长度 50m,顶柱高度 4m,间柱 6m。

1.5.2.3 采矿工艺流程

采准：银母寺铅锌矿采准切割采用阶段式采准系统，矿块沿走向布置。上盘围岩稳固，下盘相对上盘岩石较松散，下盘岩石不稳固，故采用沿脉脉外平巷，巷道围岩基本不用维护。采准天井布置在间柱中间，开口在运输平巷的穿脉内，天井断面规格 2.0m×2.0m，每隔 5m 开凿断面为 2.0m×1.5m 的人行联络巷通往采场，采场两端的人行联络巷应错开布置。

切割：漏斗颈和漏斗横穿的规格为 1.8m×1.8m，漏斗间距为 6m。其施工顺序先由主运输巷道水平掘进漏斗穿、漏斗颈，再掘进拉底巷道。漏斗颈联通拉底巷水平后，把漏斗颈扩帮刷大成漏斗。拉底高度不超过 2.5m。一般情况下矿房切割与漏斗颈扩大成漏斗同时完成。

回采：整体回采顺序下行式开采，中段内沿走向从矿井两翼边界向中段车场推进，以双翼进行后退式开采。先采矿房，后采矿柱。矿房回采后期同时回采矿柱。上中段的回采工作面超前下中段工作面 50m 以上。采用阶梯式工作面，梯段之间分层高度 2~2.5m，工作面各主要作业工序平行作业。

凿岩爆破：采用上向凿岩或水平凿岩方式。上向炮眼前倾 75°~85°；水平炮眼一般上仰 5°~8°。打上向炮眼时，梯段形工作面的梯段长度一般 10~15m；打水平炮眼时，梯段长度一般为 2~4m，梯段高度 1.2~2m。炮孔深度 1.5~2m，最小抵抗线 0.6~1.2m，炮孔直径 38~46mm，采用之字形布置，孔距 0.5~0.8m，装药系数 0.6~0.7。

出矿：局部放矿每次出矿量为每次崩矿量的 30% 左右，保持 2.0~2.5m 工作空间，随后进行撬顶、平场等工作。

工程布置见图 1.8。

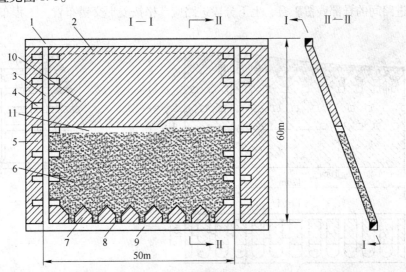

图 1.8 浅孔留矿法工程布置图

1—上阶段运输大巷；2—顶柱；3—天井；4—天井进路；5—间柱；
6—留存矿石；7—底柱；8—漏斗；9—下阶段运输巷道；10—未采矿石；11—回采工作面

1.5.2.4 技术经济指标

技术经济指标见表 1.2。

表 1.2　浅孔留矿法技术经济指标

指标名称	采切比 /m·kt⁻¹	矿块生产能力 /t·d⁻¹	凿岩工班效率/t	回采工班效率/t	损失率/%	贫化率/%
指标值	6.73	80	12	22	4.5	15

1.5.3　无底柱分段崩落法实例

1.5.3.1　矿床地质条件

石人沟铁矿矿床矿石类型为石英岩型磁铁矿石，矿石中有用矿物主要为磁铁矿，次为假象赤铁矿。矿体的平均倾角为 50°~70°，平均厚度为 15m 左右，属于急倾斜中厚矿体。矿体顶底板围岩密度 2.8t/m³，硬度 $f=6.0$，松散系数 1.5。矿石密度 3.4t/m³，硬度 $f=10~12$，松散系数 1.5，地质品位 TFe 31.96%。

1.5.3.2　结构参数

阶段高 60m，矿块长 120m，矿块宽度为矿体的厚度，分段高 10m，进路间距 10m；每隔 120m 打一条溜井，每个溜井担负一个矿块矿石溜放。斜坡道坡度为 15%。

1.5.3.3　采矿工艺流程

采准：在矿体下盘沿走向布置折返式采准斜坡道，同时，沿走向在下盘布置分段联络平巷连通分段内各条进路。进路垂直于矿体的走向布置，在端部由分段切割平巷连通；在切割平巷内，隔一定距离打切井，进行切槽。为减少脊部残留矿量，上下分段的进路交错布置成菱形。在下盘以 2m³ 铲运机的有效运距为间距，布置出矿的主溜井。阶段运输平巷断面尺寸：3.0m×3.0m；折返式斜坡道断面尺寸：3.0m×3.0m，坡度 15%；斜坡道联络道断面尺寸：3.0m×3.0m；溜井直径 2m；进路垂直走向布置，间隔 10m，断面尺寸为 3.0m×3.0m，为回收上分段进路间的脊部残留矿石，上下分段进路应严格按菱形交错布置。工程布置见图 1.9。

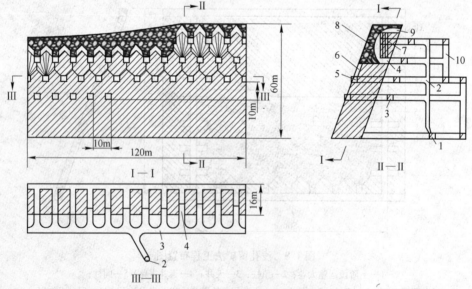

图 1.9　无底柱分段崩落法工程布置图

1—阶段运输巷；2—溜井；3—分段运输巷；4—进路；5—分段切割横巷；6—切割天井；
7—上向扇形中深孔；8—上覆围岩；9—矿石；10—斜坡道

切割：回采前必须在进路的末端形成切割槽，作为最初的崩矿自由面及补偿空间。切割巷与切割井联合拉槽法如下：沿矿体边界掘进一条切割平巷贯通矿块的各进路端部，每隔3个进路掘进一个切割井，自切割平巷钻凿若干排上向平行炮孔，每排4~6个孔，自切割井的两侧逐排经爆破成槽（图1.10）。

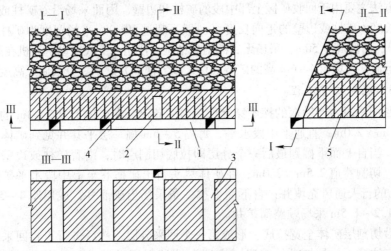

图1.10　切割巷与切割井拉槽法示意图

1—切割平巷；2—切割井；3—进路；4—切割炮孔；5—回采炮孔

凿岩爆破：采用导轨式凿岩机钻凿上向扇形中深孔，扇形孔的排面倾角为垂直方式。边孔角取50°，以降低积留矿量，同时减小因孔口过低矿石被埋住而难以清理的可能性。爆破参数：孔径 $d=55\text{mm}$；最小抵抗线 $W=1.4~1.6\text{m}$；孔底距 $a=1.6~2.0\text{m}$；排距 $L=1.4~1.6\text{m}$；炮孔深度为 $5~13\text{m}$；单位炸药消耗量 $q=0.4\text{kg/t}$；装药密度 $0.8~1.0\text{g/cm}^3$，间隔填塞。

运搬：型号为 WJD-2 的 2m^3 电动铲运机出矿，运送至邻近溜井，溜放至阶段运输巷。

1.5.3.4　技术经济指标

技术经济指标见表1.3。

表1.3　无底柱分段崩落法技术经济指标

指标名称	采切比/m·kt^{-1}	矿块生产能力 /t·d^{-1}	吨矿成本/元	回采率/%	贫化率/%
指标值	8.5	569	28	86	4.8~6.0

1.5.4　上向水平分层充填法实例

1.5.4.1　矿床地质条件

桃花嘴金矿矿体产于大冶湖围垦区下，赋存于下三叠统白云石大理岩中，主矿体走向长度500m，矿体倾角70°~80°，厚度10~20m；矿石类型为铜金铁矿石，品位都较高，Cu2.0%以上，Au2.2g/t；上盘围岩主要是矽卡岩化的石英正长闪长玢岩，易风化，稳固性较差；下盘围岩主要是磁铁矿化闪长岩，稳固性较好；靠近上盘矿体有一条控矿构造带，矿体构造发育，节理较多，比较破碎，容易发生冒落。

该矿矿体开采的特点：一是为满足年产量、产值与利润而首先开采矿体厚大且品位高的矿段；二是多中段同时作业，以满足矿石处理量要求；三是建矿初期对充填体质量重视不够，已充填采场的充填体一般不能自立；四是每个主矿体的中部或边部留下大量矿柱，其品位有高有低，占中段矿石量比重 30%～40%。经历年试验运用并不断完善，形成一种标准的上向水平高分层胶结充填采矿法，应用于矿柱的回收。

1.5.4.2 结构参数

该采矿方法主要用于回收矿区上部中段的矿柱和边壁，因而采场沿着矿柱或边壁的走向布置，采场长度为矿柱或边壁的走向长度（一般不超过 50m），采场宽度为矿柱或边壁的厚度（8～10m），阶段高度 50m。采场无底部出矿结构，使用人工或电动铲运机在采场内出矿，为便于矿石运输，采场留 4～6m 高的矿石底柱，以方便溜井贮矿。分层回采高度 5～6m。

1.5.4.3 采矿工艺流程

采准：利用中段生产勘探的探矿穿脉作为出矿巷道，在矿体下盘 2～3m 的出矿横巷向上掘天井 2.0m×2.0m，直通上中段水平，每隔 5～6m 掘一层平巷并见到矿体，作为该采场的联络道；当自上而下掘到最后一个分层即拉底切割层时，沿着矿柱或边壁走向直到矿体上盘边界，切割巷道 2.5m×2.0m；在矿体尽头自出矿横巷至上中段水平矿体内掘一条 2.0m×2.0m 的行人通风充填井；自下而上掘一条采场出矿溜井，或用厚 4～5mm 钢板卷制一个直径 1.2～1.5m 采场顺路溜矿井。

切割：沿切割层矿体全宽拉底，形成第一个回采分层，然后进行正式回采作业。切割与回采作业应注意：一是与毗邻矿房（空区）要留保安矿壁（1.5～2.0m，永久损失）；二是采场要采至矿体边界，减少矿石损失；三是要分层落矿，每分层高 2.5m，即每两层回采一层联络道高度矿体；四是采场横向和走向要略成拱形，以保证采场作业安全。

凿岩爆破：一般采用 YT-27 或 7655 气腿手持式凿岩机钻凿水平炮眼，或采用 YSP-45 上向式凿岩机钻凿垂直上向炮孔，孔深 2.0～3.0m；采用大孔距（1.0～1.2m）、小排距（0.8～1.0m），边孔孔距 0.6～0.8m；使用矿用 2 号硝铵岩石炸药，装药方法为连续式秒差导爆管装药，8 号纸质火雷管点火爆破。

运搬：安排斗容 1.0～1.5m³ 的小型电动铲运机出矿，这样可提高矿块生产能力，减轻工人劳动强度，提高出矿效率；但有的采场矿量较少而使用人工出矿，通过采场溜井、下部振动放矿机再到 1.2m³ 侧卸式矿车，用 7.0t 电机车牵引至中段主溜井。

充填：利用选矿分级尾砂作主骨料，再根据不同充填要求而配加标号 425 号硅酸盐水泥，或其他胶结材料，制备成质量浓度为 65%～72% 的水泥砂浆。通过专用充填料输送井及直径 200mm 无缝钢管自流至各作业中段，再用直径 200mm 塑料管，从采场充填井到采场作业面。

1.5.4.4 技术经济指标

技术经济指标见表 1.4。

表 1.4 上向水平分层充填法技术经济指标

指标名称	采切比/m·kt⁻¹	矿块生产能力/t·d⁻¹	采矿工班效率/t·(工·班)⁻¹	损失率/%	贫化率/%
指标值	18～20	45～50	8.0	7.2	4.8～6.0

针对急倾斜中厚矿体的矿体条件，在当前开采技术条件下，三大类采矿方法中均有相适用的采矿方法，其中应用较为普遍、生产高效的有：空场法中的分段凿岩阶段空场法；崩落法中的无底柱分段崩落法；充填法中的上向水平分层充填法。

2　采矿方法选择

2.1　采矿方法初选

2.1.1　开采技术条件分析

设计矿体属于急倾斜中厚矿体，上盘稳固，下盘与矿体不稳固，允许暴露面积不超过 $500m^2$，地表不允许陷落，排除崩落法，矿山设计年产量 15 万吨，属于小型矿山。

综合上述条件，参考《金属矿床地下开采方法课程设计指导书》第 2 章表 2.6 根据矿体产状可能采用的采矿方法表初选可以采用的采矿方法有：分段矿房法，留矿采矿法，分层、分段崩落法，分层（上向分层、上向进路、下向分层）充填法，分段充填法，留矿采矿嗣后充填法等。

根据上述初选确定的采矿方法，参考《金属矿床地下开采方法课程设计指导书》第 2 章表 2.7 采矿方法分类考虑到矿体的倾角及上下盘矿石的稳固性可以选择分段矿房法、上向分层充填法、分段崩落法三种采矿方法。

结合以上三种方法以及开采技术条件中地表不允许陷落，排除分段崩落采矿法，只能采用空场法嗣后充填或充填采矿法。

2.1.2　采矿方法初选结果

根据开采技术条件分析结果，确定采矿方法初选结果，如表 2.1 所示。

表 2.1　采矿方法初选结果

项目	《金属矿床地下开采方法课程设计指导书》表 2.6	《金属矿床地下开采方法课程设计指导书》表 2.7	开采条件限制
初选	分段矿房法，留矿采矿法，分层、分段崩落法，上、下向分层、上向进路充填法	分段矿房法、上向分层充填法、分段崩落法	地表不允许陷落，排除崩落法
一次筛选	分段矿房法，留矿采矿法，分层（上向分层、上向进路、下向分层）充填法	分段矿房法、上向分层充填法	矿体稳定；暴露面积不超过 $500m^2$，排除进路充填，下向充填；年产量 15 万吨，属于小型矿山，对矿房产能要求不大
二次筛选	分段矿房法、留矿采矿法、上向分层充填法	分段矿房法、上向分层充填法	
文献分析	分段凿岩阶段采矿方法；分段矿房法、无底柱分段崩落法、浅孔留矿法、上向分层充填法		矿体厚度 5m，排除阶段矿房法；地表不允许崩落，排除无底柱分段崩落法
初选结果	分段矿房法、浅孔留矿法、上向分层充填法		

根据表 2.1 所示的初选结果，考虑到开采过程中地表不允许陷落，矿房回采后均需进行充填，因此确定初选采用分段矿房嗣后充填法、浅孔留矿嗣后充填法以及上向水平分层充填法。

2.2　分段矿房嗣后充填法

2.2.1　结构参数确定

矿体平均厚度5m，属于中厚矿体，矿房沿走向布置。参考解世俊主编《金属矿床地下开采》第四篇第十五章第五节分段矿房法。结构参数确定如下：

（1）矿块长度。

参考《金属矿床地下开采方法课程设计指导书》第3章3.1.1节表3.1采矿方法采区长度参考值表，矿石稳固条件下，矿块长30～60m。由于矿石稳固，选择矿块长60m。

（2）矿块宽度。

矿块宽度按照开采急倾斜中厚矿体的参数选取标准取为矿体厚度5m。

（3）间柱宽度。

根据开采中厚和矿岩稳固的厚矿体沿走向布置采场时，间柱宽6～8m，矿块长40～60m，为了尽可能地降低留永久矿柱而产生的矿石损失，选择间柱宽6m。

（4）分段高度。

中深孔凿岩时，分段高度可为8～10m（YG-80，YG-60，YGZ-90）。这里根据中段高度将其划分为5个分段，每个分段高10m。

2.2.2　底部结构类型与尺寸

（1）底部结构类型。

底部结构采用铲运机出矿平底结构。

矿山年产能15万吨，参考表2.2，选择2m³的电动铲运机，运输距离100m。

2m³的铲运机长6.5m，宽1.55m，高1.45m，最大转弯半径4.7m，因此，采用2.8m×2.8m的巷道，转弯半径为5m。

表2.2　地下铲运机的应用条件

基本参数	用　途	应用条件
斗容1.0～2.5m³ 机宽1.2～2m	掘进掌子面（截面积6～10m²）和回采时搬运矿石；与载重量为5～10t自卸卡车配套	采用充填法、留矿法、房柱法开采厚度小的矿体，运输距离小于150m
斗容3～4m³ 机宽2.2～2.5m	掘进掌子面（截面积为8～18m²）和回采时搬运矿石；与载重量为20～25t自卸卡车配套	采用房柱法、分段崩落法、分层充填法、矿房法开采厚度中等和很厚的矿床，运输距离小于250m
斗容5～6m³ 机宽2.5～2.7m	回采运输矿石；与载重量为25～45t自卸卡车配套	采用房柱法、连续采矿法、矿房法、分段崩落法及其他采矿方法开采很厚的矿床，运输距离小于400m

（2）底部结构尺寸确定。

为了使铲运机顺利装矿，装矿巷道的长度应大于下面三项长度之和：

1）由矿石自然安息角确定的矿堆所占长度，一般为2m；

2）铲运机装矿时，需要的行走加速长度，一般为1.0～1.8m；

3）铲运机的转弯半径，$R=5$m。

底部结构参数为：由以上三项参数之和，参考铲运机的长度为6.5m，确定出矿穿脉长度为 8m，穿脉间距为 10m，巷道断面 2.8m×2.8m，巷道不支护 $T=0$。

则掘进宽度 $\qquad B_1 = B_0 + 2T = 2.8\mathrm{m}$

巷道为三心拱，则拱高 $\qquad f = B_1/3 = 2.8/3 = 0.933\mathrm{m}$

从底板算起墙高 $\qquad h_3 = 2.8 - 0.933 = 1.867\mathrm{m}$

则掘进面积为：

$$
\begin{aligned}
S &= B_1 h_3 + 0.262 B_0^2 + (1.33 B_0 + 1.55 d_0) d_0 \\
&= 2.8 \times 1.867 + 0.262 \times 2.8^2 + (1.33 \times 2.8 + 1.55 \times 0) \times 0 \\
&= 7.28\mathrm{m}^2
\end{aligned}
$$

（3）底部结构示意图。

根据以上底部结构参数确定结果，绘制铲运机出矿底部结构示意图，如图 2.1 所示。

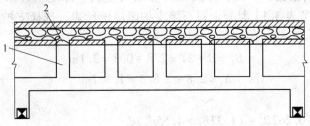

图 2.1　铲运机出矿底部结构示意图

1—出矿穿脉；2—矿石堆

2.2.3　采切工程位置与尺寸

（1）采准工程。

分段矿房法的采准工程包括：阶段运输巷道、分段运输巷道、溜井和辅助斜坡道等。

1）阶段运输巷道。

阶段运输采用电机车运输，下盘脉外双运输巷道加联络道布置形式，参见附图（2）。

矿山设计年产量 15 万吨，属于小型矿山。参考《金属矿床地下开采方法课程设计指导书》第 3 章 3.3.2 节表 3.7 运输设备参数表选择 ZK7-6/250 架线式电机车，其参数如表 2.3 所示。矿车采用单侧曲轨侧卸式 YGC1.2m³ 矿车，其参数如表 2.4 所示。安全间隙、人行道宽度、曲线巷道加宽值等分别参见《金属矿床地下开采方法课程设计指导书》第 3 章 3.3.2 节表 3.8 各种安全间隙统计表，表 3.9 人行道宽度统计表，表 3.10 曲线巷道加宽值统计表。

表 2.3　ZK7-6/250 架线式电机车参数

运输设备	设备外形尺寸/mm			轨距/mm	中心距/mm
	长	宽	高		
ZK7-6/250	4500	1060	1550	600	1400

表 2.4　YGC1.2m³ 矿车参数

运输设备	设备外形尺寸/mm			轨距/mm	中心距/mm
	长	宽	高		
YGC1.2（6）	1900	1050	1200	600	1350

根据以上确定的设备类型，参照赵兴东《井巷工程》第 1 章平巷设计与施工 1.1.2 节

平巷断面尺寸，确定阶段运输巷道的断面尺寸为 $4.0m \times 3.5m$。三心拱断面形状，$f = 1/3$，支护厚度 $T = 0$。

则掘进宽度 $\qquad\qquad B_1 = B_0 + 2T = 4.0 + 0 = 4.0m$

巷道墙高 $\qquad\qquad h_3 = 3.5 - 4.0/3 = 2.167m$

掘进面积

$$S = B_1 h_3 + 0.262 B_0^2 + (1.33 B_0 + 1.55 d_0) d_0$$
$$= 4.0 \times 2.167 + 0.262 \times 4.0^2 + (1.33 \times 4.0 + 1.55 \times 0) \times 0 = 12.86m^2$$

2）分段运输巷道。

运输采用 $2m^3$ 铲运机无轨运输，设备工作巷道断面 $2.8m \times 2.8m$，采用三心拱断面，$f = 1/3$，支护采用喷锚支护，支护厚度选择参照《金属矿床地下开采方法课程设计指导书》第 3 章 3.3.2 节表 3.13 混凝土料石墙支护厚度统计表，选择支护厚度为 150mm，且 $d_0 = T$。

则掘进宽度 $\qquad\qquad B_1 = B + 2T = 2.8 + 0.3 = 3.1m$

巷道墙高 $\qquad\qquad h_3 = 2.8 - 2.8/3 = 1.867m$

掘进面积

$$S = B_1 h_3 + 0.262 B_0^2 + (1.33 B_0 + 1.55 d_0) d_0$$
$$= 3.1 \times 1.867 + 0.262 \times 2.8^2 + (1.33 \times 2.8 + 1.55 \times 0.15) \times 0.15 = 8.44m^2$$

3）溜井。

两个矿房共用一个溜井，溜井断面 $2m \times 2m$，不支护，则掘进断面面积为 $4m^2$。

4）辅助斜坡道。

辅助斜坡道联通上下分段，断面 $2.8m \times 2.8m$，坡度 15%，距离下盘 15m 脉外折返布置。通过联络道联通各个分段。

（2）切割工程。

分段矿房法切割工程包括：

1）垂直矿体走向施工切割巷道，巷道断面为矩形，宽度为 $2.5m \times 2.5m$，不支护，则掘进断面面积为 $6.25m^2$。

2）垂直切割巷道在切割巷道中央施工切割井，断面为 $2m \times 2m$，不支护，则掘进断面面积为 $4m^2$。

2.2.4　采矿方法三视图

分段矿房嗣后充填采矿法三视图见附图（2）。

2.2.5　矿房贫损指标计算

回采设计前无法准确统计出所用方法施工后的采切指标，但是为了从理论上得到可采出的矿量以及矿岩总量，从而与工业储量进行对比，并进一步得到理论意义上的采切参数，需要借助类比法，类比条件相似的矿山采用相同方法时，统计获得贫损指标。参考《金属矿床地下开采方法课程设计指导书》第 2 章 2.4.2 节表 2.24、表 2.25 损失、贫化推荐指标表，得到分段矿房嗣后充填法矿房回采时的损失率为 8%，贫化率为 10%，矿柱回采时的损失率为 30%，贫化率为 15%。

2.2.6　采准系数及采准工程量

（1）矿块采出矿石量计算方法（表2.5）。

表 2.5　矿块采出矿石量计算表

工作内容	工业矿量/t	回采率/%	贫化率/%	采出工业储量/t	采出矿量（贫化了的矿量）/t	占矿块采出矿量比例/%
采准、切割、回采	Q_i	H_i	P_i	$T'_i = Q_i \times H_i$	$T_i = \dfrac{T'_i}{1 - P_i}$	$k_i = \dfrac{T_i}{\sum T} \times 100$
矿块合计	$\sum Q$	$H_k = \dfrac{\sum T'}{\sum Q}$	$P = \dfrac{\sum T - \sum T'}{\sum T}$	$\sum T'$	$\sum T$	$k = 100$

注：表中 Q_i、H_i、P_i 分别表示采准、切割、回采（包括矿房和矿柱）部分；$\sum Q$ 表示采准、切割、回采（包括矿房和矿柱）各部分工作储量之和，t；H_k 表示矿块理论回采率，%；P 表示矿块理论贫化率，%；$\sum T'$ 表示矿块采出工业储量，t；$\sum T$ 表示矿块采出矿石量，t。其中，$Q_i = \sum V_i \cdot \gamma$，$\gamma$ 表示矿、岩密度，t/m^3；$\sum V_i$ 表示工程量，m^3。

（2）设计矿块的矿量计算。

矿块长 60m，宽 5m，高 50m，则设计矿量为：$T = 60 \times 50 \times 5 \times 2.8 = 42000t$

其中矿柱高 2m，矿柱矿量为：$60 \times 2 \times 5 \times 5 \times 2.8 = 8400t$

分段凿岩巷道矿量为：$5 \times 60 \times 6.25 \times 2.8 = 5250t$

出矿穿脉矿量为：$25 \times 1 \times 7.28 \times 2.8 = 509.6t$

凿岩巷道矿量为：$5 \times 5 \times 6.25 \times 2.8 = 437.6t$

切割井矿量为：$5 \times 5.5 \times 4 \times 2.8 = 308t$

矿房矿量为：$42000 - 5250 - 509.6 - 437.6 - 308 - 8400 = 27094.8t$

预计能回采矿石量 T 为：

矿房：$T_1 = 27094.8 \times (1 - 8\%) / (1 - 10\%) = 27696.9t$

矿柱：$T_2 = 8400 \times (1 - 30\%) / (1 - 15\%) = 6917.7t$

预计采出矿石量为：$27696.9 + 6917.7 = 34614.6t$

（3）采准切割工程量及出矿量统计如表 2.6 所示。

表 2.6　采准切割工程量及出矿量统计

工作阶段及项目名称		巷道数目/个	巷道长度/m					巷道断面面积/m²	体积/m³			工业储量/t	采出矿量/t	采出矿岩总量/t
			矿石中		岩石中		合计		矿石中	岩石中	总计			
			单长	总长	单长	总长	总长							
采准工程	（1）阶段运输巷道	1			60	60	60	12.86		771.6	771.6			2314.8
	（2）分段运输巷道	4			60	240	240	8.44		2025.6	2025.6			6076.8
	（3）溜井	1			60	60	60	4		240	240			720
	（4）溜井联络巷道	5			4	20	20	8.44		168.8	168.8			506.4
	（5）分段凿岩巷道	5	60	300			300	6.25	1875		1875	5250	5250	5250
	（6）出矿穿脉	25	1	25	7	175	200	7.28	182	1274	1456	509.6	509.6	4331.6
	（7）斜坡道	1/9			360	360	40	8.44		337.6	337.6			1012.8
	（8）斜坡道联络巷	5			12	60	60	8.44		506.4	506.4			1519.2
	（9）凿岩巷道	5	5	25			25	6.25	156.3		156.3	437.6	437.6	437.6
	小计						1005		2213.3	5324	7537.3	6197.2	6197.2	22169.2

工作阶段及项目名称		巷道数目/个	巷道长度/m					巷道断面面积/m²	体积/m³			工业储量/t	采出矿量/t	采出矿岩总量/t
			矿石中		岩石中		合计		矿石中	岩石中	总计			
			单长	总长	单长	总长	总长							
切割工程	(10) 切割井	5	5.5	27.5			27.5	4	110		110	308	308	308
	小计			27.5			27.5		110		110	308	308	308
	采切合计						1032.5		2323.3	5324	7647.3	6505.2	6505.2	22477.2
回采	(1) 矿房								9676.7		9676.7	27094.8	27696.9	27696.9
	(2) 矿柱								3000		3000	8400	6917.7	6917.7
	小计								12676.7		12676.7	35494.8	34614.6	34614.6
矿块合计							1032.5		15000	5324	20324	42000	41119.8	57091.8

根据采准切割工程量及出矿比例统计表，矿房回采时采切系数计算如下：

千吨采切比（见表2.7）（用长度表示）：$(1032.5/57091.8) \times 1000 = 18.08 \text{m/kt}$

千吨采切比（见表2.7）（用体积表示）：$(7647.3/57091.8) \times 1000 = 133.95 \text{m}^3/\text{kt}$

采出工业储量：

$$\sum T'' = 6505.2 + 27094.8 \times 92\% + 8400 \times 70\% = 37312.4 \text{t}$$

矿块的回采率：

$$H_k = \frac{\sum T''}{\sum Q} = \frac{37312.4}{42000} \times 100\% = 88.8\% \qquad （理论计算）$$

矿块的贫化率：

$$P = \frac{\sum T - \sum T''}{\sum T} = \frac{41119.8 - 37312.4}{41119.8} \times 100\% = 9.3\%$$

采切工作比重为：$2323.3 \times (2.8/57091.8) \times 100\% = 11.39\%$

说明采切工作基本都位于岩石中。由于下盘岩石稳固性较差，应加强支护。

表2.7 千吨采切比计算结果

指标名称		计算值		修正系数	修正后值	
		用长度表示/m·kt⁻¹	用体积表示/m³·kt⁻¹		用长度表示/m·kt⁻¹	用体积表示/m³·kt⁻¹
千吨采切比 $K_{采切}$		18.08	133.95	1.15	20.79	154.04
其中	千吨采准比 $K_{采}$	17.60	132.02	1.15	20.24	151.82
	千吨切割比 $K_{切}$	0.48	1.93	1.15	0.55	2.22

（4）采切工程费用统计如表2.8所示。

表 2.8 采切工程费用统计

工作阶段	巷道名称	计算单位	工程量	采切费用/元								合计
				掘进费		支护费		铺轨架线费		装格费		
				单价	费用	单价	费用	单价	费用	单价	费用	
一、采准	阶段运输巷道	m³	771.6	26	20061.6	23	17746.8					
	分段运输巷道		2025.6	26	52665.6	23	46588.8					
	溜井		240	32	7680	10	2400					
	溜井联络巷道		168.8	26	4388.8	23	3882.4					
	分段凿岩巷道		1875	24	45000	8	15000					
	出矿穿脉		1456	26	37856	23	33488					
	斜坡道		337.6	26	8777.6	23	7764.8					
	斜坡道联络道		506.4	26	13166.4	7	3544.8					
	凿岩巷道		156.3	24	3751.2	8	1250.4					
	小计				193347.2		131666					325013.2
二、切割	切割井	m³	110	19	2090							
	小计				2090							2090
合 计					195437.2		131666					327103.2

则矿房回采的采切费用为：

$$C = \frac{T}{Q}K = \frac{327103.2}{27696.9} \times 1.15 = 13.58 \ \text{元/t}。$$

2.2.7 采切设计

2.2.7.1 采准设计

参照附图（1）分段矿嗣后充填采矿法，采准工作首先从阶段运输巷道掘进斜坡道联通各个下盘分段运输平巷，方便行驶无轨设备、无轨车辆（运送人员、设备和材料），沿矿体走向每隔 60m 掘进一条放矿溜井，通往各分段运输平巷。在每个分段水平上，掘下盘分段运输平巷，在此巷道沿走向每隔 6m 掘进出矿穿脉，通到矿体下盘矿岩交界处靠矿体一侧，靠矿体上盘接触面掘进凿岩平巷。

2.2.7.2 切割设计

从矿房中央位置自出矿穿脉垂直矿体走向掘切割横巷，联通凿岩平巷，在切割横巷中矿房中央采用 YSP-45 型浅孔钻机垂直向上钻凿平行浅孔，孔径 42mm，孔深 2m，排距 0.8m，共布置炮孔两排，每排 2 个炮孔，填塞长度取为 0.5m。自下向上掘进完成 2m×2m 的切割天井，为切割拉槽提供自由面和补偿空间。

切割井掘进完成后，自切割井两侧沿垂直矿体走向方向依次钻凿与矿体倾斜方向平行的中深孔，孔径 65mm，孔深 8m（考虑到凿岩巷道高 2.5m），排距 0.8m，共布置炮孔 2 排，每排 4 个炮孔，共布置 8 个炮孔，填塞长度按照公式 $L = (0.4 \sim 1.0)W$ 选取。这里取 $L = 0.5$m，一次爆破完成切割拉槽工作。

则拉切割槽崩落矿量：$T = V \times \rho = 2.5 \times 5 \times 10 \times 2.8 = 350$t

2.2.8　回采设计

2.2.8.1　工艺过程

分段矿房嗣后充填法回采工作包括：凿岩、装药、爆破、通风、运搬等。该方法将矿块在垂直方向划分为若干分段；在每个分段水平上布置矿房和矿柱，各分段采下的矿石分别从各分段的出矿巷道运出。同一分段内回采从切割槽向矿房一侧进行，在凿岩平巷中凿扇形中深孔，崩下的矿石从出矿穿脉用铲运机运到距分段运输平巷最近的溜井。

2.2.8.2　凿岩

分段高度为10m的条件下，采用 YGZ-90 型凿岩机在分段凿岩巷内打上向扇形中深孔，布置2台凿岩机，安排4个工人，采用三班工作制。

分段矿房嗣后充填法的回采以分段为单元进行。同一分段，整个矿房的凿岩工作集中进行，从切割槽左侧爆破3排炮孔，通风完成后出矿，然后再从切割槽右侧爆破3排炮孔，通风完成后出矿，依次循环进行，完成一个分段的出矿工作。不同分段，在垂直方向上沿阶段高度自上而下相互错开一定距离进行分段凿岩、爆破和出矿。

沿切割槽向矿房两侧分别钻凿平行上向扇形孔，孔径65mm，排距为 $W_2 = 1.2$m，填塞长度按照公式 $L = (0.4 \sim 1.0)W$ 进行选取。扇形炮孔排列不均匀，为了保证爆破效果，L 应取大值，这里按照0.5m/m间隔进行填塞，孔底距为1.2m，各布置炮孔24排，共布置炮孔48排，每排炮孔孔长45.69m，总长2193m，拉切割槽共布置炮孔8个，总长64m，总计2257m，爆破采取每次崩3排的方式进行。炮孔布置如图2.2、图2.3所示。炮孔参数见表2.9。

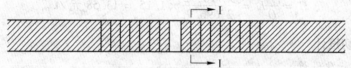

图2.2　沿自由面方向炮孔布置示意图

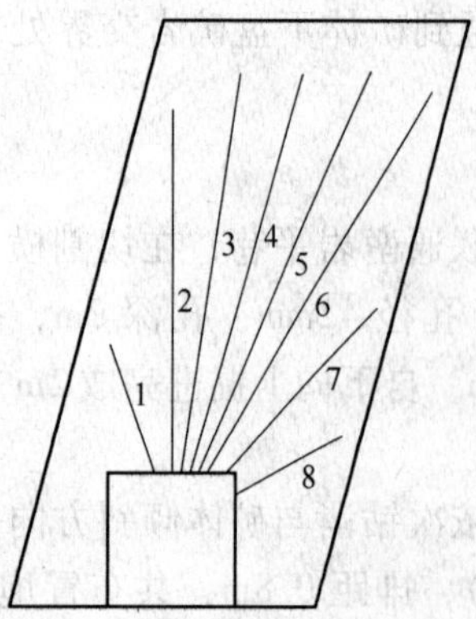

图2.3　Ⅰ-Ⅰ剖面炮孔布置示意图

表 2.9　炮孔参数统计表

炮孔类型	炮孔编号	单位	炮孔长度	填塞长度	实际装药长度
平行中深孔			8	0.5	7.5
合计			8	0.5	7.5
上向扇形中深孔	1	m	2.49	0.5	1.99
	2		6.83	1	5.83
	3		7.59	0.5	7.09
	4		7.83	1	6.83
	5		8.23	0.5	7.73
	6		8.42	1	7.42
	7		4.30	1	3.3
	8		2.38	0.5	1.88
合计			45.69	6	39.69

单次爆破爆下矿石量：$T = V \times \rho = 3.6 \times 5 \times 10 \times 2.8 = 504t$

（1）每米炮孔的崩矿量。

1）经验公式法：

$$q = W \times a \times \eta_0 \times \gamma \times \frac{1 - k}{1 - \gamma_1} \tag{2.1}$$

式中　W——炮孔最小抵抗线（排距），m；

$\quad\quad a$——孔间间距，m；

$\quad\quad \eta_0$——炮孔利用率，%；

$\quad\quad \gamma$——矿石密度，t/m^3；

$\quad\quad k$——矿石损失率，%；

$\quad\quad \gamma_1$——矿石贫化率，%。

$W = 1.2m$；$a = 1.2m$；$\eta_0 = 0.9$；$\gamma = 2.8t/m^3$；$k = 10.6\%$；$\gamma_1 = 9.3\%$。

$$q = 1.2 \times 1.2 \times 0.9 \times 2.8 \times \frac{1 - 10.6\%}{1 - 9.3\%} = 3.58t/m$$

2）平均崩矿量法。

凿岩完毕一个分段总的崩矿量为：$5 \times 10 \times 60 \times 2.8 = 8400t$

炮孔总长度：$2257m$

则每米炮孔崩矿量为：$8400/2257 = 3.72t/m$

（2）凿岩所需时间。

YGZ-90 的凿岩效率为 $50m/$（台·班）。

完成整个矿房的凿岩工作所需的凿岩时间 Z 为：

$$Z = 2257/50 = 45.1 台·班$$

为了提高单个矿房的凿岩效率，这里安排两台凿岩机以切割槽位置为中心向矿房两端进行凿岩，两台凿岩机配凿岩工 4 人，则：

$$T = \frac{Z}{n} = \frac{45.1}{2} = 22.6 班$$

因此落矿总共需要 22.6 个班，共计 7.5 天。

（3）凿岩工劳动生产率。

$$\eta = \frac{Q}{Zn} = \frac{8400}{22.6 \times 4} = 92.9t/（工·班）$$

2.2.8.3　爆破

炮孔布置为上向扇形孔，每排布置 8 个，呈环形布置形式，孔长参照炮孔参数统计表（表2.9），炮孔直径 65mm，采用改性铵油粉状炸药，装药器装药。炮孔内铺设 1.15 倍孔长导爆索，采用非电导爆管孔口起爆，为了保证起爆可靠，每孔放置 2 个非电导爆管。炮孔平均装药系数为 0.8；岩石改性铵油粉状炸药密度取 $0.9g/cm^3$。

（1）每米炮孔装药量计算。

$$Q = S \times L \times \rho = 3.14 \times \left(\frac{65}{2} \times 10^{-3}\right)^2 \times 0.9 \times 10^3 = 2.98kg$$

一个矿房内共布置炮孔的总长度为 $2257m$，填塞长度按照 $L = (0.4 \sim 1.0)W$ 选取，得到炮孔实际的装药长度参照炮孔参数统计表（表2.9）。

$$L = 7.5 \times 8 + 48 \times 39.69 = 1965.1m$$

$$Q = 2.98 \times 1965.1 = 5856kg$$

考虑到炸药的消耗，消耗比率取 15%，则需要炸药为：

$$Q = 5856 \times 1.15 = 6734.4kg$$

（2）导爆索长度。

导爆索贯穿整个炮孔，每个炮孔铺设导爆索的长度大约为炮孔长度的 1.15 倍，则导爆索总长度为：

$$S = 2257 \times 1.15 = 2596m$$

（3）非电导爆管数量。

每排炮孔数为 8，总共 48 排，拉切割槽共布置炮孔 8 个，则炮孔总数 $m_1 = 8 \times 48 + 8 = 392$ 个。

每个炮孔安放两个雷管，则所需雷管总数为：$m_2 = 392 \times 2 = 784$ 发。

（4）炸药单耗计算。

一个矿房总共落矿 8400t，共消耗炸药 6734.4kg，则炸药单耗为：6734.4/8400 = 0.80kg/t。

（5）装药时间计算。

按照 100kg 炸药需要 1 名爆破工的配置，一次崩矿为 3 排炮孔，总长为：$39.6 \times 3 = 119m$。装药量为 $119 \times 2.98 = 354.6kg$。中深孔爆破由于装药量比较大，需要配备专门的爆破工，因此配备 3 名专职爆破工同时工作 1.5 个小时完成一次爆破采场装药、连线、爆破及通风工作。

整个矿房总共需要分 16 次进行爆破，则完成整个矿房的爆破工作需要的时间为：$16 \times 1.5 = 24h$，即 3 个班。

（6）二次爆破。

岩石坚固性系数 $f = 8 \sim 12$，二次破碎的炸药单耗根据表 2.10，选择二次破碎的炸药消耗量为 0.24kg/t。

表 2.10 单位矿石的炸药消耗量   kg/m³

矿石坚固性系数 f	2 ~ 4	6 ~ 10	10 ~ 14	>14
崩矿炸药消耗量	0.15 ~ 0.2	0.2 ~ 0.3	0.3 ~ 0.4	0.4 ~ 0.6
二次破碎炸药消耗量	0.15 ~ 0.2	0.2 ~ 0.25	0.25 ~ 0.3	0.35 ~ 0.4

一个矿房二次破碎所需要药量为：$0.24 \times 8400 = 2016kg$。

二次破碎在采场外进行。由 3 名专职爆破工完成，一次崩矿的二次破碎时间为 1h，即 0.125 班，整个矿房二次破碎时间为：$0.125 \times 16 = 2$ 班。

（7）整个矿房爆破所需炸药总量。

$$T = 爆破用药 + 二次爆破用药 = 6734.4 + 2016 = 8750.4kg$$

2.2.8.4　运搬

（1）铲运机台班生产能力。

铲运机采用 $G = 2m^3$ 电动铲运机，铲运机出矿平均运距 L 取 50m；铲车运行在碎石路面，运行速度 $v = 5km/h = 1.4m/s$；矿石的松散系数 η 取 1.4，则矿石的松散密度 $\gamma = 2.8/1.4 = 2t/m^3$。铲斗的满斗系数为 $K = 0.8$，每班的法定工作时间为 $T = 8h$，班内铲运机的

设备完好率 q_1 为 0.5，工时利用率 q_2 为 0.5。分段矿房法属不定点装矿，装载时间 $t_1 = 60s$，卸载时间 $t_2 = 20s$，掉头时间 $t_3 = 40s$，其他影响时间 $t_4 = 20s$；空重车运行时间 $t_5 = 2L/v = 2 \times 50/1.4 = 71.4s$，则铲运机台班生产能力的计算为：

$$Q_b = K \times G \times \gamma \times T \times q_1 \times q_2 \times \frac{3600}{t_1 + t_2 + t_3 + t_4 + t_5}$$

$$= 2 \times 0.8 \times 2 \times 8 \times 0.5 \times 0.5 \times \frac{3600}{60 + 20 + 40 + 20 + 71.4}$$

$$= 109t/(台 \cdot 班) \tag{2.2}$$

（2）一次落矿的运搬时间。

$$T = \frac{Q}{Q_b} = \frac{504}{109} = 4.6 \ 台 \cdot 班$$

一次爆破崩下的矿量为 504t。

为了缩短一个循环所花费的时间，提高劳动生产率，满足矿山的年产量要求，结合一次落矿的矿石量，一个矿房安排两台铲运机同时出矿。

每台铲运机一般每班配备驾驶员 2 人，则一个矿房需要配备驾驶员 4 人。

（3）一个矿房的运搬时间。

一个矿房的矿量为 8400t。

$$T = \frac{Q}{Q_b} = \frac{8400}{109} = 77 \ 台 \cdot 班$$

两台铲运机需要的时间：

$$\frac{77}{2} = 38.5 \ 班 = 13 \ 天$$

2.2.8.5　采场通风

一次爆破 3 排炮孔，爆破量不大，在保证安全的情况下，为了提高效率，通风时间不宜过长，这里选择一次落矿后通风 30min 即可出矿。

2.2.8.6　撬顶

矿房长 60m，宽 5m，高 10m，一次崩矿暴露面积相对较小，矿石稳固，因此不需要安排专门的撬顶工人进行撬顶工作。

2.2.8.7　嗣后充填

（1）充填时间计算。

矿房回采完毕，对矿房进行嗣后充填。充填能力计算如下：

充填系统采用年工作 330 天，每天 1 班，每班 6 小时工作制，充填料浆日平均需用量 $Q = 209m^3/d$，一次最大充填量 $Q_{最大} = 2.0 \times Q = 418m^3/d$。系统工作能力为 35～70m³/h。

一个分段矿房的充填量：$60 \times 5 \times 10 = 3000m^3$

一个分段矿房的充填时间（按最大充填量计算）：3000/70 = 42.85h，即 5.4 个班。安排两个工人铺设管路，架设充填挡墙共需要 2 个班，则完成一个矿房的充填工作需要的时间为：5.4 + 2 = 7.4 班。这里为了与其他方法进行对比，将整个矿房的充填时间折算到每个循环中，即每个循环平均需要的充填时间为：7.4/16 = 0.4625 班。

（2）充填工程。

充填之前，需要对矿房进行封闭。对分段运输巷道两侧进行封闭，采用钢筋混凝土挡墙，厚度为 0.5m。挡墙下部设置排水孔，上部设置观察窗。

充填的时候，从上分段的分段运输巷道中，通过施工的充填井，向分段矿房中进行充填。充填体中的渗水通过排水工程排到运输巷道中，经沉淀后排出。

2.2.8.8 矿柱回采

矿房嗣后充填完毕，矿柱回采可根据围岩的稳定情况以及矿柱矿量进行合理安排。

本设计中，地表不允许塌陷，间柱和底柱不回收，作为永久损失。

2.2.8.9 回采工作组织及回采循环图表

从以上分析得到矿房回采的工序时间安排，如表 2.11 所示（其中凿岩为一个矿房集中凿岩，这里将其平均到一次落矿所需的凿岩时间）。

表 2.11 工作循环组织时间表

序号	工序名称	工人数量	时间		工班数
			班	小时	
1	凿岩	4	1.4	11.2	
2	爆破	3	0.1875	1.5	
3	通风		0.0625	0.5	
4	出矿	4	2.3	18.4	
5	二次爆破		0.125	1	
6	嗣后充填	2	0.4625	3.7	

将整个矿房的回采工作进行平均得到如图 2.4 所示的一个循环的工作安排。

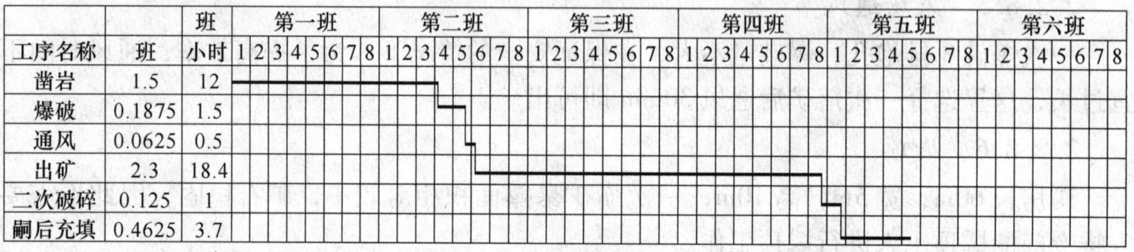

工序名称	班	小时	第一班 1 2 3 4 5 6 7 8	第二班 1 2 3 4 5 6 7 8	第三班 1 2 3 4 5 6 7 8	第四班 1 2 3 4 5 6 7 8	第五班 1 2 3 4 5 6 7 8	第六班 1 2 3 4 5 6 7 8
凿岩	1.5	12						
爆破	0.1875	1.5						
通风	0.0625	0.5						
出矿	2.3	18.4						
二次破碎	0.125	1						
嗣后充填	0.4625	3.7						

图 2.4 回采工艺循环图

从采场工作循环图表可以看出：

一个工作循环时间为：1.51 天

整个矿房的回采时间为：$1.51 \times 16 = 24$ 天

2.2.8.10 采矿方法技术经济指标计算

（1）生产能力计算。

整个矿房共回采矿石 8400t，共消耗时间 24 天

则矿房的平均生产能力为：$8400/24 = 350t/d$

（2）矿石开采直接成本。

1）每吨矿石的材料消耗计算。

根据爆破设计统计的炸药、雷管、导爆索等的消耗；其中钻头、钎杆、木材等消耗

量，设计阶段无法直接获得，参考王运敏主编《现代采矿设计手册》后，获得类似矿山大概的消耗，统计出每吨矿石的材料消耗与费用，如表 2.12 所示。

表 2.12　每吨矿石材料消耗与费用

序号	材料名称	计算单位	材料消耗		单价/元	材料费/元	备　注
			一个循环	1t 矿石			
1	炸药	kg	546.9	1.09	10	10.9	
2	雷管	个	49	0.097	5	0.485	
3	导爆索	m	162.3	0.32	0.35	0.112	
4	钻头	个		0.0002	43	0.009	根据岩石坚固性系数 f、节理发育程度，参照类似矿山选择，或通过实际矿山统计资料获得
5	钎杆	kg		0.1	8.52	0.85	
6	木材	m^3		0.001	1569	1.60	
7	未计入材料费的其他费用：占上述费用的 15%					2.09	
合　计						16.05	

2）每吨矿石的燃料动力消耗计算。

矿山开采过程中，采用凿岩与运搬设备的动力消耗的费用，参照 2010 版《冶金工业矿山建设工程预算定额》，估算出每吨矿石的燃料动力消耗值，如表 2.13 所示。

表 2.13　每吨矿石燃料动力消耗值

序　号	设备名称	燃料动力费用/元·（台·班）$^{-1}$	消耗量/元		备　注
			一个循环	1t 矿石	
1	YGZ-90	564.12	1579.5	3.13	
2	$2m^3$ 柴油铲运机	137.27	631.44	1.25	
合　计				4.38	

3）每吨矿石的工人工资计算。

冶金矿山工资费用总额，根据各工序所需的工班数目与人工工日费用获得，如表 2.14 所示。标准参照《冶金工业矿山建设工程预算定额》。

表 2.14　工资费用表

序号	工种	人数	每循环工作时间/班	每循环需要工班数/工·班	人工工日/d	费用/元	备　注
1	凿岩工	4	1.4	5.6	48	268.8	
2	爆破工	3	0.1875	0.5625	48	27	
3	铲车司机	4	2.3	9.2	48	441.6	
4	修理工	2	0.0625	0.125	48	6	
5	杂工	2	0.5	1	48	48	
6	充填工	2	0.4625	0.925	48	44.4	
合　计						835.8	
人工成本						1.66	出矿量：504t

每吨矿石的直接成本为：$16.05 + 4.38 + 1.66 = 22.09$ 元

（3）工人劳动生产率计算。

整个矿房平均包含 16 个工作循环。

1）平均 1 个工作循环。

4 名凿岩工，工作 1.4 个班。凿岩工的工班数为：$1.4 \times 4 = 5.6$ 工·班

3 名爆破工，爆破工的工班数为：$0.1875 \times 3 = 0.5625$ 工·班

4 名铲车司机，工班数目为 $2.3 \times 4 = 9.2$ 工·班

2 个修理工，工班数目为 $0.0625 \times 2 = 0.125$ 工·班

2 个杂工，工班数目为 $0.5 \times 2 = 1$ 工·班

2 个充填工，工班数目为 $2 \times 0.4625 = 0.925$ 工·班

每个循环需要工班数为：$5.6 + 0.5625 + 9.2 + 0.125 + 1 + 0.925 = 17.41$ 工·班

2）一个矿房。

一个矿房平均包含 16 个工作循环。

需要的工班数目为：

凿岩工：$5.6 \times 16 = 89.6$ 工·班

爆破工：$0.5625 \times 16 = 9$ 工·班

铲车司机：$9.2 \times 16 = 147.2$ 工·班

修理工：$0.125 \times 16 = 2$ 工·班

杂工：$1 \times 16 = 16$ 工·班

充填工：$0.925 \times 16 = 14.8$ 工·班

整个矿房所需工班数目为：

$89.6 + 9 + 147.2 + 2 + 16 + 14.8 = 278.6$ 工·班

3）工人劳动生产率。

整个矿房回收矿量为：8400t

则采矿工劳动生产率为：$8400/278.6 = 30.2t/$（工·班）

（4）矿房回采技术经济表（表 2.15）。

表 2.15　矿房回采技术经济表

序　号	项　目	单　位	指　标
1	矿房采出矿石量	t	8400
2	矿房回采时间	d	24
3	矿房的平均生产能力	t/d	350
4	矿房回采采切比	m/kt	18.08
5	矿房的采切费用	元/t	13.58
6	凿岩工劳动生产率	t/d	92.9
7	采矿工劳动生产率	t/d	30.2
8	每吨矿石的直接成本	元	22.09

2.2.9　优缺点

（1）优点。

分段回采，对矿石和围岩的稳固性适应性较强，使用范围广，灵活性大，可以多分段同时进行开采，作业集中，回采强度大；便于使用无轨设备，有利于实现高度机械化；工人在巷道中进行回采作业，安全条件好；保留的临时矿柱可以及时回收，劳动生产率高，成本低。

（2）缺点。

采准切割工程量大，每个分段都要掘分段运输平巷、切割巷道、凿岩平巷等。

2.3　浅孔留矿嗣后充填法

2.3.1　结构参数确定

矿体平均厚度5m，属于中厚矿体，矿房沿走向布置。参考解世俊主编《金属矿床地下开采》第四篇第十五章第四节留矿采矿法。结构参数确定如下：

（1）矿块长度。

参考《金属矿床地下开采方法课程设计指导书》第3章3.1.1节表3.1采矿方法采区长度参考值表，矿石稳固条件下，矿块长50～60m。由于矿石稳固，选择矿块长60m。

（2）矿块宽为矿体厚度5m。

（3）矿体中厚，但考虑到矿体厚只有5m，矿岩稳固性好，选取顶柱高3m，间柱6m，电耙漏斗出矿，底柱6m。

（4）阶段高度。

参考《金属矿床地下开采方法课程设计指导书》第3章3.1.3节表3.2国外部分矿山采用的阶段高度统计表、表3.3国内部分矿山采用的阶段高度统计表，类比类似矿体开采条件，以及围岩的稳固性好，可采用较高的阶段高度，一般为30～50m，故选择50m的段高。

（5）分层高度。

回采工作自下而上分层进行，分层高度一般为2～3m，采用YSP-45凿岩，可取3m。

2.3.2　底部结构类型与尺寸

（1）底部结构类型。

底部结构采用电耙出矿漏斗结构。在矿块下部布置一排直径6m漏斗，漏斗通过斗颈连接电耙巷道，矿石通过漏斗流入电耙巷道，通过电耙进行出矿。

（2）电耙选型。

电耙耙运距离为一个矿房长度60m，国产电耙绞车功率一般为4～100kW，耙斗斗容为0.1～1.4m³。选择电耙时可参考下面几种情况：4kW或7.5kW电耙绞车主要用于巷道掘进出渣，14kW、28kW、30kW电耙绞车主要用于采场耙运矿石，30kW、55kW电耙绞车主要用于有底部结构巷道耙运矿石，55kW及以上电耙绞车主要用于强制或自然崩落阶段大量放矿及集中放矿的耙矿巷道耙运矿石。

所选采矿方法为浅孔留矿法，根据表2.16，可选用30kW或55kW的电耙绞车，由于耙运距离较长，所以选用55kW的电耙绞车。根据表2.17选择3JP-55电耙，主钢丝绳转速1.2m/s，副钢丝绳转速1.8m/s，斗容0.6m³。

表 2.16　国内应用电耙出矿的矿山

矿山名称	采矿方法	电耙功率/kW	耙运距离/m	生产能力/t·(台·班)$^{-1}$	矿山名称	采矿方法	电耙功率/kW	耙运距离/m	生产能力/t·(台·班)$^{-1}$
东江铜矿	全面法	14	40~50	11~20	龙烟铁矿	长壁崩落法	14	50	42~50
		28	40~50	23~40	王村铝土矿	长壁崩落法	28	40~50	60~100
通化铜矿	全面法	14	40~50	65~90	胡家峪铜矿	分段崩落法	28	25~30	91
大罗坝铁矿	全面法	28	40~60	38	篦子沟铜矿	分段崩落法	28	25~30	82
锡矿山锑矿	房柱法	14	40~60	50	易门铜矿	分段崩落法	28	40	75
		28	40~60	70	锦屏银矿	分段崩落法	14	40~50	67
务川汞矿	房柱法	14	30~40	50	松树山铜矿	分段崩落法	28	30~60	60~70
因民铜矿	分段法	28	40	88~92	西石门铁矿	分段崩落法	30	40	80~100
寿王坟铜矿	阶段矿房法	28	40	120~150	马夹瑙铁矿	分段崩落法	30	40~50	80
		55	30	200~250	桃林铅锌矿	阶段崩落法	28	25~37	80
华铜铜矿	阶段矿房法	30	30	120	狮子山铜矿	阶段崩落法	28	30~50	80
白银辉铜矿	分段法	28	40	60~90	德兴铜矿	阶段崩落法	28	30	80
香花岭锡矿	浅孔留矿法	14	40~50	30~50	黄沙坪铅锌矿	上向分层	28	30~40	80~100
大吉山钨矿	深孔留矿法	55	30	90~100		下向分层	7	30	30~40
							14	30	40~60

表 2.17　JP 系列耙矿绞车基本参数标准要求

型号	电动机功率/kW	主钢丝绳平均拉力/N	平均速度/m·s^{-1} (±5%)		主钢丝绳直径/mm	主卷筒容绳量/m
			主钢丝绳	副钢丝绳		
2JP-4	4.0	≥4000	0.75	0.75	7.7	45
2JP-7.5	7.5	≥8000	1.00	1.00	9.3	45
3JP-7.5						
2JP-15	15	≥14000	1.10	1.50	12.5	80
3JP-15						
2JP-22	22	≥20000	1.20	1.60	14.0	80
3JP-22						
2JP-30	30	≥27500	1.20	1.60	15.5	90
3JP-30						
2JP-45	45	≥35500	1.20	1.60	15.5	90
2JP-55	55	≥40000	1.20	1.80	18.5	90
3JP-55						
2JP-75	75	≥54000	1.32	1.80	20.0	180
2JP-90	90	≥61800	1.30	1.80	23.0	125
2JP-110	110	≥78400	1.30	1.80	24.5	110

（3）底部结构尺寸。

为了便于出矿，所选漏斗尺寸为 6m，所选运搬设备为 55kW 电耙，所需的电耙巷道尺寸为 2m×2m，电耙硐室尺寸为 3m×3m×3m。底部结构长度为 6m，如图 2.5 所示。

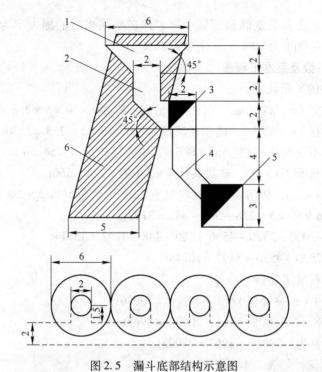

图 2.5　漏斗底部结构示意图

1—漏斗；2—斗颈；3—电耙巷道；4—溜井；5—下盘运输巷道；6—矿体

2.3.3　采切工程位置与尺寸

（1）采准工程。

浅孔留矿法的采准工程包括：下盘运输巷道、电耙巷道、溜井、人行通风天井等矿石回采必需的工程。

1）人行通风天井布置在矿房两侧的间柱内，沿矿体倾斜方向布置，供人员设备使用，兼作通风井，规格 2m×2m。

2）电耙巷道：在矿体下盘布置一条沿矿体走向 2m×2m 的电耙巷道，用于电耙耙矿。

3）溜井：在电耙巷道的一侧布置一条 2m×2m 的溜井连接电耙巷道和下盘运输巷道，用于电耙巷道溜矿。

4）下盘运输巷道：在溜井下口布置沿矿体走向 3m×3m 的下盘运输巷道用于运输矿石。

（2）切割工程。

切割工程主要是拉底和劈漏。矿脉厚度大于 2.5m 适合采用有底柱拉底和劈漏同时进行的切割方法。

2.3.4　采矿方法三视图

浅孔留矿嗣后充填采矿法三视图见附图（3）。

2.3.5　贫损指标

回采设计前无法准确统计出所用方法施工后的采切指标，但是为了从理论上得到可采出的矿量以及矿岩总量，从而与工业储量进行对比，并进一步得到理论意义上的采切参数需要借助类比法，类比条件相似的矿山采用相同方法时，统计获得贫损指标。参照《金属矿床地下开采方法课程设计指导书》第 2 章 2.4.2 节表 2.24、表 2.25 损失、贫化推荐指标表，得到浅孔留矿法开采急倾斜薄到中厚矿体矿房回采时的损失率为15%，贫化率为10%；矿柱回采时损失率为30%，贫化率为20%。

2.3.6 采准系数及采准工程量

（1）设计矿块的矿量计算。

矿块长60m、宽5m、高50m，则设计矿量为：$T = 60 \times 50 \times 5 \times 2.8 = 42000t$

顶柱长60m、宽5m、高3m，则顶柱矿量为：$60 \times 3 \times 5 \times 2.8 = 2520t$

底柱长54m（不含间柱）、宽5m、高6m，则底柱矿量为：$54 \times 6 \times 5 \times 2.8 = 4536t$

人行通风天井断面2m×2m，矿量共计$2 \times 2 \times 50 \times 2.8 = 560t$

联络道断面2m×2m，矿房两侧共计联络道20条，矿量共计$2 \times 2 \times 2 \times 20 \times 2.8 = 448t$

间柱矿量为：$6 \times 50 \times 5 \times 2.8 - 560 - 448 = 3192t$

矿房矿量为：$42000 - 2520 - 4536 - 560 - 448 - 3192 = 30744t$

矿柱矿量为：$2520 + 4536 + 3192 = 10248t$

预计能回采矿石量T为：

矿房 $T_1 = 30744 \times (1 - 15\%)/(1 - 10\%) = 29036t$

矿柱 $T_2 = 10248 \times (1 - 30\%)/(1 - 20\%) = 8967t$

预计采出矿石量为：$29036 + 8967 = 38003t$。

（2）采切工程统计如表2.18所示。

表2.18 采准切割工程量及出矿量统计表

工作阶段及项目名称		巷道数目/个	巷道长度/m					巷道断面面积/m²	体积/m³			工业储量/t	采出矿量/t	采出矿岩总量/t
			矿石中		岩石中		合计		矿石中	岩石中	合计			
			单长	总长	单长	总长								
采准	（1）下盘运输巷道	1			60	60	60	9		540	540			1620
	（2）联络道	20	2	40			40	4	160		160	448	448	448
	（3）通风天井	1	50	50			50	4	200		200	560	560	560
	（4）人行天井	1			4	4	4	4		16	16			48
	（5）溜井	1			4	4	4	4		16	16			48
	（6）装矿进路	2	5	10	5	10	20	4	40	40	80	112	112	232
	（7）电耙巷道	1	60	60			60	4	240		240	672	672	672
	小计			160		78	238		640	612	1252	1792	1792	3628
切割	（8）出矿漏斗	9							301.44		301.44	844.03	844.03	844.03
	小计								301.44		301.44	844.03	844.03	844.03
	采切合计			160		78	238		941.44	612	1533.44	2636.03	2636.03	4472.03
回采	（1）矿房								10980		10980	30744	29036	29036
	（2）矿柱								3660		3660	10248	8967	8967
	小计								14640		14640	40992	38003	38003
									15581.44	612	16193.44	43628.03	40639.03	42475.03

矿房回采时采切系数计算如下：

采切比（用长度表示）（表2.19）：$(238/42475.03) \times 1000 = 5.60$ m/kt

采切比（用体积表示）（表2.19）：$(1553.44/42475.03) \times 1000 = 36.57$ m³/kt

采出工业储量：

$$\sum T' = 2636.03 + 30744 \times 85\% + 10248 \times 70\% = 35942.03 \text{t}$$

矿块的回采率：

$$H_k = \frac{\sum T'}{\sum Q} = \frac{35942.03}{43628.03} \times 100\% = 82.4\% \quad （理论计算）$$

矿块的贫化率：

$$\frac{\sum T - \sum T'}{\sum T} = \frac{40639.03 - 35942.03}{40639.03} \times 100\% = 11.6\% \quad （理论计算）$$

采切工作比重为：$941.44 \times (2.8/42475.03) \times 100\% = 6.21\%$

说明采切工作基本都位于岩石中。由于下盘岩石稳固性较差，应加强支护。

表 2.19 千吨采切比计算结果

指标名称	计算值		修正系数	修正后值	
	用长度表示 /m·kt⁻¹	用体积表示 /m³·kt⁻¹		用长度表示 /m·kt⁻¹	用体积表示 /m³·kt⁻¹
千吨采切比 $K_{采切}$	5.60	36.57	1.15	6.44	42.06
其中 千吨采准比 $K_{采}$	5.60	29.48	1.15	6.44	33.90
千吨切割比 $K_{切}$	0	7.09	1.15	0	8.16

（3）采切工程费用统计如表 2.20 所示。

表 2.20 采切工程费用统计表

工作阶段	巷道名称	计算单位	工程量	采切费用/元								合计
				掘进费		支护费		铺轨架线费		装格费		
				单价	费用	单价	费用	单价	费用	单价	费用	
一、采准	（1）下盘运输巷道	m³	540	26	14040	9	4860					
	（2）联络道		160	26	4160	23	3680					
	（3）通风天井		200	38	7600	23	4600					
	（4）人行天井		16	38	608	23	368					
	（5）溜井		16	38	608	23	368					
	（6）装矿进路		80	26	2080	23	1840					
	（7）电耙巷道		240	26	6240	23	5520					
	小计		1252		35336		21236					56572
二、切割	（8）出矿漏斗	m³	301.44	26	7837.44							
	小计		301.44		7837.44							7837.44
	合计		1553.44		43173.44		21236					64409.44

则矿房回采的采切费用为：

$$C = \frac{T}{Q} \times K = \frac{64409.44}{29036} \times 1.15 = 2.22 \text{ 元}/\text{t}$$

2.3.7　采切设计

2.3.7.1　采准设计

参照附图（3）浅孔留矿嗣后充填法，首先在矿体下盘脉外掘进与矿体走向平行的脉外运输巷，在矿房两侧开凿两条出矿进路，在出矿进路中开凿人行天井和通风天井，通过人行天井开凿电耙硐室和电耙巷道。

2.3.7.2　切割设计

在电耙巷道一侧以45°倾角，打第一次上向孔，其下部炮孔高度距巷道底板1.2m，上部炮孔在巷道顶角线上与漏斗侧的钢轨在同一垂直面上。爆破后站在矿堆上，一侧以70°倾角打第二次上向孔。第二次爆破后将矿石运出，架设工作台再打第三次上向孔。装好漏斗后爆破并将矿石放出，继续打第四次上向孔，爆破后漏斗颈高可达4.5m。在漏斗颈上部以45°倾角向四周打炮孔，扩大斗颈，最终使相邻斗颈连通，同时完成劈漏和拉底工作。

2.3.8　回采设计

2.3.8.1　工艺过程

浅孔留矿法的回采工作包括：凿岩、装药、爆破、通风、局部放矿、撬顶、平场和大量放矿等。矿房回采是自下而上分层进行，浅孔落矿。矿石崩落以后，矿石碎胀，为了保证有一定的工作空间，必需放出部分矿石；按规定应放出崩落矿石的1/3，剩下2/3作为继续工作的临时工作台；在局部放矿以后，工人进入采场后，首先就应撬去工作地点的浮石。当把矿房内的矿石全部采完后，进行大量放矿工作，把原来留下的2/3碎石全部放出来。通风一般是从上风流方向的天井进入新鲜风流，通过矿房工作面以后，经天井排到上部回风平巷。

2.3.8.2　凿岩

浅孔留矿法的凿岩方式有上向孔和水平孔。回采过程采用YSP-45型凿岩机打上向炮孔。布置2台凿岩机，配置3个工人，三班工作制，配置工人9人。

浅孔留矿法的工作面形式有直线式和梯段式。本方法采用梯段式布置。整个采场设置为四个梯段，梯段长为15m，宽为矿体厚度5m，梯段高为1.5m。首先进行左侧阶梯的凿岩爆破作业，通风完成后，进行局部放矿，放矿完毕后，进行另一侧的凿岩爆破通风作业，最后再进行局部出矿完成一个分层回采。

炮孔平行排列，炮孔深度为1.8m，炮孔超深0.1m，单孔长为1.9m。孔间距 $a = 0.8$m，排间距 $W = 1$m，炮孔倾角75°前倾。左侧两个梯段，布置炮孔28排，每排5个炮孔，总计140个炮孔，总长266m。炮孔布置见图2.6。

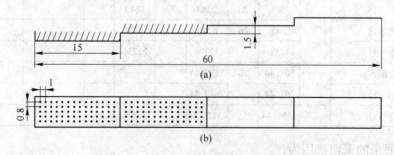

图 2.6　炮孔布置图

（a）炮孔布置示意图；（b）炮孔布置平面图

每次凿岩爆破后爆下矿石量为 T：

$$T = V \times \rho = 30 \times 5 \times 1.5 \times 2.8 = 630t$$

（1）每米炮孔的崩矿量。

1）经验公式法。

$W = 1m$；$a = 0.8m$；$\eta_0 = 0.9$；$\gamma = 2.8t/m^3$；$k = 10\%$；$\gamma_1 = 10\%$，根据式（2.1）得：

$q = 1 \times 0.8 \times 0.9 \times 2.8 \times (1 - 10\%)/(1 - 10\%) = 2.02t/m$

2）平均崩矿量法。

凿岩完毕的崩矿量：630t

炮孔总长：266m

则每米炮孔崩矿量为：$630/266 = 2.36t/m$

（2）凿岩所需时间。

1）一个工作循环的凿岩时间：

YSP 的凿岩效率为：50m/（台·班）

则所需要的凿岩时间 Z 为：

$$Z = 266/50 = 5.32 \text{ 台·班}$$

采场长60m，有四个作业区域，故设置凿岩机台数为2台；两个凿岩机需要3个凿岩工。左侧区域凿岩完毕需要的时间为：

$$T = Z/n = 5.32/2 = 2.66 \text{ 班}$$

2）一个分层的凿岩时间。

一个分层有两个区域，每个区域凿岩时间为2.66班，每个分层的凿岩需要时间为：5.32个班。

3）矿房的凿岩时间。

矿房高度为：$50 - 9 = 41m$

每个分层高度为1.5m，整个矿房落矿需要27.5个分层。

落矿共需要：$27.5 \times 5.32 = 146.3$ 班，合计48.8天。

（3）凿岩工劳动生产率。

凿岩工的劳动生产率为：

$$\eta = Q/Zn = 630/(2.66 \times 3) = 78.9t/（工·班）$$

2.3.8.3　爆破

每个炮孔深度1.9m，炮孔直径42mm，采用药卷直径为32mm，2号岩石铵油炸药，人工装药。采用非电导爆管孔口起爆，为了保证起爆可靠，每孔放置2个非电导爆管。炮孔平均装药系数为0.8；填塞长度参照类似矿山取0.4m，2号岩石铵油炸药密度取0.8g/cm³。

铵油炸药组成及性能如表2.21所示。

表2.21　粉状铵油炸药组成及性能指标

项目		1号铵油炸药	2号铵油炸药	3号铵油炸药
成分/%	硝酸铵	92±1.5	92±1.5	92±1.5
	柴油	4±1	1.8±0.5	5.5±1.5
	木粉	4±0.5	6.2±1	

项　目		1 号铵油炸药	2 号铵油炸药	3 号铵油炸药
性能指标	药卷密度/g·cm^{-3}	0.9~1.0	0.8~0.9	0.9~1.0
	水分含量/%	0.25	0.80	0.80
	爆速/m·s^{-1}	3300	3800	3800
	爆力/mL	300	250	250
	猛度/mm	12	18	18
售价/元·kg^{-1}		6.00~15	6.0~15.0	

（1）每米炮孔装药量计算。

$$Q = S \times L \times \rho = 3.14 \times 1.6 \times 1.6 \times 0.8 / 10 = 0.64 \text{kg}$$

炮孔填塞长度为：$L_g = 0.4 \text{m}$

炮孔总长度为：266m

填塞长度为：$140 \times 0.4 = 56 \text{m}$

装药长度为：$266 - 56 = 210 \text{m}$

所需炸药为：$210 \times 0.64 = 134.4 \text{kg}$

考虑到炸药的消耗，消耗比率取 15%，则需要炸药为：

$$134.4 \times 1.15 = 154.56 \text{kg}$$

（2）非电导爆管数量。

每分层落矿炮孔为 $140 \times 2 = 280$ 个，每孔 2 个雷管，共需要雷管数目：

$$280 \times 2 = 560 \text{ 发}$$

（3）炸药单耗计算。

每循环爆破矿量为：630t，消耗炸药 154.56kg，则炸药单耗为：

$$154.56 / 630 = 0.25 \text{kg/t}$$

参考类似矿山，该值比较合理。

（4）装药时间计算。

1）每循环工作时间。

按照 100kg 炸药需要 1 名爆破工的配置，154.56kg 约需要 2 名爆破工，考虑凿岩工 3 名，配置 1 名专职爆破工。2 个小时进行采场装药、连线、爆破及通风工作。

2）整个矿房爆破时间。

整个矿房总共 55 个工作循环，合计需要 $55 \times 2 = 110 \text{h}$，约 13.75 个班。

（5）二次爆破。

岩石坚固性系数 $f = 8 \sim 12$，二次破碎的炸药单耗根据表 2.9，选择为正常爆破单耗 q 的 30%，所需炸药为：

二次破碎单耗为：$0.25 \times 0.3 = 0.075 \text{kg/t}$

二次破碎所需要药量为：$154.56 \times 0.3 = 46.37 \text{kg}$

二次破碎在采场内进行。工作时间为 0.5 班。二次破碎不单独设置工人，由凿岩工完成。

（6）每个循环所需炸药总量。

$$T = 爆破用药 + 二次爆破用药 = 154.56 + 46.37 = 201 \text{kg}$$

2.3.8.4　运搬

（1）电耙的台班生产能力。

1）耙斗循环一次的时间（s）。

$$t = \frac{L}{v_1} + \frac{L}{v_2} + t_0 \tag{2.3}$$

式中　L——平均耙运距离，m；

v_1，v_2——首绳（主钢丝绳）、尾绳（副钢丝绳）的绳速，m/s；

t_0——耙斗往返一次的换向时间，通常取 $20 \sim 40\text{s}$。

t_0 选为 40s，则所选耙斗循环一次的时间：

$$t = \frac{60}{1.2} + \frac{60}{1.8} + 40 = 123.3\text{s}$$

耙斗每小时循环的次数：$n = 3600/123.3 = 29.2$ 次/h

2）电耙的小时生产率（m^3/h）。

$$A = nVK_{\text{p}}K_{\beta} \tag{2.4}$$

式中　V——耙斗容积，m^3；

K_{p}——耙斗装满系数，一般为 $0.6 \sim 0.9$；

K_{β}——电耙时间利用系数，一般为 $0.7 \sim 0.8$。

K_{p} 取 0.8，K_{β} 取 0.7，则电耙的小时生产率 $A = 29.2 \times 0.6 \times 0.8 \times 0.7 = 9.81 \text{m}^3/\text{h}$

矿石松散系数为 1.5，矿石密度为 $2.8\text{t}/\text{m}^3$，电耙一年工作时间为 300d，每天三班，一班 8 个小时，可大致估算电耙年生产能力 $A_{\text{年}} = 9.81 \times 2.8 \times 24 \times 300/1.5 = 13.2$ 万吨/a；台班生产能力 $A_{\text{班}} = 9.81 \times 2.8 \times 8/1.5 = 146.5\text{t}/$班。

（2）每循环的运搬时间。

爆破后局部放矿量为当次爆破量的 1/3，即 210t。

$$T = Q/A_{\text{班}} = 210/146.5 = 1.43 \text{ 班}$$

每台电铲一般每班配备电耙操作员 2 人。

（3）矿房回采的运搬时间。

矿房矿量为：$54 \times 5 \times 41 \times 2.8 = 30996\text{t}$

大放矿的矿量为：$30996 \times 2/3 = 20664\text{t}$

大放矿时间 T：

$$T = 20664/146.5 = 141.1 \text{ 班}$$

合计为 47 天。平均到每个循环为 2.57 班，因此每个循环的实际出矿时间为 2.57 + 1.43 = 4.00 班。

2.3.8.5　采场通风

浅孔落矿通风时间一般选择 $1200 \sim 2400\text{s}$，本次选择 1800s，合计 30min。

2.3.8.6　平场撬顶

浅孔留矿法的地压管理工作是派出维修工对采场范围内的巷道、人行道、采场顶板进行管理，包括洒水、撬顶、平场工作，由 2 名工人在 0.5 班完成。

2.3.8.7 嗣后充填

（1）充填时间计算。

矿房回采完毕，对矿房进行嗣后充填。充填能力计算如下：

充填系统采用年工作 330 天，每天 1 班，每班 6 小时工作制，充填料浆日平均需用量 $Q = 209\text{m}^3/\text{d}$，一次最大充填量 $Q_{最大} = 2.0 \times Q = 418\text{m}^3/\text{d}$。系统工作能力为 $35 \sim 70\text{m}^3/\text{h}$。

一个分段矿房的充填量：$54 \times 5 \times 41 = 11070\text{m}^3$

一个分段矿房的充填时间（按最大充填量计算）：$11070/70 = 158.1\text{h}$，即 19.77 个班。安排两个工人铺设管路，架设充填挡墙共需要 2 个班，则完成一个矿房的充填工作需要的时间为：$19.77 + 2 = 21.77$ 班。这里为了与其他方法进行对比，将整个矿房的充填时间折算到每个循环中，即每个循环平均需要的充填时间为：$21.77/55 = 0.40$ 班。

（2）充填工程。

充填之前，需要对矿房进行封闭。对间柱中人行天井两侧的联络道进行封闭。采用钢筋混凝土挡墙，厚度为 0.5m。挡墙下部设置排水孔，上部设置观察窗。

充填的时候，经阶段运输巷道、人行天井向矿房中进行充填。充填体中的渗水通过排水工程排到人行天井后，排到阶段运输巷道经沉淀后排出。

2.3.8.8 矿柱回采

矿房嗣后充填完毕，可根据围岩的稳定情况以及矿柱矿量进行合理安排。

本设计中，地表不允许塌陷，间柱和底柱不回收，作为永久损失。

2.3.8.9 回采工作组织及回采循环图表

根据以上分析，一个循环的工序时间安排如表 2.22 所示。

表 2.22 工作循环组织时间表

序号	工序名称	工人数量	时间（班）	时间（小时）	工班数
1	凿岩	3	2.66	21.28	
2	爆破	1	0.25	2	
3	通风		0.0625	0.5	
4	局部放矿	4	1.43	11.44	
5	二次爆破		0.5	4	
5	地压管理（支护、平场、撬顶）	2	0.5	4	
6	嗣后充填	2	0.4	3.2	

一个工作循环的工作安排如图 2.7 所示。

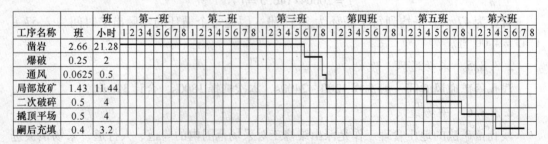

图 2.7 回采工艺循环图

从采场工作循环图表可以看出：

一个工作循环时间为：1.93 天

整个矿房的回采时间为：1.93 × 2 × 27.5 = 106 天

大量出矿需要时间为：47 天

则整个矿房回采时间为：153 天

2.3.8.10　采矿方法技术经济指标计算

（1）生产能力计算。

1）浅孔落矿期间产能：

采出矿石量为 210t，时间为 1.93 天，则生产能力为：

$$A = Q/T = 210/1.93 = 109 \text{t/d}$$

2）整个矿房的平均生产能力：

回采矿量为 30996t，时间为 153 天。

平均产能为：30996/153 = 203t/d

（2）矿石开采的直接成本。

1）每吨矿石的材料消耗计算。

根据爆破设计统计的炸药、雷管、导爆索等的消耗；其中钻头、钎杆、木材等消耗量，设计阶段无法直接获得，可以根据采矿设计手册或文献检索后，获得类似矿山大概的消耗，统计出每吨矿石的材料消耗与费用，见表 2.23。

表 2.23　每吨矿石材料消耗与费用

序号	材料名称	计算单位	材料消耗		单价/元	材料费/元	备　注
			一个循环	1t 矿石			
1	炸药	kg	201	0.32	10	3.2	
2	雷管	个	280	0.44	5	2.2	
3	导爆索	m					
4	钻头	个		0.0002	43	0.009	根据岩石坚固性系数 f、节理发育程度，参照类似矿山选择，或通过实际矿山统计资料获得
5	钎杆	kg		0.1	8.52	0.85	
6	木材	m³		0.001	1569	1.60	
7	未计入材料费的其他费用：占上述费用的 15%					1.52	
合　计						9.04	

2）每吨矿石的燃料动力消耗计算。

矿山开采过程中，采用凿岩与运搬设备的动力消耗的费用，根据《冶金工业矿山建设工程预算定额》，估算出每吨矿石的燃料动力消耗值，如表 2.24 所示。

表 2.24　每吨矿石的燃料动力消耗值

序　号	设备名称	燃料动力费用/元·（台·班）$^{-1}$	消耗量/元		备　注
			一个循环	1t 矿石	
1	YSP-45	187.61	998	1.58	
2	55kW 电耙	145.28	581	0.92	
合　计				2.50	

3) 每吨矿石的工人工资计算。

冶金矿山工资费用总额，根据各工序所需的工班数目与人工工日费用获得，如表 2.25 所示。标准参照《冶金工业矿山建设工程预算定额》。

表 2.25　工资费用表

序号	工种	人数	每循环工作时间/班	每循环需要工班数/工·班	人工工日/d	费用/元	备 注
1	凿岩工	3	2.66	7.98	48	383.04	
2	爆破工	1	0.25	0.25	48	12	
3	铲车司机	2	1.43	2.86	48	137.28	
4	修理工	2	0.0625	0.125	48	6	
5	杂工	2	0.5	1	48	48	
6	充填工	2	0.4	0.8	48	38.4	
合计						624.72	
人工成本						0.99	出矿量：630t

每吨矿石的直接成本为：$9.04 + 2.50 + 0.99 = 12.53$ 元

（3）工人劳动生产率计算。

整个矿房包含 55 个工作循环。

1) 局部放矿时 1 个工作循环。

3 名凿岩工，工作 2.66 个班。凿岩工的工班数为：$2.66 \times 3 = 7.98$ 工·班

1 名爆破工，爆破工的工班数为：$0.25 \times 1 = 0.25$ 工·班

2 名铲车司机，工班数目为 $1.43 \times 2 = 2.86$ 工·班

2 个修理工，工班数目为 $0.625 \times 2 = 0.125$ 工·班

2 个杂工，工班数目为 $0.5 \times 2 = 1$ 工·班

2 个充填工，工班数目为 $2 \times 0.4 = 0.8$ 工·班

每个循环需要工班数位：$7.98 + 0.25 + 2.86 + 0.125 + 1 + 0.8 = 13.005$ 工·班

2) 整个矿房。

需要的工班数目为：

凿岩工：$7.98 \times 55 = 438.9$ 工·班

爆破工：$0.25 \times 55 = 13.75$ 工·班

铲车司机：$2.86 \times 55 = 157.3$ 工·班

修理工：$0.125 \times 55 = 6.875$ 工·班

杂工：$1 \times 55 = 55$ 工·班

充填工：$0.8 \times 55 = 44$ 工·班

3) 大放矿。

141.1 个班，工人 2 人，所需工班数目为：$141.1 \times 2 = 282.2$ 工·班

整个矿房所需工班数目为：

$438.9 + 13.75 + 157.3 + 6.875 + 55 + 44 + 282.2 = 998.025$ 工·班

4) 工人劳动生产率。

整个矿房回收矿量为：30996t

则采矿工劳动生产率为：30996/998.025 = 31.06t/（工·班）

（4）矿房回采技术经济表（表2.26）。

表2.26　矿房回采技术经济表

序　号	项　目	单　位	指　标
1	矿房采出矿石量	t	30996
2	矿房回采时间	d	153
3	矿房的平均生产能力	t/d	203
4	矿房回采采切比	m/kt	5.60
5	矿房的采切费用	元/t	2.22
6	凿岩工劳动生产率	t/d	78.9
7	采矿工劳动生产率	t/d	31.06
8	每吨矿石的直接成本	元	12.53

2.3.9　优缺点

（1）优点。

结构简单，管理方便，所用设备比较简单，工艺不复杂，工人容易掌握。另外该方法可利用矿石自重放矿，采准工程量小。

（2）缺点。

开采中厚以上矿体，矿柱矿量损失贫化大，工人在较大暴露面下作业，安全性差，平场工作繁重，难于实现机械化；积压大量矿石，影响资金周转。

2.4　上向水平分层充填法

2.4.1　结构参数确定

矿体平均厚度5m，属于中厚矿体，矿房沿走向布置。参考解世俊主编《金属矿床地下开采》第四篇第十七章第三节上向水平分层充填采矿法。结构参数确定如下：

（1）矿房长度。

参考《金属矿床地下开采方法课程设计指导书》第3章3.1.1节表3.1采矿方法采区长度参考值表，矿房沿走向布置的长度，一般为30~60m，适用于该矿体条件取矿房长为60m。

（2）矿块宽度。

该矿体平均厚5m，取矿块宽度为5m。

（3）间柱宽度。

上向水平分层充填采矿法一般将矿块分为矿房和矿柱，第一步骤回采矿房，第二步骤回采矿柱，矿房与矿柱之间不进行明显划分。该矿块厚5m，矿岩稳固，确定不留矿柱。

（4）分段高度和分层高度。

50m的阶段，底柱5m，划分为3个分段，分段高度15m；每个分段划分为5个分层，分层高度3m。

2.4.2　底部结构类型与尺寸

（1）底部结构类型。

底部结构采用铲运机出矿平底结构。

矿山年产能 15 万吨，参考表 2.2，选择 2m³ 的电动铲运机，运输距离 100m。

2m³ 的铲运机长 6.5m，宽 1.55m，高 1.45m，最大转弯半径 4.7m，因此，采用 2.8m ×2.8m 的巷道，转弯半径为 5m。

（2）底部结构尺寸确定。

为了使铲运机顺利装矿，装矿巷道的长度应大于下面三项长度之和：

1）由矿石自然安息角确定的矿堆所占长度，一般为 2m；

2）铲运机装矿时，需要的行走加速长度，一般为 1.0 ~ 1.8m；

3）铲运机的转弯半径，$R = 5m$。

根据以上三项参数的长度要求，出矿穿脉长度应大于 8m，结合该采矿方法技术特点，确定出矿穿脉长度为 45m。

2.4.3　采切工程位置与尺寸

（1）采准工程。

上向水平分层充填法的采准工程包括：阶段运输巷道、分段运输巷道、溜井、充填井分段联络斜坡道、进路等。

1）阶段运输巷道。

阶段运输采用电机车运输，选取单一下盘沿脉运输布置形式。

巷道断面 3m×3m，采用三心拱断面，拱高 $f = B/3$，$h_1 = 3 - f = 2$。根据井巷断面掘进及支护工程量计算表：

净断面：$S = B(h_1 + 0.263B) = 3 \times (2 + 0.263 \times 3) = 8.38m^2$

掘进断面面积计算：支护厚度为 T，采用喷锚支护，支护厚度选择参照《金属矿床地下开采方法课程设计指导书》第 3 章 3.3.2 节表 3.13 混凝土料石墙支护厚度统计表，选择支护厚度为 150mm。

掘进宽度：$B_1 = B_0 + 2T = 3 + 0.3 = 3.3m$

掘进面积：$S = B_1h_3 + 0.262B_0^2 + (1.33B_0 + 1.55d_0)d_0 = 3.3 \times 2 + 0.262 \times 3^2 + (1.33 \times 3 + 1.55 \times 0.15) \times 0.15 = 9.59m^2$

2）分段运输巷道。

运输采用 2m³ 铲运机无轨运输，设备工作巷道断面 2.8m×2.8m，采用三心拱断面，拱高 $f = B/3$，$h_1 = 2.8 - f = 1.867m$。根据井巷断面掘进及支护工程量计算表：

净断面：$S = B(h_1 + 0.263B) = 2.8 \times (1.867 + 0.262 \times 2.8) = 7.28m^2$

掘进断面面积计算：支护厚度为 T，采用喷锚支护，支护厚度选择参照《金属矿床地下开采方法课程设计指导书》第 3 章 3.3.2 节表 3.13 混凝土料石墙支护厚度统计表，选择支护厚度为 150mm。

掘进宽度：$B_1 = B_0 + 2T = 2.8 + 0.3 = 3.1m$

掘进面积：$S = B_1h_3 + 0.262B_0^2 + (1.33B_0 + 1.55d_0)d_0 = 3.1 \times 1.867 + 0.262 \times 2.8^2 + (1.33 \times 2.8 + 1.55 \times 0.15) \times 0.15 = 8.44m^2$

3）溜井。

每个矿房布置一个溜井，溜井布置在进路一侧，溜井断面 2m×2m，不支护。掘进断面 = 净断面面积 4m²。

4）充填井。

充填井尺寸 $2m \times 2m$，不支护。

5）分段联络斜坡道。

分段联络斜坡道联通上下分段，断面 $2.8m \times 2.8m$，坡度 15%，距下盘 60m 脉外折返布置，不支护。

6）进路。

进路尺寸 $2.8m \times 2.8m$。

（2）切割工程。

1）沿矿房中心线掘进路，并沿进路垂直矿体走向施工切割巷道，巷道断面矩形，尺寸 $3m \times 3m$，不支护，净断面等于掘进断面面积 $9m^2$。

2）在矿体下盘，沿矿体走向垂直切割巷道再掘切割巷进行拉底，断面 $2m \times 2m$，不支护，掘进断面面积 $4m^2$。

2.4.4　采矿方法三视图

上向水平分层充填采矿法三视图参见附图（4）。

2.4.5　贫损指标

回采设计前无法准确统计出所用方法施工后的采切指标，但是为了从理论上得到可采出的矿量以及矿岩总量，从而与工业储量进行对比，并进一步得到理论意义上的采切参数，需要借助类比法，类比条件相似的矿山采用相同方法时，统计获得的贫损指标。参照《金属矿床地下开采方法课程设计指导书》第 2 章 2.4.2 节表 2.24、表 2.25 损失、贫化推荐指标表，得到上向水平分层充填法开采急倾斜薄到中厚矿体矿房回采时的损失率为 5%，贫化率为 6%；矿柱回采时损失率为 10%，贫化率为 8%。

2.4.6　采准系数及采准工程量

（1）设计矿块的矿量计算。

矿块长 60m、宽 5m、阶段高 50m，则设计矿量为：$T = 60 \times 50 \times 5 \times 2.8 = 42000t$

其中底柱高 5m，底柱矿量为：$T = 60 \times 5 \times 5 \times 2.8 = 4200t$

矿房矿量为：$42000 - 4200 = 37800t$

预计能回采矿石量 T 为：

矿房：$T_1 = 37800 \times (1 - 5\%) / (1 - 6\%) = 38202t$

矿柱：$T_2 = 4200 \times (1 - 10\%) / (1 - 8\%) = 4108.7t$

预计采出矿石量为：$38202 + 4108.7 = 42310.7t$

（2）采切工程统计如表 2.27 所示。

表 2.27　采准切割工程量及出矿量统计表

工作阶段及项目名称		巷道数目/个	巷道长度/m					巷道断面面积/m²	体积/m³			工业储量/t	采出矿量/t	采出矿岩总量/t
			矿石中		岩石中		合计		矿石中	岩石中	总计			
			单长	总长	单长	总长	总长							
采准	（1）阶段运输巷道	1			60	60	60	9.59		575.4	575.4			1726.2
	（2）溜井	1			62	62	62	4		248	248			744
	（3）溜井联络巷道	4			4	16	16	8.44		135.04	135.04			405.12
	（4）分段沿脉巷道	3			60	180	180	8.44		1519.2	1519.2			4557.6

工作阶段及项目名称		巷道数目/个	巷道长度/m					巷道断面面积/m²	体积/m³			工业储量/t	采出矿量/t	采出矿岩总量/t
			矿石中		岩石中		合计		矿石中	岩石中	总计			
			单长	总长	单长	总长	总长							
采准	(5) 出矿穿脉（进路）	4			45	180	180	8.44		1519.2	1519.2			4557.6
	(6) 斜坡道	1/9			400	400	400	44.4	8.44	374.74	374.74			1124.2
	(7) 斜坡道联络巷	4			10	40	40	8.44		337.6	337.6			1012.8
	(8) 凿岩巷道	1	5	5			5	9	45		45	126	126	126
	小计						587.4		45	4709.2	4754.2	126	126	14254
切割	(9) 切割巷	1	60	60			60	4	240		240	672	672	672
	小计	1		60			60		240		240	672	672	672
	采切合计						647.4		285	4709.2	4994.2	798	798	14926
回采	(1) 矿房								13500		13500	37800	38202	38202
	(2) 矿柱								1500		1500	4200	4108.7	4108.7
	小计								15000		15000	42000	42310.7	42310.7
矿块合计									15000	4709.2	19994.2	42798	43108.7	57236.7

矿房回采时采切系数计算如下：

采切比（用长度表示）（表 2.28）：$(647.4/57236.7) \times 1000 = 11.31 \text{m/kt}$

采切比（用体积表示）（表 2.28）：$(4994.2/57236.7) \times 1000 = 87.3 \text{m}^3/\text{kt}$

采出工业储量：$\sum T' = 798 + 37800 \times 95\% + 4200 \times 90\% = 40488(\text{t})$

矿块的回采率：$H_k = \dfrac{\sum T'}{\sum Q} = \dfrac{40488}{42798} \times 100\% = 94.6\%$ （理论计算）

矿块的贫化率：$P = \dfrac{\sum T' - \sum T}{\sum T} = \dfrac{43108.7 - 40488}{43108.7} \times 100\% = 6.1\%$ （理论计算）

采准工作比重为：$285 \times (2.8/57236.7) \times 100\% = 1.39\%$

说明采切工作基本都位于岩石中。由于下盘岩石稳固性较差，应加强支护。

表 2.28　千吨采切比计算结果

指标名称		计算值		修正系数	修正后值	
		用长度表示/m·kt⁻¹	用体积表示/m³·kt⁻¹		用长度表示/m·kt⁻¹	用体积表示/m³·kt⁻¹
千吨采切比 $K_{采切}$		11.31	87.3	1.15	13.01	100.40
其中	千吨采准比 $K_采$	10.26	83.2	1.15	11.80	95.68
	千吨切割比 $K_切$	1.05	4.1	1.15	1.21	4.72

（3）采切工程费用统计如表 2.29 所示。

表 2.29　采切工程费用统计表

工作阶段	巷道名称	计算单位	工程量	采切费用/元								合计
				掘进费		支护费		铺轨架线费		装格费		
				单价	费用	单价	费用	单价	费用	单价	费用	
一、采准	阶段运输巷道	m³	575.4	26	14960.4	23	13234.2					
	溜井		248	32	7936	10	2480					
	溜井联络巷道		135.04	26	3511.04	23	3105.9					
	分段沿脉巷道		1519.2	26	39499.2	23	34941.6					
	出矿穿脉（进路）		1519.2	26	39499.2	23	34941.6					
	斜坡道		374.74	26	9743.24	23	8619.02					
	斜坡道联络巷		337.6	26	8777.6	7	2363.2					
	凿岩巷道		45	26	1170	7	315					
	小计				125097		100001					225098
二、切割	切割巷	m³	240	26	6240							
	小计				6240							6240
	合计				131337		100001					231338

则矿房回采的采切费用为：$C = \dfrac{T}{Q}K = \dfrac{231338}{57236.7} \times 1.15 = 4.65$ 元/t

2.4.7　采切设计

2.4.7.1　采准设计

参照附图（4）上向水平分层充填法三视图，采准工作首先从阶段运输斜坡道掘进联络道联通各个分段运输平巷，方便行驶无轨设备、无轨车辆（运送人员、设备和材料），在分段运输平巷中掘进 45m 出矿穿脉。沿矿体上盘开凿 2m×2m 充填井用于充填。在出矿穿脉的一侧向下开凿 2m×2m 溜井用于溜矿。

2.4.7.2　切割设计

采准工程布置完毕后，沿矿房中心线掘 5m 进路，并沿进路垂直矿体走向施工 30m 切割巷道。在切割巷道中采用 7655 型浅孔钻机钻凿水平平行浅孔，孔径 42mm，孔深 2m，排距 0.8m，共布置炮孔两排，每排 60 个炮孔，填塞长度取 0.5m，以切割巷道和进路为自由面进行最下面分层的拉底工作，完成切割工程施工。

2.4.8　回采设计

2.4.8.1　工艺过程

上向水平分层充填法的回采工作包括：凿岩、装药、爆破、通风、撬顶、运搬。矿石回采采用上向浅孔落矿，回采分层高为 3m。回采矿房时，自下向上分层进行。随工作面向上推进，采用 1∶20 灰砂比逐层充填采空区，并留出继续上采的工作空间。充填体维护两帮围岩，并作为上采的工作平台，充填完毕，铺设 0.5m 厚的混凝土假底。崩落的矿石落在充填体上，用铲运机将矿石运至溜井中。矿房回采到最上分层时，上挑完成上一阶段底柱的回采，然后进行接顶充填。

2.4.8.2　凿岩

上向水平分层充填法的凿岩方式有上向孔和水平孔，回采过程采用 7655 打上向炮孔。布置 2 台凿岩机，配置 3 个工人，三班工作制，配置工人 9 人。

上向水平分层充填法的工作面形式有直线式和梯段式。本方法采用梯段式布置。整个采场设置为两个梯段，梯段长为 30m，宽为矿体厚度 5m，梯段高为 1.5m。首先进行下梯段凿岩工作，然后进行下梯段的爆破通风作业。待下梯段开采完毕后，在平场后的渣堆上进行上梯段凿岩工作，同时进行下梯段的出矿工作。待上梯段爆破通风后，统一集中出矿。

炮孔平行排列，炮孔深度为 1.8m，炮孔超深 0.1m，单孔长为 1.9m，孔间距 $a = 0.8m$，排间距 $W = 1m$，炮孔倾角 75°前倾。每次爆破，布置炮孔 60 排，每排 5 个炮孔，总计 300 个炮孔，总长 570m。炮孔布置见图 2.8。

每次凿岩爆破后爆下矿石量为 T_1：

$$T_1 = V \times \rho = 60 \times 5 \times 1.5 \times 2.8 = 1260t$$

一个分层爆下矿石量为 T_2：

$$T_2 = 1260 \times 2 = 2520t$$

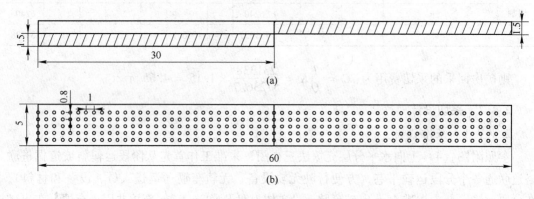

图 2.8　炮孔布置图

(a) 炮孔布置示意图；(b) 炮孔布置平面图

(1) 每米炮孔的崩矿量。

1) 经验公式法。

$W = 1m$，$a = 0.8m$，$\eta_0 = 0.9$；$\gamma = 2.8t/m^3$，$k = 5\%$，$\gamma_1 = 6\%$，根据式 (2.1) 得：

$q = 1 \times 0.8 \times 0.9 \times 2.8 \times (1 - 5\%)/(1 - 6\%) = 2.04t/m$

2) 平均崩矿量法。

凿岩完毕的崩矿量：1260t

炮孔总长：570m

则每米炮孔崩矿量为：$1260/570 = 2.21t/m$

(2) 凿岩所需时间。

1) 一个工作循环的凿岩时间。

由于充填工作在一个分层回采结束后进行，故一个工作循环为整个分层回采时间。

7655 的凿岩效率为：35m/(台·班)

则所需要的凿岩时间 Z 为：

$$Z = 570 \times 2/35 = 32.57 \text{ 台·班}$$

采场长 60m，每个分层分两次回采，每次回采有两个作业区域，均可单独作业，故设置凿岩机台数为 2 台，需要 3 个凿岩工。一个工作循环的凿岩时间为：

$$T = Z/n = 32.57/2 = 16.28 \text{ 班}$$

2）矿房的凿岩时间。

每个分层高度为 3m，整个矿房落矿需要 15 个分层。

凿岩共需要：$15 \times 16.28 = 244.2$ 班，合计 81.4 天。

3）底柱的凿岩时间。

底柱厚 5m，长 60m，宽 5m，根据一次循环所需的凿岩台班数可计算出底柱所需的凿岩台班数：$16.28 \times 5/3 = 27.1$ 班，合计 9 天。

4）一个矿块的凿岩时间。

一个矿块的凿岩时间为矿房、矿柱凿岩时间之和：$244.2 + 27.1 = 271.3$ 班，合计 90.4 天。

（3）凿岩工劳动生产率。

凿岩工的劳动生产率为：

$$\eta_0 = Q/(Zn) = 2520/(16.28 \times 3/2) = 103.2 \text{t}/(\text{工·班})$$

2.4.8.3　爆破

每个炮孔深度 1.8m，炮孔直径 42mm，采用药卷直径为 32mm，2 号岩石铵油炸药，人工装药。采用非电导爆管孔口起爆，为了保证起爆可靠，每孔放置 2 个非电导爆管。炮孔平均装药系数为 0.8；2 号岩石铵油炸药密度取 0.8g/cm^3。

（1）每米炮孔装药量计算。

$$Q = S \times \rho = \pi \times \left(\frac{32}{2} \times 10^{-3}\right)^2 \times 1 \times 0.8 \times 10^3 = 0.64 \text{kg}$$

根据类似矿山的经验炮孔填塞长度取 0.4m。

装药长度为：$1.9 - 0.4 = 1.5$m

炮孔装药总长度为：$1.5 \times 300 \times 2 = 900$m

所需炸药为：

$$900 \times 0.64 = 576 \text{kg}$$

考虑到炸药的消耗，消耗比率取 15%，则需要炸药为：

$$576 \times 1.15 = 662.4 \text{kg}$$

（2）非电导爆管数量。

每分层落矿炮孔为 $300 \times 2 = 600$ 个，每孔 2 个雷管，共需要雷管数目：

$$600 \times 2 = 1200 \text{ 发}$$

（3）炸药单耗计算。

每循环爆破矿量为：$1260 \times 2 = 2520$t，消耗炸药 662.4kg，则炸药单耗为：

$$662.4/2520 = 0.263 \text{kg/t}$$

参考类似矿山，该值比较合理。

（4）装药时间计算。

1）每循环工作时间。

按照 100kg 炸药需要 1 名爆破工的配置，662.4kg 约需要 6 名爆破工，由于分两次爆破故只需 3 名爆破工。考虑凿岩工 3 名，配置 2 名专职爆破工。12 个小时进行采场装药、连线、爆破及通风工作。

2）整个矿块爆破时间。

整个矿块总共包含 15 个工作循环和底柱爆破，其中底柱爆破设计为二次爆破，第一次安排 12 个小时进行采场装药、连线、爆破及通风，第二次安排 6 个小时，合计需要 15 × 12 + 12 + 6 = 198 小时，约 24.75 个班。

（5）二次爆破。

岩石坚固性系数 $f = 8 \sim 12$，二次破碎的炸药单耗根据表 2.9，选择为正常爆破单耗 q 的 30%，所需炸药为：

二次破碎单耗为：$0.33 \times 0.3 = 0.10 \text{kg/t}$

二次破碎所需要药量为：$662.4 \times 0.3 = 198.72 \text{kg}$

二次破碎在采场内进行。工作时间为 2 班。二次破碎不单独设置工人，由凿岩工完成。

（6）每个循环所需炸药总量。

$$T = \text{爆破用药} + \text{二次爆破用药} = 198.72 + 662.4 = 861.12 \text{kg}$$

2.4.8.4 运搬

（1）铲运机的台班生产能力。

铲运机采用 $G = 2 \text{m}^3$ 电动铲运机，铲运机出矿平均运距 L 取 50m；铲车运行在碎石路面，运行速度 v 为 5km/h；矿石的松散系数 η 取 1.4，则矿石的松散密度 $\gamma = 2.8/1.4 = 2 \text{t/m}^3$。铲斗的满斗系数为 0.8，每班的法定工作时间为 8h，班内铲运机的设备完好率 q_1 为 0.5，工时利用率 q_2 为 0.5。上向水平分层充填法属定点装矿，装载时间 $t_1 = 20 \text{s}$，卸载时间 $t_2 = 20 \text{s}$，掉头时间 $t_3 = 40 \text{s}$，其他影响时间 $t_4 = 20 \text{s}$；空重车运行时间 $t_5 = 2 \times 50 \times 3.6/5 = 72 \text{s}$，则铲运机台班生产能力的计算根据式（2.2）得：

$$Q_b = 2 \times 0.8 \times 2 \times 8 \times 0.5 \times 0.5 \times \frac{3600}{20 + 20 + 40 + 20 + 72} = 134 \text{t/(台·班)}$$

（2）每循环的运搬时间。

每循环运搬矿量 2520t，则

$$T = Q/Q_b = 2520/134 = 18.8 \text{台·班}$$

每台铲运机一般每班配备驾驶员 2 人。

（3）矿房回采的运搬时间。

矿房矿量为：$60 \times 5 \times 50 \times 2.8 = 42000 \text{t}$

$$T = 42000/134 = 313.4 \text{班}$$

2.4.8.5 采场通风

浅孔落矿通风时间一般选择 1200 ~ 2400s，本次选择 1800s，两次爆破合计 1h。

2.4.8.6 平场撬顶

上向水平分层充填法的地压管理工作是派出维修工对采场范围内的巷道、人行道、采场顶板进行管理，包括洒水、撬顶、平场工作，由 3 名工人在 1 个班完成。

2.4.8.7 充填

（1）充填材料。

根据采矿方法对充填工艺的要求，类比同类矿山，设计采用灰砂比 1:4 的胶结充填。初步确定充填料浆的浓度为 70%。

（2）充填材料量计算。

充填料浆日平均需用量按下式计算：

$$Q = \frac{W_{矿} \times \delta_1 \times K_1 \times K_2}{\gamma_{矿}} \tag{2.5}$$

式中 Q——日平均充填量，m^3；

$\quad W_{矿}$——每日原矿产量，$W_{矿} = 500t$；

$\quad \gamma_{矿}$——矿石密度，$\gamma_{矿} = 2.70t/m^3$；

$\quad \delta_1$——采充比，取 1.0；

$\quad K_1$——充填体沉降系数，取 1.1；

$\quad K_2$——流失系数，取 1.05。

按式（2.5）计算：

$$Q = 209 m^3/d$$

充填材料消耗量见表 2.30。

表 2.30　充填材料消耗量

项　目	单　位	数　量	项　目	单　位	数　量
水泥	t/d	19.20	尾砂密度	t/m³	2.7
尾砂	t/d	279.44	矿石密度	t/m³	2.76
水	t/d	99.55	日生产能力	t/d	500
水泥	t/a	6337	年工作日	d	330
尾砂	t/a	92216	日充填体积	m³/d	181
水	t/a	32851	日充填料浆量	m³/d	209

为了减少废石的提升费用，应尽量将掘进废石回填到采场内，减少废石出坑。

（3）充填系统工作能力。

充填系统采用年工作 330 天，每天 1 班，每班 6h 工作制，充填料浆日平均需用量 $Q = 209 m^3/d$，一次最大充填量 $Q_{最大} = 2.0 \times Q = 418 m^3/d$。系统工作能力为 35 ~ 70 m^3/h。

（4）一个循环充填时间。

一个循环需要充填量：$60 \times 5 \times 3 = 900 m^3$

一个循环所需的充填时间（按最大充填量计算）：900/70 = 12.85h，即 1.6 个班。

整个矿房充填时间为矿房和矿柱充填时间之和：$15 \times 1.6 + 1.6 \times 5/3 = 26.7$ 班

（5）充填工作。

出矿完后，将设备移出采场，顺路架设人行滤水井和溜矿井，在分层运输巷道口架设充填挡墙，在采场铺设充填管路，由两名工人在 2 个班完成。

以充填井为中心，采用前进式充填，一次充填到设计高度，充填需要一名工人在 1.6 个班完成。充填后养护一个班即可进行下一分层凿岩工作。

则一次充填平均需要：$2 + 1.6 + 1 = 4.6$ 班

2.4.8.8 回采工作组织及回采循环图表

根据以上分析，一个循环的工序时间安排如表 2.31 所示。

表 2.31　工作循环组织时间表

序　号	工序名称	工人数量	时　间		工班数
			班	小时	
1	凿岩	3	16.28	130.24	
2	爆破	2	1.5	12	
3	通风		0.125	1	
4	出矿	2	18.8	150.4	
5	二次爆破		2	16	
5	地压管理（支护、平场、撬顶）	3	1	8	
6	充填	2	4.6	36.8	

一个工作循环的工作安排如图 2.9 所示。

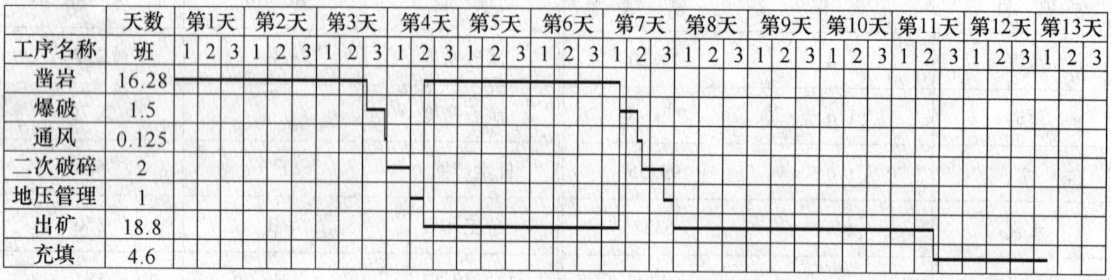

工序名称	天数班	第1天			第2天			第3天			第4天			第5天			第6天			第7天			第8天			第9天			第10天			第11天			第12天			第13天		
		1	2	3	1	2	3	1	2	3	1	2	3	1	2	3	1	2	3	1	2	3	1	2	3	1	2	3	1	2	3	1	2	3	1	2	3	1	2	3
凿岩	16.28																																							
爆破	1.5																																							
通风	0.125																																							
二次破碎	2																																							
地压管理	1																																							
出矿	18.8																																							
充填	4.6																																							

图 2.9　回采工艺循环图

从采场工作循环图表可以看出，

一个工作循环时间为 12.05 天（这里需注意，一个循环当中第二次凿岩与出矿是同时进行的）。

整个矿块的回采时间为：$12.05 \times 15 + 12.05 \times 5/3 = 200.8$ 天

2.4.8.9 采矿方法技术经济指标计算

（1）生产能力计算。

采出矿石量为 2520t，时间为 12.05 天，则生产能力为：

$$A = Q/T = 2520/12.05 = 209 \text{t/d}$$

（2）矿石开采的直接成本。

1）每吨矿石的材料消耗计算。

根据爆破设计统计的炸药、雷管、导爆索等的消耗；其中钻头、钎杆、木材等消耗量，设计阶段无法直接获得，可以根据采矿设计手册或文献检索后，获得类似矿山大概的消耗，统计出每吨矿石的材料消耗与费用，见表 2.32。

表 2.32　每吨矿石材料消耗与费用

序号	材料名称	计算单位	材料消耗		单价/元	材料费/元	备注
			一个循环	1t 矿石			
1	炸药	kg	861.12	0.34	10	3.4	
2	雷管	个	1200	0.48	5	2.4	
3	导爆索	m					
4	钻头	个		0.0002	43	0.009	根据岩石坚固性系数 f、节理发育程度，参照类似矿山选择，或通过实际矿山统计资料获得
5	钎杆	kg		0.1	8.52	0.85	
6	木材	m³		0.003	1569	4.70	
7	未计入材料费的其他费用：占全部费用的15%					1.70	
合　计						13.06	

2）每吨矿石的燃料动力消耗计算。

矿山开采过程中，采用凿岩与运搬设备的动力消耗的费用，根据《冶金工业矿山建设工程预算定额》，估算出每吨矿石的燃料动力消耗值，如表 2.33 所示。

表 2.33　每吨矿石燃料动力消耗值

序号	设备名称	燃料动力费用/元·(台·班)⁻¹	消耗量/元		备注
			一个循环	1t 矿石	
1	7655	133.44	4344.8	1.72	
2	2m³ 柴油铲运机	137.27	2580.7	1.02	
合　计				2.74	

3）每吨矿石的工人工资计算。

冶金矿山工资费用总额，根据各工序所需的工班数目与人工工日费用获得，如表 2.34 所示。标准参照《冶金工业矿山建设工程预算定额》。

表 2.34　工资费用表

序号	工种	人数	每循环工作时间/班	每循环需要工班数/工·班	人工工日/d	费用/元	备注
1	凿岩工	3	16.28	48.84	48	2344.32	
2	爆破工	2	1.5	3.0	48	144	
3	铲车司机	2	18.8	37.6	48	1804.8	
4	修理工	2	0.0625	0.125	48	6	
5	杂工	3	1	3	48	144	
6	充填工	2	4.6	9.2	48	441.6	
合　计						4884.72	
人工成本						1.94	出矿量：2520t

每吨矿石的直接成本为：13.06 + 2.74 + 1.94 = 17.74 元

（3）工人劳动生产率计算。

整个矿房包含 10 个工作循环和底柱回采。

1）1 个工作循环。

3 名凿岩工，工作 16. 28 个班。凿岩工的工班数为：16. 28 ×3 =48. 84 工·班

2 名爆破工，爆破工的工班数为：1. 5 ×2 =3 工·班

2 名铲车司机，工班数目为 18. 8 ×2 =37. 6 工·班

2 个修理工，工班数目为 0. 0625 ×2 =0. 125 工·班

3 个杂工，工班数目为 1 ×3 =3 工·班

2 个充填工，工班数目为 4. 6 ×2 =9. 2 工·班

每个循环需要工班数位：48. 84 +3 +37. 6 +0. 125 +3 +9. 2 =101. 765 工·班

2）整个矿块。

需要的工班数目为：

凿岩工：48. 84 ×15 +48. 84 ×5/3 =814 工·班

爆破工：3 ×15 +3 ×5/3 =50 工·班

铲车司机：37. 6 ×15 +37. 6 ×5/3 =626. 7 工·班

修理工：0. 125 ×15 +0. 125 ×5/3 =2. 08 工·班

杂工：3 ×15 +3 ×5/3 =50 工·班

充填工：9. 2 ×15 +9. 2 ×5/3 =153. 3 工·班

整个矿房所需工班数目为：

814 +50 +626. 7 +2. 08 +50 +153. 3 =1696. 38 =1969. 08 工·班

3）工人的劳动生产率。

整个矿块回收矿量为：42000t

则采矿工劳动生产率为：42000/1696 =24. 76t/（工·班）

（4）矿房回采技术经济表（表 2. 35）。

表 2. 35　水平分层充填法矿房回采技术经济表

序　号	项　目	单　位	指　标
1	矿房采出矿石量	t	42000
2	矿房回采时间	d	200. 8
3	矿房的平均生产能力	t/d	209
4	矿房回采采切比	m/kt	11. 31
5	矿房的采切费用	元/t	4. 65
6	凿岩工劳动生产率	t/d	103. 2
7	采矿工劳动生产率	t/d	24. 76
8	每吨矿石的直接成本	元	17. 74

2. 4. 9　优缺点

（1）优点。

矿石损失贫化小，应用水力充填和胶结充填技术，以及回采工作使用无轨自行设备，使普通充填采矿法提高到新的水平，进入高效率采矿方法行列，使用范围不断扩大，而且有进一步发展的趋势。

（2）缺点。

传统充填采矿法效率低下，劳动强度大，采用水力充填时，充填费用占采矿直接成本的 15% ~25%，采用胶结充填时则占 35% ~50%。我国一般先用胶结充填回采矿房，然后

用水力充填回采间柱，这使充填系统和生产管理复杂化，顶底柱回采困难。

2.5　采矿方法优选

2.5.1　采矿方法综合比较表

采矿方法综合比较见表 2.36。

表 2.36　采矿方法综合比较表

采矿方法 技术经济指标	分段矿房法	浅孔留矿法	上向水平分层充填法
矿房（块）采出矿石量/t	8400	30996	42000
矿房回采时间/d	24	153	200.8
矿房的平均生产能力/t·d^{-1}	350	203	209
矿房回采切比/m·kt^{-1}	18.08	5.60	11.31
矿房的采切费用/元·t^{-1}	13.58	2.22	4.65
凿岩工劳动生产率/t·d^{-1}	92.9	78.9	103.2
采矿工劳动生产率/t·d^{-1}	30.2	31.06	24.76
每吨矿石的直接成本/元	22.09	12.53	17.74

对比以上三种方法，浅孔留矿法矿房回采采切比、矿房的采切费用以及每吨矿石的直接成本均最低，从成本考虑，选择该方法最优，但综合考虑矿房生产能力，凿岩工、采矿工的劳动生产率，无法定量判断选用哪一种采矿方法，因此继续下一步定量分析确定采矿方法。

2.5.2　关联矩阵法

关联矩阵法是常用的系统综合评价法，它主要是用矩阵的形式来表示各替代方案有关评价指标及其重要度与方案关于具体指标的价值评定量之间的关系。

使用该方法进行采矿方法优选时确定备选采矿方法为评价对象，分别取为 A_1，A_2，$\cdots$，A_m；确定采矿方法方案评价指标为评价项目，分别取为 X_1，X_2，$\cdots$，X_n。W_1，W_2，$\cdots$，W_n 是 n 个评价项目的权重；V_{i2}，V_{i1}，$\cdots$，V_{in} 是备选采矿方法 A_i 关于 $X_j(j=1-n)$ 的指标的价值评定量。其关联矩阵表示如表 2.37 所示。

表 2.37　采矿方法优选关联矩阵表

A_i	X_j	X_1	X_2	$\cdots$	X_j	$\cdots$	X_n	V_i
	W_j	W_1	W_2	$\cdots$	W_j	$\cdots$	W_n	（加权和）
A_1		V_{11}	V_{12}	$\cdots$	V_{1j}	$\cdots$	V_{1n}	$V_1 = \sum_{j=1}^{n} W_j V_{1j}$
A_2	V_{ij}	V_{21}	V_{22}	$\cdots$	V_{2j}	$\cdots$	V_{2n}	$V_2 = \sum_{j=1}^{n} W_j V_{2j}$
$\vdots$		$\vdots$	$\vdots$	$\vdots$	$\vdots$	$\vdots$	$\vdots$	$\vdots$
A_m		V_{m1}	V_{m2}	$\cdots$	V_{mj}	$\cdots$	V_{mn}	$V_m = \sum_{j=1}^{n} W_j V_{mj}$

具体实施步骤：

（1）评价指标的权重 W_j。

1）确定评价指标的重要度 R_j。

采用 5 级标度法确定各评价指标的重要等级 P_j，$P = [1, 2, 3, 4, 5]$，数值越大，重要性越高，然后按下式自上而下计算 R_j。

$$R_j = \begin{cases} P_j - P_{j+1}, P_j > P_{j+1} \\ \dfrac{1}{P_j - P_{j+1}}, P_j \leq P_{j+1} \end{cases} \quad (j = 1, 2, \cdots, n-1) \quad (2.6)$$

2）对 R_j 进行基准化处理。

以最后一个评价指标为基准，令 $K_n = 1$，然后自上而下按下式计算其他评价指标的基准化处理结果 K_j。

$$K_j = K_{j+1} R_j \ (j = n-1, n-2, \cdots, 1) \quad (2.7)$$

3）计算评价指标的权重 W_j。

按下式对 K_j 进行归一化处理，得到评价指标的权重 W_j。

$$W_j = \frac{K_j}{\sum\limits_{j=1}^{n} K_j} \quad (j = 1, 2, \cdots, n) \quad (2.8)$$

（2）确定方案关于各评价指标的价值评定量 V_{ij}。

对各可选方案进行评价，分别计算方案 A_i 在评价指标 X_j 下的重要度 R_{ij}，不需再予以估计，可按照各替代方案的预计结果按比例计算得到结果。同理，对 K_{ij} 结果和评价指标的价值评定量 V_{ij} 进行基准化处理。

$$K_{ij} = K_{ij+1} R_{ij} \quad (i = 1, 2, \cdots, m; j = n-1, n-2, \cdots, 1) \quad (2.9)$$

按下式对 K_{ij} 进行归一化处理，得各评价指标的评定量 V_{ij}。

$$V_{ij} = \frac{K_{ij}}{\sum\limits_{j=1}^{n} K_{ij}} \quad (i = 1, 2, \cdots, m; j = 1, 2, \cdots, n) \quad (2.10)$$

（3）确定各方案关于评价系统的综合评价值 V_i。

对各评价方案的综合评价值 V_i 按下式进行计算：

$$V_i = \sum\limits_{j=1}^{n} W_j V_{ij} \quad (i = 1, 2, \cdots, m) \quad (2.11)$$

（4）最优采矿方法确定。

1）采矿方法方案评价指标。

根据初选的三个方案，分段矿房法（A_1）、浅孔留矿法（A_2）和上向水平分层充填法（A_3），结合采矿方法优选指标体系（经济类、技术类和社会类指标）进行评价。选取采场的生产能力（X_1）、矿石损失率（X_2）、矿石贫化率（X_3）、采切比（X_4）、生产作业安全性（X_5）、工艺复杂程度（X_6）、对矿体的适应程度（X_7）、通风条件（X_8）、环境友好程度（X_9）以及采矿方法机械化程度（X_{10}）等为评价指标，各方案的评价指标如表 2.38 所示。

表 2.38 采矿方法方案评价指标

项　目	单　位	方案 1	方案 2	方案 3
		分段矿房法	浅孔留矿法	上向水平分层充填法
采场生产能力	t/d	350	203	209
矿石损失率	%	11.2	17.6	5.4
矿石贫化率	%	9.3	11.6	6.1

续表 2.38

项　目	单　位	方案 1 分段矿房法	方案 2 浅孔留矿法	方案 3 上向水平分层充填法
千吨采切比	m/kt	18.08	5.60	11.31
矿房的采切费用	元/t	13.58	2.22	4.65
凿岩工劳动生产率	t/d	92.9	78.9	103.2
采矿工劳动生产率	t/d	30.2	31.06	24.76
每吨矿石的直接成本	元	22.09	12.53	17.74
生产作业安全性		较高	一般	高
工艺复杂程度		简单	较复杂	复杂
对矿体的适用程度		一般	好	差
通风条件		差	好	一般
环境友好程度		一般	一般	好
机械化程度		较高	一般	较高

2）评价指标的权重 W_j 的计算。

①利用 5 级标度法确定各指标的重要性等级，结合实际矿山情况和需求，以及开采不同类型矿石的评价指标的差异（如开采贵金属和稀有金属，回收率、贫化率和采矿成本往往是主要的；开采贫矿和低价矿，则回采成本和矿块生产能力往往是主要考虑因素），综合参考相关的研究成果，评价指标赋值结果如表 2.39 所示。

②计算各评价指标。

分别按式（2.6）、式（2.7）、式（2.8）计算各评价指标的 R_j、K_j、W_j，如 $R_1 = 1/(4-3+1) = 0.5$，同理计算其他评价指标 R_j，计算 K_j 及 W_j 填入表 2.39、表 2.40。

表 2.39　评价指标重要性表

重要性等级	评　价　指　标
5	采切比、对矿体的适应程度、每吨矿石的直接成本、矿房采切费用
4	通风条件、工艺复杂程度、凿岩（采矿）劳动生产率
3	矿石贫化率、矿石损失率
2	机械化程度、作业安全性
1	环境友好程度、采场生产能力

表 2.40　评价指标权重 W_j 计算表

指标编号	评价指标名称	指标的重要度 R_j	基准化结果 K_j	评价指标的权重 W_j
X_1	采场生产能力	0.667	0.267	0.034
X_2	矿石损失率	1.000	0.400	0.051
X_3	矿石贫化率	0.667	0.400	0.051
X_4	采切比	3.000	0.600	0.077
X_5	机械化程度	1.000	0.200	0.026
X_6	生产作业安全性	0.667	0.200	0.026
X_7	工艺复杂程度	0.500	0.300	0.039
X_8	对矿体的适应性	1.000	0.600	0.077
X_9	通风条件	3.000	0.600	0.077

续表 2-40

指标编号	评价指标名称	指标的重要度 R_j	基准化结果 K_j	评价指标的权重 W_j
X_{10}	环境友好程度	0.200	0.200	0.026
X_{11}	矿房的采切费用	1.000	1.000	0.129
X_{12}	凿岩工劳动生产率	1.000	1.000	0.129
X_{13}	采矿工劳动生产率	1.000	1.000	0.129
X_{14}	每吨矿石的直接成本		1	0.129
合　计			7.767	1.000

3）价值评定量 V_{ij} 计算。

① 评价指标重要度 R_{ij} 计算。

评价指标有些是定量的，如采场的生产能力、矿石的损失率、矿石贫化率、采切比等，有些指标是定性的，如生产作业的安全性、工艺的复杂程度、对矿体的适应性、机械化程度、社会类指标等都是对特定的环境情况，结合矿体赋存条件，对各方案进行定性描述。该方法对本次设计采矿方法的选择提供了科学的依据。综合分析，定量定性指标重要性见表 2.41。

表 2.41　定性指标重要性表

重要性等级	生产作业安全性	工艺复杂程度	对矿体的适应性	通风条件	环境友好程度	机械化程度
1	差	复杂	差	差	差	低
2	较差	较复杂	较差	较差	较差	较低
3	一般	一般	一般	一般	一般	一般
4	较高	较简单	较好	较好	较好	较高
5	高	简单	好	好	好	高

定量指标和定性指标重要度 R_{ij} 的计算方法是不同的。计算定量评价指标 R_{ij} 时，对于值越大越好的指标，方案 A_i 在指标 X_j 下的重要度 R_{ij} 可按表 2.42 中的平均指标按比例直接计算出来。如对采场的生产能力（X_1）的 R 值（R_{i1}），因 A_1 的平均采场生产能力为 350，A_2 的平均采场生产能力为 203，A_3 的平均采场生产能力为 209，则在表中 $R_{11} = 350/203 = 1.724$，$R_{12} = 203/209 = 0.971$，等等。反之，对于值越小越好的指标，如矿石损失率、矿石贫化率、采切比等用同样的方法计算后取倒数，如表 2.42 中矿石损失率重要度 $R_{21} = 1/(10.7/17.5) = 17.5/10.7 = 1.636$，其他同理计算即可，填入表中。对于定性指标计算，先按 5 级标度法对各指标的重要性进行赋值，如表 2.42 所示，然后计算 R_{ij}，结果见表 2.42。

②基准化结果 K_{ij} 计算。按式（2.9）进行基准化处理，计算得 K_{ij}，计算结果见表 2.42。

③评价指标价值定量 V_{ij} 计算。按式（2.10）计算评价价值评定量 V_{ij}，结果见表 2.42。

表 2.42　定性定量指标的重要性表

编号	评价项目名称	备选方案	R_{ij}	K_{ij}	V_{ij}
X_1	采场生产能力	A_1	1.724	1.674	0.459
		A_2	0.971	0.971	0.266
		A_3		1.000	0.275

编号	评价项目名称	备选方案	R_{ij}	K_{ij}	V_{ij}
X_2	矿石损失率	A_1	1.571	0.482	0.269
		A_2	0.307	0.307	0.172
		A_3		1.000	0.559
X_3	矿石贫化率	A_1	1.247	0.656	0.301
		A_2	0.526	0.526	0.241
		A_3		1.000	0.458
X_4	采切比	A_1	0.310	0.626	0.172
		A_2	2.020	2.020	0.554
		A_3		1.000	0.274
X_5	机械化程度	A_1	1.333	1.000	0.364
		A_2	0.750	0.750	0.272
		A_3		1.000	0.364
X_6	生产作业安全性	A_1	1.333	0.800	0.333
		A_2	0.600	0.600	0.250
		A_3		1.000	0.417
X_7	工艺复杂性	A_1	2.500	5.000	0.625
		A_2	2.000	2.000	0.25
		A_3		1.000	0.125
X_8	对矿体的适应性	A_1	0.600	3.000	0.333
		A_2	5.000	5.000	0.556
		A_3		1.000	0.111
X_9	通风条件	A_1	0.200	0.333	0.111
		A_2	1.667	1.667	0.556
		A_3		1.000	0.333
X_{10}	环境的友好程度	A_1	1.000	0.600	0.273
		A_2	0.600	0.600	0.273
		A_3		1.000	0.454
X_{11}	矿房的采切费用	A_1	0.164	0.344	0.100
		A_2	2.095	2.095	0.609
		A_3		1.000	0.291
X_{12}	凿岩工劳动生产率	A_1	1.177	0.900	0.338
		A_2	0.765	0.765	0.287
		A_3		1.000	0.375
X_{13}	采矿工劳动生产率	A_1	0.969	1.160	0.345
		A_2	1.197	1.197	0.357
		A_3		1.000	0.298
X_{14}	每吨矿石的直接成本	A_1	0.567	0.803	0.249
		A_2	1.416	1.416	0.440
		A_3		1.000	0.311

按式（2.11），运用关联矩阵表计算三个备选方案的综合评价值 V_i，结果如表 2.43 所示。

表 2.43　关联矩阵计算表

A_i	X_i	X_1	X_2	X_3	X_4	X_5	X_6	X_7	X_8	X_9	X_{10}	X_{11}	X_{12}	X_{13}	X_{14}	V_i
	W_j	0.034	0.051	0.051	0.077	0.026	0.026	0.039	0.077	0.077	0.026	0.129	0.129	0.129	0.129	
A_1		0.459	0.269	0.301	0.172	0.364	0.333	0.250	0.333	0.111	0.273	0.100	0.338	0.345	0.249	0.260
A_2	V_{ij}	0.266	0.172	0.241	0.554	0.272	0.250	0.625	0.556	0.556	0.273	0.639	0.287	0.357	0.440	0.422
A_3		0.275	0.559	0.458	0.274	0.364	0.417	0.125	0.111	0.333	0.454	0.291	0.375	0.298	0.311	0.318

从结果可以看出，第二种方案 A_2 对应的综合评价值 V_2 最大，因此可以确定浅孔留矿法适用于该矿体条件。

3　矿块施工设计

3.1　生产能力验证

根据以上设计，浅孔留矿法的产能为 282t/d。工作制度为：年生产 300 天，每天 3 班。

矿块参数见表 3.1。

表 3.1　矿块参数统计表

段高/m	矿块					
	矿房			矿柱		
	长/m	宽/m	高/m	间柱长/m	间柱高/m	顶柱高/m
50	52	5	47	3	3	3

从 +100m、+50m、+75m 中段平面图可得：

+100m 中段矿体长 500m，平均宽 5m，面积：$S_{+100} = 3150 \text{m}^2$

+75m 中段矿体长 500m，宽 8m，面积：$S_{+75} = 4547 \text{m}^2$

+50m 中段矿体长 500m，宽 5m，面积 $S_{+50} = 4429 \text{m}^2$

设计矿块沿走向布置，矿块长 60m、宽 5m、阶段高 50m。中段可布置有效矿块数目为：

$$N = 500/60 = 8 \text{ 个}$$

矿块利用系数取 $K = 0.5$，则中段有效矿块数目为 4 个。

一个中段的生产能力计算如下。

矿块式采矿方法阶段生产能力按下式计算。

$$A = \frac{N_1 q_1 + N_2 q_2}{1 - Z} \times K \times E \times t$$

式中　A——矿山年产量，t/a；

N_1——同时回采的有效矿房数，$N_1 = 4$；

N_2——同时回采的有效矿柱数，$N_2 = 0$；

q_1——矿房生产能力，《辽宁省沈阳市第二铜矿急倾斜中厚矿体采矿方法设计说明书》中表 2.25，$q_1 = 203 \text{t/d}$；

q_2——矿柱生产能力，t/d，可按矿房与矿柱储量比例均衡下降考虑，当矿柱矿量比例小于 20% 时，可忽略；

K——矿块利用系数，参考王运敏《现代采矿手册》，$K = 0.5$；

E——地质影响（差异）系数，一般取 0.7~0.9（指 C 级以上储量），$E = 0.8$；

Z——副产矿石率，一般取 15%~20%，$Z = 20\%$；

t——年工作天数，$t = 300 \text{d}$。

$$A = 300 \times 4 \times 0.5 \times 0.8 \times 282/(1 - 0.2) = 180000 \text{t}$$

因此，一个中段同时生产，其产能可达到 18 万吨/a。

3.2 矿块位置

试验采场布置于沿矿体走向方向位于 2 勘探线与 3 线之间，垂直方向位于 +50m 水平至 +100m 水平之间。试验采场的矿石量共计为：50400t；矿石容重：2.8t/m³；矿体倾角：70°~80°；矿体厚度：5m；矿体倾向：北；矿体走向：东西；矿石坚固性系数：$f = 8 \sim 10$，稳固；下盘围岩坚固性系数：$f = 8 \sim 12$，由于变质作用不够稳固；上盘围岩坚固性系数：$f = 8 \sim 10$，稳固；夹石情况：无。

3.3 矿块采准切割设计

关键点坐标如表3.2~表3.4所示、采切工程量如表3.5所示、试验采场主要采切工程布置如附图所示。

表 3.2 底板下盘运输巷道水平采切工程关键点坐标

序号	平面坐标		高程/m	平距/m	方向	坡度/‰	备注
	X	Y					
1	435.9711	554.9031	+50.00	2.50	90°00′00″	3.00	
B1	435.9711	557.4031	+50.01	7.20	90°00′00″	3.00	人行天井下口
A1	435.9711	564.6045	+50.04	1.56	90°00′00″	3.00	右侧通风天井下口
4	435.9711	566.1603	+50.04				
2	495.9711	554.9031	+50.18	9.70	90°00′00″	3.00	
C1	495.9711	564.6045	+50.20	5.68	90°00′00″	3.00	右侧通风天井下口
5	495.9711	570.2878	+50.22				
1	435.9711	554.9031	+50.00	2.50	90°00′00″	3.00	
3	441.9711	554.9031	+50.02	6.00	90°00′00″	3.00	
D1	441.9711	557.4031	+50.03				溜井下口

表 3.3 底板电耙巷道水平采切工程关键点坐标

序号	平面坐标		高程/m	平距/m	方向	坡度/‰	备注
	X	Y					
A2	435.9711	558.8052	+59.04	3.00	0°00′00″	3.00	左侧人行天井上口
1	438.9711	558.8052	+59.05	3.00	0°00′00″	3.00	电耙硐室
D2	441.9711	558.8052	+59.06	6.00	0°00′00″	3.00	漏斗上口
2	447.9711	558.8052	+59.08	6.00	0°00′00″	3.00	
3	453.9711	558.8052	+59.10	6.00	0°00′00″	3.00	
4	459.9711	558.8052	+59.12	6.00	0°00′00″	3.00	
5	465.9711	558.8052	+59.14	6.00	0°00′00″	3.00	
6	471.9711	558.8052	+59.16	6.00	0°00′00″	3.00	
7	477.9711	558.8052	+59.18	6.00	0°00′00″	3.00	

续表3.3

序号	平面坐标		高程/m	平距/m	方向	坡度/‰	备　注
	X	Y					
8	483.9711	558.8052	+59.20	6.00	0°00′00″	3.00	
9	489.9711	558.8052	+59.22	48.00	180°00′00″	3.00	
D2	441.9711	558.8052	+59.06	3.50	90°00′00″	3.00	漏斗上口
18	441.9711	562.3052	+59.07				
2	447.9711	558.8052	+59.08	3.50	90°00′00″	3.00	
17	447.9711	562.3052	+59.09				
3	453.9711	558.8052	+59.10	3.50	90°00′00″	3.00	
16	453.9711	562.3052	+59.11				
4	459.9711	558.8052	+59.12	3.50	90°00′00″	3.00	
15	459.9711	562.3052	+59.13				
5	465.9711	558.8052	+59.14	3.50	90°00′00″	3.00	漏斗上口
14	465.9711	562.3052	+59.22				
6	471.9711	558.8052	+59.16	3.50	90°00′00″	3.00	
13	471.9711	562.3052	+59.07				
7	477.9711	558.8052	+59.18	3.50	90°00′00″	3.00	
12	477.9711	562.3052	+59.09				
8	483.9711	558.8052	+59.20	3.50	90°00′00″	3.00	
11	483.9711	562.3052	+59.11				
9	489.9711	558.8052	+59.22	3.50	90°00′00″	3.00	漏斗上口
10	489.9711	562.3052	+59.13				
19	432.9711	562.3047	+59.01	3.00	0°00′00″	3.00	
B2	435.9711	562.3047	+59.00	3.00	0°00′00″	3.00	左侧通风天井上口
20	438.9711	562.3047	+59.01				
21	491.9711	562.3047	+59.01	3.00	0°00′00″	3.00	
C2	495.9711	562.3047	+59.00	3.00	0°00′00″	3.00	右侧通风天井上口
22	498.9711	562.3047	+59.01				

表3.4　顶板水平采切工程关键点坐标

序号	平面坐标		高程/m	平距/m	方向	坡度/‰	备　注
	X	Y					
1	435.9711	541.2577	+100.00	2.50	90°00′00″	3.00	
B3	435.9711	551.5748	+100.01	7.20	90°00′00″	3.00	右侧通风天井下口
3	435.9711	553.1464	+100.04	1.56	90°00′00″	3.00	
2	495.9711	541.2577	+100.18				
C3	495.9711	551.5748	+100.20	9.70	90°00′00″	3.00	右侧通风天井下口
4	495.9711	556.8037	+100.22				

表 3.5　采切工程量

序号	工程名称	支护形式	断面面积/m²	规格/m×m	长度/m	体积/m³	备注
1	通风天井	锚网支护	4.00	2.0×2.0	100.00	400.00	
2	出矿进路	锚网支护	4.00	2.0×2.0	26.56	106.24	
3	人行天井	锚网支护	4.00	2.0×2.0	4.00	16.00	
4	溜井	锚网支护	4.00	2.0×2.0	4.00	16.00	
5	电耙巷道	锚网支护	4.00	2.0×2.0	60.00	240.00	
6	漏斗	锚网支护		漏斗直径6m		244.92	共9个
7	漏斗颈	锚网支护	4.00	2.0×2.0	36.00	144.00	共9个
8	出矿进路	锚网支护	4.00	2.0×2.0	27.36	109.42	
合　计					257.92	1276.58	

3.3.1　底板水平采切工程

底板水平采切工程均采用 YSP-45 凿岩机进行浅孔凿岩，在下盘运输巷道内掘进两条间隔60m、方位90°、坡度3%的出矿进路至矿体上盘边界，探明矿体在2号剖面线和3号剖面线之间的矿体分布情况。根据提供的矿体边界图纸在左侧出矿进路口斜向上开凿高8m的人行天井至矿体下盘边界，沿矿体走向开凿3m×3m×3m的电耙硐室用于安置电耙绞车，在电耙硐室中沿矿体走向开凿60m电耙巷道，在电耙巷道中每隔6m向上开凿直径6m漏斗，并同时完成拉底工作。底板水平采切工程总长130m，平均每天进尺4m，施工周期为33天。

3.3.2　顶板水平采切工程

底板水平采切工程均采用 YSP-45 凿岩机进行浅孔凿岩，在上阶段下盘运输巷道内掘进两条间隔60m、方位90°、坡度3%的出矿进路至矿体上盘边界，探明矿体在2号剖面线和3号剖面线之间的矿体分布情况。顶板水平采切工程总长27m，平均每天进尺4m，施工周期为7天。

3.3.3　剖面采切工程

在两条出矿进路中与电耙巷道平行位置以矿体下盘倾角斜向上开凿两条通风天井，联通顶板水平和底板水平。剖面采切工程总长度100m，平均每天进尺4m，施工周期为25天。

3.3.4　采切工程施工周期

试验采场采准切割工作包括以上三部分，由于底板水平和顶板水平施工时并不相互影响，可以同时施工，两水平施工完毕后施工剖面采切工程，所以采准切割工作施工周期为底板水平施工周期和剖面采切工程施工周期之和，即58天。

参 考 文 献

[1] 解世俊. 金属矿床地下开采 [M]. 北京：冶金工业出版社，2006.

[2] 赵兴东. 井巷工程 [M]. 北京：冶金工业出版社，2010.

[3] 王运敏. 现代采矿设计手册 [M]. 北京：冶金工业出版社，2012.

[4] 陈中经. 矿床地下开采 [M]. 北京：冶金工业出版社，1989.

[5] 牛保利. 施工机械台班费用定额材料及台班基价汇总表 [M]. 中国有色金属工业协会，2008.

[6] 解联库，等. 瓮福磷矿大塘矿段急倾斜中厚多层矿体安全高效采矿方法 [J]. 有色金属工程，2015，S1：58~61，66.

[7] 马元军，胡毅夫，吴伟伟. 急倾斜复杂矿体采场结构参数优化研究 [J]. 矿冶工程，2013 (2)：22~26.

[8] 罗正伟. 一种用于破碎低品位矿体采矿方法的实践 [J]. 科技创业家，2013 (8)：172.

[9] 范育青，等. 基于 Mathews 图解法的采场围岩稳定性分析 [J]. 现代矿业，2013 (7)：18~20，31.

[10] 范育青，李学锋，李伟明. 某铜矿采场稳定性分析及结构参数优化研究 [J]. 西部探矿工程，2013 (9)：97~100.

[11] 丁航行，任凤玉. 大结构参数无底柱分段崩落法的发展及设备需求 [J]. 中国矿业，2012 (10)：109~111，116.

[12] 任凤玉，陈晓云. 弓长岭井下矿采准巷道破坏形式及其支护技术研究 [J]. 采矿技术，2012 (5)：37~39.

[13] 张明峰，姜仁义，苏建军. 阿尔登—拓普坎铅锌矿采矿方法的选择 [J]. 金属矿山，2012 (11)：49~51，55.

[14] 谢火明，等. 凤凰山银矿中厚破碎矿体采矿方案改进 [J]. 现代矿业，2011 (6)：13~15.

[15] 杨庆雨，等. 铲运机脉内转层出矿工艺在上向水平分层充填采矿中的应用 [J]. 现代矿业，2011 (11)：65~67.

[16] 常帅，等. 双鸭山铁矿北区残矿回收技术研究 [J]. 中国矿业，2010 (12)：59~61.

[17] 刘思敏，等. 急倾斜中厚矿体采矿及采空区处理方法的探讨 [J]. 中国锰业，2010 (4)：16~18.

[18] 常帅. 双鸭山铁矿北区采矿方法研究 [D]. 沈阳：东北大学，2008.

[19] 任凤玉，等. 弓长岭井下矿改进采场结构的研究 [J]. 金属矿山，2006 (9)：86~87.

[20] 原丕业，等. 急倾斜中厚矿体无底柱分段崩落法结构参数优化研究 [J]. 中国矿业，2004 (5)：32~35，75.

[21] 黄九民，张正平. 上向水平高分层胶结充填采矿法的应用实践 [J]. 有色金属 (矿山部分)，2004 (6)：7~9.

[22] 杨忠文. 分层崩落采矿法在顺风山铁矿的应用 [J]. 金属矿山，1995 (1)：26~27，16.

[23] 任凤玉. 崩落矿岩移动概率方程及其应用 [J]. 中国矿业，1993 (4)：22~26.

[24] 任凤玉. 分段留矿崩落法矿石损失贫化规律计算机仿真研究 [J]. 有色矿冶，1993 (2)：6~10，5.

结　束　语

（1）学生应结合本课程阶段所学习的专业课知识详细叙述在完成课程设计过程中的内心感受，例如：

1）完成课程设计让你学习到了什么，有哪些提高？

2）完成课程设计的过程让你发现了自身的哪些不足？

3）完成课程设计的过程中遇到了哪些困难？

……

（2）根据已完成的课程设计的内容，从整体上对其进行自我评价，指出设计内容中的优点以及不足，例如：

1）优点：

①从结构方面说，课程设计的架构有哪些特点，从而保证了学生本人所做的设计内容更加系统，也更容易理解；

②从内容方面说，学生所做的设计内容都包含了哪些环节，涉及哪些方面，使得学生本人所做的设计前后逻辑合理，结构缜密；

③从结构参数选取、设备确定等多个方面来说，学生本人都参考了哪些资料，使用了什么方法，使得设计更加科学合理；

……

2）缺点：

①由于某些原因，课程设计完成过程中其整体架构缺少了哪些环节，对于课程设计的完整程度产生了怎样的影响；

②参数确定或者设备选取过程中，有哪些还不够明确，对采矿方法确定、技术经济比较结果乃至课程设计的整体内容会产生怎样的影响；

……

学生本人根据自己具体的设计内容，发现设计过程中的优点、不足以及需要进一步改善的地方，可以分条陈述，也可以分段陈述，从整体上对金属矿床地下开采的具体环节进行把握，加深对于金属矿床地下开采设计的理解，为进一步进行采矿专业的学习打下坚实的基础。

东北大学	辽宁省沈阳市第二铜矿 急倾斜中厚矿体采矿方法设计			学院	资源与土木工程学院		
				专业	采矿工程		
				班级	采矿工程×× ×		
				学号	× × × ×		

	图　纸　目　录			△0	页	总页数	
					1	1	

序号	图　纸　名　称	图纸编号		图纸规格	备注
		图幅	比例尺		
1	图纸目录	A4		0.125	
2	分段矿房嗣后充填法三视图	A3	1:500	0.25	
3	浅孔留矿嗣后充填法三视图	A3	1:500	0.25	
4	上向水平分层充填法三视图	A3	1:500	0.25	
5	底板运输巷道水平采切工程布置图	A3	1:500	0.25	
6	底板电耙巷道水平采切工程布置图	A3	1:500	0.25	
7	底板漏斗水平采切工程布置图	A3	1:500	0.25	
8	顶板水平采切工程布置图	A3	1:500	0.25	
9	2号勘探线采切工程布置剖面图	A3	1:500	0.25	
10	1号勘探线采切工程布置剖面图	A3	1:500	0.25	
11	3号勘探线采切工程布置剖面图	A3	1:500	0.25	

审检	张三			附注：
设计	李四			新图11张　　　　201×年×月
制图	王五			

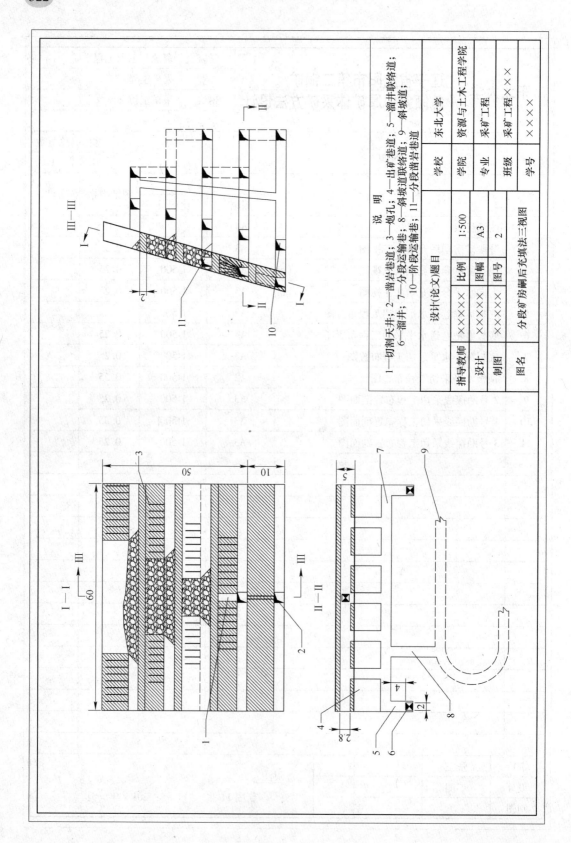

说　明

1—切割天井；2—凿岩巷道；3—炮孔；4—出矿巷道；5—溜井联络道；
6—溜井；7—分段运输巷；8—斜坡道联络道；9—斜坡道；
10—阶段凿岩巷道；11—分段凿岩巷道

设计(论文)题目	××××	比例	1:500
		图幅	A3
		图号	2
指导教师	×××××		
设计	×××××	学校	东北大学
制图	×××××	学院	资源与土木工程学院
图名	分段矿房嗣后充填法三视图	专业	采矿工程
		班级	采矿工程×××
		学号	××××

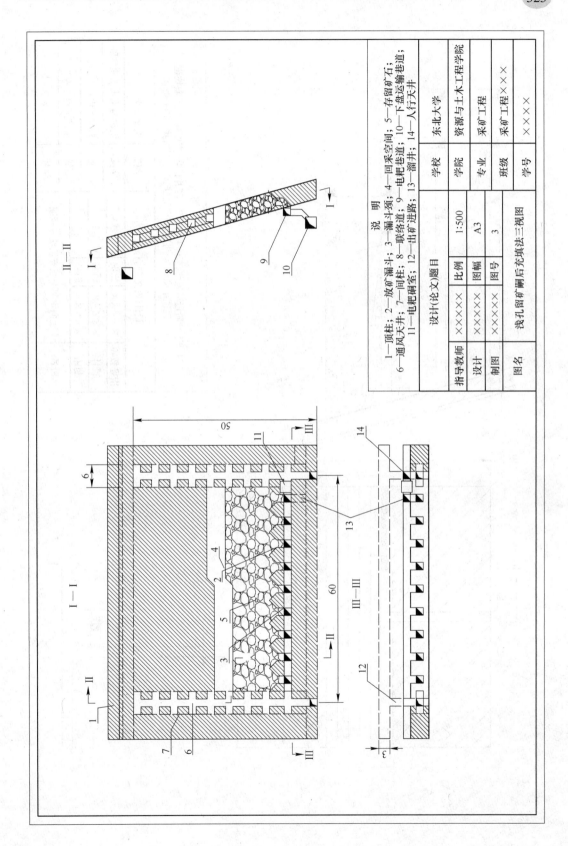

II—II

1—顶柱; 2—放矿漏斗; 3—漏斗颈; 4—回采空间; 5—存留矿石;
6—通风天井; 7—间柱; 8—联络道; 9—电耙巷道; 10—下盘运输巷道;
11—电耙硐室; 12—出矿进路; 13—溜井; 14—人行天井

说　明

设计(论文)题目	比例	1:500		学校	东北大学
×××××	图幅	A3		学院	资源与土木工程学院
×××××	图号	3		专业	采矿工程
×××××				班级	采矿工程×××
浅孔留矿嗣后充填法三视图				学号	××××××

指导教师	×××××
设计	×××××
制图	×××××
图名	浅孔留矿嗣后充填法三视图

I—I

III—III

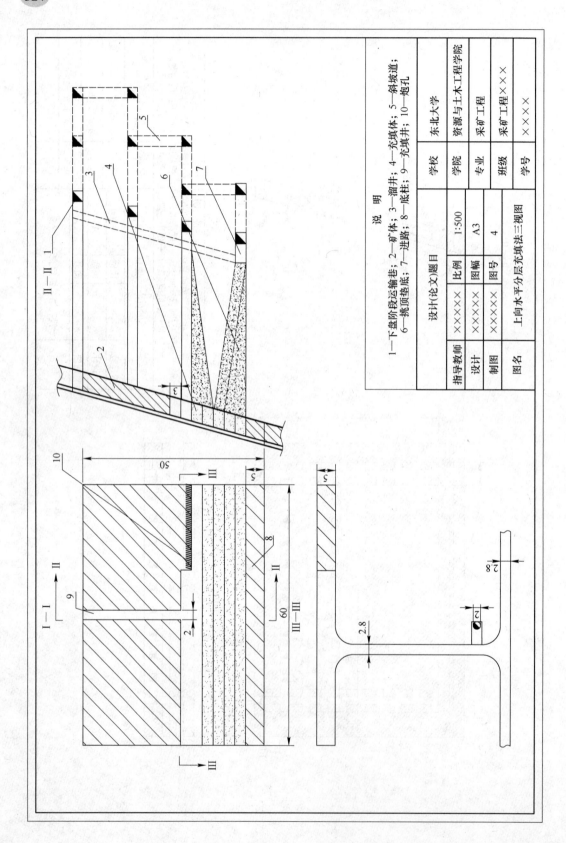

说　明		
1—下盘阶段运输巷；2—矿体；3—溜井；4—充填体；5—斜坡道；6—挑顶垫底；7—进路；8—底柱；9—充填柱；10—炮孔		

学校		东北大学
学院		资源与土木工程学院
专业		采矿工程
班级		采矿工程×××
学号		××××

设计(论文)题目		×××××
比例	1:500	
图幅	A3	
图号	4	

指导教师	×××××	
设计	××××××	
制图	××××××	
图名	上向水平分层充填法三视图	

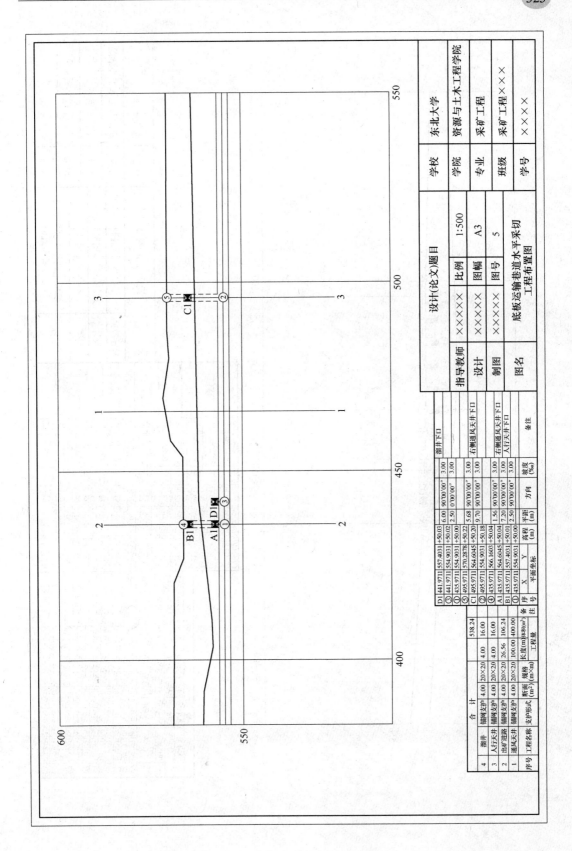

底板运输巷道水平采切工程布置图

326

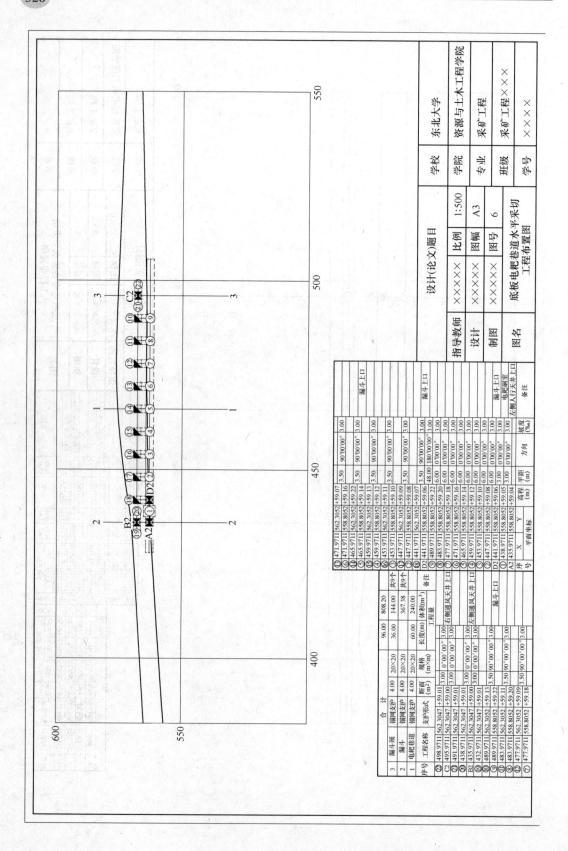

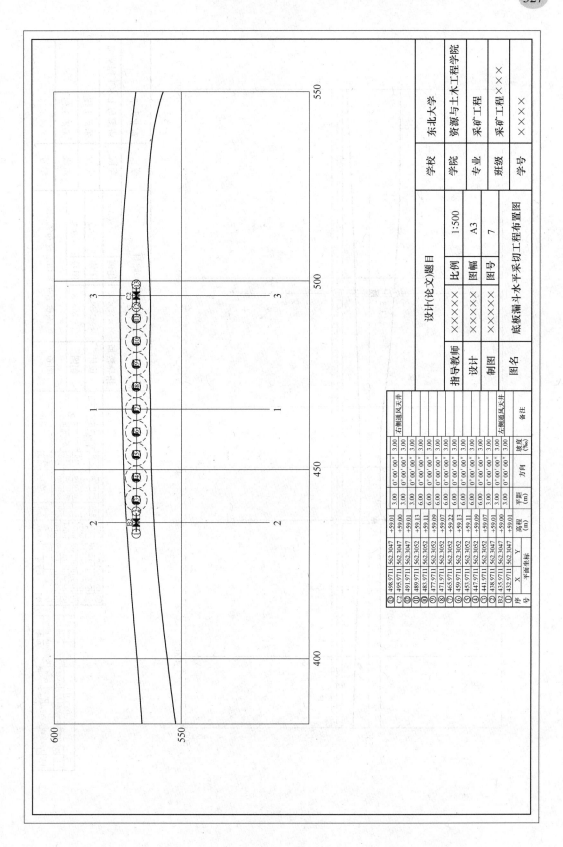

序号	平面坐标		高程	平距	方向	坡度	备注
	X	Y	(m)	(m)		(‰)	
⑬	498.9711	562.3047	+59.01	3.00	0°00′00″	3.00	右侧通风天井
C2	495.9711	562.3047	+59.00	3.00	0°00′00″	3.00	
⑫	491.9711	562.3052	+59.01	3.00	0°00′00″	3.00	
⑪	489.9711	562.3052	+59.13	6.00	0°00′00″	3.00	
⑩	483.9711	562.3052	+59.07	6.00	0°00′00″	3.00	
⑨	477.9711	562.3052	+59.09	6.00	0°00′00″	3.00	
⑧	471.9711	562.3052	+59.07	6.00	0°00′00″	3.00	
⑦	465.9711	562.3052	+59.22	6.00	0°00′00″	3.00	
⑥	459.9711	562.3052	+59.13	6.00	0°00′00″	3.00	
⑤	453.9711	562.3052	+59.11	6.00	0°00′00″	3.00	
④	447.9711	562.3052	+59.07	6.00	0°00′00″	3.00	
③	441.9711	562.3052	+59.07	3.00	0°00′00″	3.00	
②	438.9711	562.3047	+59.00	3.00	0°00′00″	3.00	
B2	435.9711	562.3047	+59.00	3.00	0°00′00″	3.00	
①	432.9711	562.3047	+59.01				左侧通风天井

设计(论文)题目		××××××		
指导教师	××××	比例	1:500	
设计	××××××	图幅	A3	
制图	××××××	图号	7	
图名	底板漏斗水平采切工程布置图			

学校	东北大学
学院	资源与土木工程学院
专业	采矿工程
班级	采矿工程××××
学号	××××

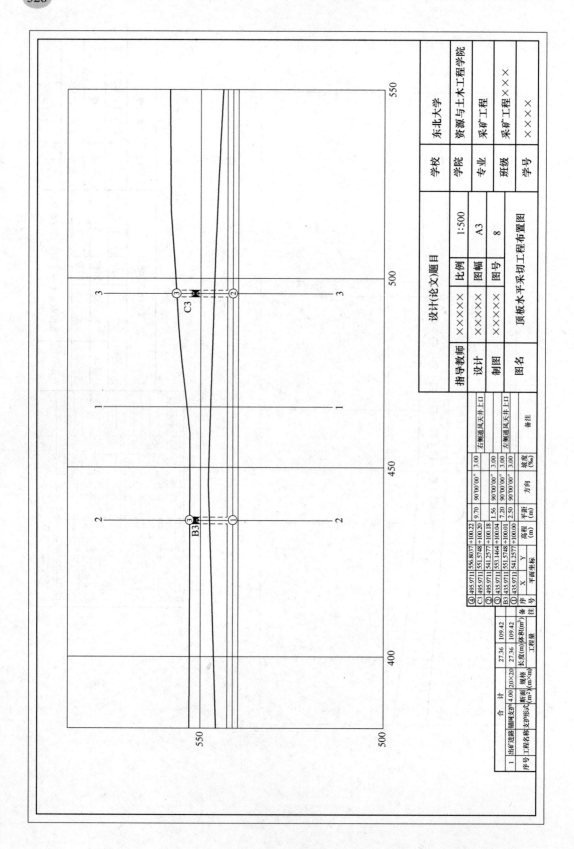

学校	东北大学
学院	资源与土木工程学院
专业	采矿工程
班级	采矿工程×××
学号	××××

设计(论文)题目	××××		
指导教师	××××	比例	1:500
设计	××××	图幅	A3
制图	××××	图号	8
图名	顶板水平采切工程布置图		

序号	工程名称	支护形式	断面规格(m²)(m×m)	长度(m)	工程量 体积(m³)	
1	出矿进路	锚网支护	4.00 20×20	27.36	109.42	
	合 计			27.36	109.42	

序号	平面坐标		高程(m)	平距(m)	方向	坡度(‰)	备注
	X	Y					
④	495.9711	556.8037	+100.22	9.70	90°00′00″	3.00	右翼通风天井上口
C3	495.9711	551.5748	+100.20				
③	495.9711	541.2577	+100.18	1.56	90°00′00″	3.00	
①	435.9711	553.1464	+100.04	7.20	90°00′00″	3.00	左翼通风天井上口
B3	435.9711	551.5748	+100.01	2.50	90°00′00″	3.00	
①	435.9711	541.2577	+100.00				

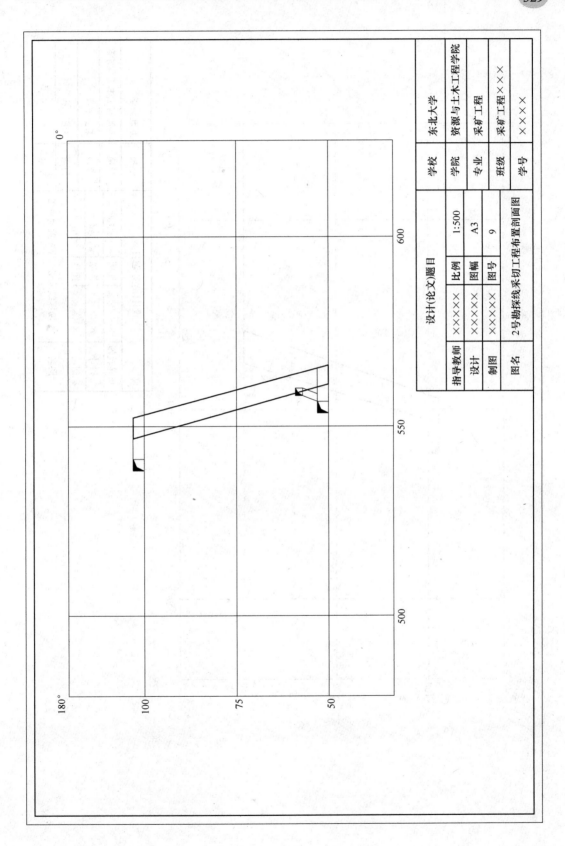

设计(论文)题目	×××××	比例	1:500		学校	东北大学
		图幅	A3		学院	资源与土木工程学院
		图号	9		专业	采矿工程
指导教师	×××××				班级	采矿工程×××
设计	×××××				学号	××××
制图	×××××					
图名	2号勘探线采切工程布置剖面图					

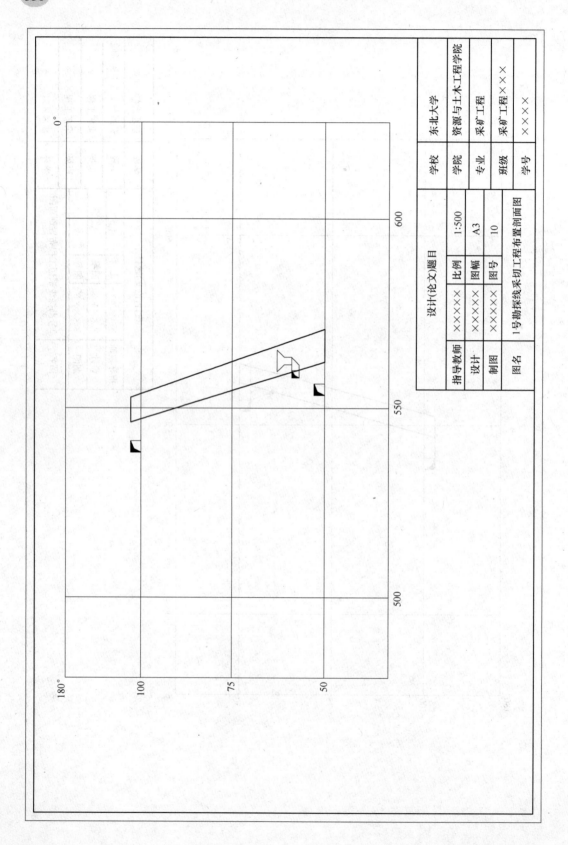

设计(论文)题目		×××××		学校	东北大学
				学院	资源与土木工程学院
				专业	采矿工程
				班级	采矿工程×××
				学号	××××
指导教师	×××××	比例	1:500		
设计	×××××	图幅	A3		
制图	×××××	图号	10		
图名	1号勘探线采切工程布置剖面图				

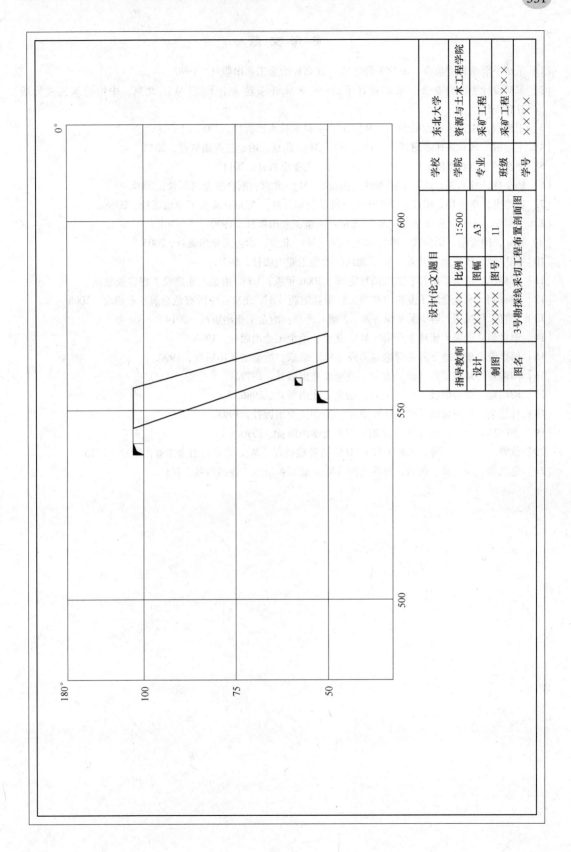

设计(论文)题目			
	比例	1:500	
	图幅	A3	
	图号	11	

指导教师	××××			学校	东北大学
设计	××××			学院	资源与土木工程学院
制图	××××			专业	采矿工程
图名	3号勘探线采切工程布置剖面图			班级	采矿工程×××
				学号	××××

参 考 文 献

［1］采矿手册编辑委员会．采矿手册［M］．北京：冶金工业出版社，1990．

［2］采矿设计手册编委会．采矿设计手册——矿床开采卷（上下）［M］．北京：中国建筑工业出版社，1987．

［3］王运敏．中国采矿设备手册［M］．北京：科学技术出版社，2007．

［4］王运敏．现代采矿手册（上、中、下）［M］．北京：冶金工业出版社，2012．

［5］李夕兵．凿岩爆破工程［M］．北京：冶金工业出版社，2011．

［6］杨小林，林从谋．地下工程爆破（新版）［M］．北京：冶金工业出版社，2009．

［7］古德生，李夕兵．现代金属矿床开采科学技术［M］．北京：冶金工业出版社，2006．

［8］于润仓．采矿工程师手册［M］．北京：冶金工业出版社，1990．

［9］吴立，闫天俊，周传波．凿岩爆破工程［M］．北京：冶金工业出版社，2005．

［10］陈中经．矿床地下开采［M］．北京：冶金工业出版社，1991．

［11］乔锡凤．冶金矿山井巷工程预算定额（2006年版）［S］．冶金工业建设工程定额总站．

［12］牛保利．有色金属工业矿山井巷工程预算定额［S］．北京：中国有色金属工业协会，2008．

［13］王青，任凤玉，等．采矿学［M］．2版．北京：冶金工业出版社，2014．

［14］解世俊．金属矿床地下开采［M］．北京：冶金工业出版社，1986．

［15］解世俊．矿床地下开采理论与实践［M］．北京：冶金工业出版社，1990．

［16］陶颂霖．爆破工程［M］．北京：冶金工业出版社，1979．

［17］陶颂霖．凿岩爆破［M］．北京：冶金工业出版社，1986．

［18］林德余．矿山爆破工程［M］．北京：冶金工业出版社，1993．

［19］王明林．凿岩爆破［M］．沈阳：东北大学出版社，1990．

［20］徐帅，李元辉，等．采矿工程CAD绘图基础教程［M］．北京：冶金工业出版社，2013．

［21］赵兴东，余庆磊，徐帅．井巷工程［M］．北京：冶金工业出版社，2011．

冶金工业出版社部分图书推荐

书　名	作　者	定价(元)
现代金属矿床开采科学技术	古德生　等著	260.00
爆破手册	汪旭光　主编	180.00
采矿工程师手册（上、下册）	于润沧　主编	395.00
现代采矿手册（上、中、下册）	王运敏　主编	1000.00
我国金属矿山安全与环境科技发展前瞻研究	古德生　等著	45.00
深井开采岩爆灾害微震监测预警及控制技术	王春来　等著	29.00
露天矿山边坡和排土场灾害预警及控制技术	谢振华　著	38.00
地下金属矿山灾害防治技术	宋卫东　等著	75.00
采空区处理的理论与实践	李俊平　等著	29.00
中厚矿体卸压开采理论与实践	王文杰　著	36.00
采矿学（第2版）（国规教材）	王　青　主编	58.00
地质学（第5版）（国规教材）	徐九华　等编	48.00
工程爆破（第2版）（国规教材）	翁春林　等编	32.00
地下矿围岩压力分析与控制（本科教材）	杨宇江　主编	39.00
露天矿边坡稳定分析与控制（本科教材）	常来山　主编	30.00
高等硬岩采矿学（第2版）（本科教材）	杨　鹏　编著	32.00
矿山充填力学基础（第2版）（本科教材）	蔡嗣经　编著	30.00
固体物料分选学（第2版）（本科教材）	魏德洲　主编	59.00
金属矿床露天开采（本科教材）	陈晓青　主编	28.00
矿井通风与除尘（本科教材）	浑宝炬　等编	25.00
矿产资源综合利用（本科教材）	张　佶　主编	30.00
选矿厂设计（本科教材）	冯守本　主编	36.00
矿产资源开发利用与规划（本科教材）	邢立亭　等编	40.00
复合矿与二次资源综合利用（本科教材）	孟繁明　编	36.00
碎矿与磨矿（第3版）（本科教材）	段希祥　主编	35.00
现代充填理论与技术（本科教材）	蔡嗣经　等编	26.00
矿山岩石力学（本科教材）	李俊平　主编	49.00
金属矿床开采（高职高专教材）	刘念苏　主编	53.00
岩石力学（高职高专教材）	杨建中　等编	26.00
矿山地质（高职高专教材）	刘兴科　主编	39.00
矿山爆破（高职高专教材）	张敢生　主编	29.00
井巷设计与施工（第2版）（高职国规教材）	李长权　主编	35.00
露天矿开采技术（第2版）（高职国规教材）	夏建波　主编	35.00
矿山企业管理（第2版）（高职高专教材）	陈国山　主编	39.00
矿山提升与运输（高职高专教材）	陈国山　主编	39.00
矿山地质技术（职业技能培训教材）	陈国山　主编	48.00
矿山爆破技术（职业技能培训教材）	戚文革　等编	38.00
矿山测量技术（职业技能培训教材）	陈步尚　主编	39.00
露天采矿技术（职业技能培训教材）	陈国山　主编	38.00